广播影视工程技术人员实用教材

# 地面数字电视

周松林 李衍奎 方德葵 主编

# DIGITAL TERRESTRIAL TELEVISION

中国广播影视出版社

**图书在版编目（CIP）数据**

地面数字电视 / 周松林，李衍奎，方德葵主编. --
北京 : 中国广播影视出版社，2017.7
广播影视工程技术人员实用教材 / 方德葵主编
ISBN 978-7-5043-7945-0

Ⅰ. ①地… Ⅱ. ①周… ②李… ③方… Ⅲ. ①数字电视一教材 Ⅳ. ①TN949.197

中国版本图书馆CIP数据核字(2017)第161930号

**地面数字电视**

周松林 李衍奎 方德葵 著

---

**责任编辑** 余潜飞
**封面设计** 成晟视觉
**责任校对** 谭霞

**出版发行** 中国广播影视出版社
**电　　话** 010－86093580　010－86093583
**社　　址** 北京市西城区真武庙二条9号
**邮　　编** 100045
**网　　址** www.crtp.com.cn
**电子信箱** crtp8@sina.com

**经　　销** 全国各地新华书店
**印　　刷** 涿州市京南印刷厂

**开　　本** 787毫米×1092毫米　1/16
**字　　数** 437（千）字
**印　　张** 20.5
**版　　次** 2017年7月第1版　2017年7月第1次印刷

**书　　号** ISBN 978-7-5043-7945-0
**定　　价** 50.00元

---

# 编 委 会

**技术指导** 解 伟 杨 威

**主　　编** 周松林 李衍奎 方德葵

**副 主 编** 嵇 达 高 荣 方思为

**总　　监** 方德葵

**统　　稿** 高 荣 嵇 达

**编　　委**（以姓氏笔画为序）

王小健 尹千琳 庄大立

刘春江 刘 罡 向 荣

沈龙辉 张 锦 周 义

郑茂赢 胡小兵 胡 斌

黄 磐 曾小苗

# 序　言

地面数字电视是整个电视领域（地面无线电视、卫星电视和有线电视）最先开始的端到端的全数字化革命，它的成功建立在信道调制和信源压缩两大关键技术突破的基础之上，进而带动和促进了广播电视的全面数字化。

我国在信道调制和信源压缩技术上分别对应着两个自主标准 DTMB 和 AVS，都是国家重点支持的基础性信息技术标准。湖南广播电视台在我国率先采用双国标（DTMB，AVS+）进行湖南省地面数字电视覆盖，为全国地面数字电视的发展积累了有益经验，探索出了成功模式。

本书对地面数字电视系统进行了全面、系统的阐述，并以地面数字电视在湖南省的发展与应用为实际案例，从技术架构、施工方案、技术性能、运营维护等方面进行了系统剖析。湖南地面数字电视信源标准采用 AVS+、信道传输标准采用 DTMB 编码方式作为传输覆盖的技术标准，从基于 AVS+ 的广播电视业务系统、基于 DTMB 的地面数字电视覆盖网络、基于 AVS+ 高标清电视广播业务的创新研究和清流广播电视业务运营推广模式四个方面展开了深入研究和实践推广，是国家自主知识产权技术标准创新应用的成功案例。本书对这方面的工作进行了全面细致的总结，具有较高的技术应用参考价值。

中国工程院院士 **高文**

2017 年 5 月 5 日

# 目　录
CONTENTS

## 第4章　传输系统



## 第5章　地面数字电视发射系统



## 第6章　接收系统



## 第七章　地面数字电视监测监管

## 第 8 章　技术创新及运营模式探讨

# 第 1 章　地面数字电视概述

## 1.1 地面电视简介

地面数字电视是地面电视的一种。所谓地面电视，是指利用超短波进行传输、覆盖的一种广播方式，即在发射端将电视信号经专用传输设备由电视中心传送到地面发射台，调制到射频后由发射天线以空间电磁波的形式沿地表向周围空间辐射；在接收端，空间电磁波经接收天线变成感应电流，并在接收机中进行解调，变成原始的音视频信号。

一般地，制作、播出的电视节目由电视播控中心传送到发射台，再由发射台的地面电视发射系统将电视信号对外进行发射。通常，发射台的主要构成部分是发射塔、发射机房及天线等。发射机的主要任务是对视频及伴音信号进行射频调制，发射天线用于将射频信号变成电磁波并向周围空间辐射。在电磁波覆盖区域，可利用接收天线和接收机将电磁波转换成音视频信号，并通过扬声器和显示器将其还原成声音和图像。

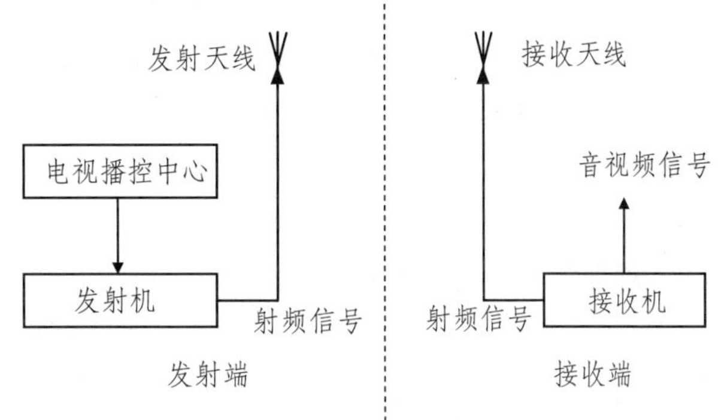


**图 1–1　地面电视广播系统结构图**

根据电视发射机的输出功率大小，一般地，可将其分为小型电视发射机（1kW 以下）、中型电视发射机（1 ~ 10kW）和大型电视发射机（10kW 以上）；根据工作频段的不同，可将其分为 VHF 电视发射机和 UHF 电视发射机；根据高频功放级所采用的器件不同，可将其分为全固态电视发射机、电子管电视发射机、速调管电视发射机和感应输出管电视发射机等。

地面电视系统工作于 VHF 和 UHF 频段，所使用的发射天线种类主要有蝙蝠翼天线、多面组合式天线、螺线天线和槽天线等。接收类型主要有引向天线、对数周期天线和环形天线等。天线的主要作用是辐射或感应无线电波，而无线电波存在极化现象。所谓极化，简言之，是指电场矢量的端点随时间变化的轨迹，电场矢量与磁场矢量所确定的平面称为极化平面。无线电波的极化分为 3 种情况，即线极化、圆极化和椭圆极化。其中线极化是指电场矢量平行于某一直线；线极化中，电场矢量如果平行于地面，称为水平极化，垂直于地面则称为垂直极化；地面电视领域多采用水平极化方式。圆极化则是指电场矢量端点的运动轨迹为一个圆，圆极化波通常可分解为两个互相垂直的线极化波，二者强度相等、相位相差 90°。椭圆极化是指电场矢量端点的运动轨迹为一个椭圆，线极化和圆极化均可以看作是椭圆极化的特例。通常，广播电视极少采用椭圆极化方式。

地面电视的发射需要依托于无线电频谱。在模拟电视时代，地面模拟电视的信号带宽为 6MHz，射频带宽为 8MHz，即传输一套模拟电视节目需要 8MHz 带宽的无线频率资源。地面数字电视的频道带宽沿用了这一划分。我国规定，地面数字电视使用的无线频段为 470 至 798MHz（UHF）范围，共划分为 36 个频道，编号为 DS–13 至 DS–48。

## 1.2 地面数字电视简介

### 1.2.1 地面数字电视的基本概念

数字电视（DTV，Digital Television）是指从电视节目采集、录制、播出到发射、接收全部采用数字编码技术的新一代电视，是在数字技术基础上把电视节目信号转换成为数字信息（0、1），以码流形式进行传播的电视形态，综合了数字压缩、多路复用、纠错掩码、调制解调等多种先进技术。数字电视技术一般分为有线数字电视、卫星数字电视和地面数字电视 3 种，而且在世界上不同的地区有着不同的广播标准。

地面数字电视是数字电视技术的一种，即通过接收电视塔发出的地面数字电视信号，收看电视节目。对于电视机方面，需要具备地面数字电视信号接收能力，如果是传统模拟电视，也可以通过专用的机顶盒接收，然后转换成模拟信号连接到电视机上。

相较于传统地面模拟电视，地面数字电视具有高信息容量、高度灵活的操作模式、高度灵活的频率规划和覆盖区域、支持便携终端低功耗模式、支持不同的应用业务、支持多个传输 / 网络协议，例如 MPEG–2 和 IP 协议集，易于与其他的广播和通信系统连接、具有较强的抗干扰能力、支持多种工作模式等诸多优点，因而在较短的时间内就得到了广泛的应用。

### 1.2.2 我国地面数字电视标准

地面数字电视采用的信号是二进制数据，常见的调制方式有 8–VSB、OFDM 等。美国的 ATSC 数字电视系统采用了 8–VSB 调制方式，欧洲的 DVB–T 系统采用了 COFDM 方式，日本的 ISDB–T 采用了 BST–OFDM 方式。科学出版社 2012 年出版的《地面数字电视发射系统与覆盖网络》第 2 页对日本 ISDB–T 进行了介绍，明确提出采用的调制方式是 BST–OFDM），我国的 DTMB 则采用了 TDS–OFDM 方式。

我国于 2006 年 8 月 18 日颁布了用于地面数字电视广播的信道编码国家标准，即《数字电视地面广播传输系统帧结构、信道编码和调制》，并已于 2007 年 8 月 1 日正式实施。该标准采用了我国的自主发明专利和技术创新点，并在充分分析国外现有数字电视传输标准的基础上，吸收了当时信息传输领域的新技术，实现了较国外已有标准更佳的性能，同时也充分考虑和验证了实现的可能性。该标准主要的特点有：使用了能实现快速同步和高效信道估计的 PN 序列帧头，与 DVB–T 和 ISDB–T 相比，既提高了频谱利用率，又易于单载波和多载波调制两种模式的实现；使用了更为先进的信道编码技术，更有利于固定和移动接收；加强了系统信息的保护，使其在多径时变信道中有较强的抗衰落特性；支持单载波和多载波调制两种模式；支持单频网运用。

一般地，地面数字电视系统由前端系统、传输系统（微波传输、光纤传输、公网传输）、发射系统（大功率多频网、小功率单频网）、接收系统（固定接收系统、移动接收系统）、监测监管系统等组成。下面简要介绍地面数字电视系统发送端的原理：

发送端主要完成从输入数据码流到地面数字电视信道传输信号的转换。输入数据码流经过扰码器（随机化）、前向纠错编码（FEC），然后进行从比特流到符号流的星座映射，再进行交织后形成基本数据块。基本数据块与系统信息组合（复用）后，经过帧体数据结构处理形成帧体。而帧体与相应的帧头（PN 序列）复合为信号帧（组帧），经过基带后处理转化为基带输出信号（8MHz 带宽内）。该信号经正交上变频转换为 UHF 射频信号。

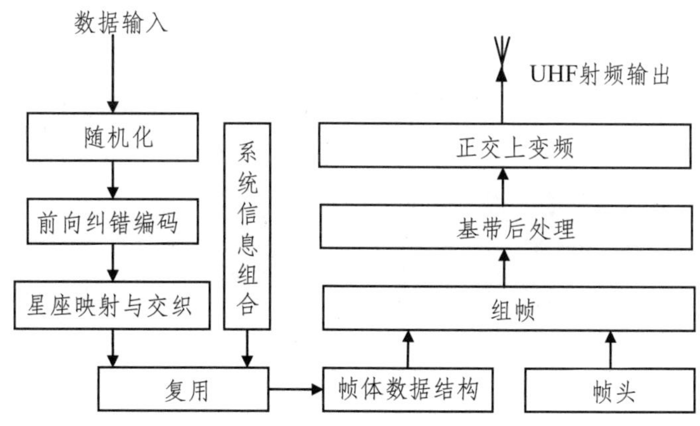


**图 1–2　地面数字电视广播传输系统发送端原理图**

## 1.3 地面数字电视的应用前景

总体而言，数字化已成为当今信息时代的发展潮流。地面电视亦不可避免地进入到地面数字电视时代，地面电视数字化受到了世界各国的重视。截止 2016 年，美国、欧盟各国、日本等世界主要经济发达国家和地区已完成了地面电视由模拟向数字化过渡；印度、卢旺达等第三世界国家也已完成地面电视的模 / 数转化；俄罗斯计划于 2018 年停播模拟电视信号；根据《地面数字电视覆盖网发展规划》，我国计划于 2020 年全面完成地面电视的模 / 数转化。我国地面数字电视发展兼有公益性和商业性两个属性。从公益角度而言，我国的地面数字电视是免费公益覆盖的，承担着基本公共文化服务重要提供者的角色；从商业角度来看，地面电视数字化，必将带动巨量的数字电视产能提升，在车载、移动终端领域也将有极为广阔的发展潜力。

## 1.4 地面数字电视的持续发展

科学技术的发展是持续不断的过程。世界主要发达经济体针对广播电视的新理论研究、新技术研发和应用、新标准制订等工作从未停止。我国高度重视广播电视技术的发展，已尽早开始布局研发建设下一代广播电视网（NGB）。

NGB 分为 NGB 有线系统（NGB–Cable，简称 NGB–C）和 NGB 无线系统（NGB–Wireless，简称 NGB–W），其中 NGB–W 结合广播电视无线传输技术和无线宽带通信技术的优势，充分考虑广播电视业务特性，形成全国范围内“天地一体”的传输覆盖体系，构建覆盖个域、局域和广域范围的，支持广播、组播、单播、交互相结合的下一代广播电视无线网络。

NGB–W 是新一代智能融合媒体网络，具有双向互动架构、超高速带宽、可管可控可信的能力，采用开放的业务平台，可承载多种多样的三网融合业务，为用户提供精细化的服务，从而实现对现有无线广播电视网络体系的全面升级换代。

# 第 2 章　地面数字电视标准与发展

## 2.1 电视技术及电视工业的发展

### 2.1.1 电视技术的发明

科学家保尔•尼普科夫发现，如果把影像分成单个像点，就极有可能把人或景物的影像传送到远方。不久，一台叫作“电视望远镜”的仪器问世。这是一种光电机器扫描圆盘，虽然看上去很笨重，但在当时，却极富独创性。1884 年 11 月 6 日，“电视望远镜”获得了柏林皇家专利局的专利许可，这成为世界电视史上的第一个专利。专利中描述了电视工作的 3 个基本要素：

(1) 图像分解成像素，逐个传输；

(2) 像素的传输逐行进行；

(3) 画面传送运动过程中，许多画面快速逐一出现，通过肉眼再将这个过程融合为一。

这成为后来所有电视技术发展的基础原理，甚至今天的电视仍然是按照这些基本原理工作。

1897 年，德国物理学布劳恩发明了一种带荧光屏的阴极射线管。当电子束撞击时，荧光屏会发出亮光。1906 年，布劳恩的两位助手用这种阴极射线管制造了一台画面接收机，进行静止图像重现。

英国发明家约翰•贝尔德采用两个保尔•尼普科夫圆盘，于 1924 年首次在相距 4 英尺远的地方传送了一个十字剪影画。后来他成立了“贝尔德电视发展公司”。随着技术和设备的不断改进，贝尔德电视的传送距离有了较大的增加，电视屏幕上也首次出现了色彩。贝尔德本人则被后来的英国人尊称为“电视之父”。

1931 年，美国科学家兹沃雷金完成了使电视摄像与显像完全电子化的过程，开辟了电子电视的时代。

1936 年，电视业获得了重大发展，英国广播公司在伦敦郊外的亚历山大宫，播出了一场颇具规模的歌舞节目。这台完全用电子电视系统播放的节目，场面壮观、气势宏大，给人们留下了深刻的印象。同年，在柏林举行的奥林匹克运动会，也采用电视进行报道，每天用电视播出长达 8 小时的比赛实况，共有 16 万多人通过电视观看了奥运会的比赛。到了

1939 年，英国大约有 2 万个家庭拥有电视机。美国无线电公司的电视也在纽约世博会上首次露面，开始了第一次固定的电视节目演播，吸引了成千上万名好奇的观众。

德国科学家卡罗鲁斯也在电视研制方面做出了令人瞩目的成就。1942 年，卡罗鲁斯小组设计出效果比贝尔德的电视清晰许多的机械电视。二战的爆发，使电视技术发展几乎停滞。战争结束以后，电视工业犹如插上了翅膀，又得到了飞速的发展。

### 2.1.2 电视家族体系

自电视出现以来，电视家族迅速兴旺发达起来，电视机的数量急剧增长，电视的传播形式变得五花八门，功能也越来越全面。

(1) 卫星电视：通过卫星电视实况转播，各种世界性的体育盛会和重大科技信息，转眼之间传遍整个世界。早在 1980 年，国际通信卫星组织就已发射了 5 颗国际通信卫星，完全实现了全球通信。

(2) 有线电视：人们总希望能往电视中轻易地看到自己所喜爱的节目。为了迎合这种心理，有线电视应运而生。今天，有线电视已十分发达，成为电视节目传播形式中最主要的形式之一。

(3) 卫星直播电视：1983 年 11 月 5 日，美国 USCI 公司首次实现了卫星直播电视。以往的卫星传播，需要经过地面的接收，再把信号通过电线或电缆传送出去。卫星直播电视与此不同，只要在用户家中装备一个直径 1–2 米的小型抛物面天线和 1 个解调器，就可以直接接收卫星的下行信号。这对偏远地区有很大的实用价值。

(4) 数字电视：数字电视是从电视信号的采集、编辑、传播到接收整个广播链路数字化的数字电视广播系统。20 世纪 90 年代初，德闻的 ITT 公司推出了世界上第一台数字彩色电视机。傅里叶变换理论奠定了数字电视技术的基础，MPEG 信源编码技术标准的诞生，标志着数字电视技术已经成熟。

电视的发明深刻地改变了人们的生活，电视新闻、电视娱乐，电视广告，电视教育等都已形成了巨大的产业，给人们的生活带来深刻的变革。

### 2.1.3 我国电视工业发展简史

1965 年，我国第一台黑白电视机北京牌 14 英寸电视机在天津 712 厂诞生。

1970 年 12 月 26 日，我国第一台彩色电视机在同一地点诞生，从此拉开了中国彩电的生产序幕。

1978 年，国家批准引进第一条彩电生产线，定点在原上海电视机厂，1982 年 10 月竣工投产。不久，国内第一个生产彩色显像管的咸阳彩虹厂成立。这期间我国彩电业迅速升温，并很快形成规模，全国引进大大小小彩电生产线一百余条，并涌现出熊猫、金星、牡丹、飞跃等一大批国产品牌。

1987年，我国电视机产量已达到1934万台，超过了日本，成为世界最大的电视机生产国。

1985～1993年，中国彩电市场实现了大规模从黑白电视机替换到彩色电视机的升级换代。

1999年，消费级等离子彩电出现在国内商场。当时每台40英寸等离子彩电的价格达到十几万元。

2004年，中国彩电总销量达3500万台，其中平板彩电销量达40万台。平板彩电开始崭露头角。

2006年，液晶电视急速放量，迅速拉开了与传统CRT彩电的差距，并将等离子电视甩在身后。这一年，全国平板电视产量接近500万台，在北京、上海、广州等一线城市中，平板电视的销售量已占总销售量的约40%，销售额已占总销售额的85%。

2006年8月，我国《数字电视地面广播传输系统帧结构、信道编码和调制》标准出台，并于2007年8月1日正式实施。

2011年，我国的地面数字多媒体广播标准被ITU（国际电信联盟）接纳为地面数字电视D系统，成为ITU认可的第四个地面数字电视传输国际标准。

## 2.2 电视的数字化发展趋势

### 2.2.1 数字电视特点

数字电视是指在电视信号产生后的处理、记录、传输到接收全部使用数字信号。即有摄像机摄取的图像及伴音信号，经数/模转换、数字压缩和数字调制后，形成数字电视信号，经过空中无线方式或电光缆有线方式传送，由数字电视接收机接收后，通过数字解调和数字音视频解码还原出原来的图像和伴音。其中，采用有线方式传送的称为有线数字电视；采用无线方式传送的，称为无线数字电视。无线数字电视中，采用卫星进行传输的，称为卫星数字电视；依托高山无线发射台站，采用无线电波进行地面传输的，称为地面数字电视。

数字电视是数字化信息技术革命的产物，最大的特点就是将传统的模拟电视信号经过量化和编码转换成由二进制数组成的数字式信号，然后可以对数字式信号进行各种功能的处理、传输、储存和记录，在信号的转换过程中也可以用计算机进行处理、播控和监测。数字技术的应用为改善电视声音和图像质量提供了新的方式，同时因为大大提高了传送信号的频率资源的利用率。数字电视的优点在于：

(1) 抗干扰、多次处理后质量损失小；

(2) 传输效率高、节省资源；

(3) 可以融合电视、广播、图像、数据等多种业务；

(4) 易于存储、检索、共享；

（5）易于大规模集成、成本低，可快速处理复杂问题；

（6）易于精确管理、提供优质服务。

### 2.2.2 地面数字电视的技术优势

具体到地面数字电视，相对于传统无线模拟电视，则具备绝对技术优势：

（1）采用了先进的凸显压缩编码技术，每套节目占用的频带窄，可以实现一个频道传送多套电视节目，有效利用了无线频谱资源。

（2）图像清晰度高，音频效果好，抗干扰能力强。地面数字电视信号的信噪比与连续处理的次数无关。在传输过程中，不会降低信噪比，这与传统模拟电视信号在传输过程中噪音会逐渐累积不同，不受地理因素的限制，几乎可以无限扩大覆盖面。

（3）伴音质量大幅度提高。数字技术的应用使得电视节目可以 2.1 立体声甚至 5.1 环绕立体声，较传统模拟电视的单声道，差异巨大。

（4）地面数字电视信号从发射至接收，依托于大规模集成电路技术发展，设备结构更加简单，制造门槛不断降低，成本进一步优化，可靠性比传统模拟电视更高。

（5）易于实现信号加密与解密，或加扰与解扰技术，提升广播电视播出安全和信息安全能力。

（6）地面数字电视系统搭建十分便捷，接收设备简单，既可以实现固定接收，也易于支持移动接收，有效支持了轮船、公路、城市流动人口等特殊需求人群的日常收视需要。

## 2.3 地面数字电视相关标准

### 2.3.1 主要的信源编码标准

地面数字电视较传统模拟电视具有如此多的优点，但地面数字电视却依托于无线频率这一稀缺资源进行传送。由于无线频率资源的紧张，为了在有限的地面无线信道内传输多路电视信号，人们发明了多种信源压缩编码技术。

（1）MPEG–2/H.262

第一代国际音、视频压缩编码标准，对应我国 GB/T 17975 系列国家标准，应用广泛，但已逐渐被新技术取代，具体指标为：高清（1125/50i）单套电视节目码率在 20Mbps 以上；标清（625/50i）单套电视节目码率在 5 ~ 6Mbps。

（2）MPEG–4 AVC/H.264

第二代国际视频压缩编码标准，应用于付费电视、互联网视频、DVB、欧美卫星电视高清机顶盒，日、韩，以及台湾、香港、澳门地区地面数字电视也部分或全部采用了该标准，须支付一定专利费和年费。在同等图像质量下，MPEG–4 AVC/H.264 的压缩比可以达到

MPEG–2 的 2 倍左右；统计复用时，单路标清电视节目码率可低至 1.5 ~ 3Mbps，单路高清电视节目可低至 6 ~ 10Mbps（图像质量随码率提升而改善）。

（3）AVS/AVS+ 及其他

AVS 是 GB/T 20090《信息技术 先进音视频编码》系列标准简称，包括系统、视频、音频、数字版权管理等 4 个主要技术标准和一致性测试等支撑标准，基于我国自主创新技术和国际公开技术构建，该标准性能与 MPEG–4/H.264 相当。GB/T20090 系列标准自 2006 年开始实施，经过多年的发展，已经形成完整的标准体系，并且围绕 AVS 系列标准已经形成一条完整的产业链。2012 年 7 月 10 日，原国家广播电影电视总局正式颁布了广播电影电视行业标准 GY/T 257.1–2012《广播电视先进音视频编解码 第 1 部分：视频》(简称 AVS+)，并于颁布之日起开始实施，主要用于高清电视、3D（三维立体）电视节目，现已获得大量实际应用。我国自主知识产权的 DRA 音频解码是我国地面数字电视接收机和接收器必备功能，DRA 标准在 GB/T 26683–2011《地面数字电视接收器通用规范》和 GB/T 26686–2011《地面数字电视接收机通用规范》中都有明确要求。

## 2.3.2 信道编码国家标准

目前，世界上已经提出了 4 个地面数字电视标准：欧洲的 DVB–T、美国的 ATSC、日本的 ISDB–T、中国的 DTMB。2006 年 8 月 18 日，《数字电视地面广播传输系统帧结构、信道编码和调制》(即 DTBM 标准) 经国家标准化管理委员会批准，标准号 GB20600–2006，该标准信道参数组合可达 330 种，采用地面无线发射时，每 8MHz 带宽支持的数据流量可从 4.8–32.5Mbps。GB 20600–2006《数字电视地面广播传输系统帧结构、信道编码和调制》是我国自主创新的一项重要成果，吸取了上海交大方案 (ADTB–T) 和清华方案 (DMB–T) 的技术优势，在带宽、传输码率、定时时钟、系统信息和帧结构等大多数格式上完全一致。2011 年，DTMB 被 ITU 采纳，成为继美、欧、日后第 4 个数字电视国际标准。国家新闻出版广电总局建议国内的数字接收机应实现主要的 7 种信道参数模式，包括表 2–1 所列参数。

表 2–1 国家新闻出版广电总局建议地面数字电视接收机的七种信道参数模式

| 模式 | 载波数量 | 前向纠错 | 星座映射 | 帧头 | 符号交织 | 净码率 (Mbps) |
|---|---|---|---|---|---|---|
| 1 | 3780 | 0.4 | 16QAM | 945 | 720 | 9.626 |
| 2 | 1 | 0.8 | 4QAM | 595 | 720 | 10.396 |
| 3 | 3780 | 0.6 | 16QAM | 945 | 720 | 14.438 |
| 4 | 1 | 0.8 | 16QAM | 595 | 720 | 20.791 |
| 5 | 3780 | 0.8 | 16QAM | 420 | 720 | 21.658 |
| 6 | 3780 | 0.6 | 64QAM | 420 | 720 | 24.365 |
| 7 | 1 | 0.8 | 32QAM | 595 | 720 | 25.989 |

### 2.3.3 其他常用的地面数字电视国家或行业标准

1. 地面数字电视相关标准众多，现已形成较完整的国家系列标准。如 GB/T 26686–2011《地面数字电视机通用规范》、GB/T 26685–2011《地面数字电视机测量方法》、GB/T 26683–2011《地面数字电视器通用规范》、GB/T 26684–2011《地面数字电视器测量方法》4 项标准适用于支持 GB 20600–2006 地面数字电视接收功能的标准清晰度和高清晰度地面数字电视接收机和接收器产品，既包含地面数字电视射频接收性能测量方法，也包括解码与音视频特性测量方法等，读者可自行参阅。

2. GY/T236–2008《地面数字电视广播传输系统实施指南》，主要规定了我国地面数字电视各种信道的覆盖门限。

根据该标准，覆盖门限有 3 种定义：

(1) 暗室条件下，按照 5 分制“主观评价法”，接收机的欲收声音或欲收画面质量引起测试人员轻微反感（slightly annoying）时，定义其为“可接受”状态，此时到达接收机输入端的信号场强可理解为 *E*min（最小等效场强）。

(2) 自然环境中，当仅有一部广播电视发射机时，广播信号须克服自然噪声后到达接收机输入端，并满足一定的地点概率，此时的接收机门限可理解为 *E*med（中值等效场强）。

(3) 自然环境中，当存在多部同频发射机时，广播信号既要克服自然噪声，并满足一定的地点概率，还要抗拒各种“人为干扰”，此时的接收机门限可理解为 *E*u（可用场）。

根据该标准，覆盖门限的推导过程大致分为三步：

(1) 根据“星座映射”+“前向纠错编码效率”，在标准中查找对应的载噪比（C/N）；

(2) 根据频道中心频率、载噪比、地点概率，在标准中查找固定接收时的 *E*min、*E*med 值，以及移动接收时的 *E*min、*E*med 值；

(3) 对门限进行必要的修正。

3.GY/T 237–2008《VHF/UHF 频段地面数字电视广播频率规划准则》，主要规定了我国地面数字电视与相关广播业务的射频保护率。

射频保护率，指的是为了保证正常接收，欲收信号与非欲收信号的最小功率比，通常在接收机输入端测量，以分贝表示。标准规定了地面数字电视信号之间的保护率，包括地面数字电视干扰地面数字电视时的保护率，以及地面模拟电视干扰地面数字电视时的保护率。

4. 中国地面数字电视频道划分规定

我国地面数字电视沿袭了地面模拟电视的 DS 频道划分规定，稍有不同的是，计算时，地面数字电视采用该频道的中心载频来对应其频道编号。

表 2–2 中国分米波电视频道标称载频

| 波段 | 频道（DS） | 频率范围（MHz） | 模拟图像载频（MHz） | 模拟伴音载频（MHz） | 数字频道中心载频（MHz） |
|---|---|---|---|---|---|
| IV 波段（分米波）（UHF） | 13 | 470 ~ 478 | 471.25 | 477.75 | 474 |
| | 14 | 478 ~ 486 | 479.25 | 485.75 | 482 |
| | 15 | 486 ~ 494 | 487.25 | 493.75 | 490 |
| | 16 | 494 ~ 502 | 495.25 | 501.75 | 498 |
| | 17 | 502 ~ 510 | 503.25 | 509.75 | 506 |
| | 18 | 510 ~ 518 | 511.25 | 517.75 | 514 |
| | 19 | 518 ~ 526 | 519.25 | 525.75 | 522 |
| | 20 | 526 ~ 534 | 527.25 | 533.75 | 530 |
| | 21 | 534 ~ 542 | 535.25 | 541.75 | 538 |
| | 22 | 542 ~ 550 | 543.25 | 549.75 | 546 |
| | 23 | 550 ~ 558 | 551.25 | 557.75 | 554 |
| | 24 | 558 ~ 566 | 559.25 | 565.75 | 562 |
| V 波段（分米波）（UHF） | 25 | 606 ~ 614 | 607.25 | 613.75 | 610 |
| | 26 | 614 ~ 622 | 615.25 | 621.75 | 618 |
| | 27 | 622 ~ 630 | 623.25 | 629.75 | 626 |
| | 28 | 630 ~ 638 | 631.25 | 637.75 | 634 |
| | 29 | 638 ~ 646 | 639.25 | 645.75 | 642 |
| | 30 | 646 ~ 654 | 647.25 | 653.75 | 650 |
| | 31 | 654 ~ 662 | 655.25 | 661.75 | 658 |
| | 32 | 662 ~ 670 | 663.25 | 669.75 | 666 |
| | 33 | 670 ~ 678 | 671.25 | 677.75 | 674 |
| | 34 | 678 ~ 686 | 679.25 | 685.75 | 682 |
| | 35 | 686 ~ 694 | 687.25 | 693.75 | 690 |
| | 36 | 694 ~ 702 | 695.25 | 701.75 | 698 |
| | 37 | 702 ~ 710 | 703.25 | 709.75 | 706 |
| | 38 | 710 ~ 718 | 711.25 | 717.75 | 714 |
| | 39 | 718 ~ 726 | 719.25 | 725.75 | 722 |
| | 40 | 726 ~ 734 | 727.25 | 733.75 | 730 |

续 表

| 波段 | 频道 (DS) | 频率范围 (MHz) | 模拟图像载频 (MHz) | 模拟伴音载频 (MHz) | 数字频道中心载频 (MHz) |
|---|---|---|---|---|---|
| | 41 | 734 ~ 742 | 735.25 | 741.75 | 738 |
| | 42 | 742 ~ 750 | 743.25 | 749.75 | 746 |
| | 43 | 750 ~ 758 | 751.25 | 757.75 | 756 |
| | 44 | 758 ~ 766 | 759.25 | 765.75 | 762 |
| | 45 | 766 ~ 774 | 767.25 | 773.75 | 770 |
| | 46 | 774 ~ 782 | 775.25 | 781.75 | 778 |
| | 47 | 782 ~ 790 | 783.25 | 789.75 | 786 |
| | 48 | 790 ~ 798 | 791.25 | 797.75 | 794 |

注：采用双伴音或立体声伴音方式时，则第二伴音载频比所列伴音载频高 242.1875kHz。

## 2.4 依托地面数字电视开展基本公共文化服务

2009 年，国务院发展研究中心《中国新农村建设推进情况总报告》所做的调查显示，在农村各项公共服务需求中，文化建设需求是最迫切的，需求率达到 82.7%，甚至超过修路 (79.5%)。而据中国出版科学研究所《全国国民阅读与购买倾向抽样调查》课题组的追踪调查结果表明，21 世纪以来，我国“国民对电视的接触率达到 94.6%，远远超过其他媒介”。可见，现阶段群众对文化生活的经常需要，广播电视是最主要的渠道之一。广播电视独特的文化传播优势，历来为世界各国所重视。2012 年 11 月 29 日，习近平总书记在参观《复兴之路》展览时对中国梦进行了深刻的阐释，明确指出中国梦是中华民族伟大复兴的中国梦，要实现两个百年奋斗目标，其中之一就是要在建党 100 周年（2021 年）实现小康。小康的基本指标不仅是 GDP 翻番，居民收入也必须翻番，这是我国第一次把居民收入的增长和 GDP 的增长挂钩。在当前形势下，不断提高人民群众生活水平是党和国家一切工作的根本目的。在党的十八大报告中，还首次提出了“基本公共服务均等化”的要求，并明确指出“人民生活水平全面提高”的目标就是“基本公共服务均等化总体实现”，这标志着我国把基本公共服务均等化确立为社会建设的重要指标。在十八届中央政治局常委与中外记者见面上，习近平总书记指出“人民对美好生活的向往就是我们的奋斗目标”，表达了我们党全心全意为人民服务的宗旨和发展为了人民的目的。改革开放近 40 年来，人民生活水平得到了普遍提高。但是还必须看到，我国社会发展还是很不平衡，随着经济社会的不断发展，我国城乡差距并没有缩小，农村公共服务体系相对于城市来看，还显得很薄弱，亟待加强。伴随我国改革开放，广播电视得到快速的发展，现已建成了覆盖全社会的广播电视公共服务体系，成为广大人民群众获取信息和娱乐的主要渠道，是人民群众基本生活的重要组成部分。因此，不断完善城乡广播电视公共服务体系是关系到全中国人民日常生活的大事，必然是当前我国非常重要的一项任务。

广播电视怎样均等化实现城乡基本公共文化服务，这是新中国建立以来长期致力于解决，而又长期处于发展中的命题。数据显示，2014 年年初，我国人口总数为 13.6 亿，其中农村人口 6.3 亿，2.1 亿户家庭，全国累计家庭用户数超过 4.3 亿。当时，我国有线电视用户数已达到 2.2 亿；直播卫星公共服务用户总数近 4 千万户，粗略估计全国仍有近 2 亿农村家庭用户无法享受到内容丰富的广播电视公共服务。数据表明，我国城乡广播电视发展现状与中央提出的社会经济建设发展总体目标，与人民群众日益增长的精神文化需求，还有相当的差距。广大广播电视从业者面临着两个切实的技术实践问题：第一，如何通过有线、无线、卫星等多种覆盖方式，有效扩大公益覆盖范围，提升公益覆盖水平。第二，如何才能有效增加广播电视公益覆盖节目套数，提升公共服务水平。近 20 年来，国家相继实施了广播电视村村通、直播卫星户户通、中央广播电视节目无线覆盖工程等多个惠民工程，极大提升了广播电视基本公共服务能力。下面以湖南省为例，简单介绍工程实践效果。

### 2.4.1 湖南省电视基本公共服务建设情况

1998 年以来，国家大力推进实施广播电视村村通工程。工程重点从行政村开始，逐步向 50 户以上自然村、20 户以上自然村、20 户以下自然村拓展，湖南省广播电视事业建设取得长足进步。按照国家的统一要求和部署，从全省农村广播电视事业的实际出发，有计划、分阶段、有重点地推进实施广播电视村村通工程。2014 年，湖南广播电视村村通工程顺利完成。仅“十二五”期间，全省实现 97136 个已通电自然村“盲村”通广播电视的建设目标，帮助解决近 150 万户农村群众看电视、听广播难的问题。经多年发展，全省广播、电视人口综合覆盖率分别从 2006 年的 88.38%和 94.01%提高到了 2015 年的 94.06%和 97.98%。在“村村通”工程带动下，广播电视综合覆盖水平、基础设施建设水平和技术保障能力明显提高，广播电视事业建设取得显著进展。

**1. 无线广播电视覆盖水平稳步提高**

无线广播、电视覆盖率由 2006 年的 86.09%、90.57% 分别提升至 2015 年的 92.37%、96.24%。2015 年年底，全省共有各类在用广播电视高山无线发射台 103 座，主要微波台（站）25 座；广播电视卫星地球站 1 座，卫星传送湖南卫视、金鹰卡通卫视 2 套节目。湖南省于 2008 年顺利完成中央广播电视节目无线（模拟）覆盖工程，92 座广播电视无线发射台站新增 187 个广播电视频率转播中央 1 套电视、中央 7 套电视和中央 1 套广播节目。中央广播、电视节目无线覆盖率由 2006 年的不足 60% 提升至 90% 以上。

**2. 有线广播电视服务能力及市场化运营水平不断提升**

2007 年，湖南省全面启动有线数字电视整体转换工作，2010 年已全面完成有线电视数字化。目前，全省有线广播电视入户率由 2006 年的 23.15% 提升至 2015 年的 55.47%，其中农村有线电视入户率由 11.63% 相应提升至 31.75%。用户由 2006 年的 470 万提升至 2015 年的 1133 万。湖南有线电视网络已联通全省 14 个市州，92 个县市区，并已覆盖全省 85% 以上乡镇和 50% 以上的行政村。城镇用户现可收听、收看到 8 套以上广播节目、100 余套标清电视节目和 40 余套高清电视节目，农村地区用户可收听、收看到 8 套以上广播节目和 40 套以上电视节目。

**3. 卫星电视惠及人群愈发广泛**

根据国家统一部署，湖南省于 2007 年完成 C 波段卫星电视转播任务，共计 320 余万户居民因此受益，可免费收看到不少于 20 套卫星电视节目。随着广播电视技术的快速发展，加之设备自然损耗，C 波段卫星电视逐步为 Ku 波段卫星电视所取代。2015 年，湖南省启动实施直播卫星户户通工程建设，旨在解决有线不通达的农村地区群众收听、收看广播电视的问题，于 2016 年完成直播卫星户户通整省推进 100 万户用户的任务。

**4. 电视基本公共服务的不足**

(1) 覆盖盲区没有完全消除

一是全省尚未实现广播电视信号全覆盖。当前广播、电视还存在极少数覆盖“盲区”，多分布于少数民族地区、山区、林区等，资金投入较高，建设难度较大。

二是“村村通”工程存在“返盲”现象。因服务能力相对滞后、卫星山寨锅屡禁不绝、设备使用损耗等原因，部分已实现“村村通”的地区出现“返盲”，“村村通”成果还须进一步巩固。

(2) 无线数字化覆盖水平有待进一步提高

模拟数字转换工作尚未完成。据统计，2016 年 10 月，湖南全省安装无线数字电视发射机 210 部，合计功率 254.4 千瓦，分别只占无线电视发射机总数的 37.2%，合计发射总功率的 41.6%，数字化水平亟待提升。

(3) 服务能力不足

城市有线网络服务维护网点设置数量不足，农村综合文化站建设运行能力较弱，这些问题的存在，难以有效承担广播电视公共服务日常运行维护任务。

(4) 有线网络进一步发展难度加大

由于体制、机制等历史原因，有线网络运营主体分散，城镇交叉覆盖众多，使得网络结构异常复杂，地域性十分明显。虽然湖南省有线网络企业化改制、网络整合等工作基本完成，但仍留下不少难点。目前，湖南有线网络已全面实现企业化运营，其发展依托于网络运营商的经济效益，在现有政策条件下，承担公益性服务的压力逐渐增大。

### 2.4.2 国家就推动地面数字电视发展出台的政策举措

从以上湖南省的例子可以看出，有效提升广播电视基本公共服务能力，促进均等化基本公共服务建设，仍是任重而道远。在推进基本公共文化服务的过程中，人们发现，地面数字电视的作用尤为重要。一方面，在城市，地面数字电视可成为有线数字电视有益的补充；另一方面，在农村，地面数字电视亦可与直播卫星进行协同覆盖，为农村家庭用户提供高质量的广播电视公共服务。因此，为促进地面数字电视在基本公共文化服务方面的应用，国家有关部委相继出台了若干政策。

2012 年年底，原国家广电总局正式发布我国《地面数字电视覆盖网发展规划》〔广发(2012)113 号〕，明确提出地面数字电视的发展要为全民免费提供广播电视服务。根据《规划》，到 2020 年，全国地面数字电视广播覆盖网基本建成，提供中央电视台第 1 套、第 7 套和本省第 1 套、本地第 1 套电视节目等高清、标清公共服务节目，地面数字电视综合覆盖率基本达到现有模拟电视覆盖水平，地面数字电视接收机基本普及，更多的中央、本省、本地农业科教类电视节目和少数民族语言节目等其他电视节目进入地面电视频道，通过高、标清方式为城乡广大人民群众提供多套高质量的节目，公共服务水平得到较大提升。届时，地面模拟电视信号停止播出，地面电视实现由模拟到数字的战略转型。《规划》还明确指出地面数字电视广播的发展要按照“公益性、基本性、均等性、便利性”和统一规划、统一建设、统一技术平台、统一运行管理的要求，按照分级负责原则，中央、省、市、县各级政府分别负责解决本级广播电视节目的无线发射设备及机房等基础设施的改造和运维经费，有计划分步骤到 2020 年全部实现数字化，为全民免费提供广播电视服务，不断提高公共服务的质量和水平。

2013 年年初，工信部联合发改委、国家新闻出版广电总局等部委联合下发了《关于普及地面数字电视接收机的实施意见》(以下简称《实施意见》)，要求，到 2020 年全面实现地面数字电视接收。在具体的实施步骤上，从 2014 年 1 月 1 日起，我国境内市场销售的 40 英寸及以上电视机需具备地面数字电视接收功能。从 2015 年 1 月 1 日起，我国境内市场销售的所有尺寸电视机应具备地面数字电视接收功能。《实施意见》称，所售产品应符合地面数字电视接收机国家标准。

上述截止日期之前生产的不具备地面数字电视接收功能的库存电视机产品在销售时应配送地面数字电视机顶盒，为推进地面数字电视终端普及提出了明确的时间表和路线图。

2014 年年底，国家新闻出版广电总局和财政部联合印发了《关于实施中央广播电视节目无线数字化覆盖工程的通知》(以下简称《通知》)，启动实施中央广播电视节目无线数字化覆盖工程 (以下简称“中央覆盖工程”)。《通知》明确：中央覆盖工程由广电总局、财政部统一规划、统一标准、统一组织，各省 (区、市) 新闻出版广电局负责具体建设。中央覆盖工程计划分两步实施，第一步：2015 年，利用全国无线广播电视骨干发射台基本实现 12 套中央电视节目的无线数字化覆盖，启动 3 套中央广播节目的无线数字化覆盖试点；第二步：2015 年至 2016 年，根据中央电视节目无线数字化覆盖效果，继续补充完善覆盖建设，以进一步扩大覆盖面、提高覆盖质量；同时，根据中央广播节目无线数字化覆盖试点情况，做出下一步中央广播节目无线数字化覆盖总体方案，再分年实施。中央覆盖工程计划用 2 年时间，在全国 2562 个广播电视骨干发射台站部署符合 GB 20600–2006《数字电视地面广播传输系统帧结构、信道编码和调制》标准的地面数字电视广播设备，构建 2 个频道的地面数字电视广播覆盖网，基本实现除 CCTV–3、CCTV–5、CCTV–6、CCTV–8 外的 12 套标清中央电视节目的全国无线数字化覆盖；同时采用 GY/T 268.1–2013《调频频段数字声音广播 第 1 部分：数字广播信道帧结构、信道编码和调制》标准在全国 300 多个地级以上城市开展数字音频广播试点，转播 3 套中央广播节目。

2015 年年初，中共中央办公厅、国务院办公厅联合下发了《关于加快构建现代公共文化服务体系的意见》，明确指出，要“提升公共文化服务现代传播能力，加强广播电视台、发射台（站）、监测台（站）建设，继续实施广播电视高山无线发射台站建设工程，加快推进直播卫星和地面数字电视覆盖建设，努力实现广播电视户户通”，并要求“通过地面数字电视提供不少于 15 套电视节目”。

2016 年上半年，国务院办公厅印发《关于加快推进广播电视村村通向户户通升级工作的通知》，明确指出“确保通过无线（数字）提供不少于 15 套电视节目和不少于 15 套广播节目”，并要求“大力提升基础设施支撑保障能力，按照广播电视工程建设标准和相关技术标准，加快推进县级及以上无线发射台（转播台、监测台、卫星地球站）等基础设施建设，满足广播电视安全播出和监测监管需要”，进一步为利用地面数字电视开展广播电视基本公共文化服务夯实了基础。

总的来说，采用地面数字电视扩大免费公益覆盖，是推进基本公共文化服务标准化、均等化的重要工作，是切实保障城乡居民听好广播、看好电视的重要举措，是数字化、网络化新形势下发展广播电视事业的必然要求，对加快构建技术先进、传输快捷、覆盖广泛的无线数字广播电视公共服务体系，保障全国城乡居民更好地收听、收看广播电视节目，具有重要意义。通过工程的建设实施，能够进一步巩固中央广播电视节目无线覆盖成果，有效解决无线模拟技术条件下传输节目较少、质量有待提高等问题；能够进一步拓展广播电视宣传阵地，提升广播电视公共服务水平和质量；能够进一步提升广播电视传播力和影响力，弘扬社会主义核心价值观，引领社会文明风尚。

### 2.4.3 湖南省地面数字电视的发展历程

无线是农村广播电视覆盖的主要手段，是农村地区收听、收看广播电视的重要方式，是各级政府为人民群众提供公共文化服务的重要组成部分。2008 年，湖南省圆满完成中央广播电视节目无线覆盖工程建设任务。新增、更新模拟发射机 187 台，功率扩大 258.5 千瓦，改造无线转播台站 95 座。中央两套电视与一套广播的覆盖效果明显改善。其中，中央 1 套电视单套节目覆盖率 92.5%，比 2006 年之前提高了 33.5%。中央 7 套电视单套节目覆盖率 62.32%，比 2006 年之前提高了 59.12%。中央 1 套调频单套节目覆盖率 91.48%，比 2006 年之前提高了 28.68%。同时，在建设过程中，一些新的矛盾和问题又不断凸显。一是广大电视观众期待接收到更多更清晰的优质电视节目，特别是贴近当地人民生活的本地电视节目，而无线模拟电视节目的传输需要占用较多频谱资源，单一频道无法传输多套节目，无线频率使用效率不高。二是无线模拟电视采用逐级放大的传输方式，传输过程中容易产生噪声，长距离传输图像信号易受到干扰，此外还有稳定性差、可靠性低、调整繁杂、集成度低、自动控制困难以及成本高昂等缺点。随着科技的进步与人民生活水平的不断提高，电视数字化已成为发展的必然趋势。加快推进地面数字电视发展，对于巩固和拓展党的宣传文化阵地，提高电视公共服务的质量和水平，满足人民群众日益增长的精神文化需求，拉动相关产业发展，具有十分重要的意义。我国已发布强制性地面数字电视国家标准，各项配套标准日趋完善，数字电视产业不断壮大，大力发展地面数字电视的条件已经具备，加快推进地面数字电视发展，加紧建设地面数字电视广播覆盖网络，促进广播电视大发展大繁荣已成为当前一项重要的任务，必须积极加以推动。

**1. 无线覆盖提质工程**

为加快本地无线电视传输事业的发展，完善公共文化服务体系，巩固和提升广大农村覆盖地区群众收听、收看广播电视节目的效果和水平，湖南省第十次党代表大会提出了“大力发展公益性文化事业”，“深入实施广播电视户户通和无线覆盖提质等重点惠民工程，提高公共文化产品和服务供给能力”的号召，并于2013年开始实施无线覆盖提质工程建设。计划对全省60高山台站的设备及基础设施进行全面提质。提质内容包括对台站进行数字化转化、对发射机、天馈系统、信号源、编码复用、监测系统等设备进行更新换代，以及对机房、铁塔、防雷接地、供电系统等基础设施进行维修改造。经过2年建设，湖南省60座高山无线发射台站转播省1套电视和省1套调频的发射机及其附属设备设施完成数字化升级改造。

**2.AVS+示范工程**

湖南地面数字电视AVS+示范建设工程由国家新闻出版广电总局批准建设。湖南广播电视台负责承建。工程选用AVS+、DTMB双国标作为传输覆盖的技术标准，围绕基于AVS+的广播电视业务系统、基于DTMB标准的地面数字电视覆盖网络、基于AVS+高标清电视广播业务的创新研究、探索清流广播电视业务运营推广模式4个方面展开了深入研究和实践推广，成为广播电视公共服务机能的良性载体和国家自主知识产权创新应用的成功案例。工程建设至今，从频率规划、编码传输、组网覆盖、终端接收（用户体验）、服务管理这5个方面开展了一系列工作，取得了较好的成绩。到目前为止，已在全省范围内建成了集编码、传输、发射、接收、监测、管理于一体的国标地面数字电视传输覆盖系统。系统中包含的动态统计复用编码、全IP化传输、大功率液冷发射、高清机顶盒接收和应急广播应用等多项技术体系均为国内同行首创，达到了国际上同步领先水平，起到了很好的示范和借鉴作用。至2016年，AVS+免费公益信号已全面覆盖湖南省的14个地州市，深度覆盖长沙、岳阳、常德、衡阳、郴州等省内重要政治经济文化中心。覆盖人口超过4000万。AVS+清流用户已超过 150 万户。

**3. 中央广播电视节目无线数字化覆盖工程**

2014 年年底，国家新闻出版广电总局、财政部联合印发《关于实施中央广播电视节目无线数字化覆盖工程的通知》〔新广电发（2014）311 号〕，决定分两步实施中央广播电视节目无线数字化覆盖工程。第一步，利用全国无线广播电视骨干发射台基本实现 12 套中央电视节目的无线数字化覆盖，启动 3 套中央广播节目的无线数字化覆盖试点；第二步，根据中央电视节目无线数字化覆盖效果，继续补充完善覆盖建设，进一步扩大覆盖面、提高覆盖质量。根据国家新闻出版广电总局安排，湖南省共有 100 座县级以上高山无线发射台站、39 座乡镇广播电视站需完成中央广播电视节目无线数字化覆盖工程建设。建成后，100 座任务台站播出包括中央、省、市、县在内的不少于 15 套地面数字电视节目，21 座任务台站播出中央 4 套调频广播节目（含 1 套模拟、3 套数字），39 座乡镇广播电视站播出中央 12 套地面数字电视节目（初步计划），覆盖全省大部分地区。

根据湖南省实际情况，每个电视台站使用总局规划的 2 个地面数字电视频道、安装 2 套地面数字电视广播发射系统；其中一个频道采用地面数字电视推荐模式 5、播出中央电视台 8 套标清数字电视；另一个频道采用地面数字电视推荐模式 4、播出中央电视台 4 套标清节目以及湖南电视台 5 套、市州电视台 1 套、县市电视台 1 套共 11 套电视节目。广播台站还将安装 1 部 CDR 发射机，使用与原播出中央 1 套模拟调频广播相同的频率，采用模 / 数同播的方式，在全省同时播出中央人民广播电台 4 套广播节目。工程分两期建设，一期工程包括 82 座县级以上电视台站和 11 座县级以上广播台站。截至 2016 年底，已顺利开展实地勘察、编制技术实施方案、设备招投标、人员动员及培训等工作，并已陆续有 34 座电视台站设备安装调试完成，具备试播条件。二期工程包括 18 座县级以上电视台站、10 座县级以上广播台站和 39 座乡镇电视站，预计于 2017 年全部完成。

## 2.5 地面数字电视的未来发展

### 2.5.1 当前地面数字电视所面临的挑战

虽然地面数字电视已经具备诸多优点，但是和广大电视观众的需求相比，又还存在着很多亟待解决的问题：

（1）业务承载效率不高

随着消费者对广播电视业务质量的要求提高，高清电视、立体（Three-Dimensional，简称 3D）电视、4K 超高清电视业务已逐步成为广播电视发展的必然趋势，而高质量的业务则需要更高的传输带宽来保障。

目前，无线广播电视主要工作在广电甚高频（Very High Frequency，简称 VHF）、特高频（Ultra High Frequency，简称 UHF）频段，广电频段的使用已处于饱和状态，频率资源日益稀缺，而现有的传输网络承载容量不足，必须进行技术升级与改造，提高传输效率，以适应高质量业务的传输带宽要求。

（2）业务承载能力不强

近年来，随着移动互联网、基于开放互联网的视频（Over The Top TV，简称 OTT TV）、物联网等技术的蓬勃发展，广播电视的业务形态也发生了根本性的变化，由单一的单向广播业务转变为单向广播与双向互动相结合的，可为用户提供多样化、精细化服务的新媒体业务。现有的单向传输网络无法承载多样化业务，必须进行技术升级与改造，研发新一代的具有广播、组播及单播功能的无线广播系统，以承载多样化的业务形态，支撑未来全媒体业务的发展。

（3）行业竞争力较弱

移动互联网业务为了满足用户随时随地获取媒体信息的需求，近年来其传输带宽不断提升，业务能力显著增强，其对广播电视行业的冲击日益明显，竞争态势日趋严峻。

为尽快提升广电行业竞争力，必须充分吸收移动互联网的技术优势，结合广电自身特点，充分利用无线资源，尽快研发出新一代无线广播电视技术，为用户提供高质量、多样化的无线广播电视业务，以应对日趋严峻的行业竞争。

（4）业务规划部署单一

传统无线广播电视业务是我国公共信息服务的重要组成部分，但业务形态较少，节目数量有限。随着数字信息技术的蓬勃发展，亟需部署互动电视、超高清电视、移动互联网等新业务，以应对广播电视向多层次、多样化、个性化发展的需求。

广电 VHF、UHF 频段目前已经部署了模拟电视、DTMB、CMMB 等多种业务，频率资源使用基本饱和，随着 NGB–W 业务的部署，必将加剧对无线频率使用的需求。为解决频率资源不足的问题，必须尽快进行统一的业务和频率规划，根据信息传播领域的“二八原则”，将共性业务内容通过广播网络传输，将个性化业务内容通过双向网络传输，以利用大量的双向网传输冗余，提高网络传输效率，优化网络覆盖效能。

### 2.5.2 NGB 与地面数字电视的关系

未来地面数字电视，其应用概念将不仅仅限于电视本身，而是将会作为一种重要的信息应用工具而存在。依托于我国正在规划建设的下一代广播电视网（Next Generation Broadcasting network，简称 NGB），地面数字电视在我国将迎来更加多样化的发展路径。

作为推进三网融合的重要管理部门，原国家广电总局早在“十五”规划期间就已将推进三网融合列为“十一五”规划的重要内容，下一代广播电视网作为适合我国国情的、“三网融合”的、有线无线相结合的、全程全网的下一代广播电视网络，是引领和支撑三网融合发展的重要手段。2008 年 12 月，原国家广电总局与科技部签署了《国家高性能宽带信息网暨中国下一代广播电视网自主创新合作协议书》，确定了以自主创新的“高性能宽带信息网”核心技术为支撑，以我国近年来在移动多媒体广播电视（China Mobile Multimedia Broadcasting，简称 CMMB）、地面数字电视（Digital Television Terrestrial Multimedia Broadcasting，简称 DTMB）、有线数字电视的成果为基础，实现建设可同时传输数字和模拟信号的、具备双向交互、组播、推送播存和广播 4 种工作模式的、可管可控可信的、全程全网的宽带交互式 NGB 的目标。

NGB 分为 NGB 有线系统（NGB–Cable，简称 NGB–C）和 NGB 无线系统（NGB–Wireless，简称 NGB–W），其中 NGB–W 结合广播电视无线传输技术和无线宽带通信技术的优势，充分考虑广播电视业务特性，形成全国范围内“天地一体”的传输覆盖体系，构建覆盖个域、局域和广域范围的，支持广播、组播、单播、交互相结合的下一代广播电视无线网络。

在 NGB 体系中，NGB–W 是新一代智能融合媒体网络，具有双向互动架构、超高速带宽、可管可控可信的能力，采用开放的业务平台，可承载多种多样的三网融合业务，为用户提供精细化的服务，从而实现对现有无线广播电视网络体系的全面升级换代。

### 2.5.3 NGB–W 的特点

NGB–W 是以智能引擎为核心驱动，具备可管、可控、可信能力的新一代智能融合媒体网络，实现广播与双向交互业务的协同传输，满足用户的共性和个性需求，实现广电业务有效聚合和新媒体业务的有机融合。

NGB–W 是广播大塔、交互小塔和网络节点相结合的新型传输网络，采用协同传输、分层覆盖架构，广播大塔对网络节点和终端进行大区域覆盖，交互小塔对网络节点实现中大区域覆盖，网络节点以无线局域网（WLAN）方式实现对终端的中小区域覆盖。

NGB–W 采用智能操作系统的融合型终端，支持智能应用的下载、安装和使用，可方便、快捷地获取 NGB–W 网络提供的新一代智能融合业务，实现业务的快速部署。

### 2.5.4 NGB–W 系统的实现目标

**1. 构建 NGB–W 的业务体系**

开展对 NGB–W 业务需求的调研，构建具备新型媒体信息服务所需各种基本要素的 NGB–W 业务体系，使之能够提供高清、3D、4K 超高清等高质量无线广播电视服务，支撑新型广播电视业务从有线领域向无线领域的平移，并实现与 NGB–C 业务体系的融合与协同，支撑未来不断涌现的各种广播电视新业态，为广播电视行业的未来发展提供创新模式，满足用户随时随地看广播电视的需求。

**2. 研究新一代无线广播电视传输技术**

新一代无线广播电视传输技术研究从系统技术需求分析入手，研究 NGB–W 需要支持的业务类型及其特性，分别从广播网和双向接入网分析支持各类业务所需具备的接入层和网络层技术指标；研究 NGB–W 网络架构和空中接口以及频率资源使用与规划，设计物理层、介质访问控制（Media Access Control，简称 MAC）层和网络层协议和方案，并开展无线传输和频谱感知、分配、共享等关键技术研究。

**3. 研究新一代智能融合网络架构**

研究以“智能引擎、智能分发、智能终端”为特点的新一代智能融合媒体网络。以前端智能引擎为核心，构建内容、网络、用户、终端的智能关联，从不断扩大的海量媒体内容中筛选出用户真正所需的内容，并以最高效的网络传输方式、最适合的终端应用形式，将用户所需内容低成本高效送达。

**4. 研究新一代智能融合终端**

以智能化、网络化为设计原则，研发适配固定、移动、便携等多种接收方式应用场景的新一代智能终端，支持智能应用的下载、安装和使用，支持智能推荐、智能搜索、智能分发等 NGB 业务。

**5. 构建 NGB–W 示范网络，开展技术规模试验**

构建 NGB–W 示范网络，开展技术规模试验，验证各种技术实现和业务平台的有效性和可靠性，并为 NGB–W 后续阶段的产业化做准备。

**6. 构建 NGB–W 的标准体系**

制定 NGB–W 相关技术标准规范，遵循目的性、系统性、协调性、层级性、开放性 5 大原则，进行国际相关技术标准现状调研分析，开展 NGB–W 信道、业务复用、业务应用、智能引擎、协同覆盖、智能终端、系统测试等方面标准体系的研究，以形成完备的 NGB–W 标准体系。

# 第 3 章　前端系统

## 3.1 前端系统的功能概述及其组成

### 3.1.1 前端系统的概念

前端系统的概念比较宽泛，相对于不同的技术系统组成，前端系统有着不同的定义。在广播电视传输覆盖系统中，一般把节传系统之前的部分统称为前端系统。前端系统（见图 3–1）负责对制作系统和播出系统源端基带视音频信号进行一定的技术处理，通过编码压缩、交换重组、复用输出后，送入节传系统中进行下行传输，在用户接收端进入接收系统进行还原，实现声画的重现。如果需要对在播节目信息和网络中的用户资源进行管理和维护，我们还需要在前端系统中加入内容管理（CMS）和用户管理（CA）两项内容，实现运维单位和终端用户的定制化需求。总体来说，对源端信号的编码压缩和复用处理是前端系统的两项基本功能。这两项功能可以保证前端输出的信号能够适应节传系统和接收系统的传输播出的技术要求，满足用户的基本体验。

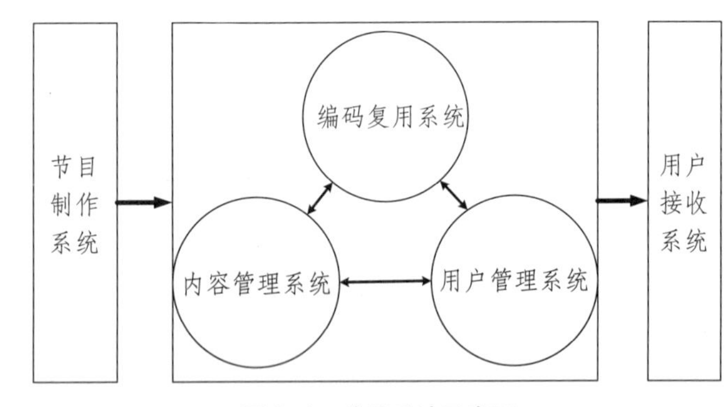


**图 3–1　前端系统示意图**

### 3.1.2 地面数字电视前端系统的整体要求

本书中所述的前端系统，特指地面数字电视前端系统。系统在设计规划之初，全国地面数字电视覆盖网络建设正处在市场向公益转变、模拟向数字过渡、标清向高清平移的多重转型期。同时，国家音视频编码标准的自主研发和应用，为本系统的科学立项提供了有力的技术支撑。系统的整体设计应该充分考虑以上多种因素的实际需求，通过合理的规划，搭建符合国家标准、具备各地特色的地面数字电视前端系统。总体来说，我们认为地面数字电视前端系统应满足以下几方面整体要求：

**1. 安全可靠**

本系统作为地面数字电视的前端系统，需面向各市州的广大城镇、农村用户提供高质量稳定的公益覆盖节目，与有线电视、IPTV、直播卫星形成良性的增益和互补，满足广大基层群众的基本精神文化，成为传递党的声音、弘扬主流文化的重要渠道。因此，安全稳定、优质可靠是本系统在设计时应首先满足的要求。系统应采用高可靠性的产品和技术，能够连续长时间不间断工作。应充分考虑整个系统运行的安全策略和机制，具有较强的容错能力和良好的恢复能力，并具备完备的综合网管和技术监看环节。

**2. 统一实用**

系统在设计时应注意考虑统一性，做到统一建设、统一管理，以确保整个系统的各种软件、硬件均符合相关的国际、国内标准，保证业务、功能、界面、内容的高度统一化和标准化，从而达到服务的规范化和管理的高效性。充分利用现有的合法频点和网络资源，结合实际业务需求和现有条件，建成具有各地特色的地面数字电视广播系统。

**3. 先进成熟**

系统在设计时应考虑使用当前主流的、成熟的、最先进的音视频编码技术，确保系统在建成时在技术上处于领先地位，在建成后的相当长一段时间内不会因为技术落后而大规模调整，造成重复投入和资源浪费，能通过更新升级、合理置换保证系统的先进性和成熟性。

**4. 开放兼容**

系统在设计时应采取全 IP 化交互的开放式架构，具备"互联网 + 的业态功能"。系统的各接口应符合开放系统互联标准和协议，以便与符合广播标准的模块设备进行互联、替换与整合。硬件平台应具有良好的可扩展能力，能够方便地进行系统升级和更新，以适应各种不同业务的不断发展。

**5. 自主创新**

系统作为国家公共服务体系的有机组成，是国家公益覆盖网络的一部分。系统在设计时应充分考虑自身平台的社会价值与功能定位，优先采用国家相关标准进行规划和建设，达到由点带面、示范推广的作用。采用自主创新的国家标准作为整个系统底层技术载体，不仅可以在终端接入方面节约大量的专利费用，更可以实现核心技术研创与应用方面的突破，真正意义上实现国家广播电视喉舌属性与安播战略的本质要求。

### 3.1.3 地面数字电视前端系统的组成与功能

前端系统根据所处位置和重要性又可以分为总前端和分前端系统，本章节主要围绕总前端系统进行相关阐述。地面数字电视前端系统的主体为 AVS+ 信源编码复用系统，由 AVS+ 编码器、AVS+ 复用器、AVS+ 网管技监服务器和前端信源节传设备组成。其中，前端信源节传设备主要完成对系统所需的信源基带信号的引入，包括卫星接收机、光端机和视频分配板卡。AVS+ 编码器完成对基带信号的编码压缩处理，根据人眼的视觉特性、运动矢量特性等进行有损的数据压缩，达到去冗余化、大幅降低实时传输速率的目的。这里，我们选取 AVS+ 标准作为编码压缩的算法。AVS+ 复用器主要对编码器实时输出的编码后视音频节目流进行交换重组，根据终端收视需求，完成各路节目流的关联配置和复用输出。AVS+ 网管技监服务器主要是为了实现对当前编码复用环节节目流的实时监测报警，并对整个前端系统建立起相应的管理维护和应急切换机制，提升系统的安全播出等级，达到智能化监播的目的。当然，以上所述只是对信源编码复用系统的一个初步介绍，具体到每个环节的设计思路、技术特点、功用性能以及彼此之间的关联架构，下文将有详细的说明。

如果需要对播出的节目内容进行更加定制化的功能丰富的扩展和延伸，我们就需要引入内容管理系统。它是一个比较宽泛的概念，该系统与编码复用系统有一定的联系，但并没有过多的耦合关系。编码复用系统往往作为内容管理系统对下行平台进行分发的一个载体，内容管理系统在设计上也不应影响编码复用系统的主体功能。根据我们实际运营过程中的功能需求，内容管理系统可以进行电子节目表单、公益广告植入、流媒体点播、在线视频时移与回看等多种附加功能的加入，达到丰富用户端的收视体验和提高前端的运营能力的目的。这里特别需要指出，本文在写作的过程中，基于湖南地面数字电视前端系统的成熟平台，与相关科研院所的技术人员研究了应急广播系统与地面数字电视的融合应用，实测了应急广播功能在地面数字电视系统中的植入和发布。应急广播系统作为国家应急体系和国家公共服务体系的重要组成部分，是一种特殊的内容管理系统，通过相关技术手段，将其在地面数字电视前端系统中进行植入，在终端接收系统中进行呈现，具有重要的社会意义。这方面的内容本书在后续章节会有专门的介绍。

本系统为公益覆盖系统，采用免费开路播出的方式。如果需要对网络中的终端用户进行管控，如图 3–2 我们也可考虑在前端系统中加入用户管理系统。用户管理一般采取条件接收的方式，通过条件接收技术，我们可以实现对指定权限的终端机顶盒的接收。这样做，一是可以规范终端机顶盒接入市场，避免出现终端产品良莠不齐、各自为政的乱局，切实保护基层群众的利益；二是可以全面的掌握公益覆盖网络中的用户数量和用户信息，为后续完善公共服务体系提供重要的决策参考依据。此外，用户管理系统还可以对用户进行鉴权认证，实现网络内区域化

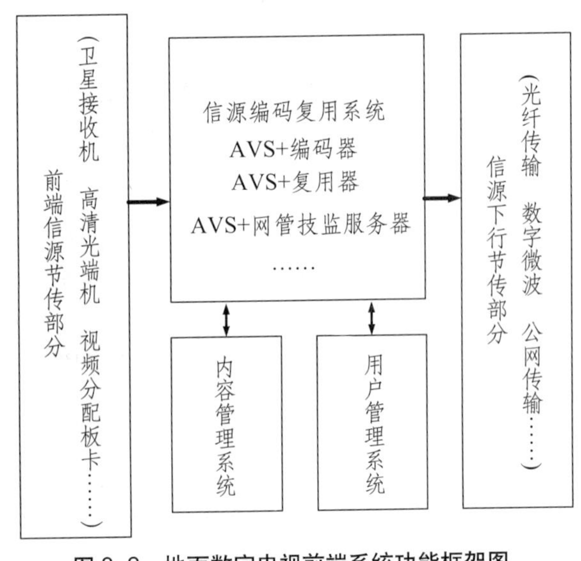

**图 3–2　地面数字电视前端系统功能框架图**

的定制推送，实现在特定时间内对特定区域的用户提供应急广播服务。总之，用户管理系统本身具备的一些功能属性可以通过适当的方式与公益覆盖网络体系进行良性嫁接，发挥其应有的作用与价值。

在整个地面数字电视前端系统的建设中，考虑到公益属性的要求，内容管理和用户管理一般只是进行了一些设计和测试，并未投入实际使用。在本章中，我们主要介绍的还是AVS+ 信源编码复用系统的相关内容。

## 3.2 前端系统音视频编码标准概述

### 3.2.1 视音频编码标准简介

说起前端系统，就不能不提到编码标准。在广播电视系统中，我们主要对图像和声音进行处理，对应就是视频信号和音频信号。对这两种信号进行压缩编码，就涉及视频与音频的编码标准方面的问题。

**1. 常见视频编码标准及其概念**

在广播电视系统内，制作域生成的信号是摄像机采集后（光电转换）、编辑人员进行非线性编辑、特效处理后的原始基带信号，这种信号包含的数据信息量较大。一路未经压缩的 SDTV 视频信号数据率约为 270Mbps，一路未经压缩的 HDTV 视频信号（720P）数据率约为 528Mbps，如果涉及 4K 信号，数据率将高达 6Gbps。这样的信号，是不能直接用于传输的。为了利用有限的通道带宽传输高质量的视频信号，满足终端用户不断增长的观看体验需求，视频编码技术的应用就显得尤为重要。视频编码分为抽样、量化和编码 3 个过程，抽样和量化是将连续的模拟信号变为离散的数字信号，并通过二进制数字组合表示其不同的量化电平值。对这些量化电平值，我们再采用不同的压缩技术（算法），对其进行编码，使原始图像数据信息能够满足我们的信号传输需求，并在终端能够通过相应的解码方式得以还原和呈现。编码的过程对图像会带来损伤，但其损伤范围会被控制在我们肉眼可以接受的幅度内。

在广播电视传输系统中，如果按照编码的用途去划分，可以分为信源编码和信道编码。信源编码主要是为了提高传输的有效性，即在图像允许的损伤范围内通过视频压缩技术使得可以在有限的通道带宽内尽可能多的传输我们想要的节目信息，提高传输的效率。信道编码则是为了提高传输的可靠性，即通过相应的编码处理技术，增加信号在传输过程中的抗干扰和纠错能力，我们常用的前向纠错编码（FEC），就属于信道编码。在本章中，我们主要讲述前端系统的相关概念，这里只对信源编码进行讨论。

对于信源的编码标准，目前国际上比较常见的有 MPEG 系列标准、H.26X 系列标准、JPEG 系列标准，国内主要有 AVS 系列标准。

MPEG 系列标准由 ISO 国际标准化组织机构下属的运动图像专家组开发设立。该专家组成立于 1988 年，目前已经拥有 300 多名成员，包括 IBM、SUN、BBC、NEC、INTEL、AT&T 等世界知名公司。MPEG 组织最初得到的授权是制定用于“活动图像”编码的各种标准，随后扩充为“及其伴随的音频”组合编码。后来针对不同的应用需求，解除了“用于数字存储媒体”的限制，成为制定“活动图像和音频编码”标准的组织。MPEG 专家组相继推出的视频编码标准有 MPEG–1(VCD 常用)、MPEG–2(DVD 常用)、MPEG–4(DVDRIP 常用)、MPEG–4 AVC。

H.26X 系列标准由 ITU 国际电传视讯联盟开发设立。H.26X 是一款专门针对视频编码的标准，至今陆续发布的标准有 H.261、H.262、H.263、H.263+ 和 H.264。其中，目前应用最为广泛的是 H.264 视频编码标准，H.264 是在 MPEG–4 的基础上合作开发成功的。

JPEG 系列标准由 ISO 国际标准化组织机构下属的联合图像专家组开发设立。JPEG 专家组主要致力于制定连续色调、多级灰度、静态图像的数字图像压缩编码标准。常用的基于离散余弦变换（DCT）的编码方法，是 JPEG 算法的核心内容。

AVS 系列标准由中国音视频编解码技术标准工作组开发设立，为我国自主创新的国家标准。工作组主要是面向大陆的信息产业需求，联合大陆企业和科研机构，制（修）订数字音视频的压缩、解压缩、处理和表示等共性技术标准，为数字音视频设备与系统提供高效经济的编解码技术，服务于高分辨率数字广播、高密度激光数字存储媒体、无线宽带多媒体通讯、互联网宽带流媒体等重大信息产业应用。AVS 系列标准目前发布的并且广泛应用于广播电视行业的标准有 AVS–P2 和 AVS+。AVS+ 即为本书中湖南地面数字电视前端系统选用的编码标准。关于 AVS 系列标准的发展历史，下文中会有相对详细的梳理，这里就不赘述了。

无论是哪一种视频编码标准，从原理上来说，都是从消除冗余度和不相关性两方面来对数据进行压缩。冗余度指码流中多次存在，或者没有信息量，或在接收端可以通过数学方法无失真恢复的多余信息；不相关性指由于人眼的主观视觉特征产生的一些无法察觉的信息。比如说人眼的彩色视觉细胞远少于亮度视觉细胞，因此色度分辨率可以降低，色度信号带宽可以减少。同样，人眼也不能分辨图像中过于精细的结构和粗结构。目前，视频编码的研究发展主要致力于消除冗余信息。冗余信息可以分为空间域的冗余信息和时间域的冗余信息。帧内编码技术主要用于去除空间域的冗余信息，常见的有变换编码（将当前空间域的信号变换到另一正交矢量空间，使其相关性下降，数据冗余度减小）、量化编码（经过变换编码后，产生一批变换系数，对这些系数进行量化，使编码器的输出达到一定的位率）、熵编码（对变换、量化后得到的系数和运动信息，进行进一步的压缩）。帧间编码技术主要用于去除时间域的冗余信息，一般通过运动补偿、运动表示和运动估计 3 个方面来进行压缩。运动补偿主要是通过先前的局部图像来预测、补偿当前的局部图像，它是减少帧序列冗余信息的有效方法；运动表示主要基于不同区域的图像需要使用不同的运动矢量来描述运动信息，运动矢量通过熵编码进行压缩；运动估计是从视频序列中抽取运动信息的一整套技术，通常是基于宏块进行运动估计。

**2．常见音频编码标准及其概念**

与视频编码的原理类似，如图 3–3，音频编码也需要经过抽样、量化和编码的过程，最典型的就是 PCM（脉冲编码调制）编码。音频信号虽然没有视频信号那么丰富的色彩和运动信息，但是其在时域和频域上也具有相关性，即同样存在数据冗余。音频编码的实质就是减少音频信号中的冗余。音频信号的采样率跟人耳的听觉特性息息相关。因为人耳能感觉到的最高频率为 20kHz，为满足人耳的听觉要求，则至少需要每秒进行 40kHz 的采样，这个 40kHz 就是采样率。我们常见的 CD，采样率为 44.1kHz。根据采样原理可以知道，相对自然界的信号，音频编码同视频编码一样，只能做到无限接近原始信号，但不可能完全还原，即都是有损的。在计算机应用中，能够达到最高保真水平的编码就是 PCM 编码，因此，PCM 成了约定俗成的无损编码。我们平常将 MP3 列为有损编码，也是相对 PCM 而言的。对于一个采样率为 44.1kHz，采样大小为 16bit，双声道 PCM 编码的 WAV 文件，它的数据码率为“44.1 × 16 × 2=1411.2kbps”，换算成 Byte，为 176.4kB/s。那么，1 分钟需存储的数据字节约为，10.34M。如果换作采样率更高，采样大小更大的音频信号，存储空间会更大。这对大部分用户是不可接受的。因此，我们需要制定相关音频压缩标准，采用各种压缩方案对原始音频信号进行压缩。目前，在广播电视领域，国际上比较主流的音频压缩标准有 MPEG 系列和 Dolby 系列，国内的音频压缩标准为 DRA 系列。

MPEG 音频编码标准是 MPEG 系列标准的一部分。MPEG 音频标准定义了比特流句法和解码器参数，其开放的架构使其得到了不断的完善并且使其可以轻松地适应各种应用的特殊需求。这种灵活性使基于 MPEG 标准的音频系统得以始终保持与心理声学方面最先进技术的同步发展。

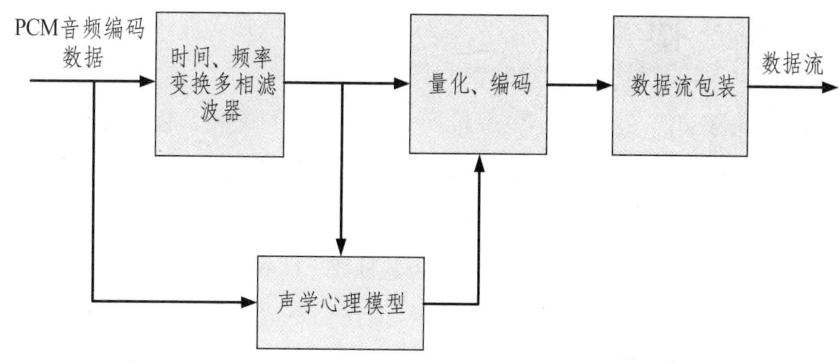


图 3–3　MPEG 音频编码的典型架构

MPEG 音频编码采用子带编码方法（SBC）。该方法的思想首先是把时域中的音频数据变换到频域，对频域内的子带分量进行量化和编码，利用频域掩蔽特性消除冗余的声音数据，从而达到压缩数据的目的。MPEG 音频编码标准至今已经陆续推出了 5 代标准，分别是 MPEG–1、MPEG–2、MPEG–4、MPEG–7、MPEG–21。MPEG–1 音频标准是世界上第一个高保真音频压缩标准，是基于心理声学模型的音频感知编码。MPEG–1 规定了 3 个不同层次的音频编码方案，其中 I 层多用于数字盒带，II 层多用于 VCD 和数字音频广播，III 层多用于网络音乐传输标准。MPEG–2 保持了对 MPEG–1 的音频兼容并进行了扩充，提高低采样率下的声音质量，支持多通道环绕立体声和多语言技术。MPEG–2 标准定义了两种音频压缩算法：MPEG–2 BC 和 MPEG–2 AAC。其中，MPEG–2 AAC 即先进音频编码，是真正意义上的第二代通用音频编码，它放弃了对 MPEG–1 的兼容性，扩大了编码范围，能够实现多通道、多语种、多节目编码。MPEG–2 音频在数字音频广播、多声道数字电视声音以及 ISDN 传输等系统被广泛使用。MPEG–4 是一个真正的多媒体内容表示标准，其音频标准允许采用音频对象（AO）对真实世界对象进行语义级描述。MPEG–4 的音频对象可以描述自然或合成的声音。与 MPEG–1 和 MPEG–2 音频标准不同，MPEG–4 音频的设计并非面向单一应用，因此它不再单纯追求高压缩比，而是力图尽量多地覆盖现存的音频应用并充分考虑到可扩展性需求。MPEG–4 音频的比特率低、能将相互分离的高质量音频编码、计算机音乐及合成语音等合在一起，在 Internet 和其他网络上进行交互操作，因而广泛应用于 Internet 上的交互式多媒体、移动通信，HDTV 上的联合广播等领域。MPEG–7 和 MPEG–21 都不涉及音频信号的压缩编码。MPEG–7 提供了标准化核心技术对多媒体环境下的视听数据内容进行描述，即可以针对压缩编码后的内容。MPEG–7 提供 3 类描述工具：乐器描述工具、语音识别描述工具和音效效果描述工具。通过这些描述工具，可以在原有的 MPEG–4 音频对象上增加基于个别对象内容的信息，以方便解码。MPEG–7 不仅能描述各个音频对象还能描述各个音频对象之间的关系，为基于内容的音频检索研究转向实用确立了标准。MPEG–21 其实就是一些协议、标准和关键技术等的集成，它致力于创造一个开放的多媒体传输框架，通过将不同的协议、标准和技术结合在一起，使用户方便地使用网络上的多媒体资源。同时，通过这种集成环境对全球数字媒体资源进行透明和增强管理。也就是说，它是对现有的标准作总结，以作为今后标准指定的参考。

Dolby 系列标准起源于 1965 年，一位叫 Ray Dolby 的美国工程师在英国伦敦创立了我们所熟知的杜比实验室（Dolby laboratories），并发展出第一套杂音消除系统，从此踏入声音与影片的市场。我们今天经常接触到的 Dolby Digital（AC–3）音频系统，就是商业化非常成功的产品。无论是杜比数字（Dolby Digital）还是杜比 E(Dolby E）都是基于数据压缩的技术，它们使用元数据对编码的多声道音频信号进行描述。一般情况下，元数据是和编码后的音频信号通过普通两声道数字音频轨 (AES/EBU 或者 S/PDIF) 以数据流形式携载。元数据被绑定在杜比数字 (Dolby Digital) 或者是杜比 E(Dolby E) 码流中，用来描述编码的音频信号并且传送一些可以对下一级的编解码器起到控制作用的信息。元数据让节目制作者可以自如地掌握和控制原始节目在用户接收端的接收效果。

图 3–4 为杜比数字 (Dolby Digital) 是一种可传送至用户端的发射码流（transmission bitstream 或者 emission bitstream），它包括一个由元数据来描述的编码节目（最多可以有 6

个声道）。用户端的杜比数字 (Dolby Digital) 的解码器会根据一些条件来处理元数据流，这些条件包括节目制作者的参数设定以及用户根据他们特定的家庭影院和听音环境所做的自行选择（例如低音管理，动态范围控制等）。

杜比 E(Dolby E) 是一种传输码流（distribution bitstream），它最多可以携载 8 个声道的编码音频信号和元数据。在一个杜比 E(Dolby E) 的码流里面，可以只有一个节目，例如当节目设置 (Program Config.) 为 5.1 的时候；也可以有多达 8 个独立的节目，例如当节目设置 (Program Config.) 为 8.1 的时候。杜比 E(Dolby E) 码流中每个节目有其独立的元数据。杜比 E(Dolby E) 码流中的一些控制元数据参数用来自动设置下一级的杜比数字 (Dolby Digital) 编码器，而其他参数则被传送到用户端的杜比数字 (Dolby Digital) 解码器。

杜比 E(Dolby E) 是一项用于广播电视专业领域例如制作和传输方面的技术，杜比 E(Dolby E) 的码流携带有完整的元数据参数设定；而杜比数字 (Dolby Digital) 则是一项应用于消费领域，例如电视发射和 DVD 编著 (Authoring) 过程的技术。杜比数字 (Dolby Digital) 的元数据实际上是全部元数据的一个子集，我们称之为"杜比数字元数据 (Dolby Digital Metadata)"，杜比数字 (Dolby Digital) 码流只携带那些消费端进行适当解码必要的参数。在节目制作或者是母版制作的过程中，元数据是最先被嵌入的信息，它会通过电视发射系统传送到千家万户，也可以直接被记录在 DVD 盘片上。元数据可以对编码后的码流信号在进入消费者解码器的过程中的每一个步骤进行控制。

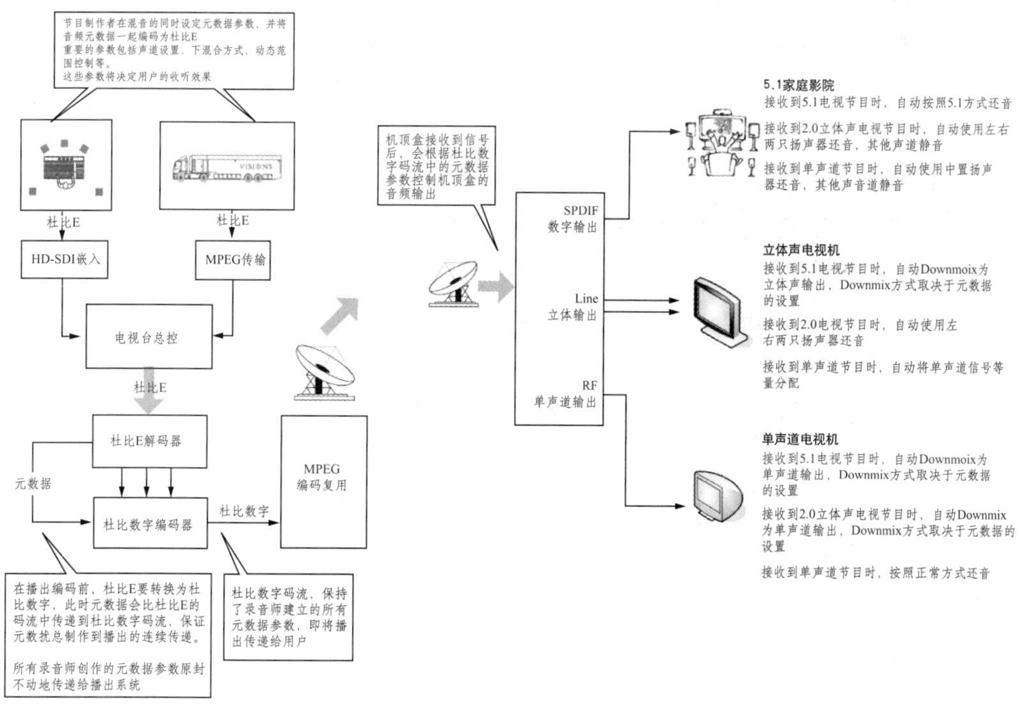


图 3–4　基于元数据技术的杜比 Dolby 系列标准的传递流程和工作方式

DRA 系列标准为我国数字音频国家标准，发起于 2004 年，由广州广晟数码技术有限公司开发研制。2007 年被批准成为中国电子行业标准，2009 年正式成为国家标准。DRA 音频标准是支持立体声和多声道环绕声的数字音频编解码标准，它的最大特点是用很低的解码复杂度实现了国际先进水平的压缩效率，可应用于数字电视、数字音频广播、数字电影院、激光视盘机、网络流媒体、IPTV 及移动多媒体等领域。关于 DRA 音频标准的发展历程和现状，下文还将会有比较详细的介绍。

### 3.2.2 国家视频编码标准 AVS 发展进程和现状

上面提到，视频编码标准经历了几代的技术发展，在之前几十年的时间里，其核心技术一直被国际企业所垄断。对于视频编码标准应用十分广泛的视音频产业，其产值约占到国内信息产业总产值的 1/3。今后，数字化和高清晰度仍然是视音频产业的主流发展方向。面对如此庞大的数字视音频，在 AVS 系列标准诞生前，我国长期大量使用 MPEG 系列和 H.26X 系列的编码标准，导致我们在终端产品上面临高额专利费流失，在上游的芯片技术产业没有话语权，在相关联的软件和系统市场失去核心竞争力。最关键的是，面对不断增长的数字电视和网络移动终端用户，长期采用国外标准将导致我们在网络信息安全方面受制于人，缺乏最根本的技术保障。可以说，开发并推广国家编码标准，对从技术层面强化我国广播电视网络的喉舌属性和阵地功能，保障主流舆论导向的安全高效发布都有着不可替代的重要意义。总的来说，无论是从经济意义、社会意义还是政治意义来看，树立扶植国标产业，推动国家自主知识产权创新发展，都是一件利国利民的好事，也是一件我们广播电视技术战线同行们责无旁贷的大事。AVS 系列标准，就是在这样的背景和需求下应运而生。

国际视频编码标准方面，MPEG–2 是 1994 年完成的，其后又诞生了 MPEG–4 AVC/H.264。一般认为，压缩效率提高一倍，编码技术标准就面临更新换代的问题。2002 年，经信息产业部科技司批准，数字视音频编解码技术标准工作组正式成立，开始进行 AVS 系列标准的相关制定工作。2005 年 4 月 30 日，AVS 视频通过国家标准公示程序。2006 年，具有我国自主知识产权的 AVS–P2 标准颁布。AVS–P2 主要针对标清图像的视频编码，在高清图像的视频编码方面与 H.264 存在很大差距。技术上的瓶颈造成标准产业化进程受阻。为了突破 AVS 技术应用瓶颈，2010 年年底，国家广电总局、中央电视台开始进行解决方案的征集工作。2012 年 3 月，国家广电总局科技司、工信部电子信息司联合成立“AVS 技术应用联合推进工作组”，启动 AVS 技术的产业应用化工作。经过工作组 4 个多月的测评、送审、讨论与修订，2012 年 7 月 10 日，国家广电总局颁布《广播电视先进音视频编码第一部分：视频》行业标准，简称 AVS+。AVS+ 相较 AVS–P2，大大强化了在高清图像方面的实时编码能力，其压缩算法性能达到了与 H.264 相当的水平。AVS+ 标准的诞生，标志着我国成为世界上唯一拥有自主视音频编码技术体系的国家，视频编码技术达到了世界先进水平，突破了国外的技术垄断和专利壁垒，实现了标准和知识产权的完全自主可控。

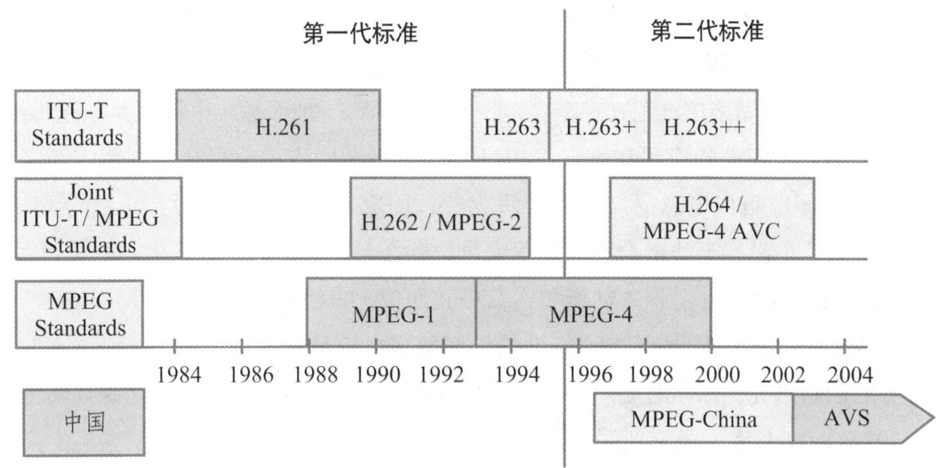


图 3–5　数字视频编码标准发展历程

AVS+ 标准的颁布（见图 3–5）具有现实的里程碑意义，为 AVS 系列标准全面产业化迎来了良机。2012 年 8 月 24 日，国家广电总局科技司、国家工信部电子信息司在北京联合召开 AVS+ 标准宣传会，全力推动标准的产业化应用。2013 年 3 月 18 日，中央电视台带头使用标准，AVS+ 3D 实验频道上星试播（如图 3–6）。2013 年 3 月 20 日，国家广电总局科技司、国家工信部电子信息司在 CCBN 主题报告会和 AVS+ 标准推进会上对标准的技术优势和发展趋势做了深入解读。AVS+ 标准被全面部署在直播卫星高清传输、直播卫星户户通、地面无线数字电视、有线网络高清传输（MPEG2 逐步向 AVS+ 转移）等广播电视系统各大产业链上。2013 年 1 月 10 日，国务院 6 部门发布了《关于普及地面数字电视接收机实施意见》，意见中明确 2014 年 1 月 1 日起境内市场销售的 40 英寸及以上电视机应具备地面数字电视接收功能，2015 年 1 月 1 日起，境内市场销售的所有尺寸电视机应具备地面数字电视接收功能。意见中的相关规定进一步奠定了 AVS+ 标准产业化的基础。

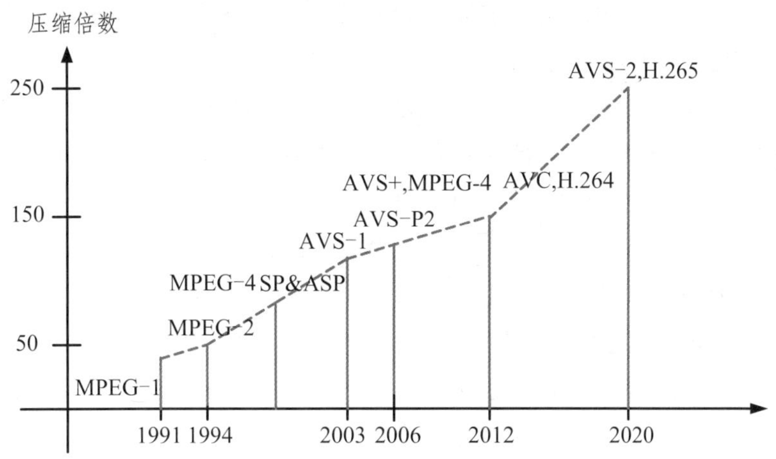


图 3–6　视频编码技术提升带来的压缩效率进步

对于湖南地面数字电视来说，对AVS+标准的研究创新与应用推广一直处在同行业的前列。2013年9月，总局科技司正式批复《关于湖南省开展AVS+地面数字电视覆盖示范工程的回复意见函》，湖南广电正式在全省范围内启动AVS+地面数字电视公共服务示范项目，探索和创新AVS+标准的应用和推广。2014年7月，湖南广播电视台、湖南省新闻出版广电局、国家新闻出版广电总局广播科学研究院、国家新闻出版广电总局广播电视规划院、国家新闻出版广电总局无线电台管理局5家单位联合与国家新闻出版广电总局签订了《基于AVS+标准的地面数字电视业务创新和运营模式研究》的科研项目合同书，围绕基于AVS+的广播电视业务系统、基于DTMB标准的地面数字电视覆盖网络、基于AVS+高标清电视广播业务的创新研究、探索清流广播电视业务运营推广模式4个方面展开了深入研究和全面推动。2014年12月底，国家新闻出版广电总局和财政部联合印发了《关于实施中央广播电视节目无线数字化覆盖工程的通知》〔新广电发（2014）311号〕，要求2015年实施该项工程。该工程在编码节传方面完全采用AVS+标准，将AVS+标准的产业化应用推向了一个新的高潮。到本书撰写时，湖南省内AVS+清流信号的覆盖人口已经超过4000万，AVS+清流用户已经超过150万户。

### 3.2.3 国家音频编码标准 DRA 发展进程和现状

在音频编码标准领域，同视频编码标准类似，国外音频标准长期以来处于一个主导和垄断的地位。MPEG、Dolby、DTS、AAC等音频标准在技术专利费方面的攫取，使我国每年在该方面的损失高达80～100亿元，同时严重制约了整个行业系统的自主崛起与发展。

在国家发改委、信息产业部、科技部、广电总局等多个部门的大力支持下，广晟数码和数维科技等单位开始着手研发拥有我国自主知识产权的DRA音频标准。2004年年初，广晟集团成立音频项目公司，联合数维科技等单位开始音频核心技术的研发。2006年10月，国家广电总局颁布了CMMB行业标准，DRA成为CMMB中音频广播的唯一必选标准。2007年1月，工业和信息化部正式颁布《多声道数字音频编解码技术规范》（简称DRA音频标准）为我国电子行业标准（标准号：SJ/T11368–2006）。2009年2月，国家标准委员会正式颁布《多声道数字音频编解码技术规范》为我国数字音频国家标准（标准号：GB/T22726–2008）。2011年7月，国标标准委员会正式颁布《地面数字电视接收机系列标准》，规定DRA音频为我国地面数字电视接收机（一体机）中的必选标准之一。同时，DRA音频工作组先后向7个国际标准化组织提交技术提案，其中6个已分别获得批准，并得到了官方公布，2010年6月，DRA被公布为ICE国际标准。

DRA音频标准在主观听音质量上已经达到优于国内外同类算法的水平。自2004年以来，DRA在国家广播电影电视局规划院进行了多轮主观听音测试。根据测试结果，DRA音频在立体声128kbps，5.1环绕声在384kbps码率下达到了EBU定义的“不能识别损伤的”音频质量要求；5.1环绕声在384kbps码率下的得分高达4.9分。DRA音频标准出色的编码表现加快了标准在前端和终端的产业化应用。

### 3.2.4 国家视频编码标准 AVS+ 的技术特征与优势

上文对几种视频编码标准的发展历程和整体情况做了一些概要性的介绍，本节将基于几种视频编码标准之间的技术特点的差异化分析，从技术角度阐述地面数字电视前端系统为何选用 AVS+ 作为视频编码的标准。

目前，在广播电视领域，国际上主流的视频编码标准主要是 MPEG 系列标准和 H.26X 系列标准。这里面，目前应用的最为广泛成熟的就是 MPEG–4 AVC 和 H.264 标准。MPEG–4 AVC 和 H.264 实际上是同一种视频编码标准，只是颁布他们的标准化组织不同，因此采用了不同的命名方式。要想深入了解 AVS+ 标准的技术特征与优势，首先就要对 MPEG–4 AVC/H.264 标准的技术特点有个比较全面的认识。

MPEG–4 AVC/H.264 诞生于 2003 年。在 MPEG–4 AVC/H.264 标准推出之前，国际上应用的比较普遍的是 MPEG–2 标准。但是，随着 MPEG–4 AVC/H.264 标准的正式出台，其视频压缩效率方面取得了巨大突破，平均压缩效率可以达到 MPEG–2 的两倍。在 JVT 联合视频小组进行的正式测试中，H.264 在 85 个测试案例中有 78%的案例实现 1.5 倍以上的编码效率提高，77%的案例中达到 2 倍以上，部分案例甚至高达 4 倍。压缩效率的质变加速了 MPEG–4 AVC/H.264 的产业化进程，使之能够迅速代替 MPEG–2，成为当今国际视频编码的主流标准，并长期处于领导地位。

MPEG–4 AVC/H.264 标准化时支持 3 个类别：基本类、主类及扩展类。后来一项称为高保真范围扩展 (FRExt) 的修订引入了称为高级类的 4 个附加类。在初期主要是基本类和主类引起了大家的兴趣。基本类降低了计算及系统内存需求，而且针对低时延进行了优化。由于 B 帧的内在时延以及 CABAC 的计算复杂性，因此它不包括这两者。基本类非常适合可视电话应用以及其他需要低成本实时编码的应用。主类提供的压缩效率最高，但其要求的处理能力也比基本类高许多，因此使其难以用于低成本实时编码和低时延应用。广播与内容存储应用对主类最感兴趣，它们是为了尽可能以最低的比特率获得最高的视频质量。

相较于 MPEG–2，MPEG–4 AVC/H.264 主要引入了以下新功能，进而实现了编码效率的大幅提高：

（1）帧内预测方面：MPEG–4 AVC/H.264 采用空域帧内预测技术来预测相邻宏块的 Intra–MB 中的像素。它对预测残差信号和预测模式进行编码，而不是编码块中的实际像素，这样可以显著提高帧内编码效率。

（2）帧间预测方面：MPEG–4 AVC/H.264 中的帧间编码采用了 MPEG–2 标准的主要功能，同时也增加了灵活性及可操作性，包括适用于多种功能的几种块大小选项，如：运动补偿、四分之一像素运动补偿、多参考帧、通用双向预测和自适应环路去块。

（3）可变矢量块大小：MPEG–4 AVC/H.264 允许采用不同块大小执行运动补偿。可以用小至 4×4 的块传输单个运动矢量，因此在双向预测情况下可以为单个 MB 传输多达 32 个运动矢量。另外还支持 16×8、8×16、8×8、8×4 和 4×8 的块大小。降低块大小可以强化运动细节的处理能力，消除较大的块化失真，从而提高主观质量感受。

（4）运动补偿方面：通过允许半像素和四分之一运动矢量估计来提高运动矢量分辨率，进而改善运动补偿的效果。

（5）多参考帧预测：多达 16 个不同的参考帧可以用于帧间编码，从而可以改善视频质量的主观感受并提高编码效率。提供多个参考帧还有助于提高 MPEG–4 AVC/H.264 位流的容错能力。值得注意的是，这种特性会增加编码器与解码器的内存需求，因为必须在内存中保存多个参考帧。

（6）自适应环路去块滤波器：MPEG–4 AVC/H.264 采用一种自适应解块滤波器，它会在预测回路内对水平和垂直区块边缘进行处理，用于消除块预测误差造成的失真。这种滤波通常是基于 4×4 块边界为运算基础。

（7）整数变换：采用 DCT 的早期标准必须为逆变换的固点实施来定义舍入误差的容差范围。编码器与解码器之间的 IDCT 精度失配造成的漂移是质量损失的根源。H.264 利用整数 4×4 空域变换解决了这一问题，这种变换是 DCT 的近似值。4×4 的小区块还有助于减少阻塞与振铃失真。

（8）量化与变换系数扫描：变换系数通过标量量化方式得到量化，不产生加大的死区。与之前的标准类似，每个 MB 都可选择不同的量化步长，不过步长以大约 12.5%的复合速率增加，而不是固定递增。同时，更精细的量化步长还可以用于色度成分，尤其是在粗劣量化光度系数的情况下。

（9）熵编码：与根据所涉及的数据类型提供多个静态 VLC 表的先前标准不同，H.264 针对变换系数采用上下文自适应的 VLC（CAVLC）。主类还支持新的上下文自适应二进制算术编码器 (CABAC)。CAVLC 可以根据已编码句法元素的情况动态的选择编码中使用的码表，并且随时更新拖尾系数后缀的长度，从而获得极高的压缩比。

（10）CABAC：利用编码器和译码器的机率模型来处理所有语法元素 (syntax elements)，包括：变换系数和运动矢量。为了提高算术编码的编码效率，基本概率模型通过一种称为上下文建模的方法对视频帧内不断变换的统计进行适应。上下文建模分析提供编码符号的条件概率估计值。只要利用适当的上下文模型，就能根据待编码符号周围的已编码符号，在不同的概率模型间进行切换，进而充分利用符号间的冗余性。每个语法元素都可以保持不同的模型（例如，运动矢量和变换系数具有不同的模型）。相较于 VLC 熵编码方法 (UVLC/CAVLC)，CABAC 能多节省 10%左右的码率。

（11）加权预测：利用前向和后向预测的加权总和建立对双向内插宏模块的预测，这样可以提高场景变化时的编码效率，尤其是在衰落情况下。

（12）保真度范围扩展：2004 年 7 月，MPEG–4 AVC/H.264 标准增加了称为保真度范围

扩展 (FRExt) 的新修订。这次扩展在 MPEG–4 AVC/H.264 中添加了一整套工具，而且允许采用附加的色域、视频格式和位深度。另外还增加了对无损帧间编码与立体显示视频的支持。FRExt 修订版在 MPEG–4 AVC/H.264 中引入了 4 种新类，即：

① High Profile (HP)：用于标准 4:2:0 色度采样，每分量 8 位彩色。

② High 10 Profile (Hi10P)：用于更高清晰度视频显示的标准 4:2:0 色度采样，10 位彩色。

③ High 4:2:2 10 bit color profile (H422P)：用于源编辑功能。

④ High 4:4:4 12 bit color profile (H444P)：最高品质的源编辑与色彩保真度，支持视频区域的无损编码以及与新的整数色域变换（从 RGB 到 YUV 及黑色）。

在以上 4 种新类中，H.264 HP 由于引入了自适应残差块大小与整数 8×8 变换，8×8 亮度帧内预测与量化加权功能，使得其对广播与 DVD 尤为有利。在某些编码质量测试中显示出 H.264 HP 的性能比 MPEG2 提高了 3 倍。

总的来说，通过加入以上 10 多项压缩处理手段和新增功能选件，MPEG–4 AVC/H.264 标准相较于 MPEG–2 标准在性能上有了质的飞跃，成功脱颖而出成为视频编码处理全面商用化的新翘楚。我国的 AVS+ 视频编码标准正是在这样的时代背景与行业竞争下问世。可以说，AVS+ 标准的诞生和发展既是我国自主知识产权创新的必然要求，也是科学技术推陈出新、不断进步的客观规律，同时，AVS+ 标准也汲取了 MPEG–4 AVC/H.264 的先进特性和实用经验，具备了在数字视音频产业的核心领域争夺主导权的实力。

与国际主流标准 MPEG–4 AVC/H.264 相比，AVS+ 主要在以下几大方面作了优化和提升：

1. 熵编码方面：AVS+ 新增了高级熵编码（AEC），采用基于上下文的算术编码 CBAC（Context–based Arithmetic Coding）。提出了基于对数域的算数编码引擎，将乘法运算转换为对数域的加法运算，降低了编码复杂度。与 AVS–P2 基准类的变长编码相比，高级熵编码在编码效率上平均有 10% 左右的提升。这里需要注意，对于 MPEG–4 AVC/H.264 而言，CABAC 是一个可选项，同时，MPEG–4 AVC/H.264 并未就基于 CABAC 提出基于对数域的算术编码引擎，不能做到像 AVS+ 一样在某种程度上降低编码复杂度。

2. 加权量化方面：AVS+ 标准引入了图像级自适应加权量化（AWQ）技术。由于人眼对不同频带的视觉响应有所差异，对高频细节部分不如低频部分敏感。根据变换系数特性和人眼视觉特征，将变换系数块划分为不同的频带，每个频带分配不同的频带参数进行加权量化。关闭自适应量化时，采用默认加权量化矩阵 Weighting Quant Matri×8×8=128。使用自适应加权量化时，采用加权量化矩阵 WeightingQuantMatri×8×8=wqM8×8[QMode]，QMode 代表 4 种不同的加权量化模式：默认、关注细节、关注非细节、均关注。自适应加权量化可根据图像特征灵活调整编码质量，降低了编码码率。

3. 运动矢量估计预测方面：AVS+ 标准针对隔行扫描应用场景，引入了同极性场跳过模式编码（PFieldSkip）和增强场编码技术（BFieldEnhanced）。利用隔行扫描序列的特点，能够更有效的提高编码效率。同极性场跳过模式编码对隔行视频 P 帧 Skip 宏块的运动矢量推导中的顶场和底场的默认参考图像进行了修改，选择相同级性的参考图像作为参考。具体的，分为顶场同极性场跳过模式和底场同极性场跳过模式。将图 3–7(a) 和图 3–8(a) 中箭头所指的参考图像分别修改为图 3–7(b) 和图 3–8(b) 中箭头所指的参考图像，这样更加适合隔行扫描图像的编码。增强场编码技术应用于 B 帧底场默认 skip/direct 模式参考图像的选择和 B 帧 skip/direct 宏块的运动矢量推导。B 帧顶场默认 skip/direct 模式参考图像不变，底场默认 skip/direct 模式参考图像由图 3–9(a) 更改为图 3–9(b)。B 帧 skip/direct 宏块运动矢量导出方式规则如下：如果 BFieldEnhanced 的值等于 1，并且 mvRef 指向的场为底场，则 deltaRef = 2；如果 BFieldEnhanced 的值等于 1，并且当前块所在的场为顶场，mvFw 指向的场为底场，则 deltaMvFw=2；如果 BFieldEnhanced 的值等于 1，并且当前块所在的场为底场，mvBw 指向的场为顶场，则 deltaMvBw=–2。

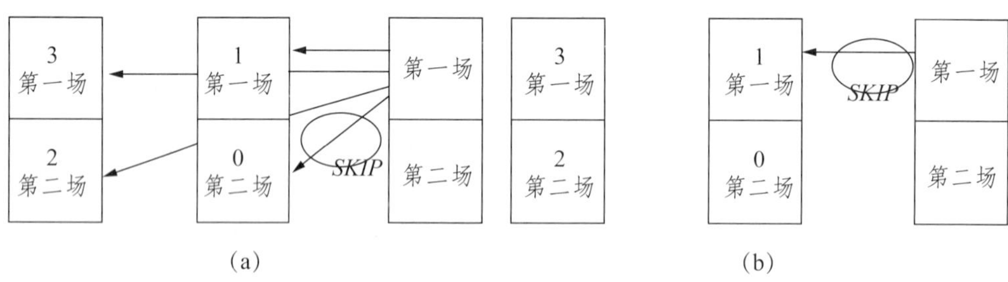


图 3–7　顶场同极性场跳过模式

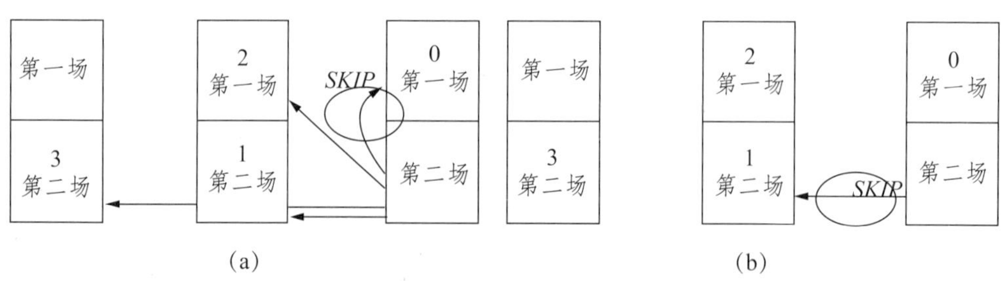


图 3–8　底场同极性场跳过模式

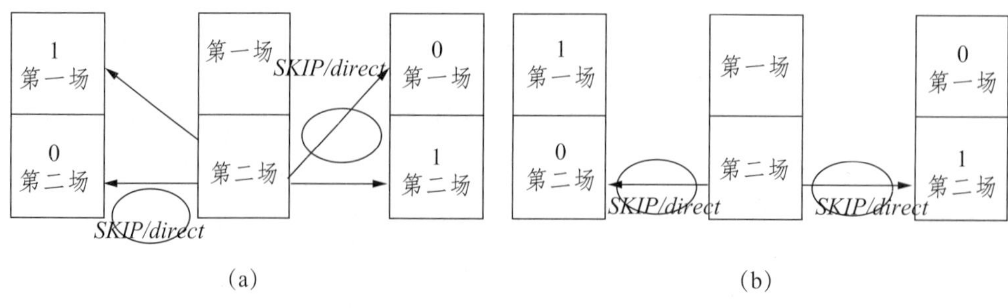


图 3–9　底场默认的 skip/direct 模式参考图像的选择

总的来说，AVS+ 标准相较于其前身 AVS–P2 标准，保留了帧内预测、双向预测、运动矢量预测、环路滤波等多项自主创新技术（如表 3–1），并且在运动矢量预测、量化、熵编码方面增加了四项关键技术，提高了编码效率，更适应于广播电视应用。

表 3–1 AVS+ 标准新增技术情况

| 序号 | 技术名称 | 说明 |
| --- | --- | --- |
| 1 | 高级熵编码 (AEC) | 基于上下文的对数域的算数编码，用于熵编码 |
| 2 | 图像级自适应加权量化 (AWQ) | 自适应量化矩阵，用于 DCT 变换后系数的量化 |
| 3 | 同极性场跳过模式编码 (PFieldSkip) | 隔行视频中，P 帧 Skip 宏块的运动矢量推导 |
| 4 | 增强场编码技术 (BFieldEnhanced) | 隔行视频中，B 帧 Skip 与 Direct 宏块的运动矢量推导 |

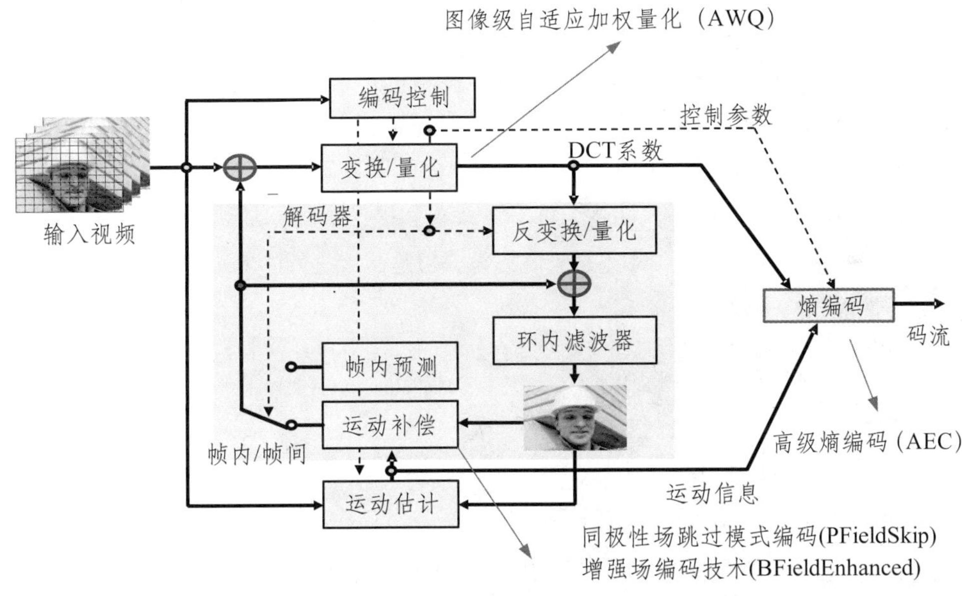


图 3–10 AVS+ 新添加技术在混合编码框架中对应的位置

通过增加以上新的技术手段（见图 3–10），AVS+ 标准的实际编码能力达到了何种程度，我们可以通过算法理论分析、软件编码的主客观视频质量测试、实时硬件编码的主观质量测试，评估 AVS+ 标准的实际编码性能。例如，通过采用中国广播电视行业标准《高清晰度数字电视主观评价用测试图像》草案中的 6 个测试图像序列（如表 3–2）：花坛、快速转盘、篮球、排球、秋叶、旋转鸟笼进行编码测试。表 3–2 中给出了在 12Mbps 的编码码率下，AVS+ 与相比 AVS–P2 和 H.264/AVC 平均性能增益。从测试结果可以看出，AVS+ 与 H.264/AVC 的编码性能相当，比 AVS–P2 的编码性能有了提升。Y_PSNR: 峰值信噪比，一种评价图像的客观质量标准。

表 3–2 AVS+ 与 H.264/AVC、AVS–P2 的实际编码性能比较

| 高清序列 | AVS+ VS H.264/AVC | AVS+ VS AVS P2 |
|---|---|---|
| 12M 码率点 | Y_PSNR | Y_PSNR |
| 花坛 | 0.37 | 0.45 |
| 快速转盘 | 0.39 | 0.20 |
| 篮球 | –0.27 | 0.35 |
| 排球 | 0.26 | 0.50 |
| 秋叶 | –0.37 | 0.43 |
| 旋转鸟笼 | –0.03 | 0.40 |
| 平均值 | 0.06 | 0.39 |

继续在 12Mbps 码率下比较并测试 AVS+ 相对于 H.264 在参考软件编码和实时硬件编码方面的能力，我们可以进一步印证我们上面得出的结论。如图 3–11、图 3–12 所示，比较 AVS+ 和 H.264 编解码后相对于源图像的质量下降情况，在参考软件编码的方式下，AVS+ 在花坛、男篮和女排三个序列的编码中，图像质量下降情况优于 H.264(High profile)，在其余三个序列中，表现效果不如 H.264，最终平均得分低于 H.264。在实时硬件编码的测试中，两种标准相对于参考软件编码，性能上都有了改善和提升，并且加测了演播室和游泳比赛两个序列。虽然最后的结果 H.264 还是略胜一筹，但是两者之间的差距已经进一步缩小，基本上达到了性能相当的效果。

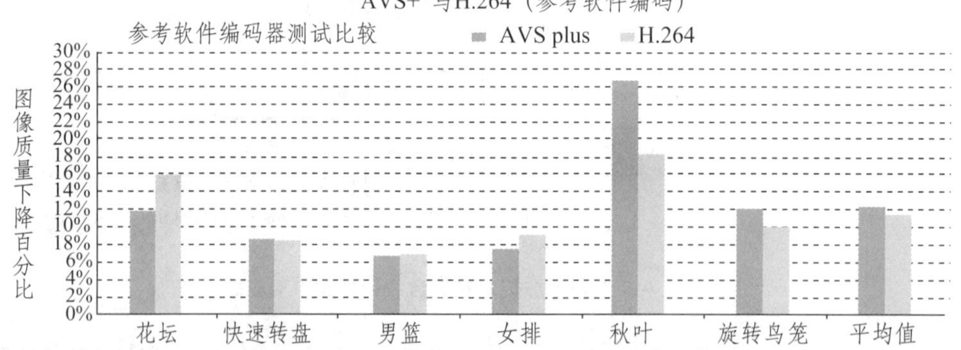


| 编码标准 | 参考软件 | 平均码率 | 编解码图像质量相对于源图像的质量下降（百分数） | | | | | | |
|---|---|---|---|---|---|---|---|---|---|
| | | | 花坛 | 快速转盘 | 男篮 | 女排 | 秋叶 | 旋转鸟笼 | 平均值 |
| AVS+ | GDM2.1 (Guangbo) | 11.561 Mbps | 11.9% | 8.7% | 6.8% | 7.5% | 26.9% | 12.2% | 12.3% |
| H.264 High profile | JM18.2 | 11.674 Mbps | 16.1% | 8.4% | 6.9% | 9.1% | 18.4% | 10.2% | 11.5% |

图 3–11　AVS+ 与 H.264 在参考软件编码方面的性能比较

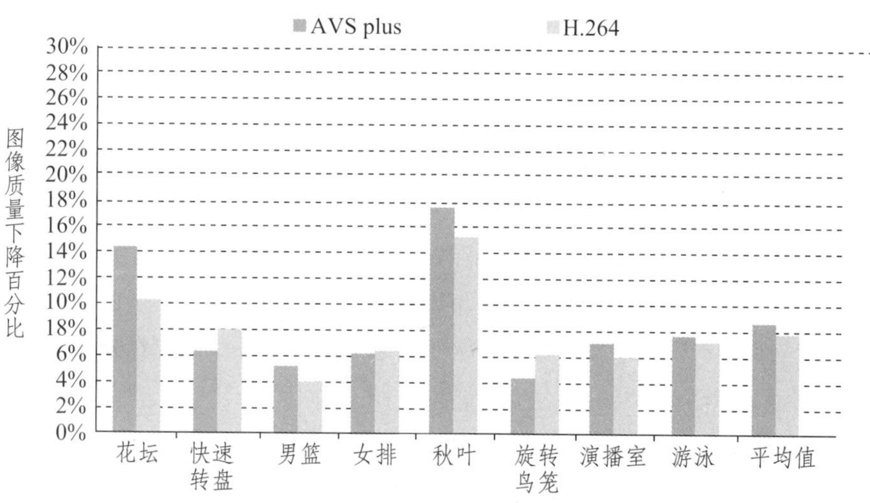


| 编码标准 | 编解码图像质量相对于源图像的质量下降百分比 | | | | | | | | | |
|---|---|---|---|---|---|---|---|---|---|---|
| | 花坛 | 快速转盘 | 男篮 | 女排 | 秋叶 | 旋转鸟笼 | 演播室 | 游泳 | 平均值 | |
| | | | | | | | | | 实时编码器 | 较参考软件改善 |
| AVS+ 12Mbps | 14.4% | 6.3% | 5.1% | 6.1% | 17.6% | 4.4% | 7.0% | 7.7% | 8.6% | 30.1% |
| H.264 12Mbps | 10.3% | 8.0% | 4.0 | 6.3% | 15.3% | 6.1% | 5.9% | 7.2% | 7.9% | 31.3% |

图 3–12　AVS+ 与 H.264 在实时硬件编码方面的性能比较

AVS+ 编码标准的整体性能达到了我们预期的表现水平，这对全面推动 AVS+ 标准的产业化进程具有重要意义。到目前为止，AVS+ 标准已经用于中央电视台、多家省级卫视高清电视频道、地面数字电视和卫星直播数字电视领域。AVS+ 的技术创新与产业化推广得到了各级政府部门的大力支持，具有明确的应用领域与技术方案以及应用实施的时间节点。可以说，地面数字电视选择 AVS+ 作为前端编码的唯一视频标准，无论从技术手段、经济价值和社会效益来说都具有重要的示范意义。

## 3.3 AVS+ 编码器的技术实现方案与性能比较

AVS+ 编码器是地面数字电视前端系统最重要、最关键的组成设备。AVS+ 编码器的性能和质量，直接关系到整个前端系统运行的效率与安全。本章将就地面数字电视前端系统中关于 AVS+ 编码器的设计原理、思路、技术实现方案和产品性能比较进行深入阐述，以便大家对前端系统可以有一个比较全面透彻的理解。

### 3.3.1 AVS+ 编码器的参考原理与设计思路

要设计一款编码器，我们首先要对编码压缩的常用概念有一定的认识。编码器本身可以定义为能够对一个信号或数据流进行变换的程序和设备。这里的变换主要指对信号或数据流进行编码压缩，以适应传输或存储的需要。如果实现以上功能的是一个程序，我们一般称之为参考软件编码。如果实现以上功能的是一个设备，我们一般称之为实时硬件编码。

在广播电视领域，编码器基本上都是用于处理广播电视视音频基带信号。对于广播电视音视频信号来说，有两个基本的概念决定了信号的属性。一个是视频分辨率，一个是画面更新率（帧频）。对于标清电视视频信号，PAL 制下的视频分辨率一般为 720×576，画面更新率为 25fps，表示该路标清信号水平扫描线有 720 个像素，每幅画面有 576 个扫描线，每秒播放 25 张画面。对于高清电视视频信号。PAL 制下的视频分辨率一般为 1920×1080。画面更新率为 25fps，表示该路高清信号水平扫描线有 1920 个像素，每幅画面有 1080 个扫描线，每秒播放 25 张画面。输入信号源的格式决定了编码器在视音频处理模块先要对其进行识别，根据输入信号的格式选择不同的采样与量化方式。按照可以处理的信号类别，目前市面上的编码器可分为标清编码器和高清编码器。

从编码压缩的原理与方法上来讲，常用概念是有损压缩和无损压缩、帧内压缩和帧间压缩、对称编码和不对称编码。在视频压缩中，有损和无损的概念和静态图像基本类似。无损压缩是利用数据的统计冗余性进行压缩，可完全恢复原始数据而不引起任何失真，但压缩率受到数据统计冗余度的限制，无法达到一个很高的压缩比。由于压缩比的限制，仅使用无损压缩是不可能解决图像和数字视频的存储与传输的所有问题的，因此，我们还需引入有损压缩。有损压缩意味着压缩前后的数据不一致，在压缩的过程中要丢失一些人眼和人耳所不敏感的图像或音频信息，而且丢失的信息不可恢复。有损压缩带来的好处就是高压缩比。几乎所有的深度压缩算法都采用有损压缩。在我们实际编码的过程中，既有无损压缩，也有有损压缩，但对编码性能起关键作用的一般是有损压缩。

帧内压缩和帧间压缩是编码压缩中的一项重要依据。帧内压缩也称为空间压缩。即在压缩一幅图像时，仅考虑本帧的数据而不考虑相邻帧之间的冗余信息，这实际上与静态图像压缩类似。帧内压缩一般采用有损压缩算法。由于帧内压缩时各个帧之间没有相互关系，所以压缩后的视频数据仍可以以帧为单位进行编辑。帧内压缩是初步压缩，一般达不到很高的压缩比。帧间压缩是基于视频图像的连续前后两帧具有很大的相关性，或者说前后两帧信息变化很小的特点来开发的。根据这一特性，压缩相邻帧之间的冗余量就可以进一步增大压缩量，提高压缩比。因此，帧间压缩也称为时间压缩，即通过比较时间轴上不同帧之间的数据进行压缩。由此引申出帧差值算法。该算法是一种典型的时间压缩算法，通过比较本帧与相邻帧之间的差异，记录本帧与相邻帧之间的差值，从而大大减少压缩数据量。

应当指出，帧间压缩一般是无损压缩。

对称性是压缩编码的一个关键特征。对称编码意味着压缩和解压缩占用着相同的计算处理能力和时间。这种编码比较适合实时压缩和传送视频，如视频会议就以采用对称编码的算法效果较好。在地面数字电视前端系统中，前端编码复用后输出的视音频节目流和终端用户解码收看的节目流基本是实时同步的（链路延时除外），这就是对称编码的典型应用。不对称编码意味着压缩和解压缩需要的处理能力和时间是不同的。一般来说，在不对称编码中，压缩环节需要花费更多的处理能力和时间，解压缩时则能较好地进行回放。这在多媒体应用和网络视频点播中比较常见。

在帧间压缩算法中，还有项比较重要的概念，对于我们完善编码器的算法性能有较大影响（见图3–13），就是I帧、P帧和B帧。I帧是关键帧。就I帧本身而言，对其自身的编码属于帧内压缩。P帧是前向搜索帧，B帧是双向搜索帧。

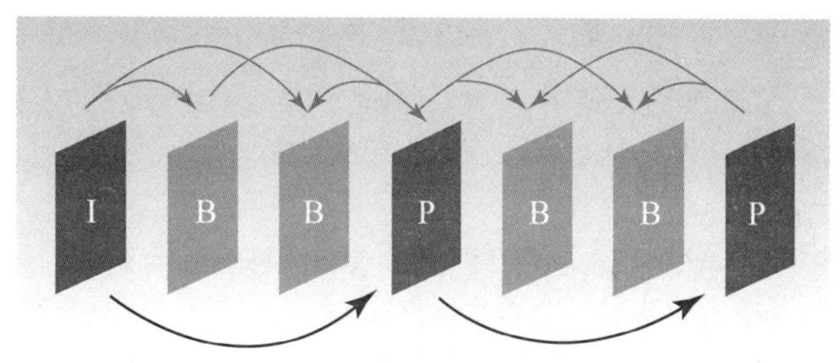


图3–13 I帧、P帧与B帧的帧间编码预测示意图

在实际编解码的过程中，I帧由于包含了完整的画面信息，是该帧画面的完整保留，解码时只需要本帧的数据就可以完成。P帧算法是根据本帧与相邻前一帧（I帧或P帧）的不同点来压缩本帧数据，解码时需要用之前的缓存画面叠加上本帧定义的差别，来生成最终画面。B帧算法则是基于双向预测的帧间压缩算法，它根据相邻的前1帧、本帧及后1帧数据的不同点来压缩本帧，即记录本帧与前后帧的差值。当B帧同时参考前后的画面进行压缩时，记录的是与前后画面像素值和的平均值的差值。在这种情况下，要解码B帧，不仅要取得之前的缓存画面，还要解码之后的画面，通过前后画面与本帧数据叠加取得最终的画面。从解码难度来看，I帧最简单，P帧其次，B帧最难。但是从压缩率来看，I帧一般只能达到7～10，P帧可以达到20，B帧则可以达到200。高的压缩率带来的是解码难度的增加。合理的选择图片组（GOP）的长度，确保其中B帧的所占百分比在一个适当的值，有助于我们获得一个高效合理的算法性能。

上文提到，由于实现编码功能的途径不同，编码器又可以分为参考软件编码和实时硬件编码。因此，在实际设计编码器的环节中，我们还需要考虑编码器所基于的工作平台，即选择基于嵌入式硬件平台的设计架构还是基于服务器软件平台的设计架构。嵌入式硬件平台以DSP、FPGA、嵌入式协处理器等专用芯片作为其数字信号压缩编码的核心部件，其整机的输入输出接口和辅助器件通常为配合核心部件和整机架构的一体化设计，不存在第三方板卡的问题。由于是独立设计的非通用架构，其外围控制辅助系统为高度定制化的控制系统，启动时间一般较短，约在30s内。服务器软件平台以X86这类通用计算机为平台，利用通用CPU作为数字信号压缩编码核心部件，利用通用计算机平台的接口特性（PCI–E

接口），多采用第三方 I/0 板卡来提供输入输出接口能力，其运行系统多采用通用 Windows 操作系统或 Linux 操作系统，进而降低了编码器的开发集成难度。软件编码通过系统上面运行的应用程序，调用 I/0 板卡和软编码库完成压缩编码过程。对于两种不同平台的处理方案，孰优孰劣业界其实并无定论，从目前广播电视前端系统发展的进程来说，传统广播电视采用的编码压缩设备主要以嵌入式硬件平台为主，但随着互联网、云技术的不断发展，今后阵列化刀片式服务器处理中心也将成为主流，其虚拟化、弹性化、定制化的服务方式更符合今后的应用发展趋势。就地面数字电视前端系统设计的时间和背景来看，我们还没有足够成熟的环境进行较多基于互联网技术的开放式应用实践基础。如果只是单纯把编码程序写入独立的几台服务器中，而不能提出一整套更为安全、高效、灵活的解决方案，那么实施的意义就并不大。因此，本文中的地面数字电视前端系统选择基于嵌入式硬件平台的 AVS+ 编码器。

### 3.3.2 AVS+ 编码器技术实现的过程与方案

基于以上相关基本原理和设计思路，我们需要选定合适的技术方案，对 AVS+ 编码器的功能、结构、性能方面进行具体的实现，形成一款功能齐全、结构稳定、性能优良的 AVS+ 编码器。

在实际的设计过程中，首先需要进行相关的技术评估和规划。按照上节所述，本文中地面数字电视选择采用基于嵌入式硬件平台开发的 AVS+ 编码器。鉴于市场上在短时间内不会有支持 AVS+ 标准的专用芯片可用，我们最终确定的模式是基于高速 ARM+DSP+FPGA 的协同处理模式。ARM 负责“通讯 + 控制”，DSP 负责视频预处理、部分数据压缩 ,FPGA 承担部分数据压缩和负责 I/0 处理。AVS+ 编码器的输出信号应具备 ASI 和 IP 封装两种类型，满足新旧媒体融合过渡时期前端系统的搭建需要，视频通道特性和 TS 码流实时分析应符合广电行业要求，最终的编码质量应接近或达到国际顶级 H.264 编码器的水平。

在初步规划完成后，编码算法团队需要在通用平台上完成 AVS+ 标准实时编码算法的开发，对模式识别、运动估值等核心算法进行不断的研究和优化，确保实时编码器的核心算法在编码效率和编码质量方面达到设计要求。与此同时，硬件团队需要对各种硬件模型进行实验和筛选，验证编码器技术的仿真效果，在分析仿真效果的基础上，完成技术框架的优化，最终形成嵌入式编码器硬件平台的技术方案。在技术方案出炉后，再通过对编码器硬件平台的试制打样，改版优化，最终形成功能齐全、处理速度和稳定性都符合设计规划的预期目标。最后，在编码算法团队和硬件团队的共同协作下，完成 AVS+ 编码算法向 DSP 和 FPGA 平台的移植，得到符合 AVS+ 标准的嵌入式编码器原型样机。

从硬件架构的角度来讲，AVS+ 编码器主要由音视频处理模块、AVS+ 视频编码模块、DRA+ 音频编码模块、音视频复用模块、码流输出模块、伺服模块 6 部分共同组成，如图 3–14 所示。音视频处理模块负责将输入的 SDI 信号进行音视频分离，然后将视频内容送入 AVS+ 视频编码模块进行视频编码，将音频内容送入 DRA+ 音频编码模块进行音频编码。伺服模块负责所有信号时间、数据等的同步处理。经过同步处理的视音频编码码流被送入音视频复用模块中，进行复用处理，并通过码流输出模块对外进行输出。经过以上一系列处理后，编码器即可输出一个 PES 流。PES 流是打包了的 ES 流，包括 PES 包头、PES 信息和有效负载，含有视频、音频、辅助数据和同步信息。其中，有效负载部分即为ES流。在 ES 流中，AU 是其存取单元。1 个 AU 相当于编码后的 1 幅视频图像或 1 个音频帧。

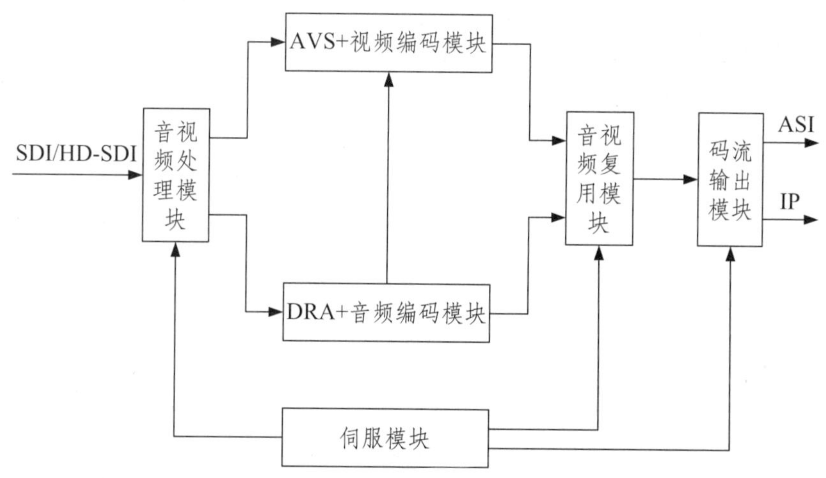


图 3–14 AVS+ 编码器的硬件组成架构

在上文中我们已经提到，采用 AVS+ 标准制定的嵌入式硬件编码器，相较于参考软件编码，编码质量已经提升了约 30%，但跟 H.264 标准的顶级编码器仍有一定差距。为了进一步提高 AVS+ 编码器的性能，使之能够达到国际顶级 H.264 编码器的水平，本文中地面数字电视前端系统所采用的 AVS+ 编码器针对传统的 Single–pass 编码结构，专门引入了 Dual–pass（双步）编码技术。Dual–pass 技术的工作原理是由第一编码引擎负责在送入核心编码模块的 BT 656 并行数据中提取视频序列中的下列基本信息：①视频图像场景变换信息；②视频图像压缩复杂度信息；③运动矢量信息；④模式判断信息。第一编码引擎将提取信息提供给第二编码引擎，第二编码引擎根据第一编码引擎提供的信息进行图像编码，由此获得高效高质的编码效果。Dual–pass 编码技术的加入，使原有嵌入式 AVS+ 编码器的编码算法具备了更为丰富的手段和更高效的工具，实现了：①更为精准的场景切换控制；②更为准确的运动矢量优化；③更为高效的码率控制和缓冲区运用，可在 25 帧图像间，按各帧图像的复杂度进行灵活码率分配；④实现在一个 GOP 中的跨帧模式判断和联合优化。集成了 Dual–pass 技术的 AVS+ 编码器经过对比测试证明，在传统的 Single–pass 编码技术的 AVS+ 编码器基础上，又获得了 8% 的编码质量提升，与国际顶级的 H.264/AVC 编码器的编码质量差距进一步缩小至 2%。如表 3–3 所示。

表 3–3 采用 Dual–pass 技术后与 Single–pass 技术和 H.264 编码器比较的结果

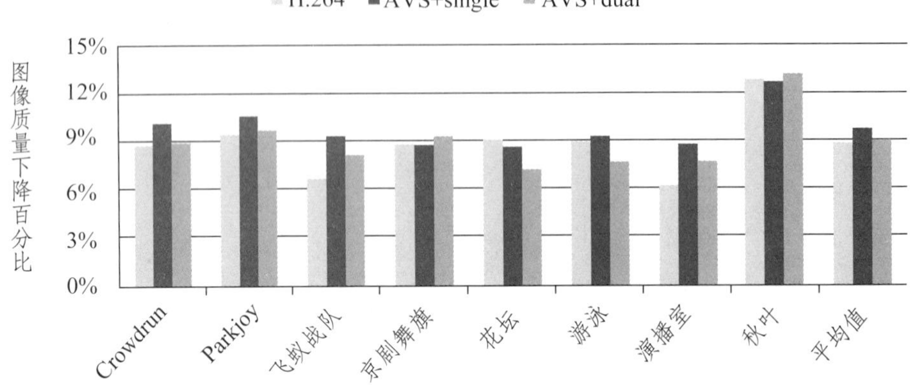


| 序号 | 序列名称 | 编码后图像质量相对源图像的质量下降百分比 | | |
|---|---|---|---|---|
| | | H.264 | AVS+ Singlepass | AVS+ Dualpass |
| 1 | Crowdrun | 8.8% | 10.1% | 8.9% |
| 2 | Parkjoy | 9.4% | 10.6% | 9.7% |
| 3 | 飞蚊战队 | 6.6% | 9.3% | 8.1% |
| 4 | 京剧舞旗 | 8.8% | 8.8% | 9.3% |
| 5 | 花坛 | 9.0% | 8.7% | 7.3% |
| 6 | 游泳 | 8.9% | 9.3% | 7.7% |
| 7 | 演播室 | 6.2% | 8.7% | 7.8% |
| 8 | 秋叶 | 12.8% | 12.7% | 13.1% |
| 平均值 | | 8.8% | 9.8% | 9.0% |

### 3.3.3 AVS+ 高标清编码器的性能优化与比较

上文所述的 Dual–pass 编码技术属于特定的编码技术，并不局限于 AVS+ 编码器，实际上，在国际上主流成熟的 H.264 顶级编码器中也有成功应用。为了进一步提高 AVS+ 编码器的在算法性能上的效率和质量，使得高复杂度的算法可以在一个低延时的运算环境中稳定实现，在相关厂商的帮助下，我们对 AVS+ 编码器的实时编码算法中关于变换和反变换、量化和反量化进行了有效的程序优化。

**1. 基于 AVS+ 的并行变换和反变换方法**

基于 AVS+ 的并行变换和反变换方法的有益效果在于：将数据并行放进寄存器中进行运算，每次能同时运算多个数据，极大地提高了运算效率；另外，在水平变换 / 反变换部分和垂直变换 / 反变换部分的蝶形运算中，对于需要分别进行相加和进行相减运算的两个数据，通过巧妙的设置使相加和相减运算只需要在对应的两个寄存器中便可完成，不需要将数据导进导出内存，提高了运算速度，对于需要进行乘法运算的数据，将乘法运算转换为加法运算，也提高了运算速度。

在进行并行变换和反变换时，利用寄存器每次对 8 个数据进行运算，只需要执行 8 次便能得到 8×8 变换结果矩阵或 8×8 反变换结果矩阵。将数据并行放进寄存器中进行运算，每次能同时运算多个数据，极大地提高了运算效率；另外，在水平反变换部分和垂直反变换部分的蝶形运算中，对于需要分别进行相加和进行相减运算的两个数据，通过巧妙的设置使相加和相减运算只需要在对应的两个寄存器中便可完成，不需要将数据导进导出内存，提高了运算速度，对于需要进行乘法运算的数据，将乘法运算转换为加法运算，也提高了运算速度。

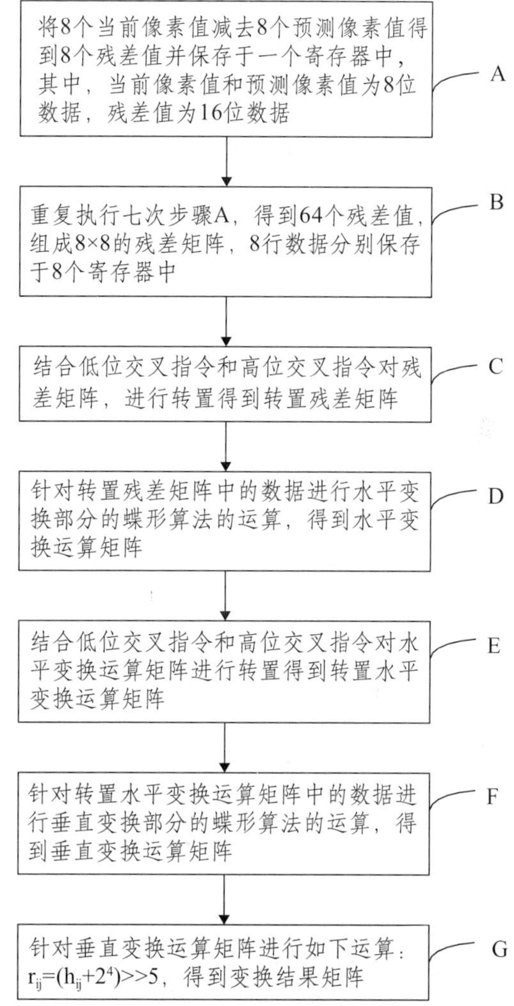


**图 3–15 基于 AVS+ 的并行变换和反变换步骤**

**2. 基于 AVS+ 的并行量化和反量化方法**

基于 AVS 的并行量化和反量化方法包括：分析量化公式中的参数，分别提取量化公式中的每个参数；分别将每个参数对应的 8 个值并行送入相应的寄存器中；利用保存有对应参数的寄存器对量化公式进行运算；获得同一行的 8 个量化结果；重复运算，依次获得 8 行量化结果。反量化方法包括：分析反量化公式中的参数，分别提取反量化公式中的每个参数；分别将每个参数对应的 8 个值并行送入相应的寄存器中；利用保存有对应参数的寄存器对反量化公式进行运算；获得同一行的 8 个反量化结果；重复运算，依次获得 8 行反量化结果。通过分别将量化和反量化中的参数并行放进寄存器中进行处理，实现高效率地得到量化结果和反量化结果。

在此项优化技术中，利用寄存器每次对 8 个数据进行运算，只需要执行 8 次便能得到 8×8 量化结果矩阵或 8×8 反量化结果矩阵；通过将量化公式 / 反量化公式进行等效转换，使等效转换后的量化公式或反量化公式不需要进行 32 位运算，利用乘法取高位和乘法取低位指令便能完成运算，而且运算均在寄存器中完成，不需要经过内存，提高了运算效率；通过判断变换结果矩阵中或量化结果矩阵中的一行数据是否为0，避免对全为0的数据进行运算，节省了运算资源和增加了效率。

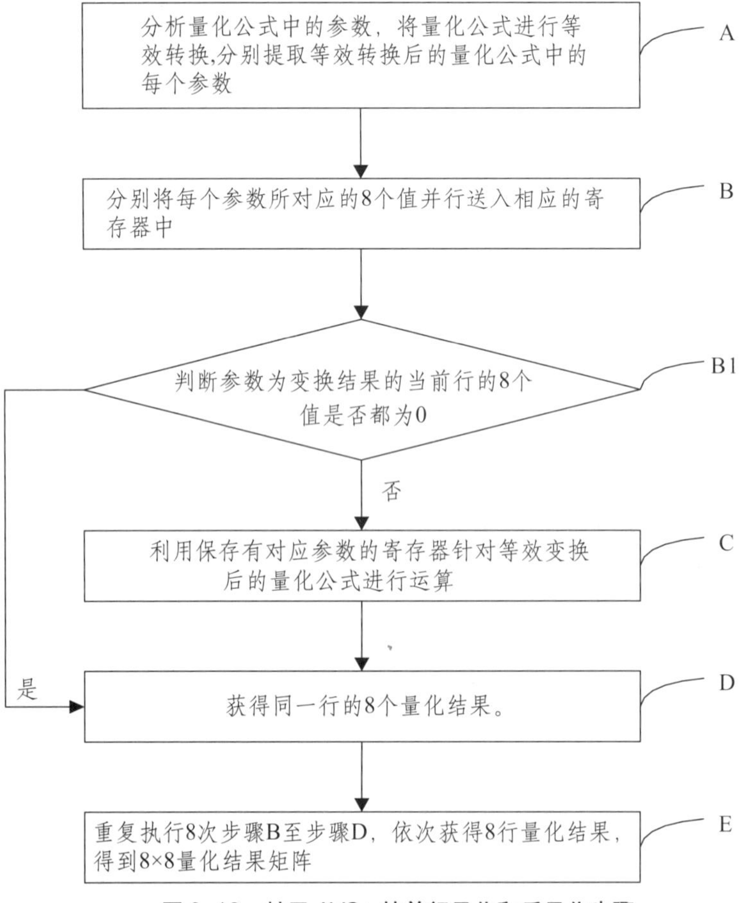

图 3–16　基于 AVS+ 的并行量化和反量化步骤

通过以上对变换/反变换、量化和反量化的算法过程优化，使得该两项进程的运算量大幅降低，节约了程序的运行时间，为编码器在更多的模式选择、运动估计和码率控制方面提供了保证，为解码器的实时高效性提供了保证。

为了选取综合性能最佳的 AVS+ 编码设备，在地面数字电视前端系统进行系统搭建前，本文还对市面上的主流 AVS+ 编码器进行了主客观质量测试和性能对比。按照视频行业传统的测评方式，编码器的质量测评主要分为客观和主观两个部分。客观部分主要基于设备仪器分析打分，通过分值来比较不同品牌设备对不同测试序列在多档码率下编码压缩处理能力的优劣；主观部分主要基于人眼的成像特点进行实际观看打分：一方面选取一套大众认可、健全的打分机制；另一方面选择不同层次具有代表性的观众人群。同时可考虑加入实时直播类素材节目，充分考虑观众的主体观感。总的来说，我们希望通过质量测评实现对市场上主流 AVS+ 编码器的良性选择，同时验证 AVS+ 相较于 AVS–P2 编码质量的提升并对 AVS+ 与 H.264 的编码质量作出比较。

在客观质量测评方面，文中选取了泰克的 PQA500 质量分析仪作为测评的主要工具。PQA 图像质量分析仪对基于人类视觉系统和提示模型（attention models）的测试视频的质量进行分析，输出与主观评测高度相关的质量测量结果。这个测量结果包括总的图像质量累计度量值、逐帧的测量度量值以及每帧的损伤映射图示。通过将信源和编解码后信号的图像质量曲线进行差异化比较打分，得分越低的说明图像劣化程度越低，编码器的性能越好。对于不同的 AVS+ 编码器，我们采用同一型号的 AVS+ 解码器进行解码，解码器环节造成的影响是均等的，保证了测试结果的科学有效。

测试序列说明：测试选 c 用了国际上具有代表性的 3 个序列。实践表明，这 3 个序列能比较全面地反映编码器算法的倾向性和综合能力。所用序列情况如下：

(1) 鸭子戏水：包含细节丰富的画面和高饱和度的彩色运动物体。主要考察编码器视频压缩系统对于细节和运动的估值和补偿能力。

(2) 公园慢跑：包含复杂的背景，较强的层次感，极深的画面纵深。主要考察编码器视频压缩系统对细节和层次的处理能力。

(3) 马拉松：包含大范围随机运动，一定的景深。主要考察编码器视频压缩系统在运动背景下对静止精细内容的还原，检验运动估值和运动补偿能力。

如图 3–17，测试流程说明：先由 PQA 图像质量分析仪生成几组具有代表性的动态序列，分别由 AVS+ 和 H.264 高清 / 标清编码器编码后，再各自经 AVS+ 和 H.264 高清 / 标清解码器解码，解码后的信号进入 PQA 图像质量分析仪进行客观打分。信源、AVS+ 和 H.264 编解码后的信号都将实时接入 42 寸 LED 液晶监视器进行对比和评判。

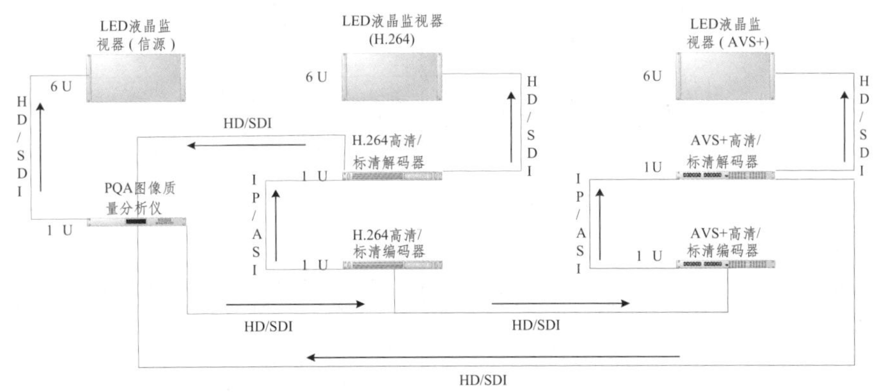


**图 3–17　AVS+ 编码器客观质量测试流程图**

部分测试结果如下表 3–4 所示：

**表 3–4　国产 AVS+ 标清编码器和进口 H.264 标清编码器在 4M 视频码率下的测试结果**

| 参测编码器 | 所测序列 | 测试码率 | PQA 得分 |
|---|---|---|---|
| AVS+ 标清编码器产品 A | 鸭子戏水 | 标清 4M | 8.098 |
| | 公园慢跑 | 标清 4M | 7.297 |
| | 马拉松 | 标清 4M | 7.002 |
| AVS+ 标清编码器产品 A 在 4M 码率下的平均得分 | | | 7.466 |

续 表

| 参测编码器 | 所测序列 | 测试码率 | PQA 得分 |
| --- | --- | --- | --- |
| AVS+ 标清编码器产品 B | 鸭子戏水 | 标清 4M | 10.78 |
| | 公园慢跑 | 标清 4M | 9.197 |
| | 马拉松 | 标清 4M | 8.918 |
| AVS+ 标清编码器产品 B 在 4M 码率下的平均得分 | | | 9.632 |
| AVS+ 标清编码器产品 C | 鸭子戏水 | 标清 4M | 9.012 |
| | 公园慢跑 | 标清 4M | 9.015 |
| | 马拉松 | 标清 4M | 7.957 |
| AVS+ 标清编码器产品 C 在 4M 码率下的平均得分 | | | 8.661 |
| H.264 标清编码器产品 D | 鸭子戏水 | 标清 4M | 8.415 |
| | 公园慢跑 | 标清 4M | 6.723 |
| | 马拉松 | 标清 4M | 7.153 |
| H.264 标清编码器产品 D 在 4M 码率下的平均得分 | | | 7.43 |

表 3–5　国产 AVS+ 标清编码器和进口 H.264 标清编码器 2M 视频码率下的测试结果

| 参测编码器 | 所测序列 | 测试码率 | PQA 得分 |
| --- | --- | --- | --- |
| AVS+ 标清编码器产品 A | 鸭子戏水 | 标清 2M | 11.425 |
| | 公园慢跑 | 标清 2M | 10.44 |
| | 马拉松 | 标清 2M | 10.181 |
| AVS+ 标清编码器产品 A 在 2M 码率下的平均得分 | | | 10.682 |
| AVS+ 标清编码器产品 B | 鸭子戏水 | 标清 2M | 13.935 |
| | 公园慢跑 | 标清 2M | 12.366 |
| | 马拉松 | 标清 2M | 12.299 |
| AVS+ 标清编码器产品 B 在 2M 码率下的平均得分 | | | 12.867 |
| AVS+ 标清编码器产品 C | 鸭子戏水 | 标清 2M | 11.781 |
| | 公园慢跑 | 标清 2M | 11.93 |
| | 马拉松 | 标清 2M | 11.421 |
| AVS+ 标清编码器产品 C 在 2M 码率下的平均得分 | | | 11.711 |
| H.264 标清编码器产品 D | 鸭子戏水 | 标清 2M | 12.14 |
| | 公园慢跑 | 标清 2M | 9.851 |
| | 马拉松 | 标清 2M | 10.779 |
| H.264 标清编码器产品 D 在 2M 码率下的平均得分 | | | 10.923 |

由表3–5可以看出，在4M标清码率下，进口H.264标清编码器D的平均得分最低，综合测试效果最佳；在2M标清码率下，国产标清编码器A的平均得分最低，综合效果最佳。依次类推，我们又分别测试了这几款产品在标清1.1Mbps、1.4Mbps、1.7Mbps和高清4Mbps、6Mbps、8Mbps、10Mbps、12Mbps下的不同序列打分及平均得分情况。

在主观质量测评方面，我们主要是通过选用不同品牌的编码器产品在多档码率下对同一信源进行编解码，并在完全相同尺寸的（一般是42寸以上）显示屏上去观看。这里，我们更注重非专业人士、不同年龄层和工作岗位的普通观众对最终呈现画面的主观观感。在信源的选择上也更加丰富多样一些，包括我们实际收看的综艺舞美或电视剧类节目。从实际测评的情况来看，结果基本与客观质量测评一致。我们可以认为，客观质量测评得分较好的编码器在主观质量测评中获得了大多数参测观众的认可，在对细节、运动、远景、变换等复杂图像的处理上更胜一筹。

综合主客观质量测评的总体情况来看，我们得出以下结论：

AVS+标准的整体编码质量已经完全超过了AVS–P2，达到了与H.264相当的水平，且非常适合广播电视高清化播出系统。国内AVS+编码器的生产供应商已经具备提供先进一流高标清编码设备的能力，可以满足地面数字电视前端系统的信源建设需求。最终，本文中地面数字电视前端系统选择了广州科维新公司生产的AVS+编码器作为平台搭建的主体。

## 3.4 AVS+复用器的技术实现方案与性能比较

### 3.4.1 AVS+复用器的技术实现过程与方案

复用，图3–18是通过技术手段把多路单节目流复合成一路多节目流以方便传输的过程。通过复用，使得对下级网络输出的传输流只占用一个物理的传输通道，提高了传输效率，优化了传输流程。对于一个功能完整的前端信源系统来说，复用器有着不可替代的功能和作用。AVS+复用器和市面上大多数复用器一样，在设计时首先考虑要具备交换重组、码流解析和码流配置功能。在满足这3项基本功能的基础上，我们还需要考虑如何与AVS+编码器进行联合码率控制，实现动态统计复用功能，在综合性能上达到国内领先水平。

数字电视节目的复用可以分为两个阶段，即对音/视频PES包的节目复用和对TS流的系统复用。其中，对音/视频PES包的节目复用在编码器中已经完成，这里主要是实现对TS流的系统复用（如图3–18），即将多个单路的TS流合成一个多节目的TS流。在系统复用中，节目专用信息PSI的提取和重构及系统层节目时间参考PCR值的修正是需要实现的关键技术。

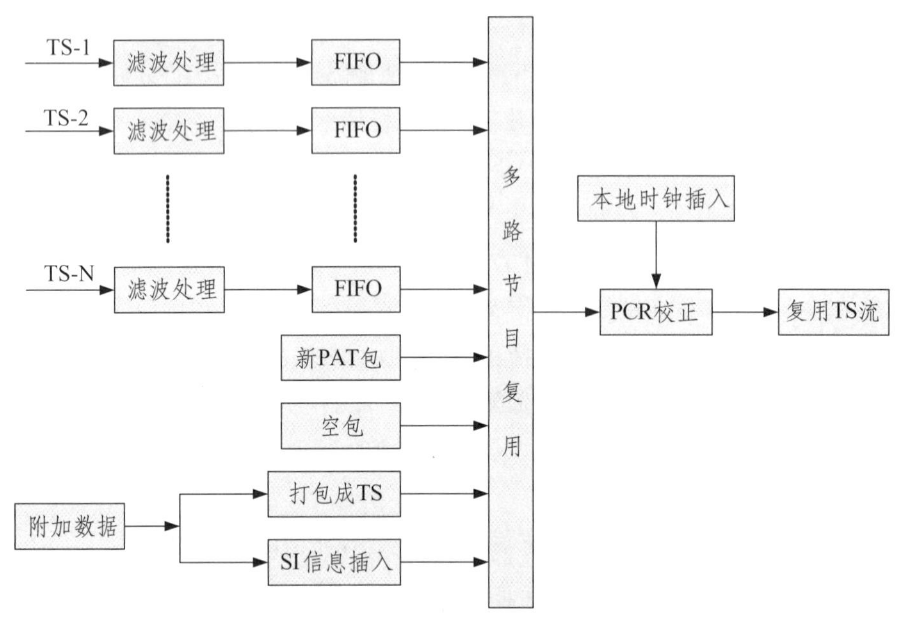


图 3–18　TS 流的系统复用原理图

要充分理解复用器进行系统复用的工作原理，首先应明确 PSI 的概念。PSI，即节目专用信息，它规定了不同节目和节目中的不同成分如何复用成一个统一的码流。以 PSI 为基础可以提供一个码流的构成，从而帮助用户对节目进行选择。PSI 信息主要包括以下内容：

（1）PAT（Program Association Table）：节目关联表，该表的 PID 是固定的 0x0000，它的主要作用是指出该传输流 ID，以及该路传输流中所对应的几路节目流的映射表和网络信息表的 PID。

（2）PMT（Program Map Table）：节目映射表，该表的 PID 是由 PAT 提供给出的。通过该表可以得到一路节目中包含的信息，例如，该路节目由哪些流构成和这些流的类型（视频，音频，数据），指定节目中各流对应的 PID，以及该节目的 PCR 所对应的 PID。

（3）NIT（Network Information Table）：网络信息表，该表的 PID 是由 PAT 提供给出的。NIT 的作用主要是对多路传输流的识别，NIT 提供多路传输流，物理网络及网络传输的相关的一些信息，如用于调谐的频率信息以及编码方式、调制方式等参数方面的信息。

（4）CAT（Conditional Access Table）：条件访问表，PID–0x0001。

如图 3–18 所示，当多路 TS 流复用成一路 TS 流时，首先将对各路 TS 流的 PSI 进行搜集并分析其码流，得到各路 TS 码流中的视频、音频、数据信息的码率、对各路节目的包标识 PID，数字电视节目专用信息 PSI，节目时间参考 PCR 等信息进行处理，丢弃各路原有的 PSI 信息。当出现两路 TS 流的 PID 发生冲突时，需要修改一路或者多路 TS 流中某一数据流的 PID。可以看到，无论是否出现 PID 冲突，复用器都需要重构 PSI 信息，其滤波处理过程如图 3–19 所示。对不同节目的 PID 值进行修改后，与本地产生的这类数据重新整合为复用后新的 PSI 等系统级控制信息，同时插入符合 SI 规范的业务信息，并在携带有调整字段的 TS 包中，判断带有 PCR 标志位字段的值，如果该值为“1”，那么在该 TS 流离开复用器的时刻，需要对 TS 包中的 PCR 值做相应的修正或重新插入新的节目时钟参考，具体方法将在下文详细介绍。

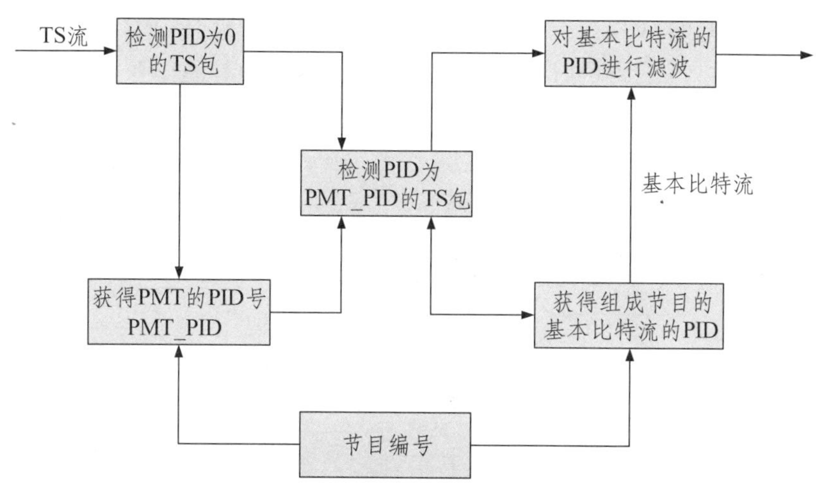


**图 3–19　对 TS 流的复用节目进行滤波处理的过程**

上面已经提到，数字电视节目专用信息 PSI 描述 TS 流的组成结构（见图 3–19），一个含有多路节目和私有数据的 TS 流，需要 PSI 信息将每一路节目的音视频信息对应起来。由于 TS 流复用后的相关联内容发生了变化，因此要对 PSI 信息进行处理。PSI 信息的处理包括 PAT 和 PMT 表的替换，PID 的重映射，还有就是连续计数器的修改，虽然这不算 PSI 信息，但是这部分工作与 PSI 信息修改关系很密切，同时在实际的实现过程中可以同时完成。通过这些处理，才可以真正实现对 TS 节目流的码流解析和交换重组。

复用后的流中有多路节目，原来每一路节目中的 PAT 和 PMT 都只有自身的内容，为此需要将 PAT 和 PMT 替换。首先根据输入流的数目和预占的频道号，在一开始动态生成 PAT 表，PMT 表则在最初计算好，生成静态的 PMT 对应替换即可，同时根据每个 PMT_PID 找到实现计算好的 PMT 表，将其中的视音频 PID 找到，作为将要替换的视音频 PID。之所以在一开始生成或者直接使用静态表是因为 PAT 和 PMT 有 32 位 CRC，无法完成实时计算。

PMT 表替换后，每一路流中原有的视音频帧的 PID 应与其对应替换的 PMT 表中的视音频 PID 保持一致，即需要进行 PID 重映射。在传输流处理过程中，先分析每一个读入的 TS 帧，根据 PID 的不同，选择替换的内容，如果是 PAT 和 PMT 表，则整个 TS 帧替换，如果是视音频帧，则只替换 PID，替换之后，应该对连续计数器加一。

需要注意的是，单路传输流的构成并不一样，有的传输流是一路音频一路视频，有的是一路视频两路音频；有的 PCR 的 PID 与视频的 PID 相同，有的则不同。所以，应该为每一种情况都准备一张 PMT 表，在新素材到来时，根据分析出来的 PSI 信息的情况，决定选用哪一张 PMT 表。这样做虽然要创建很多静态表，增加了系统内存的占用，但是却能使程序简单化，易于实现，同时不用随时计算 32 位的 CRC，提高了程序的稳定性。在素材文件切换时，如果 PMT 表需要发生变化，需要修改 PMT 表的版本号。

每一路流都有 PAT，假使复用的路数为 $n$，如果每一路的 PAT 都去替换，就会使得 PAT 表发送频率提升为原来的 $n$ 倍。由于 PSI 信息的 32 位 CRC 校验很耗时，频繁的替换容易使得复用器和解码器在信息过多的时候工作不正常，所以通常只替换其中一路的 PAT，其余的都用空包代替。PSI 信息合成具体流程如图 3–20 所示。

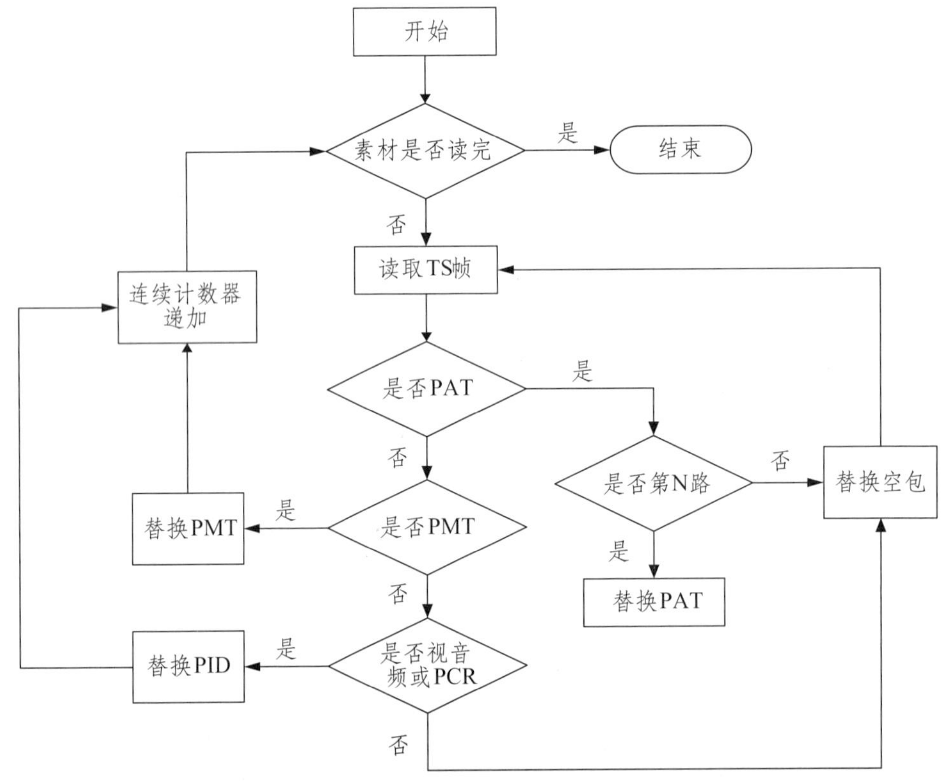


图 3–20　PSI 信息合成处理流程图

在 AVS+ 编码器中有一个系统时钟，该系统时钟用来生成一个共同的时序以便音视频能够正确的解码与播放，同时可以用来指示在采样瞬时系统时钟的瞬时值。正是由于编码器中有共同的系统时钟，解码器中的时钟可以根据节目时钟参考（PCR）重新恢复，并通过时间标记的正确使用为解码器中操作的正确同步提供基准。

时钟处理和码率有很大的相关性，某个时间段的码率就是这段时间的数据量与时钟差值的比。为了防止在码率出现波动的时 PCR 时钟差值越界，导致解码器不能正常工作，复用后输出码率应该比所有单路节目的总码率稍大。在实际中，如果真的出现这种情况，为了避免所有节目不能正常播放，通常采取的方法是停掉或降低其中某一路的码率，这样降低输出总码率中的有效码率，保证其他节目正常播放。

在 TS 流中，PCR 是一种时间标记，是编码器 27MHz 时基的 42b 采样值，解码器利用它来恢复系统时钟并进行恰当的解码操作。PCR 信息由两部分组成：一部分以本地参考时钟的 1/300 (90kHz) 为单位，称为 program_clock_reference_base，为 33b 字段；另外一部分称为 program_clock_reference_extension，是以本地参考时钟 (27MHz) 为单位的 9b 字段。PCR 由 PCR_base(33bit) 和 PCR_ext(9bit) 表示，总共 42bit，当 PCR 的值超过 42bit 所能表达的范围时，需要循环重新开始。由于PCR和PTS以及DTS的关系，在重新开始循环PCR的时候，一定要将 PTS 和 DTS 也重新回 0，同时要将 PCR 帧中调整域中的 discontinuity_indicator 字段置 1。

由于市场上的解码器千差万别，有的解码器中并没有为 PCR 留足 42bit，在这种解码器中 PCR 通常会在解码器端被提前回 0，而 PTS 和 DTS 并没有随之一起复位，这就会造成解码器的上溢，导致播放不正常。所以在实际中，需要判断 PCR 是否达到回 0 的阀值略低于 42bit 所能表达的最大值，这样会提高对解码设备的适应性，同时不会造成协议上的冲突。PCR 时钟处理的具体流程如图 3–21 所示。

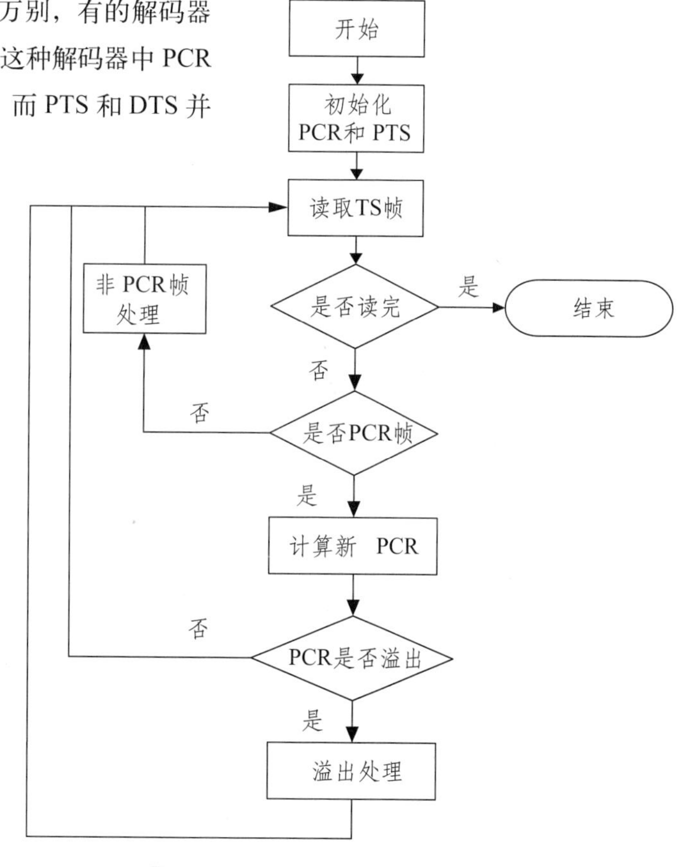


图 3–21 PCR 时钟的实际处理流程图

## 3.4.2 AVS+ 复用器动态统计复用技术原理

我们知道，电视信号的视频特征是动态的，不同的节目类型，或同一节目类型的图像在不同时间点上的复杂度都是在变化的，这决定了对不同类型的电视节目和图像内容进行编码所需要的码率是不同的。对大多数只有微小运动，如新闻播报、访谈节目，图 3–22 为压缩编码时所需要的码率较低，而高速运动节目、细节丰富节目的压缩编码则需要更高的码率支持才能获得高质量的图像效果。这种动态的视频特征成为动态统计复用技术的原理基础。

说起动态统计复用技术，就要提到数字编码技术中常见的两种不同编码模式：固定码率（CBR）模式和可变码率（VBR）模式。CBR模式可以在VBV或HRD等缓冲区模型下，保持恒定的编码输出码率，使得可以用固定的信道带宽来传输复杂度不断变化的视频，同时保证解码输出的流畅性（即缓冲区没有上溢或下溢）。因此，当压缩很简单的场景时，如黑场或静止画面，有可能需要通过插入填充字节，来确保输出码率基本不变，造成浪费；当压缩复杂场景时，如体育赛事，有可能预设的码率不足以有效压缩该场景，便只能以牺牲图像质量为代价，进行过度的量化，以使输出码率不超出目标值。VBR模式一般力求质量保持近似一致（或量化程度近似一致）。根据视频复杂度的不同，VBR编码的输出有时候码率极低，比如黑场时，又或者输出码率很高，甚至有时超过信道的有效带宽，因此一般会给VBR编码设置一个最高码率极限值。VBR编码在同样的平均码率下，一般能够更好地保持视频质量的稳定，避免严重劣化的图像，缺点是码率波动范围较大，比较适合存储类的应用，比如DVD或蓝光盘，而在节目数较少时不合适在固定带宽信道的业务中应用。由上述内容可知，VBR模式更注重保证图像质量的一致性，变的是码率，不变的是质量，这种特征为我们设计动态统计复用系统提供了理论基础。

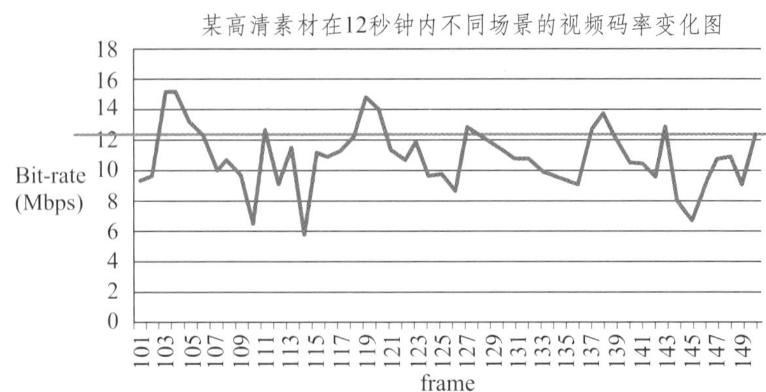

**图 3–22　一段高清素材在 2 秒钟内不同场景的视频码率变化图**

如果选取一段长度为50帧的高清素材分别在固定码率为12Mbps的CBR模式和VBR模式下分别进行实时编码，我们可以更加清楚地看出，凸出黑线上方是复杂度较高的视频图像，凹入黑线下方是复杂度较低的视频图像。视频图像越简单，凹入黑线下方会更多、更低。如果采用CBR模式12Mbps码率编码，凸出黑线上方的图像将因为所分配的码率不足，只能降低图像质量；而凹入黑线下方的图像，则由于所分配的码率有冗余，但为了保持输出码率基本不变，便大幅降低量化程度或插入填充字节，造成带宽资源的浪费。

利用码流分析器，我们也可以通过编码器对某高难度的高清图像序列进行编码时，两个复杂度不同的相邻图像帧在相同的局部位置上，各宏块的比特率变化情况，对视频复杂度的动态变化有一个直观、清晰的了解。图3–23是两帧相邻图像的局部宏块截取图，4个坐标点同为（9,5）–（18,5）；（9,14）–（18,14），各小方格中的数值是该宏块因图像复杂度变化而形成的比特率变化。由图3–23可见，左边图像的复杂度高，得到的码率分配也高，右边图像虽与左边仅相邻一帧，却因为场景变换或物体移动导致图像复杂度降低，得到的码率分配也随之降低。

| 15 | 9 | 6 | 20 | 64 | 16 | 46 | 14 | 205 | 334 |
|---|---|---|---|---|---|---|---|---|---|
| 27 | 28 | 53 | 8 | 37 | 40 | 46 | 25 | 102 | 272 |
| 7 | 31 | 22 | 9 | 42 | 28 | 30 | 31 | 162 | 312 |
| 23 | 24 | 9 | 0 | 26 | 13 | 26 | 39 | 105 | 383 |
| 34 | 27 | 7 | 14 | 8 | 0 | 0 | 0 | 14 | 30 |
| 18 | 18 | 5 | 17 | 7 | 0 | 0 | 13 | 25 | 35 |
| 82 | 17 | 8 | 11 | 6 | 0 | 0 | 13 | 39 | 64 |
| 65 | 39 | 10 | 11 | 47 | 10 | 9 | 6 | 16 | 8 |
| 8 | 0 | 0 | 0 | 71 | 5 | 19 | 20 | 42 | 45 |
| 6 | 0 | 21 | 7 | 0 | 0 | 38 | 17 | 5 | 35 |

| 191 | 136 | 163 | 118 | 210 | 239 | 227 | 167 | 131 | 203 |
|---|---|---|---|---|---|---|---|---|---|
| 329 | 390 | 241 | 260 | 277 | 313 | 336 | 266 | 215 | 215 |
| 454 | 407 | 245 | 325 | 367 | 355 | 225 | 335 | 188 | 88 |
| 403 | 401 | 193 | 302 | 196 | 228 | 55 | 111 | 77 | 68 |
| 332 | 326 | 310 | 234 | 316 | 290 | 310 | 198 | 234 | 200 |
| 413 | 264 | 366 | 256 | 208 | 137 | 218 | 218 | 326 | 254 |
| 288 | 167 | 310 | 187 | 267 | 39 | 73 | 48 | 113 | 163 |
| 41 | 31 | 22 | 66 | 96 | 48 | 17 | 95 | 126 | 110 |
| 35 | 29 | 76 | 38 | 13 | 22 | 6 | 7 | 10 | 13 |
| 33 | 14 | 12 | 15 | 4 | 10 | 16 | 15 | 25 | 43 |

**图 3–23 复杂度不同的相邻图像帧在相同局部位置上宏块比特率的变化情况**

综上所述，当在固定信道中传输多套节目时，首先不同视频节目间因内容性质不同，如体育节目和新闻播报，综艺节目和电视剧而存在总体复杂度的差异，另一方面在不同场景之间切换的视频复杂度的动态差异，给带宽的联合优化带来了很大空间。其次，视频编码率失真曲线（R ~ D 曲线）的上突性质（即质量越高时，每单位带宽对质量的贡献越低；而质量越差时，每单位带宽对质量的贡献越大的性质），为统计复用在多节目整体提升图像编码的客观质量提供了理论基础。最后，人眼对视频的主观质量，会对质量的波动和劣化部分更为敏感，而统计复用技术可以均衡和平缓不同场景的视频质量，这为统计复用从主观质量角度进行提升提供依据和空间。

概括地说，统计复用技术是数字编码中的码率控制技术从单节目控制到多节目控制的延伸，核心技术是多节目动态码率分配，在确保输出总码率恒定的基础上，根据视频的复杂度按需求动态分配不同节目之间的码率或带宽，将场景较简单的节目的冗余带宽调配给场景较复杂的节目，达到提升视频质量、节省带宽的目的。

统计复用可以分为开环统计复用和闭环统计复用。开环统计复用不能实时控制编码器的内部码率控制器，只能被动地根据各个编码器的输出进行码率适配和调整，带宽的节省空间比较小，而且会造成质量的一定损失。开环统计复用中，复用器是一种被动的动态，并未真正起到指挥和命令的作用。目前，在地面数字电视系统中比较有应用价值的是闭环统计复用。现在最高级的闭环统计复用的实现方式是通过 Dual–Pass（双步）编码技术，提前获取未来一段时间的编码帧的复杂度，并发送给统计复用器，由统计复用器的联合码率控制模块，根据未来一段时间的真实复杂度按需分配码率，并控制第二步的编码器的输出。场景简单的视频图像将被减少编码码率，所节省的带宽资源被用于支持场景复杂的视频图像编码。

Dual-Pass 编码技术是高级闭环统计复用系统中不可或缺的重要部分。在正式图像编码前，通过 Dual-Pass 编码技术对节目内容的变化做出快速、准确的反应，确定每一个节目的哪一帧图像需要更多的码率或可以节省多少码率。工作流程是由第一个编码引擎负责提取视频序列中的场景变换，压缩复杂度、运动矢量、模式判断等基本信息，并将信息提供给联合码率控制器。再由第二个编码引擎根据联合码率控制器的编码指令，对图像进行编码。Dual-Pass 编码技术的实现方案如图 3-24 所示。

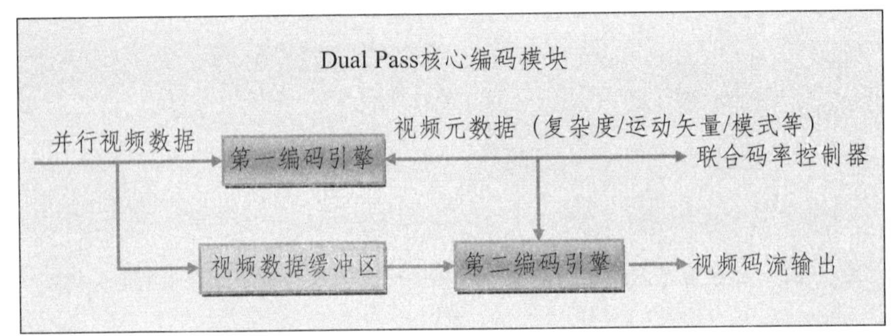


图 3-24　Dual-Pass 编码技术的实现方案

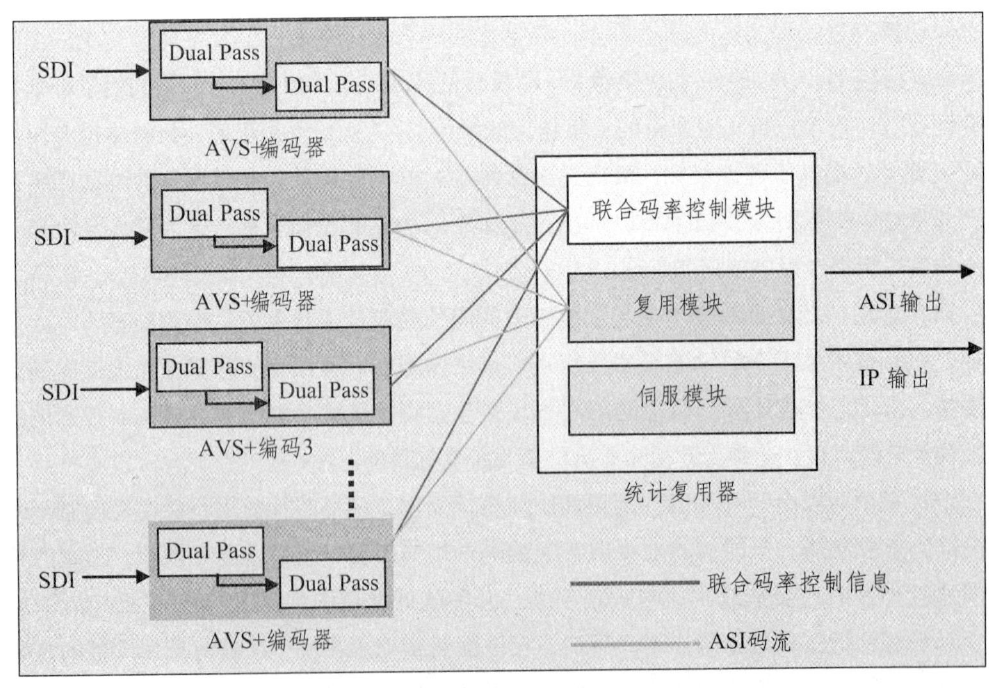


图 3-25　地面数字电视闭环动态统计复用系统技术实现框图

联合码率控制模块是闭环统计复用器的核心。各编码器第一引擎将不同节目的视频序列中的场景变换、压缩复杂度、运动矢量、模式判断等基本信息上传至联合码率控制模块后，由联合码率控制模块根据基本信息、目标质量和实际图像质量情况，结合总输出带宽设定值，实时、动态按需分配码率资源，调动编码器的第二个编码引擎进行编码，进而实现：更为精准的场景切换控制、更为准确的运动矢量优化、更大范围的码率分配、更为精准的缓冲区控制、进行多帧联合优化的模式判断。

各编码器中的第二个编码引擎编码输出的 SPTS 视频码流，进入多节目复用模块复用成一个总输出码率固定的 MPTS 码流，从而达到既满足在固定的带宽信道中传输的要求，又具有以质量为前提，根据视频复杂度动态分配码率、摒除空包、节省带宽、提升图像质量的效果。同时，编码器中的视频数据缓冲区确保了 Dual–Pass 双步编码技术可获得约 1 秒的时间窗口，在这 1 秒钟内完成场景变换、压缩复杂度、运动矢量、模式判断等基本信息的提取和上传，由联合码率控制器根据各节目编码的基本信息，完成动态的调度和分配，实现了既能达到最优的效果，也可以轻易实现支持多编码器联合编码的闭环动态统计复用功能，如图 3–25。

### 3.4.3 AVS+ 复用器的复用处理能力比较

本节阐述的关于 AVS+ 复用器的复用处理能力的比较，主要就是指对动态统计复用功能（VBR）的复用系统和传统固定码率编码（CBR）的复用系统的能力比较以及复用系统在交换重组和码流解析之上可以进一步研究具备的一些高级功能。

在实际比较测试环节，我们选取了 8 个同复杂度的测试图像序列，通过输入两个不同的复用系统平台中进行实时的编码复用来验证 VBR 方式对于通道带宽的节约和编码效率的提升作用。8 个不同复杂度的测试图像序列的视频特征如下：

（1）秋叶：金黄色白桦树叶随着秋风摇动的场景序列，背景是蔚蓝的天空，含两个固定镜头场景的切换。

（2）花坛：摄像机水平慢速摇镜头拍摄花坛全景序列，图像色彩细节丰富。

（3）演播室访谈：摄像机慢速变焦和水平摇镜头拍摄的演播室访谈场景序列，前景是穿细格西装的男主持人和戴着细条纹围巾的女嘉宾，后面是颜色和细节丰富的背景。

（4）女排：女排比赛场景，背景是众多手舞红旗的观众和高细节背景的看台。

（5）花草：摄像机水平摇镜头拍摄喀纳斯草原上的花草，图像具有丰富的亮度细节和色度细节。

（6）京剧青衣：在京剧表演场景画面上叠加大量的白噪声。

（7）动画：少儿三维动画节目片段，画面无复杂运动场景。

（8）正大综艺：正大综艺节目片段，画面内容为演播室内主持人场景，不含镜头场景切换。

将以上 8 个序列分别输入两台 4 路标清编码器中进行编码，编码器输出 IP 码流进入被测复用器进行复用，并对复用器输出 ASI 码流进行码流录制、统计、分析和图像质量分析。比较测试流程如图 3–26 所示。

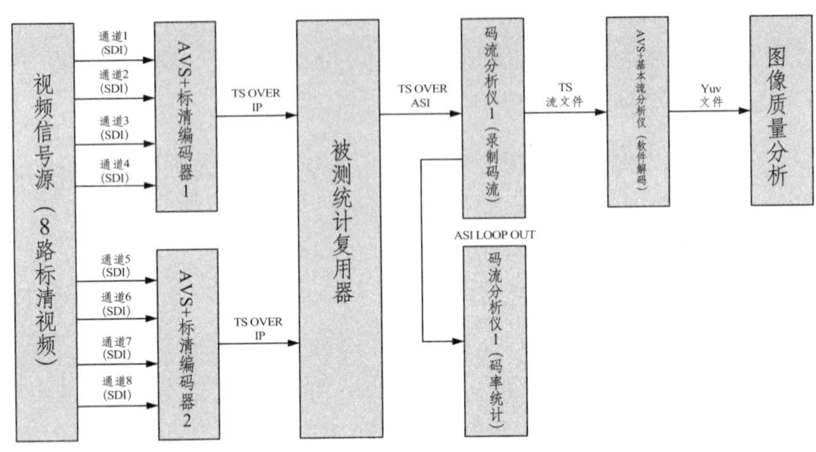


图 3–26　动态统计复用与固定码率编码的复用系统性能对比测试流程图

根据以上测试流程，我们分别选定单路视频码率 1.2Mbps、1.6Mbps、2.0Mbps、2.4Mbps4 档静态码率进行 CBR 编码复用质量分析，同时对应 VBR 模式下 9.6Mbps、12.8Mbps、16Mbps、19.2Mbps4 挡动态总码率（8 路视频总和）编码复用的质量分析结果进行比较。我们使用 SSIM 计算工具计算 SSIM 得分，并使用 BD–Rate 计算工具计算 CBR 编码相对于 VBR 编码在相同 SSIM 得分下，需要增加的码率百分比（SSIM：一种衡量两幅图像结构相似度的方法，可用于计算编码图像和源图像的质量差别，其得分范围为 0 ~ 1，得分越高代表图像质量越好），检测结果如表 3–6、表 3–7 所示。

表 3–6　8 路测试图像序列在 CBR 模式下的 SSIM 得分情况

| 序号 | 测试图像序列 | SSIM 得分 | | | |
|---|---|---|---|---|---|
| | | CBR 1.2Mbps | CBR 1.6Mbps | CBR 2.0Mbps | CBR 2.4Mbps |
| 1 | 京剧噪声 | 0.3048 | 0.3338 | 0.3598 | 0.3846 |
| 2 | 秋叶 | 0.6061 | 0.6554 | 0.6949 | 0.7272 |
| 3 | 花草 | 0.8141 | 0.8468 | 0.8697 | 0.8867 |
| 4 | 女排 | 0.7860 | 0.8217 | 0.8467 | 0.8658 |
| 5 | 演播室 | 0.9219 | 0.9383 | 0.9484 | 0.9556 |
| 6 | 花坛 | 0.9004 | 0.9223 | 0.9353 | 0.9443 |
| 7 | 正大综艺 | 0.9399 | 0.9459 | 0.9497 | 0.9525 |
| 8 | 动画 | 0.9409 | 0.9506 | 0.9565 | 0.9604 |

表 3–7　8 路测试图像序列在 VBR 模式下的 SSIM 得分情况

| 序号 | 测试图像序列 | SSIM 得分 | | | |
|---|---|---|---|---|---|
| | | VBR 9.6Mbps | VBR 12.8Mbps | VBR 16Mbps | VBR 19.2Mbps |
| 1 | 京剧噪声 | 0.3498 | 0.3906 | 0.4271 | 0.4593 |
| 2 | 秋叶 | 0.6823 | 0.7304 | 0.7668 | 0.7945 |
| 3 | 花草 | 0.8397 | 0.8703 | 0.8943 | 0.9121 |
| 4 | 女排 | 0.8241 | 0.8491 | 0.8648 | 0.8874 |
| 5 | 演播室 | 0.8915 | 0.9142 | 0.9271 | 0.9332 |
| 6 | 花坛 | 0.8892 | 0.9156 | 0.9311 | 0.9367 |
| 7 | 正大综艺 | 0.9193 | 0.9296 | 0.9361 | 0.9410 |
| 8 | 动画 | 0.9073 | 0.9246 | 0.9337 | 0.9420 |

如果将以上 8 个测试图像序列按对被测编码统计复用系统的图像编码难度进行排序，并大致划分为 4 个等级的话，我们可以看出分级排序（如表 3–8）。

表 3–8　8 路测试图像序列编码难度的分级排序

| 序号 | 图像编码难度 | 测试图像序列 |
|---|---|---|
| 1 | 低 / 很容易 | 动画 |
| 2 | | 正大综艺 |
| 3 | 较低 / 一般容易 | 花坛 |
| 4 | | 演播室 |
| 5 | 较高 / 一般难 | 女排 |
| 6 | | 花草 |
| 7 | 高 / 很难 | 秋叶 |
| 8 | | 京剧噪声 |

通过以上排序，并结合表 3–6 表和表 3–7 的测试结果，我们可以发现：在总码率相当的情况下，采用 VBR 方式的编码复用系统在难度较高的 4 个测试图像序列（京剧噪声、秋叶、花草、女排）获得了较高的得分，在难度较低的 4 个测试图像序列（演播室、花坛、正大综艺、动画）得分比 CBR 方式的编码复用系统要低。这个结果与采用 VBR 方式的预期效果是一致的，即：VBR 能够在基于图像复杂度信息的基础上合理分配编码码率，有效利用带宽资源，从而提高编码效率。

在此基础上，我们进一步采用 BD–Rate 计算工具对在相同 SSIM 得分情况下，VBR 相较于 CBR 码率增益的提升（即 CBR 要得到该分值相较于 VBR 需增加码率的百分比），测试结果如表 3–9 所列。

表 3–9 采用 BD–Rate 计算工具，VBR 相较于 CBR 码率的提升

| 编码方式 | | 很难的序列（2 个）SSIM 平均分 | 很难和一般难的序列（4 个）SSIM 平均分 | 全部 8 个序列 SSIM 平均分 |
|---|---|---|---|---|
| CBR | 2.4Mbps | 0.5559 | 0.7161 | 0.8346 |
| | 2.0Mbps | 0.5274 | 0.6928 | 0.8201 |
| | 1.6Mbps | 0.4946 | 0.6644 | 0.8019 |
| | 1.2Mbps | 0.4555 | 0.6278 | 0.7768 |
| VBR | 2.4Mbps | 0.6269 | 0.7633 | 0.8508 |
| | 2.0Mbps | 0.5970 | 0.7383 | 0.8351 |
| | 1.6Mbps | 0.5605 | 0.7101 | 0.8156 |
| | 1.2Mbps | 0.5161 | 0.6740 | 0.7879 |
| BD–Rate 码率增益（%） | | 54.5 | 43.6 | 17.3 |

可见，从多种不同难度等级测试图像序列的整体测试结果来看，采用 VBR 方式的编码复用系统比采用 CBR 方式的编码复用系统综合节约的带宽，提升的编码效率约在 17% 左右。

在进行动态统计复用技术处理的时候，我们还可以通过研究使 AVS+ 复用器具备一些基于统计复用基础上的高级功能，进一步提升复用器的综合性能。

（1）节目级的动态统计复用功能：在同一台编码器里，通过开启外部复用的命令，系统可以实现对任意路节目进行联合码率控制下的动态统计复用。对其余固定码率编码的节目，即可以采用内部复用的方式输出一个独立的组播流，也可以每路节目单独输出一个组播流。这样，复用器对编码器的控制精确到节目层，而不是停留在设备层，系统可以实现动态与静态结合的编码复用效果，更有效地提升对编码通道资源的利用率。

（2）权重技术实现对重点节目的优先保障：当编码器中某路节目受到联合码率控制，可以通过设置权重值（Muxing Priority）实现对当前该路节目在整个动态统计复用流内的码率优先分配。权重技术的应用场景主要在：当某一时刻，如果复用流内多路节目都出现大面积运动或色彩细节信息丰富的图像时，复用器的联合码率控制模块会收到大量压缩复杂度较高的信息，要求分配较高的实时码率去完成当前图像编码。如果联合码率控制模块计算出当前总码率已经不足以满足以上各路节目提出的需求（即按需分配会造成总码率溢出），系统会根据节目的权重值，优先将码率分配给权重较高的几路节目，保障重点节目的编码图像质量，其余节目按平均码率分配完成编码。

## 3.5 地面数字电视前端系统的技术架构与编码方案

### 3.5.1 地面数字电视前端系统的技术架构与实现功能

本节以湖南地面数字电视前端系统为例，具体说明前端系统的技术架构与实现功能。

湖南地面数字电视前端系统由信源接收设备、AVS+ 编码器、AVS+ 复用器、AVS+ 网管技监服务器、数据 / 网管交换机共同组成。根据频率资源配置和信道调制特征，系统设计容量为包含主备各 28 路标清节目编码的 AVS+ 标清编码器群和主备各 8 路的 AVS+ 高清编码器群，以满足现阶段全省各台站规划频点所发射的所有高标清节目。考虑到对系统的合理使用和安全管控，系统增加了网管技监服务器。系统内的编码器、复用器、网管技监服务器和数据交换机采用全 IP 化架构、交叉级联的方式。采用全 IP 化架构，大大增强了系统的双向交互能力，使得编码器、复用器和网管之间的控制信息传递变得十分便捷，在此基础上，动态统计复用和实时数据切换等高级功能的实现具备了可能。采用交叉级联的方式，大大增强了系统的冗余度和安全性，使得系统的主备功能优势得以最大程度体现。网管系统的设计和实现也要基于交叉级联的物理连接方式。这方面在下文中还会有详细说明。

以上各部分设备在湖南地面数字电视前端系统中主要实现以下功能：

**1．信源接收设备**

由于地面数字电视前端系统是公益覆盖网络的重要组成，在设计时必须考虑加入中央台的开路信号节目。信源接收设备主要是用来解决这方面的问题。在本系统中，信源接收设备主要包括 C 波段卫星接收天线、L 波段射频光端机、卫星接收解码器、基带光端机、视频分配器等。其中，C 波段卫星接收天线主要用来接收中星 6B 上中央台开路的节目信号源，如表 3–10。目前这些节目采用 MPEG–2 编码方式。卫星接收天线的高频头接收到中星 6B 的下行信号后，通过变频器进行下变频，输出 L 波段的设备信号。L 波段的射频光端机负责将该信号传送至前端系统所在的机房内，经过射频功分器分配后，送入卫星接收解码器。卫星接收解码器一般采用板卡式机箱，每张板卡对应一路射频解调信号。通过设置下行频率、符号率和极化方式，即可锁定我们需要接收的转发器的信号，进而在接收机的解码卡中选择我们需要的节目。对于湖南省台的节目，可以直接从播控中心通过视频线缆或基带光端机送至中心机房，经视频分配器后，为前端系统提供优质稳定的信号源。

**表 3–10　中星 6B 上中央台开路节目的接收参数**

| 下行频率 | 极化方式 | 符号率 | FEC | 频道名称 |
|---|---|---|---|---|
| 3840 | 水平（H） | 27500 | 3/4 | 中央电视台财经频道 |
| | | | | 中央电视台军事频道 |
| | | | | 中央电视台科教频道 |
| | | | | 中央电视台戏曲频道 |
| | | | | 中央电视台社会与法频道 |
| | | | | 中央电视台音乐频道 |
| 3880 | 水平（H） | 27500 | 3/4 | 中央电视台少儿频道 |
| | | | | 中央电视台新闻频道 |
| 4115 | 水平（H） | 21374 | 3/4 | 中央电视台中文国际频道 |
| | | | | 中央电视台英语新闻频道 |

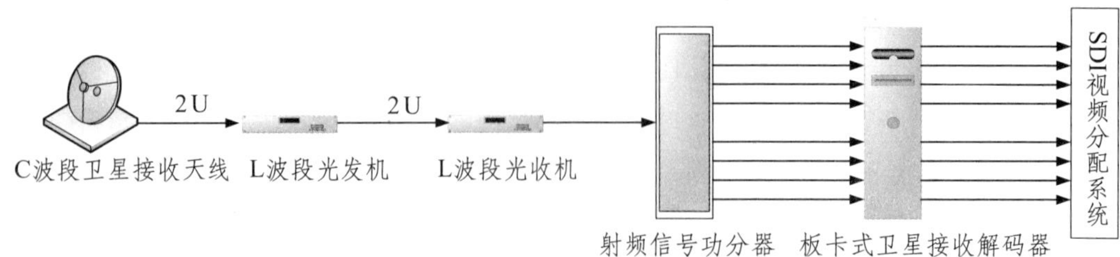


图 3–27　信源接收系统（卫星信号部分）技术流程图

**2．AVS+ 编码器**

信源接收设备提供的 SDI 基带信号送入 AVS+ 编码器后，AVS+ 编码器需要对其进行相应的编码压缩处理，如图 3–28。上文已提到，在本系统中选用的是广州科维新公司提供的 AVS+ 编码器。在编码器的参数配置界面，我们需要对编码器的以下重要参数选项进行设置，以保证其编码处理工作能够正常进行。

(1) 输入信号格式：由于科维新的编码器可以支持 IP/ASI 格式 TS 流的输入功能。在我们常规使用的过程中，应将信号输入类型选择为 SDI/HD–SDI。标清编码器一般为一台机器可以支持 4 路信号处理的架构，因此我们还需指明该路编码板卡的信号输入端口，如图 3–29。如果该台设备有富余端口，我们可以通过设置富余端口的输入信号完成该张编码板卡的主备信号切换功能。即当该张编码板卡的输入信号中断或者输入端口故障时，编码器会自行的切换到被设置为备份端口的输入信号，继续进行编码。

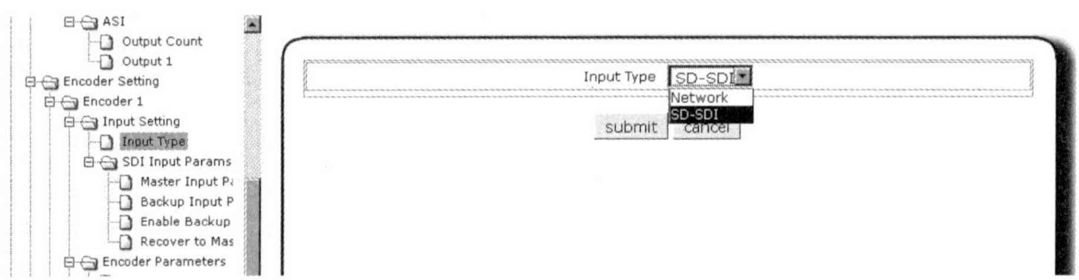


图 3–28　在 AVS+ 编码器中选择输入信号的格式类型

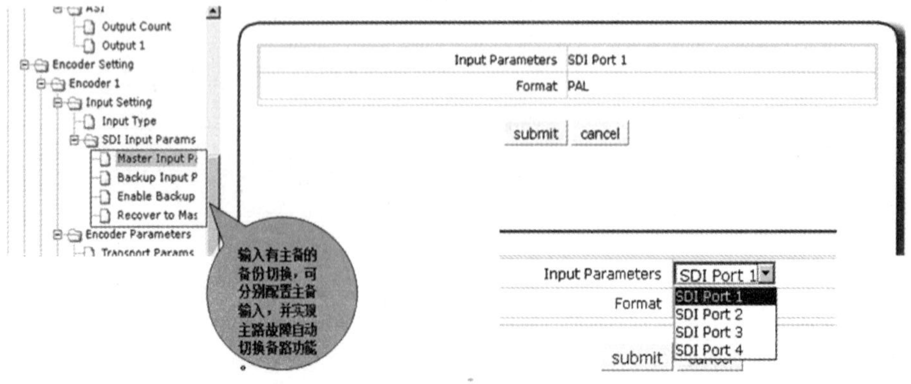


图 3–29　在 AVS+ 编码器中选择编码板卡输入信号的端口并设置端口主备切换功能

(2) 传输流参数：如图 3–30 所示，需设置当前该路编码节目的节目号、节目映射表的 PID 值、视频 PID 值、音频 PID 值、节目供应商的名称、节目名称。

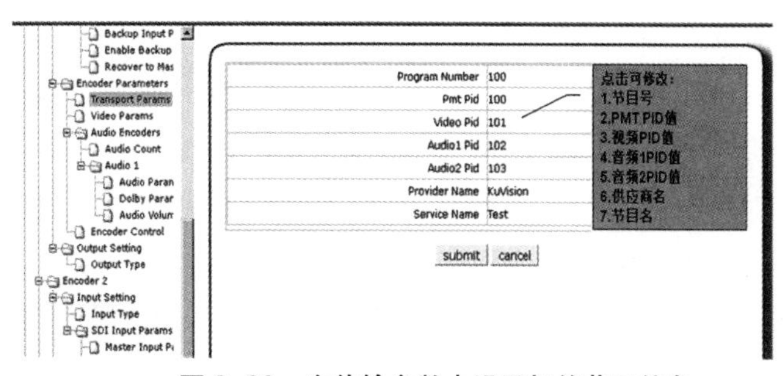


图 3–30　在传输参数中设置相关节目信息

(3) 视频编码参数：如图 3–31 所示，需设置当前该路编码节目的视频编码标准、图像宽高比、熵编码模式、图片组长度、编码方式（固定码率编码还是动态码率编码）、编码码率、视频图像分辨率等信息。

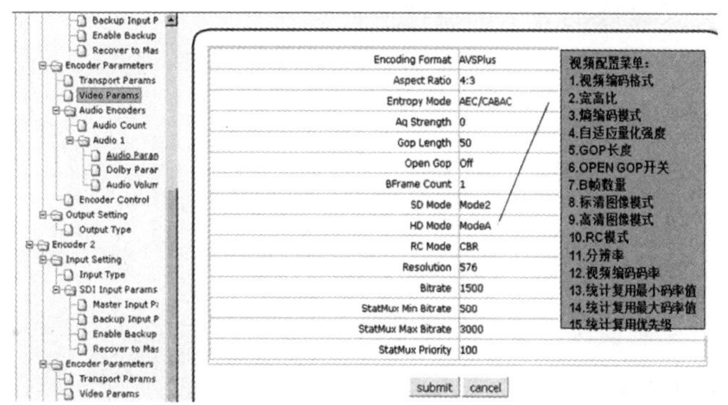


图 3–31　在视频编码选项中设置具体参数信息

(4) 音频编码参数：如图 3–32 所示，需设置当前编码的音频编码标准、编码码率、音频声道模式、起始声道等参数，如果是高清音频编码，编码器中还会支持 AC–3 和 E–AC–3 的编码标准，对 5.1 环绕声进行编码。此时，需设置 Dolby 标准中的相关参数。无论是高清编码器还是标清编码器，均支持双路音频编码输出功能。即可以通过设置，使得当前编码器采用不同的编码方式对音频声源进行编码，并输出含有两路不同音频编码方式的码流。这样做的好处是可以增强终端接收设备在解码方面的适应能力。

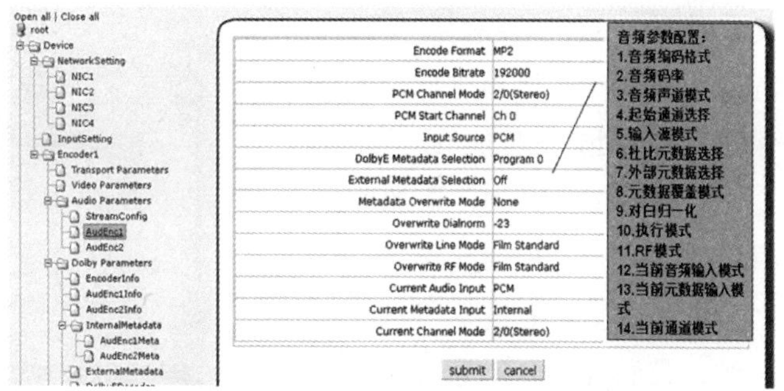


图 3–32　高清编码器音频参数设置界面

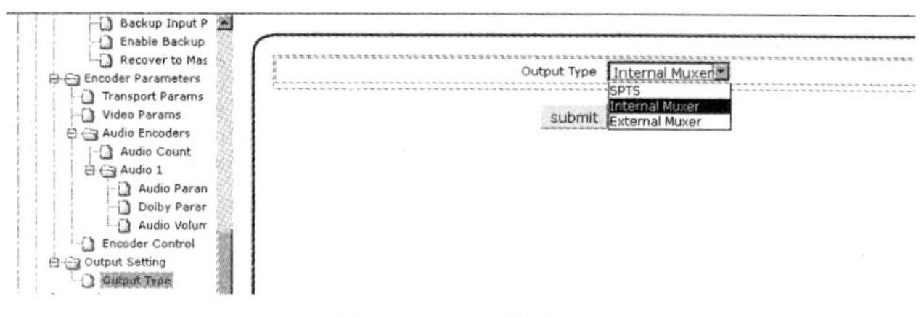


图 3–33　编码器码流输出方式的多种设置

(5) 码流输出方式：科维新公司生产的 AVS+ 编码器共支持 3 种不同的输出方式，分别是单路节目流输出（SPTS）、内部复用输出（Internel Mux）和外部复用输出（External Mux）。如图 3–33，当选用 SPTS 模式时，即该路编码板卡的节目以组播流的形式对外输出，我们需设置好组播流地址、端口号；当选用内部复用模式时，可以实现内部多个节目合成一路组播节目流进行输出，也需要设置组播流地址和端口号；当选用外部复用模式时，编码器将处于动态统计复用的工作状态下，每路编码板卡编码后的 PES 流将基于内部 TCP 协议与复用器进行传递，无须认为设置相关组播地址和端口号。

**3．AVS+ 复用器**

AVS+ 编码器生成的 PES 码流以 IP 封装的形式，通过交叉级联的方式，经过主备数据交换机，分别进入主备 AVS+ 复用器中，如图 3–34。AVS+ 复用器对接收到的码流信息通过信息提取和节目专用信息 PSI 的合成，配合联合码率控制模块，实现码流重组、码流解析、码流配置和动态统计复用功能。在复用器的参数配置界面，我们需要对复用器的以下重要参数选项进行设置，以保证其复用处理工作能够正常进行。

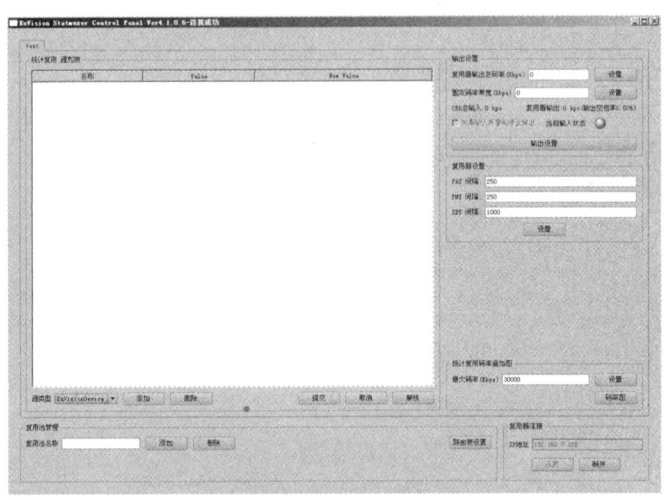

图 3–34　科维新 AVS+ 复用器配置主界面

(1) 建立复用池并添加所需节目：建立一个复用池并对其进行命名。在对该复用池进行节目添加的时候，我们首先要明确所复用节目的类型。如果该路节目流为来自编码器的单路节目流或者内部复用流，我们需要采用 UDP 的类型，通过添加相应的组播接收地址和端口号对该路节目流进行添加；如果该路节目流为外部输入的 ASI 码流，我们需要采用 ASI 的类型，通过选择相应的 ASI 输入接口，对该路节目流进行添加；如果该路节目流为来自编码器的外部动态统计复用流，我们需要添加该路节目所在编码

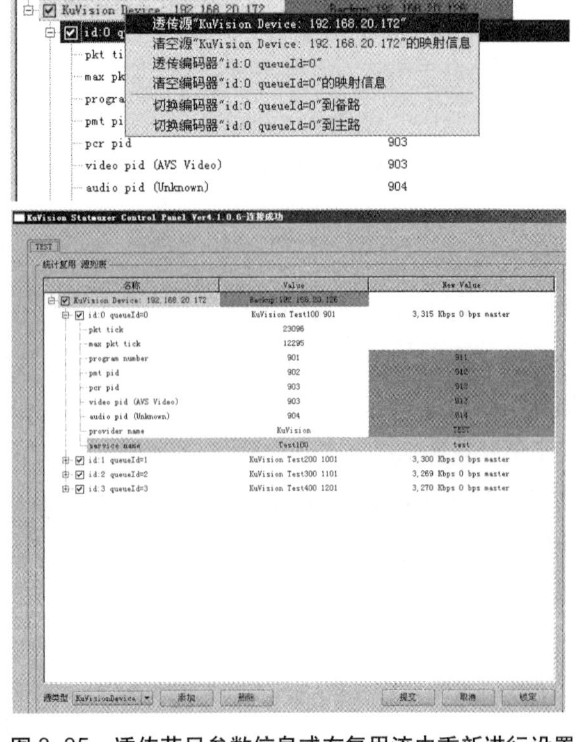


图 3–35　透传节目参数信息或在复用流中重新进行设置

器的数据网口，建立起连接后，在编码器中对需要进行动态复用的节目进行勾选。通过以上 3 种方式相结合的方法，我们可以在复用器中选取我们所需要的不同类型的节目源进行复用。

(2) 对复用节目流参数的配置和修改：在添加了所需的节目之后，我们可以在当前复用池中看到我们实时接收的节目流的相关信息，包括节目号、节目映射表的 PID 值、视频 PID 值、音频 PID 值、节目供应商的名称、节目名称。这些信息均来自该路节目所在的编码器。对于这些信息，如果我们不想进行修改的话，可以选择透传沿用，如图 3–35；如果需要修改，则可以在复用器上实时进行改动。复用输出的节目流将已改动后的值为准。需要注意的是，节目号将影响该复用流的最终节目排序；在同一个复用流中，这些参数不能重复设置，否则，将引起接收端解复用和解码异常。

(3) 对复用器的输出码流进行配置：以上两步完成了复用器对输入节目流的交换重组，此时，我们还需要对复用以后节目流的输出参数进行配置，如图 3–36，即设置该路复用流的输出码率和输出类型。复用器的输出码率不能小于当前复用流中各路节目的总码率，但可以超过，多余的带宽复用器会自动以空包的形式进行填充。复用流可以以 IP 封装（单播或组播）或 ASI 封装的形式进行输出。

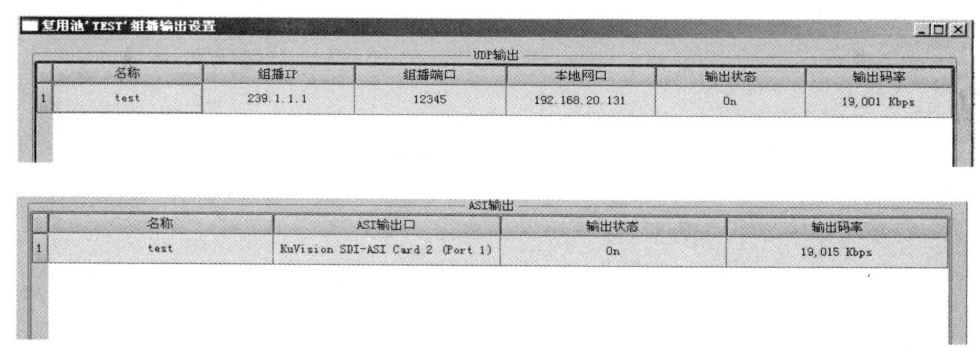


图 3–36 复用流的两种不同输出形式

**4．AVS+ 网管技监服务器**

该部分实际上包括两部分设备。一部分是 AVS+ 网管服务器，负责对整个前端信源编码复用系统进行设备管理和应急切换。另一部分是 AVS+ 技术监看服务器，如图 3–37 负责对前端信源系统实时编码复用的 TS 流进行解码分析，对码流信息、音视频层、传输层进行深度的技术监看。这两部分设备的功能都很重要，在地面数字电视前端系统中都有着不可替代的作用。关于这两部分的内容，后面有一章节将有详细的介绍，这里就不进行展开了。

**5．数据 / 网管交换机**

数据 / 网管交换机一般只需选用二层具有 Vlan 功能的交换设备即可。数据交换机主要对主备平台的实时编码信息进行交互，起到了对数据的汇总和分发作用。网管交换机主要对平台里所有设备的控制信令进行传递，网管系统对其中各设备的互访就需通过网管交换机。数据交换机必须为主备结构，稳定可靠，确保系统的安全运行。

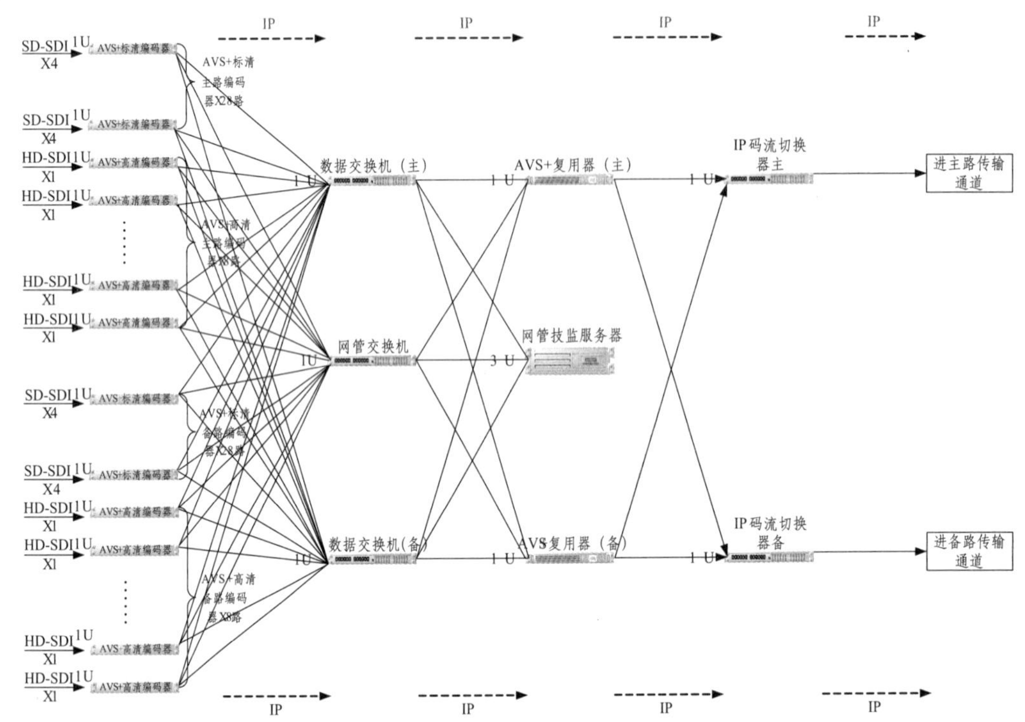


**图 3–37　湖南地面数字前端编码复用信源系统技术架构图**

通过对以上 5 部分设备的正确连接和合理配置，我们就可以搭建一个符合我们实际使用需求的前端系统。总的来说，整个前端系统设计上遵循主备热冗余备份模式和全 IP 化架构，在做到与外网物理隔离的同时有效保证与其他系统之间的开放兼容和互联互通。系统技术架构流程详见图 3–37。

### 3.5.2 地面数字电视前端系统的节目规划与编码方案

我们对湖南地面数字电视前端系统进行了节目编排和码率规划。这里，节目编排的内容应充分考虑公益覆盖的政策要求，节目码率的规划要充分考虑覆盖质量和传输容量之间的关系。

对于湖南地面数字电视来说，全省各高山台站发射系统普遍应用的信道调制标准是工作模式 4。该模式为单载波系统，适用于固定接收，有效净码率为 20.791Mbps。此外，在长沙地区，我们还选用了工作模式 2 进行移动接收测试，该模式的有效净码率为 10.396Mbps。对于这两种不同的模式，我们需根据其信道调制特征合理的规划节目路数，在保证节目套数的基础上优质高效的组网覆盖。

表 3–11 国标推荐的 7 种地面数字电视信道编码调制模式

| Mode<br>工作模式 | Carrier<br>载波方式 | Modulation<br>符号星座图映射 | C/R 前向<br>纠错码率 | Header<br>帧头 | Inter.<br>符号交织 | 净码率<br>Mbps |
|---|---|---|---|---|---|---|
| 1 | C=3780 | 16QAM | 0.4 | PN945 | 720 | 9.626 |
| 2 | C=1 | 4QAM | 0.8 | PN595 | 720 | 10.396 |
| 3 | C=3780 | 16QAM | 0.6 | PN945 | 720 | 14.438 |
| 4 | C=1 | 16QAM | 0.8 | PN595 | 720 | 20.791 |
| 5 | C=3780 | 16QAM | 0.8 | PN420 | 720 | 21.658 |
| 6 | C=3780 | 64QAM | 0.6 | PN420 | 720 | 24.365 |
| 7 | C=1 | 32QAM | 0.8 | PN595 | 720 | 25.989 |

我们知道，AVS+ 的编码效率与 H.264 相当，参考我们长期在 H.264 标准中使用的情况，并结合我们多挡不同码率主观质量实测的结果，同时考虑到地面数字电视调制方式的特殊性，实际传输带宽有限，我们认为，如果在固定码率编码的情况下，一路 AVS+ 标清节目的视频码率一般需要达到 1.8Mbps 左右（2Mbps 为佳），可以保证在大多数显示屏上的观看画质；一路 AVS+ 高清节目的视频码率一般需要达到 5Mbps 左右，可以保证在大多数显示屏上的观看画质。这里需要指出，由于 AVS+ 标准对高清编码方面进行了强化，实际上，在中低码率的高清视频编码方面，AVS+ 有不错的效果。如果采用动态统计复用编码，该方式相较于固定码率编码，会有 17% 左右的编码效果提升。对于音频编码，标清节目我们一般采用 64kbps 进行立体声编码，高清节目一般采用 128kbps，基本可以保证音色的圆润饱满。

当选用国标模式 4 进行信道调制时，扣除复用流中的音频码率、辅助数据码率和一定的空包，剩余视频编码带宽最大一般可以到 19Mbps 左右，结合动态统计复用功能，可以同时处理 12 套标清节目信号或者 4 套高清节目信号。这时候，每套标清节目的平均视频编码带宽约为 1.58Mbps，相当于固定码率编码 1.85Mpbs 的编码效果；每套高清节目的平均视频编码带宽约为 4.75Mpbs，相当于固定码率编码 5.55Mbps 的编码效果。当选用国标模式 2 进行信道调制时，扣除复用流中的音频码率、辅助数据码率和一定的空包，剩余视频编码带宽最大一般可以到 9.6Mbps 左右，结合动态统计复用功能，可以同时处理 6 套标清节目或者 2 套高清节目。按照上述方式进行节目编码方案规划，无论是在固定接收还是移动终端，都可以获得比较不错的观看效果。

在动态统计复用模式下对编码器码率进行设置时，我们需要设定的是该路节目编码码率的动态范围，即下限码率和上限码率。下限码率为编码器在处理该路节目简单画面时至少需要分配的码率，上限码率为编码器在处理该路节目复杂画面时所能分配的最高码率。对于标清节目，经过我们实际在线观测，处理相对静止画面（如演播室）最低只需约 700 ~ 800kbps；在处理彩色运动细节丰富的画面（如体育节目和舞台演出）则会高达 3 ~ 4Mbps。因此，标清节目的实时码率动态范围一般设置为 0.5 ~ 4Mbps。对于需重点保障的节目，下限码率则需提升至1Mbps。高清节目由于像素点较多，原始图像质量较高，动态码率的下限不宜过低，动态范围一般可以设置为3 ～ 7Mbps。实际上高清节目的动态码率上限可以更高，以求得到更好的图像质量效果，但是，这里我们必须考虑地面数字电视实际的带宽容量以及与标清节目在一起混合进行动态统计复用处理的应用场景，在画质、带宽、节目套数三者之间寻求一个兼顾，设置合理的动态码率工作范围。此外，在编码器中还可以对需要特别保障的节目设置权重系数。权重系数高的节目，系统在进行动态统计复用时将优先对其进行码率分配，保障其画质处于最佳效果，然后再将剩余码率给其他节目再次进行动态分配。通常情况下，各路节目采用相同的权重系数。

基于上述技术思路，湖南地面数字电视目前规划3路节目流。其中1号节目流的总码率为20.5Mbps，2号节目流的总码率为19Mbps，以满足全省各市州台站双频点组网覆盖的需求。2号节目流预留出1.5Mbps的带宽，用于各地市加入一套本地的节目。3号节目流的总码率为10.3Mbps，满足个别地区移动接收终端的使用需求。高清节目与标清节目、固定用户与移动用户需求相结合的规划方式，提高了公益节目覆盖的多元性和渗透力。具体节目规划如表3–11～表3–14所示。

**表3–12　湖南地面数字电视公益覆盖1号节目流**

| 序号 | 节目名称 | 视频码率（Mbps） | 音频码率（kbps） |
|---|---|---|---|
| 1 | 省台节目1(高清) | VBR（3～7） | 96 |
| 2 | 省台节目2(高清) | VBR（3～7） | 96 |
| 3 | 省台节目3(标清) | VBR（0.5～4） | 64 |
| 4 | 省台节目4(标清) | VBR（0.5～4） | 64 |
| 5 | 省台节目5(标清) | VBR（0.5～4） | 64 |
| 6 | 省台节目6(标清) | VBR（0.5～4） | 64 |
| 7 | 央视节目1(标清) | VBR（0.5～4） | 64 |
| 8 | 央视节目2(标清) | VBR（0.5～4） | 64 |
| 9 | 合计 | 19 | 576 |
| 10 | 节目流实际输出总码率 | 约为20.5Mbps | |

**表3–13　湖南地面数字电视公益覆盖2号节目流**

| 序号 | 节目名称 | 视频码率（Mbps） | 音频码率（kbps） |
|---|---|---|---|
| 1 | 省台节目7(标清) | VBR（0.5～4） | 64 |
| 2 | 省台节目8(标清) | VBR（0.5～4） | 64 |
| 3 | 省台节目9(标清) | VBR（0.5～4） | 64 |
| 4 | 省台节目10(标清) | VBR（0.5～4） | 64 |
| 5 | 央视节目3(标清) | VBR（0.5～4） | 64 |

续　表

| 序号 | 节目名称 | 视频码率（Mbps） | 音频码率（kbps） |
| --- | --- | --- | --- |
| 6 | 央视节目 4(标清) | VBR（0.5～4） | 64 |
| 7 | 央视节目 5(标清) | VBR（0.5～4） | 64 |
| 8 | 央视节目 6(标清) | VBR（0.5～4） | 64 |
| 9 | 央视节目 7(标清) | VBR（0.5～4） | 64 |
| 10 | 央视节目 8(标清) | VBR（0.5～4） | 64 |
| 11 | 央视节目 9(标清) | VBR（0.5～4） | 64 |
| 12 | 央视节目 10(标清) | VBR（0.5～4） | 64 |
| 13 | 合计 | 17.5 | 768 |
| 14 | 节目流实际输出总码率 | 约为 19Mbps | |

表 3–14　湖南地面数字电视公益覆盖 3 号节目流（用于长沙移动接收频点）

| 序号 | 节目名称 | 视频码率（Mbps） | 音频码率（kbps） |
| --- | --- | --- | --- |
| 1 | 省台节目 1(标清) | VBR（0.5–4） | 64 |
| 2 | 省台节目 2(标清) | VBR（0.5–4） | 64 |
| 3 | 省台节目 3(标清) | VBR（0.5–4） | 64 |
| 4 | 央视节目 1(标清) | VBR（0.5–4） | 64 |
| 5 | 央视节目 2(标清) | VBR（0.5–4） | 64 |
| 6 | 长沙台节目 1(标清) | VBR（0.5–4） | 64 |
| 7 | 合计 | 9.6 | 384 |
| 8 | 节目流实际输出总码率 | 约为 10.3Mbps | |

## 3.6 地面数字电视前端系统的网管与监测功能

网管与监测功能对前端系统来说具有重要意义，不单是对地面数字电视前端系统而言。本节将以地面数字电视前端系统为例，详细阐述网管与监测部分在整个前端系统中发挥的功能和作用，是基于怎样的技术原理和手段，全面提升前端系统的安全性与稳定性。

地面数字电视前端系统的网管与监测部分由两部分组成：网管系统与技监系统。网管系统主要通过网管服务器实时在线的收集系统内各设备的运行状态和告警信息，并在系统处于故障情况下进行智能的应急处理，使之恢复到正常的工作状态下。技监系统主要是通过专用的技监服务器，实时在线的采集前端系统编码或复用环节之后的 TS 流，并对其进行视音频和传输层的技术解析与监看。

### 3.6.1 地面数字电视前端网管系统的功能原理与实现方案

网管系统的主体功能主要有两部分组成：设备状态监看与应急故障处理。网管服务器通过交换机与前端系统内各编码复用设备的网管口相连，通过 SNMP 协议实时采集各设备的工作状态，基于 TCP 协议实现冗余备份和应急切换功能。

简单网络管理协议（SNMP），由一组网络管理的标准组成，包含一个应用层协议（application layer protocol）、数据库模型（database schema）和一组资源对象。该协议能够支持网络管理系统，用以监测连接到网络上的设备是否有任何引起管理上关注的情况。该协议是互联网工程工作小组（IETF，Internet Engineering Task Force）定义的 internet 协议簇的一部分。SNMP 的目标是管理互联网 Internet 上众多厂家生产的软硬件平台，因此 SNMP 受 Internet 标准网络管理框架的影响也很大。

SNMP 协议是基于 TCP/IP 协议族的网络管理标准，是一种在 IP 网络中管理网络节点（如服务器、工作站、路由器、交换机等）的标准协议。SNMP 能够使网络管理员提高网络管理效能，及时发现并解决网络问题以及规划网络的增长。网络管理员还可以通过 SNMP 接收网络节点的通知消息以及告警事件报告等来获知网络出现的问题。地面数字电视前端的网管系统就是基于 SNMP 协议去建立的。

基于 SNMP 协议构建的网管系统主要由 3 部分组成：网络管理系统、SNMP 代理、被管理的设备，如图 3–38 所示。

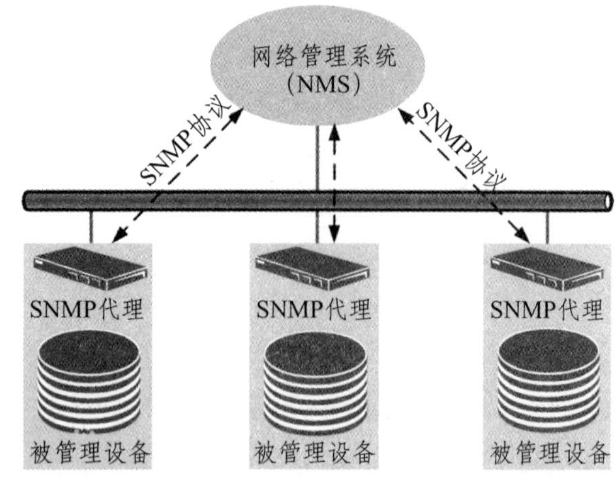

**图 3–38　基于 SNMP 协议构建的网管系统的架构组成**

在图 3–38 中，网络中被管理的每一个设备都存在一个管理信息库（MIB）用于收集并储存管理信息。通过 SNMP 协议，NMS 能获取这些信息。被管理设备，又称为网络单元或网络节点，可以是支持 SNMP 协议的路由器、交换机、服务器或者主机等。

SNMP 代理是被管理设备上的一个网络管理软件模块，拥有本地设备的相关管理信息，并用于将它们转换成与 SNMP 兼容的格式，传递给 NMS。

NMS 运行应用程序来实现监控被管理设备的功能。另外，NMS 还为网络管理提供大量的处理程序及必须的储存资源。

MIB 为管理信息库的缩写，是由网络管理协议访问的管理对象数据库，它包括 SNMP 可以通过网络设备的 SNMP 管理代理进行设置的变量。基于 SNMP 协议在网络中各节点设备上收集到的管理信息就会被记录被存储在 MIB 中。

简单地说，SNMP 是一个通用标准的管理协议，只要网络中的各设备均遵守该协议，我们就可以在此基础上建立网管系统，获取或改变网络中设备的状态，如图 3–39。

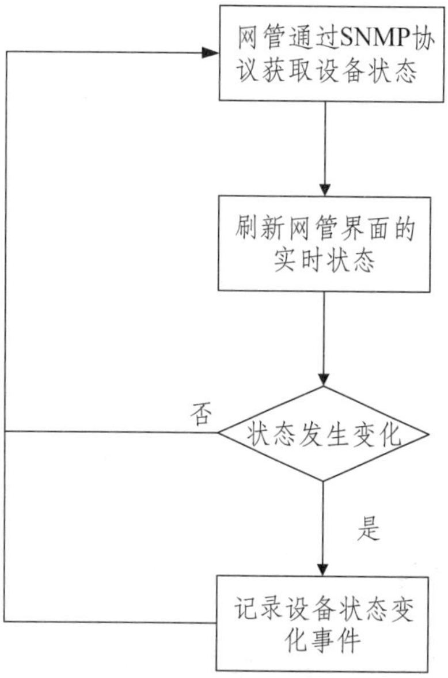

SNMP 协议为我们提供了一个开放便捷的架设网管系统的基础。在此基础上，我们还需进一步研究网管系统应当采用何种模式。因为对于前端的网管系统来说，除了设备状态的采集监测以外，还有一项非常重要的功能，就是在发生故障时的自动应急切换。如何通过技术手段实现对设备层和节目层的应急切换处理，对于提升前端系统的智能化冗余备份性能，保障前端系统在故障发生时的及时响应和无人值守状态下的安全运行，具有非常重要的意义。

网管通过SNMP协议获取设备状态

刷新网管界面的实时状态

状态发生变化

否

是

记录设备状态变化事件

**图 3–39 基于 SNMP 协议的网管系统对设备状态的实时获取**

对于前端系统，如果从组织架构的角度进行区分的话，可以分为平行架构和交叉架构。在平行架构中，主备系统处于独立运行的状态，由于组织架构和物理连接上的隔离性，网管系统只对各平台的设备状态和告警信息进行采集，无法在主备平台之间实现应急切换功能。平行架构的最大问题在于当某路平台的设备或节目出现故障时，系统只剩下一路平台处于正常工作状态，在故障平台恢复正常前，正常的平台有任何一路节目出现故障，系统将处于无法工作的状态中，如图 3–40 所示。

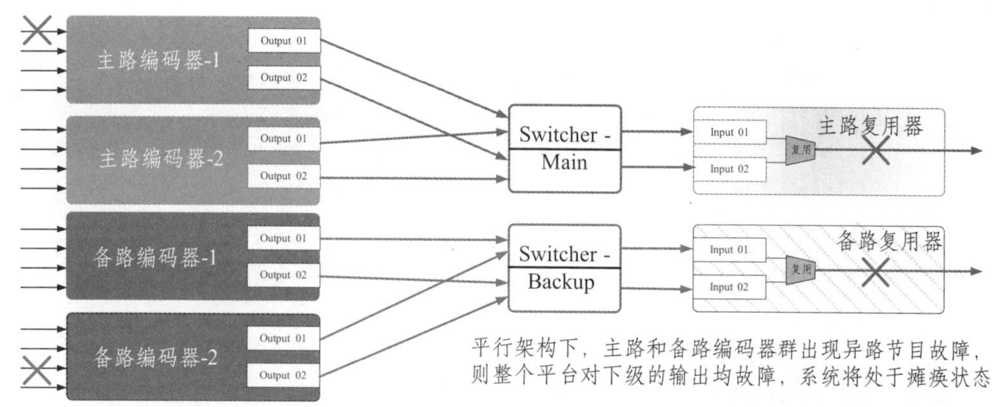


**图 3–40 平行架构下的系统工作状态和故障情况**

那么，要想很好地实现主备平台的自动应急切换功能，网管系统应当处于交叉架构下。在交叉架构下，主备平台复用器和编码器的物理连接是交叉的，即主路平台复用器可以同时获得主备平台编码器的信息，备路平台复用器也可以同时获得主备平台编码器的信息，网管系统则可以获得主备平台的全部信息。

在此基础上，复用器与主备编码器均建立起 TCP 连接，用于发送控制命令并接收编码器的输出码流。当复用器对需要使用的编码器（主路或备路）发送占用请求，占用成功后，被占用的设备状态为“占用中”，另一台编码器的状态为“备用”。备用的编码器输出的码流虽然此时并未在线使用，但是备用编码器与该台复用器将会定时发送心跳信息，保持连接状态，当占用中的编码器和复用器之间发生以下事件时，复用器就会尝试占用备用复用器，并发生设备级或节目级切换：①占用中的编码器输出的码流数据中断超过一定的时间；②占用中的编码器与复用器之间的查询或控制命令超时；③占用中的编码器被其他优先级更高的复用器占用。

同样，网管系统与主备复用器也会建立 TCP 连接。系统正常运行时，主备复用器与网管系统通过定时发送心跳信息保持连接，当某一路复用器出现故障时，心跳信息就会中断，网管就能判断复用器出现故障。当主复用器出现故障时，网管通过 TCP 连接发送“提升优先级”命令给备复用器，让备复用器有比主复用器更高的优先级工作，优先保障备复用器运行。此时，发生主备复用器切换。当主复用器的故障解决，用户需要切换回优先保障主复用器运行的状态时，网管通过 TCP 连接发送“降低优先级”给备复用器，让备复用器恢复低的优先级。此时，主复用器又重新回到系统中的优先状态。由于在切换的过程中存在时延，即节目会有短暂的中断，影响到接收端的收看。这里，在主路复用器重回系统工作之前，我们可以将备路复用器的优先级控制改为手动模式，确保备路复用器的优先级较高，避免主路复用器在加入系统时因优先级较高触发节目切换，造成正常播出时间内的二次故障。在主复用器完全加入系统后，选择在合适的时间进行优先级变更和节目切换。

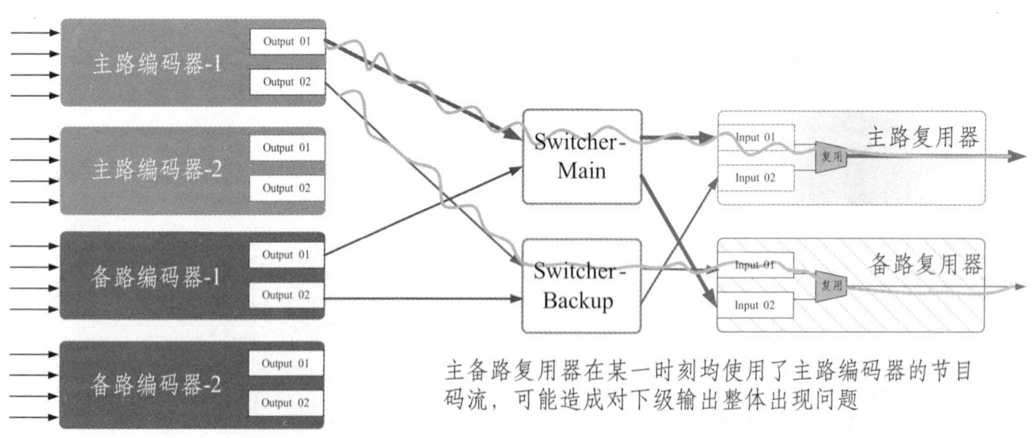


**图 3–41　交叉架构下网管系统工作的优势和缺陷**

如图 3–41，在交叉架构下启用网管系统，最大的优点在于提升了系统的自动切换能力和热冗余备份性能。当主路编码器中的某路节目发生故障时，主路复用器将自动的启用备路编码器中相应的节目，以保障主路码流输出的完整性。并且在这个过程中，备路编码器中除了此路节目外的其他任何节目发生故障，都不会影响到主路平台码流输出的完整性。对下级系统来说，主路平台输出的码流总是可用的，这就大大提高了系统的强壮性和冗余性。在实际使用中，有两方面事项特别需要我们注意：①交叉架构下网管系统可能存在的缺陷及解决办法；②网管系统在固定码率编码和动态统计复用平台上运行的差别，下面分别说明。

(1) 交叉架构下网管系统可能存在的缺陷及解决办法：在交叉架构下，主备路平台的复用器均可以同时收到主备路平台编码器的码流信息。如果主备路平台的复用器在某一时刻使用的均是来自主路（或备路）平台某一编码器的节目码流，一旦该路节目出现劣化（即没有发生信号中断，而是视频出现马赛克或者音频出现丢失），网管系统很难判定故障并触发切换机制，那么当前主备路平台往下一级输出的码流均有故障。要想较好的解决这一问题，我们必须保证在交叉架构下主备路平台复用器当前所用的码流分别来自不同的两个平台，即分别来自主路编码器群和备路编码器群。这样，当某路平台编码器群中的节目出现软性故障时，至少可以保证另一路平台对下级系统输出的码流是不受影响的。在实际工作中，我们可以考虑通过在交换机上划分 Vlan 的方式解决这一缺陷。图 3–22 将主路交换机划分为 Vlan1–1 和 Vlan1–2，备路交换机划分为 Vlan2–1 和 Vlan2–2。将主路编码器的主数据口接入 Vlan1–1 中，备数据口接入 Vlan2–1 中；将备路编码器的主数据口接入 Vlan1–2，备数据口接入 Vlan2–2 中；将主路复用器的主数据口接入 Vlan1–1，备数据口接入 Vlan2–2 中；将备路复用器的主数据口接入 Vlan1–2，备数据口接入 Vlan2–1 中。如此一来，主复用器当前优先选取并使用的就是主路编码器提供的节目码流，同时有备路编码器提供的节目码流作为备份；备复用器优先选取并使用的就是备路编码器提供的节目码流，同时有主路编码器提供的节目作为备份。这样，就规避了出现软性故障时可能对下级平台造成的安全播出风险。

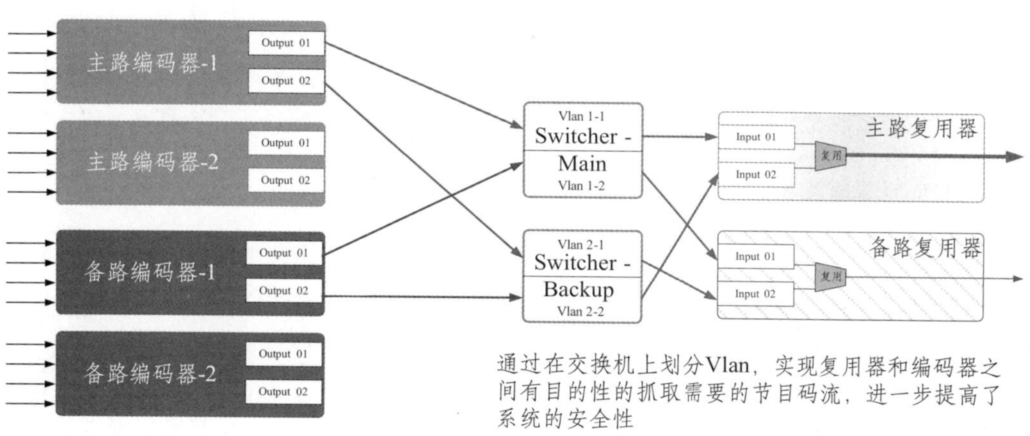


**图 3–42　改进后的交叉架构下的网管系统**

(2) 网管在固定码率编码和动态统计复用平台上运行的差别。固定码率和动态复用的主要区别在于编码器是否受控。在固定码率编码模式下，由于编码器不需要受复用器的控制，只需要在收到编码指令后即可开始平稳运行，主备复用器将同时接收到恒定码率的节目码流。一旦主路的某路节目出现故障，备路的相应节目将以组播的形式同时为主备两台复用器提供节目码流，主备两台复用器对下级平台的输出码流均是完整的。在动态统计复用模式下，编码器的某路节目在同一时刻只能受一台复用器控制，按照该台复用器分配的码率进行编码。当该路节目出现故障时，如果需要从备路平台控制相应的节目进行替代工作，那么备路平台被替代的节目必然会从备路复用器的控制中脱离出来，导致备路复用器对下级平台输出的码流不完整，出现节目丢失的情况。即在动态统计复用模式下，一旦系统出现故障，需要应急切换，主备复用器不可能对下级平台同时输出完整的节目码流。另外，如上文所说，网管系统进行应急切换的时候是会对在线码流造成短暂中断的。在固定码率模式的编码复用系统中，由于备用的节目组播流已经送至复用器并处于待命的状态，在发生应急切换时，复用器只需做好下 1 帧的视音频同步即可，因而切换的时间较短，约为 200ms 左右。在动态统计复用模式中，一旦系统发生应急切换，复用器首先要和当前备用的编码器通过 TCP 协议确立调用关系，然后才会开始复用并同步备用编码板卡输出的节目码流。其间存在一个状态查询确认的过程，因而该模式下切换时延一般较长，约在 1s 左右。接收终端会感觉到马赛克。

除了上面所述的内容，网管系统还应具备手动切换码流、故障日志记录、操作日志查询和设备拓扑图等功能。手动切换码流用于当前端系统发生自动切换后，在合理的时间点人为将系统恢复到原始的状态，消除隐形风险，保障安全运行；故障和操作日志的记录与查询可以帮助我们有效地分析研究前端系统所发生的问题和处理的流程；设备拓扑图让整个前端系统中所有设备的实时工作状态一目了然，便于我们及时的发现和定位故障。当然，网管系统虽然非常重要，但本质上是为了更加安全高效的管理和维护前端系统，是一种运维服务系统。网管系统与前端系统有着密切的联系，同时又有着明确的界限，即当前端系统脱离了网管系统后，其原始核心功能依然可以稳定运行，网管系统本身的任何问题和故障，不应对前端系统造成实质性的影响，这是在设计网管系统时应当充分注意的。

### 3.6.2 地面数字电视前端技监系统的功能原理与实现方案

技监系统可以帮助我们及时的发现前端系统存在的异常状态，帮助我们快速精准的对系统中的故障进行分析和定位。对于前端信源系统来说，技监系统应具备 3 方面的主体功能，才可以比较好的适应前端系统的安全播出要求：

（1）IP 层的监测功能：IP 化已经是前端系统技术架构的主流选择，无论是编码器与复用器之间内部的数据控制信息，还是复用器对外输出的 IP 封装的 TS 流，都需要对其进行 IP 层的监测。IP 层的监测主要分为网络层的监测和 PDI 监测。网络层的监测主要包括带宽监测、SAP/SDP 分析、RTP SE、RTP LDE、RTP LPE 等。带宽监测主要是实时监测输出数据流的占用带宽情况（有无溢出）；SAP/SDP 是用来描述流媒体信息的会话协议，通过对 SAP/SDP 的分析，可以知道当前流媒体的数量、长度、内容、传送格式和授权等信息；RTP SE（Sequence Error）、RTP LDE（Lost Distance Error）、RTP LPE（Lost Period Error）都属于对 RTP（实时传输协议）的相关监测，用于监测 RTP 层数据包的丢失间隔、周期和报头长度错误。PDI 为 Packet Delivery Index 的缩写，是媒体流丢失率和延迟的组合评价指标，主要监测 PDI DF（Delay Factor，延迟因素）和 PDI MLR（Media Loss Rate，媒体丢包率）。PDI DF 表明被测试视频流的延迟和抖动状况。DF 的单位是毫秒 (ms)。DF 将视频流抖动的变化换算为对视频传输和解码设备缓冲的需求。被测视频流抖动越大，DF 值越大。当网络设备和解码器的缓冲区容纳的视频内容时间不小于被测视频流 DF 读数时，将不会出现视频播放质量的下降。因为网络节点需要分配不小于 DF 值的缓冲用于平滑视频流抖动，所以 DF 的最大值为视频内容通过该网络节点的最小延迟。PDI MLR 是每秒的媒体封包丢失数量。该数值表明被测试视频流的传输丢包速率。由于视频信息的封包丢失将直接影响视频播放质量，理想的 IP 视频流传输要求 MLR 数值为零。因为具体的视频播放设备对丢包可以通过视频解码中进行补偿或者丢包重传，在实际测试中 MLR 的阈值可以相应调整。

(2) 码流传输层的监测功能：码流传输层的监测功能分为两个方面，一方面是对解码缓冲区大小和解码延时的监测。这可以帮助我们观测在视频解码中缓冲区是否会出现上溢和下溢以及解码的时效性。另一方面是对传输流层的 ESTI TR–101–290 的检测。该检测根据错误的严重性分为 3 个优先级。

第一优先级包含的内容为：TS 同步丢失、同步字节错误、PAT 错误、PMT 错误、连续计数错误、视音频 PID 丢失错误。第一监测优先级的内容被视为最严重的错误，如表 3–15。

TS 同步丢失错误：TS 同步丢失指连续检测到 2 个以上的不正确的同步信息则为同步丢失错误，标志着传输过程中会有一部分数据丢失，直接影响到解码后的画面质量。

同步字节错误：同步字节的标准值为 0X47，当同步字节的值为其他数值时，认为是同步字节错误。同步字节错误表明在传输过程中部分数据出现错误，可能导致接收时出现马赛克，严重时导致解码器解不出信号。

PAT 错误：PAT 表用于指示当前节目及其在数据流中的位置。标识节目关联表 PAT 的 PID 为 0X0000，如果 PAT 丢失或被加密，解码器将无法搜索到相应节目；如果 PAT 超时，解码器工作时间延长。PAT 错误包括：①标识 PAT 的 PID 没有至少 0.5 s 内出现一次 ( 要求 PAT 表格信息每 500ms 以内发送一次 )。② PID 为 0X0000 的 table–id 不为 0X00(要求携带 PAT 表格的 TS 包中 table–id 的值必须等译 0X00)。③ PID 为 0X0000 的包头中的加扰控制段不为 0(如果加扰的话，解码端将无法解析出 PAT 信息)。

PMT 错误：PMT 表用于指示每套节目视 / 音频数据在传输流中的位置。PMT 表标识并指示了组成每路业务流的位置，以及每路业务的节目参考时钟 (PCR) 字段的位置。PMT 错误包括：①标识 PMT 的 PID 没有达到至少 0.5 s 出现一次（PMT 表格必须每 500ms 以内发送一次），如果 PMT 超时，影响解码器切换节目时间。② PMT 表的加扰控制段不为 0(如果加扰的话，解码端将无法解析出 PMT 信息)。

连续计数错误：TS 包头中的连续计数是随着每个具有相同 PID 的 TS 包的增加而增加，为解码器确定正确的解码顺序。对于每一套节目的视 / 音频数据包而言，连续计数错误是一个很重要的指标。传输流连续计数不正确，表明当前传输流有丢包、错包、包重叠等现象，将导致解码器不能正确解码，图像出现马赛克等现象。

视音频 PID 丢失错误：检测数据流中各套电视节目的图像 / 声音数据是否正确，即检查是否每一个 PID 都有码流。PID 丢失，将导致该套节目无法正确解码。根据规定，一般音视频的 PID 出现周期不能超过 5 秒。

第二优先级包含的内容为：数据传输错误、CRC 错误、PCR 间隔错误、PCR 抖动错误、PTS 错误、CAT 错误。第二优先级的错误可能对终端解码造成一定的影响。

数据传输错误：TS 包头中的传输包错误指示为“1”，表示在相关的传输包中至少有 1 个不可纠正的错误位，只有在错误被纠正之后，该位才能被重新置 0。而一旦有传输包出错，就不再从错误包中得出其他错误指示。

CRC（循环冗余校验）错误：节目专用信息 (PSI) 和服务信息 (SI) 出现错误，可以由 CRC 计算出来，以指明该包是否可用。如果出错将不再从出现错误的表中得出其他错误信息。PAT、PMT 出现连续错误，将影响解码器对某一节目的正确解码。

PCR（节目参考时钟）间隔错误：PCR 用于恢复 27MHz 系统时钟，PCR 间隔错误，将导致接收端的时钟抖动或漂移，影响画面显示时间。PCR 间隔指两个连续的 PCR 之间最大的间隔时间，通常要求同一节目里两个连续 PCR 的时间间隔不能超过 100 ms。在数字电视广播应用中，PCR 的时间间隔应不大于 40 ms。

PCR（节目参考时钟）抖动错误：PCR 的错误范围是由允许偏离正确 PCR 值的最大值确定的，称为 PCR 精度，PCR 的精度必须高于 500 ns 或 PCR 抖动量不得大于 ±500 ns，PCR 抖动过大，将影响接收端系统时钟的正确恢复，解码时会出现马赛克现象，严重时不能正常显示图像。

PTS（播出时间标记）错误：PTS 每 700ms 传输一次，PTS 传输超时将影响图像正确显示。PTS 只有在 TS 未加扰时方能接收。

CAT（条件访问表）错误：CAT 表指出了授权管理信息 EMM 包的 PID 并控制接收机的正确接收，如果 CAT 表不正确，就不能正确接收加密节目。

第三优先级包含的内容为：NIT 错误、SI 重复率错误、缓冲器错误、非指定 PID 错误、SDT 错误、EIT 错误、RST 错误、TDT 错误、空缓冲器错误及数据延迟错误。第三等级错误并非是 TS 传输流的致命错误，但会影响一些具体应用的正确实施。比如：NIT 标识错误或传输超时，会导致解码器无法正确显示网络状态信息。SDT 标识错误或传输超时，会导致解码器无法正确显示信道节目的信息。EIT 标识错误或传输超时，会导致解码器无法正确显示每套节目的相关服务信息。

表 3–15 技监系统提供的基于 ESTI TR–101–290 的三级错误告警列表

| 级别 | 错误类型 | 接收端现象 |
| --- | --- | --- |
| 一级错误 | 同步丢失错误 | 黑屏、静帧和马赛克、画面不流畅现象 |
| | 同步字节错误 | 黑屏、静帧和马赛克、画面不流畅现象 |
| | PAT 错误 | 搜索不到节目或节目搜索错误 |
| | 连续计数错误 | 马赛克 |
| | PMT 间隔错误 | 搜索不到节目或节目搜索错误 |
| | PMT 加扰错误 | 搜索不到节目或节目搜索错误 |
| | PID 错误 | 黑屏、静帧、马赛克等所有异常现象 |
| 二级错误 | 传送错误 | 黑屏、静帧和马赛克、画面不流畅现象 |
| | CRC 错误 | 黑屏、静帧和马赛克、画面不流畅现象 |
| | PCR 间隔错误 | 视音频不同步或图像颜色丢失 |
| | PCR 非连续标志错 | 视音频不同步或图像颜色丢失 |
| | PCR 抖动错误 | 视音频不同步或图像颜色丢失 |
| | PTS 错误 | 音视频不同步 |
| | TS 包加扰错 | 只对加扰节目有影响，为轻微错误 |
| | CAT 错误 | 无法正确处理 CA 信息，为轻微错误 |
| 三级错误 | NIT ID 错误 | 码流分析仪的三级错误为轻微错误，在监视器的声画方面无异常现象。 |
| | NIT 间隔错误 | |
| | NIT 其他错误 | |
| | SI 重复率错误 | |
| | 缓冲器错误 | |
| | 非指定 PID 错误 | |
| | SDT ID 错误 | |
| | SDT 当前间隔错误 | |
| | SDT 其他间隔错误 | |
| | EIT ID 错误 | |
| | EIT 当前间隔错误 | |
| | EIT 其他间隔错误 | |
| | EIT PF 错误 | |
| | RST 错误 | |
| | TDT 错误 | |

(3) 码流视音频编码层的监测功能：编码层的监测针对前端系统实时在线编码复用的TS流中视音频的编码参数进行分析，可以直观的反映整个前端系统当前真实的工作状态，是技监系统中最为重要的一部分。码流视音频编码层的监测主要包括两个方面，一方面是对码流视频层的深度分析；另一方面是对码流音频层的深度分析。

码流视频层深度分析的内容主要有：视频图像信息监测，包括视频帧率、分辨率、宽高比等信息；视频码率信息监测，包括当前输入源总码率、每路节目码率和节目中包含的视频信息码率；视频过量化质量监测（通过平均量化程度评估）；视频损坏程度监测（通过每秒损坏的宏块数量评估）；视频一致性监测（主要是根据 MPEG、H.26X 和 AVS 系列标准的要求，从编码系数、运动矢量和序列层到块层方面，全面检测当前实时编码视频信息语义规则和数据的完整性）；黑场视频监测；静帧视频监测。

码流音频层深度分析的内容主要有：音频流信息监测，包括音频类型、音频码率、采样频率、信道模式等；音频波形监测，包括长期波形监测窗口（5S）和带数字爆音指示的快速 PPM；音频层监测，包括静音检测、最大电平监测和数字爆音监测。

在视音频实时解码方面，技监系统应支持行业内主流成熟的视音频压缩格式，以很好的满足前端系统多样化的需求。

在视频压缩格式方面有：MPEG–1 视频（ISO/IEC 11172–2）、MPEG–2 视频（ISO/IEC 13818–2）、MPEG–4 Part2 视频、H.264/AVC 视频（ITU–T, H.264）、SMPTE VC–1 视频（SMPTE 412M）、AVS Part2 视频（GB/T 20090.2）。

在音频压缩格式方面有：MPEG–1 音频（ISO/IEC 11172–3）、MPEG–2 音频（ISO/IEC 13818–3）、MPEG–2 AAC（ISO/IEC 13818–7）、MPEG–4 AAC（ISO/IEC 14496–3）、MPEG–4 HE–AAC v1（ISO/IEC 14496–3/Amd.1）、MPEG–4 HE–AAC v2（ISO/IEC 14496–3/Amd.2）、AC–3、E–AC–3（ATSC A/52B）、SMPTE 302M。

具备以上3方面功能的技监系统已经可以满足前端系统主要的监测分析要求。除此以外，在输入信源方面，技监系统一般应支持 SDI、ASI、单播、组播、RTSP、SDP、RTMP 等，可以很好的适应传统广播电视系统与互联网技术的融合需求。在添加了需要监视的信源节目后，技监系统应对其进行解复用和解码处理，并在虚拟屏上进行适当的画面分割和节目排序，满足同时监看多路节目声画质量的需求。

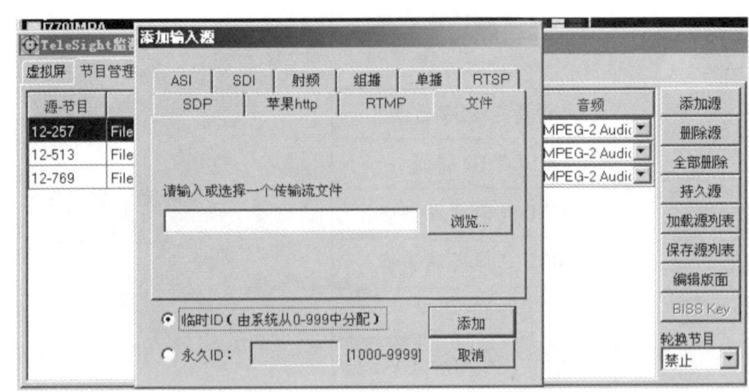


图 3–43　在技监系统中选择需要添加监测的各类型信号源

在测试菜单中如图 3–43，技监系统可以实现对输入信源系统层、视频层和音频层的状态监测。技监系统应具备捕捉录制码流的能力和远程监测码流的功能，以方便运维人员提供更多的技术支持。

## 3.7 地面数字电视前端系统的日常管理与维护

地面数字电视前端系统在正式投入使用后，其安全、稳定、高效的运行离不开合理的日常管理与维护机制。也就是说，良好的管理与维护措施与前端系统的综合性能是息息相关的。日常管理与维护内容应当被作为前端系统设计中的一部分加以重视。前端系统的日常管理和维护包括日常的系统状态巡查监管和故障情况下的应急维护。

日常的系统巡查监管需要技术人员定期定时的对系统进行巡视和查看，主要巡查 3 个方面的内容：

(1) 网管系统的工作情况：在网管系统中，前端系统中的各设备和组成节点均会将自身实时的工作状态在线的传递给网管，并在网络拓扑图中直观的表示出来。技术人员通过查看前端系统的网络拓扑图，即可快速的知道当前系统中是否有设备处于异常状态或者网络中的节点之间是否存在通讯故障的情况。如果有上述情况，技术人员应当进一步打开故障的环节，通过分析网管系统的告警信息和事件日志判定故障的性质和严重程度，进而制定处理措施，排除故障、解决问题。技术人员在巡查过程中，还应注意网管系统中各设备的实时码流信息，确认系统各环节的冗余备份性，避免出现同源同路由的情形，造成隐形风险。

(2) 技监系统的工作情况：在技监系统中，前端系统在编码复用环节最终输出的码流会被引入系统中进行实时在线监测。技术人员可以根据技监系统对节目流的解析情况，快速的判断当前播出的节目是否有视频黑场、静帧、马赛克或者音频静音、爆音的情况。技监系统提供的系统层、视频层、音频层、传输层的深度分析能够反映当前编码复用的节目流是否优质完整、符合相关技术标准，这些都将作为我们在终端接收解码时视音频能否正常播放的重要参考。如果发现 ESTI TR–101–290 有一级或二级告警，应当立即上报并联系设备厂商获取技术支持。

(3) 设备自身的运行情况：在前端系统中，编码器和复用器自身均带有状态告警指示灯。技术人员可以通过指示灯的状态，判断设备自身是否有电源、风扇、网口或码流输出口的故障。一般来说，设备自身的告警指示虽然不一定足够全面，但却是最真实直接的，应当作为常规检查项目认真核实。

故障情况下的应急维护主要是指技术人员在系统自我保障的基础上及时的做好适当的应急补救措施，确保问题不进一步扩大化，在最短的时间内确保系统恢复正常的工作状态。

在前端系统出现故障的时候，技术人员应借助上述网管系统和技监系统等准确地进行故障定位，明确故障时发生在信源级还是编码复用级，进而有针对性的进行故障的排查和处理。技术人员平时应做好备品备件的储备工作，比如说冷备的编码器、复用器、电源模块、风扇模块、信源接收板卡等。现在前端系统使用的设备基本上都具有模块化和可热拔插的功能，在不影响整个系统功能的前提下，如图 3–44 可以直接进行在线更换，迅速的解决问题。技术人员应注意保存好当前系统内编码复用设备的工作参数，以便在需要对编码复用设备进行整机更换时，通过导入工作参数快速便捷的完成新设备对系统的在线加入。一般来说，技术维护人员需要按如下步骤对前端系统进行应急维护：

(1) 在故障发生后，第一时间去网管和技监系统确认故障的现象描述、发生时间和当前系统状态。

(2) 根据网管和技监系统提供的信息，登录相关设备的网页界面，再次对发生故障的设备进行状态查询，确认故障环节。网管系统有时候也会出现误报，这里对故障的二次确认是有必要的。

(3) 对于前端系统而言，可能的故障环节主要有信源接收设备、编码器、复用器、数据交换机。对于系统的不同环节，应采取不同的应急维护措施。

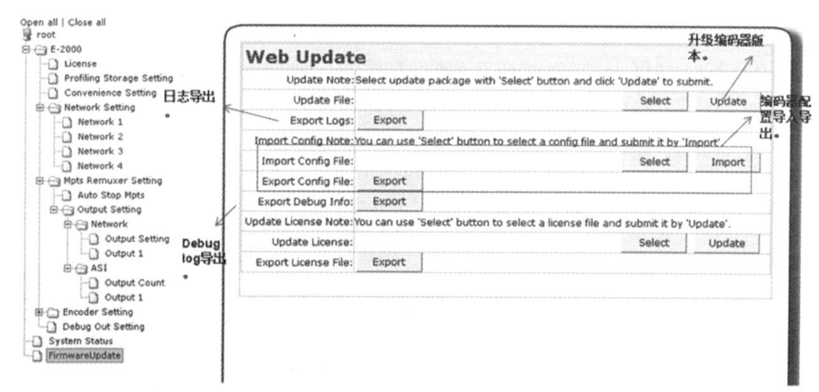

图 3–44　通过相关参数的导入导出功能快速实现编码器的在线更换和故障分析

(4) 对于信源接收设备故障，技术人员应使用便携式信号监视器对当前信源接收设备的输出信号情况进行查看。如果是光端机信号丢失，应使用光功率计检查输入信号光功率是否正常，如存在异常，应进一步使用 ODTR（光时域发射仪）对故障节点进行定位，在专业人士的帮助下进行熔接恢复。若光端机本身存在故障，则应及时更换备用板卡或设备。如果是卫星接收设备信号丢失，应用射频信号测试分析仪检查当前设备输入信号强度、信噪比（载噪比），并登陆设备内部界面检查相关接收参数配置情况和解码的误码率情况，通过更换备用板卡或设备的方式尽快恢复信号。

(5) 对于编码器故障，如果是电源模块或者风扇模块故障的话，应尽快取相关备品备件，在确保安全的前提下进行在线热拔插更换，如图 3–45。如果是编码器的某路编码板卡故障，则需要使用冷备的编码器进行设备更换。这里，我们可以先将故障编码器的参数配置包导出至网管系统桌面上，在备用编码器加入系统后，导入刚才的参数配置包，即可完成更换。更换完成后，应该打开对应一台在线工作的备份编码器配置页面进行比对，确认参数导入正常。

(6) 对于复用器故障，可参考上述对编码器的应急维护措施进行处理。需要注意的是在更换故障复用器和加入备用复用器的时候，应考虑到可能引起的码流切换对终端用户节目接收造成的影响。

(7) 在处理完故障后，技术人员应仔细的检查网管系统当前的工作状态，在可操作的时间点对系统存在路径重复的环节进行手动复原，保证系统能够恢复到初始的工作状态。

图 3–45 对编码器进行电源模块的热拔插更换

# 第 4 章　传输系统

传输系统是将已经播出的数字广播电视节目以一定的传输方式通过可靠的传输通道传送到接收端。根据信号通过的传输媒质，传输方式可分有线信道和无线信道。有线信道的传输媒介分别有电缆、光缆等，其中光缆传输根据传输原理不同，可以分为 SDH 光网络传输、DWDM 光波分复用传输、公网 IP 传输等；无线信道的传输媒介为地面无线电波，如卫星转发、微波中继等。地面数字电视节目信号通过了数字微波传输、光纤传输、卫星传输和公网传输分发至地州市电视发射台。信号传输链路模型如图 4–1。

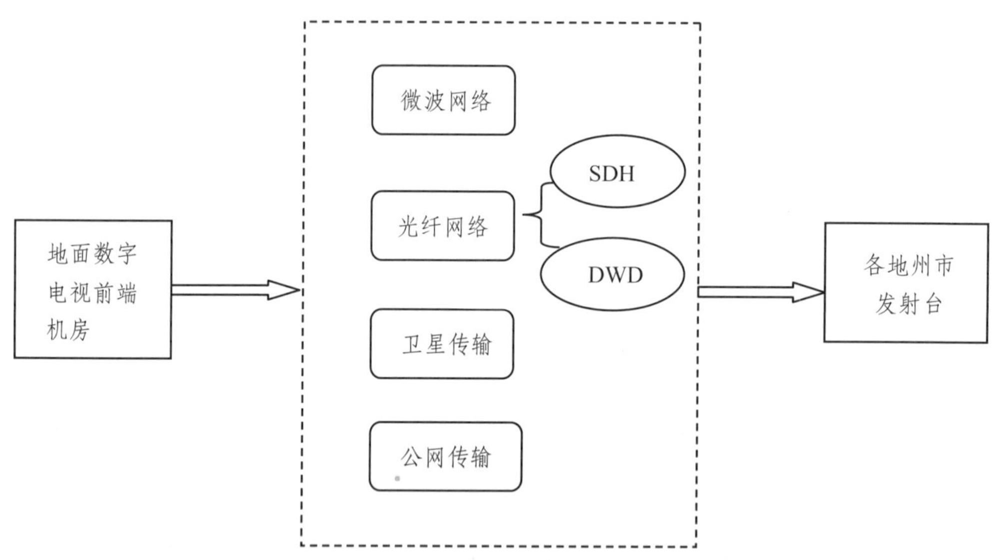


图 4–1　节目信号传输模型

下面分别叙述数字微波传输、光纤传输、卫星传输和公网传输的技术原理、实现方案、日常管理和维护经验。湖南地面数字电视传送使用了数字微波传输、湖南移动 SDH 网络光纤传输和湖南有线波分复用 DWDM 网传输。3 个传输网络运行稳定，互为主备，确保地面数字电视节目流优质安全播出。中央无线地面数字电视工程在湖南的传输采用了“卫星传输 + 光纤传输 + 无线插转”，确保中央台、湖南省台、地州市台和县级台在地面数字电视网络里面可靠传输。伴随着三网融合的推进，IP 化技术将不断成熟，电视节目信号今后可以采用互联网公网进行传输，对此，我们进行了相关的探索研究。

# 4.1 数字微波传输

如图 4–2，微波通信使用波长为 1m ~ 0.1mm（频率为 0.3GHz ~ 3THz）的电磁波进行通信。包括地面微波接力通信、对流层散射通信、卫星通信、空间通信及工作于微波波段的移动通信。微波通信具有可用频带宽、通信容量大、传输损伤小、抗干扰能力强等特点，可用于点对点、一点对多点或广播等通信方式。

中国微波通信广泛应用 L、S、C、X 诸频段，K 频段的应用尚在开发之中。由于微波的频率极高，波长又很短，其在空中的传播特性与光波相近，也就是直线前进，遇到阻挡就被反射或被阻断，因此微波通信的主要方式是视距通信，超过视距以后需要中继转发。

一般来说，由于地球曲面的影响以及空间传输的损耗，每隔 50 公里左右，就需要设置中继站，将电波放大转发而延伸。这种通信方式，也称为微波中继通信或称微波接力通信。长距离微波通信干线可以经过几十次中继而传至数千公里仍可保持很高的通信质量。

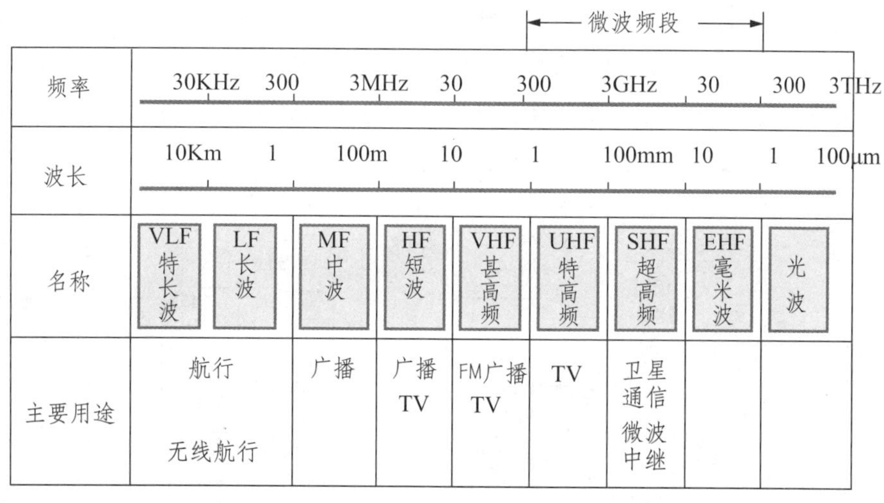


**图 4–2 无线电波划分**

## 4.1.1 微波传输的概述

微波通信技术的起源于 1901 年，马可尼使用 800kHz 中波信号进行了从英国到北美纽芬兰的世界上第一次横跨大西洋的无线电波的通信试验。1931 年，在英国多佛与法国加莱之间建起世界上第一条微波通信电路。1940 年到 1960 年，模拟微波通信成为长距离大容量地面干线无线传输的主要手段，模拟调频容量高达 2700 路，它与当时的同轴电缆载波传输系统同为通信网长途传输干线的重要传输手段。1970 年之后，数字微波 (PDH) 技术快速发展，大大提高频率利用率。1988 年，ITU–T 统一形成 SDH 标准，ITU–R 也在 1992 年通过 SDH 微波系统结构、功能和性能的 750/751 两个建议。

国外发达国家的微波中继通信在长途通信网中所占的比例高达 50% 以上。据统计美国为 66%，日本为 50%，法国为 54%。 光通信显著发展，使得无线通信在远距离主干系的传输容量方面保持优势地位的微波通信，渐渐地被光纤有线通信所取代 。

数字微波的特点：抗干扰能力强，可以消除噪声积累。即使中继站再多，仍具有良好的通信质量。差错可控，通过纠错编码技术可以提高传输的可靠性。数字信号更容易加密和解密，通信保密性好。提供丰富的业务接口，包括 E1/STM–1/IP，实现数据、图像、语音业务传输。符合网络发展和三网融合的趋势。

### 4.1.2 现有数字微波传输的几种方式

数字微波传输网络传输方式是 TDM 还是 IP，各省的网络情况不尽相同。根据各地网络的实际情况和业务情况，充分利用现有资产，提高投资的利用效率。比如以编码器、多路复用、适配器、MSTP、复用设备为主的 DS3(45MB）业务，有利于建设 SDH 微波传输系统。以编码器、交换机、IP 适配器为主的 IP 业务，有利于建设 IP 微波传输系统。

1. 传统 SDH 传输方式下 8 路标清视音频信号通过多路复用（+ 适配器）转换成 DS3(45Mb ) 业务信号，多路 DS3 信号通过 MSTP （或复用设备）转换成 STM–1 信号后，通过 SDH 微波系统进行传输。微波设备其他接口（2M 或 LAN）可以传输动环监控、视频监控等信号。

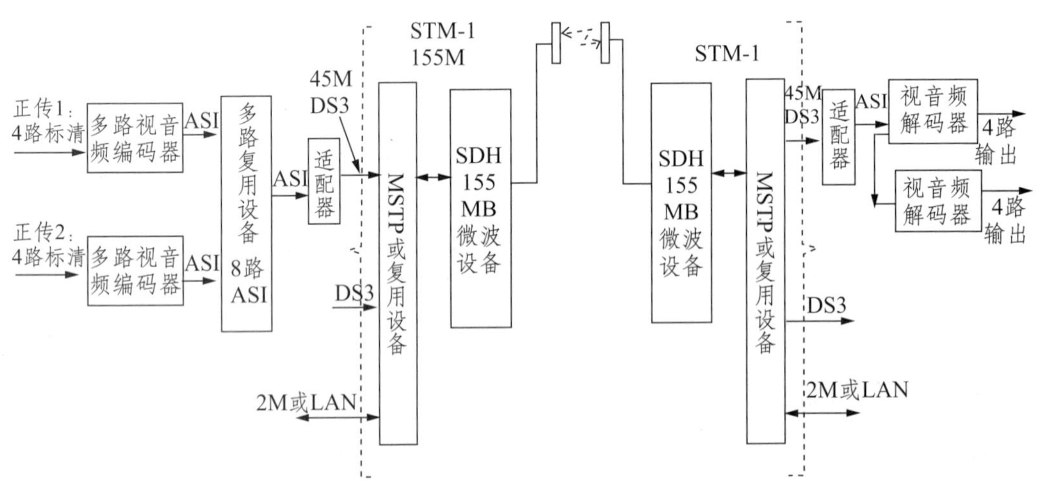


图 4–3　传统 SDH+ 数字微波传输结构

2. IP 传输方式下，图 4–3 标清视频音频 10 路输入信号和 3 路输出信号经过 IP 交换机（或直接）与 IP 微波系统连接并进行传输。微波设备其他接口（2M 或 LAN）可以传输动环监控、视频监控等信号。前端系统新增的 IP 业务，可以通过多业务平台（MSTP）转换成 STM–1 业务后，经过微波进行传递。

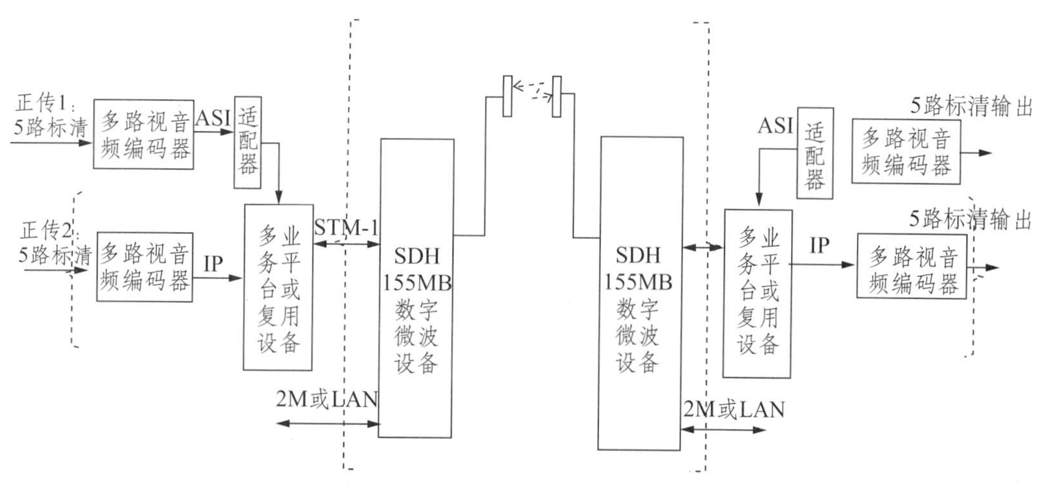


图 4–4 IP+SDH+ 微波传输结构

3. IP 传输方式下，如图 4–4 标清视频音频 10 路输入信号和 3 路输出信号经过 IP 交换机（或直接）与 IP 微波系统连接并进行传输。微波设备其他接口（2M 或 LAN）可以传输动环监控、视频监控等信号。前端系统的 IP 化可通过多种方式实现，如支持 IP 接口的视音频编解码器 、支持 IP 接口的多路复用器、IP 适配器、MSTP 等多种类型的设备。

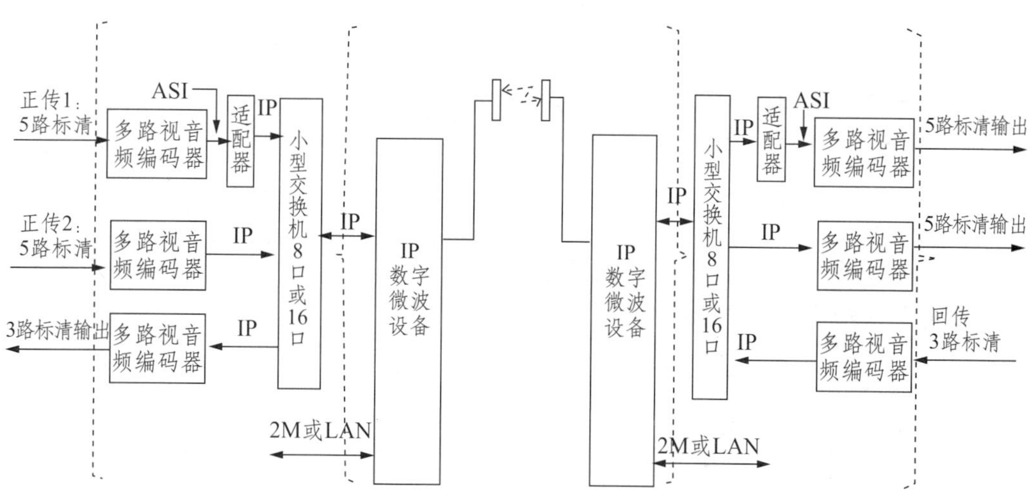


图 4–5 IP+ 数字微波结构

4. IP 传输方式下，图 4–5 标清视频音频 10 路输入信号和 3 路输出信号经过 IP 交换机（或直接）与 IP 微波系统连接并进行传输。微波设备其他接口（2M 或 LAN）可以传输动环监控、视频监控等信号。前端系统的 IP 化可通过多种方式实现，如支持 IP 接口的视音频编解码器支持 IP 接口的多路复用器、IP 适配器、MSTP 等多种类型的设备。STM–1 可通过 IP 适配器实现全 IP 业务传输。

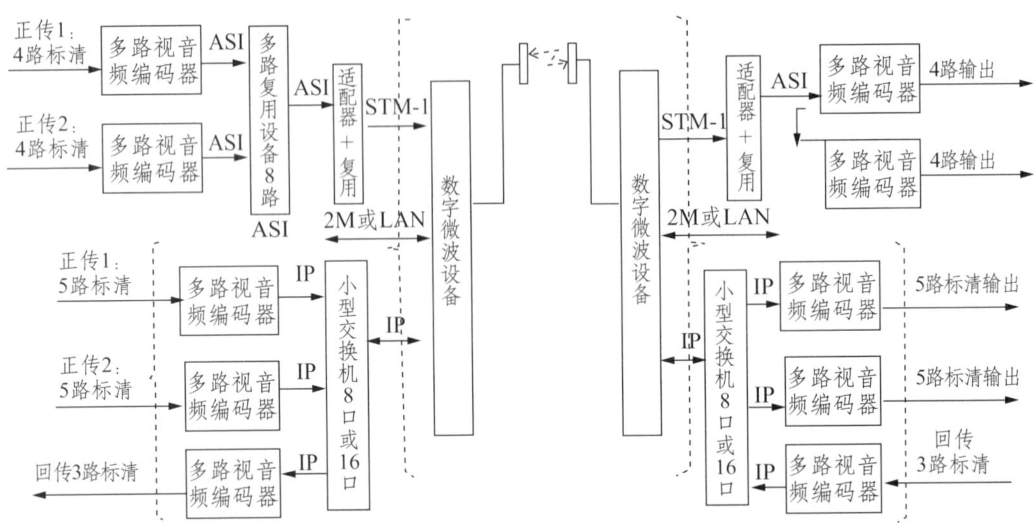


图 4–6　收发端 IP+SDH+ 数字微波的混合结构

广电网络的演进方向决定着传输网络建设的方向和资产的回报率。以现有广播电视为主的视音频业务，从网络安全性和可靠性 、网络管理和维护、业务的性能、传输的实时性、链 / 分支结构网络等因素考虑，有利于建设 TDM 传输系统。例如，已建成的广电总局 SDH 干线微波链路、部分省内 SDH 干线链路等。

以多媒体和电信业务为主的数据业务，从传输资源的利用效率、网络设备的兼容性、网络间业务调度的灵活性、新业务的发展、环形 / 网状网络结构等因素考虑，图 4–6 有利于建设 IP 传输网络。 例如，部分省内 IP 干线、地面数字电视（DTMB）接入网络、广电融合网络（700MHz）、三网融合的电信业务等。资产利旧、投资效率、网络结构、业务种类、网络建设、业务发展等多种因素共同影响着数字微波传输网络的传输方式。

### 4.1.3 湖南微波网传输发展概况

湖南省微波干线是广播电视公共服务的主要组成部分。20 世纪 80 年代中期采用美国哈里斯公司设备始建模拟微波网，可传输 2 套视频节目及 4 路立体声广播。

90 年代中期对二条干线的模拟微波进行数字化改造。网络使用 NEC 2000S 设备（1+1/STM–1 OPT），图 4–7 于

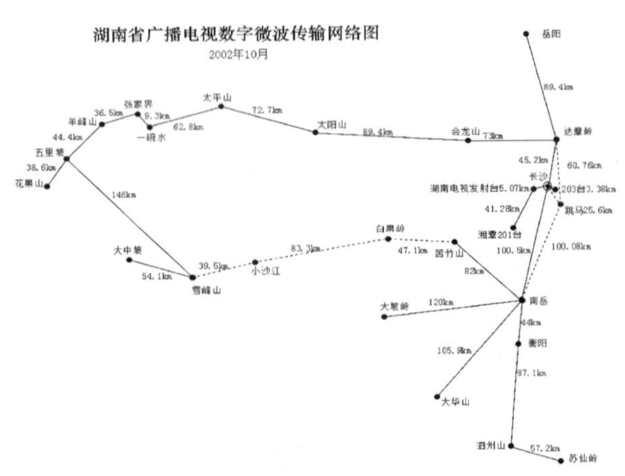


图 4–7　湖南 1996—2012 年网络拓扑图

1996 年建成并投入使用。可传输 6 套视频节目及 10 路立体声广播。

2013 年再次对微波干线网进行 IP 化数字提质改造，考虑湖南多山的地理条件以及各地市高楼建设频繁导致微波线路阻挡事件频发，提出微波站点以高山台站为主、尽量避开城市站点的设计思路；考虑到重新建站的成本因素，确定主要使用原有微波站点；考虑湖南现有微波站距普遍超过 50 公里的实际情况，将湖南省数字微波干线完善成一大一小两个环形加星形拓扑的网络结构。全省 24 个微波站点（包含全省 19 个骨干高山台），各站点发射的广播电视信号基本能够覆盖全省。微波总站前端系统提供的广播电视信号由原有的 6 套（MPEG2 模式）广播电视信号增加为四路广播电视数据流（ASI 模式）共 22 套广播电视信号；标准按照最新国标 AVS+ 编码格式；线路传输格式为 IP 模式。提供的信号稳定、优质，符合现行互联网传输标准。

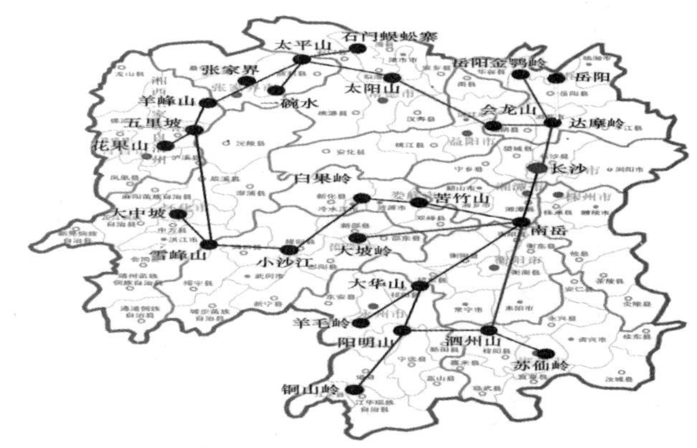


图 4–8　湖南现有数字微波网拓扑图

### 4.1.4 湖南数字微波网络传输

湖南数字微波干线网共 24 个站点，图 4–8 包括 1 个总前端 ( 长沙 – 广电中心站 ) 和 23 个分站微波路由共 25 跳微波，线路总长约 1929km。 其中，站距 50km 以上的共有 6 跳、站距 50 ~ 100km 的共有 6 跳、站距 100km 以上的共有 7 跳。也就是说符合国家标准建站的只有 6 跳，其他的都是超长站距，湖南微波传输最长站距（雪峰山 – 五里坡）为 146.62km。

湖南数字微波网从传输资源的利用效率、网络间业务调度的灵活性、新业务的发展、环形 / 网状网络结构等因素考虑采用纯 IP 模式即 4.1.2 中所述第 3 种模式，所有信号接入均采用 IP 方式。

信号接入摒弃传统 SDH 复用方式，使用千兆三层路由器（HUAWEIS5700）取代传统复用方式，做到对所接入的信号带宽、流量可控。下传主用信号采用 IP 组播方式节省带宽，上传信号采用单播方式并控制接入口带宽，所有上下信号均采用划分单独 VLAN 的方式进行端口隔离，确保所有信号安全可控，最大限度使用带宽资源。

湖南数字微波网络上大都是湖南的高山骨干台，图 4–9 考虑到高山雷击严重微波收发信机采用机架式 NEC5000IPS 设备。天馈线采用西安普天集团的单极化高性能天线 WTG 系列并加装防风防尘罩。所有微波收发信机均要求具备 ATPC 功能，超长站距安装 SD 单元加装 SD 天线。

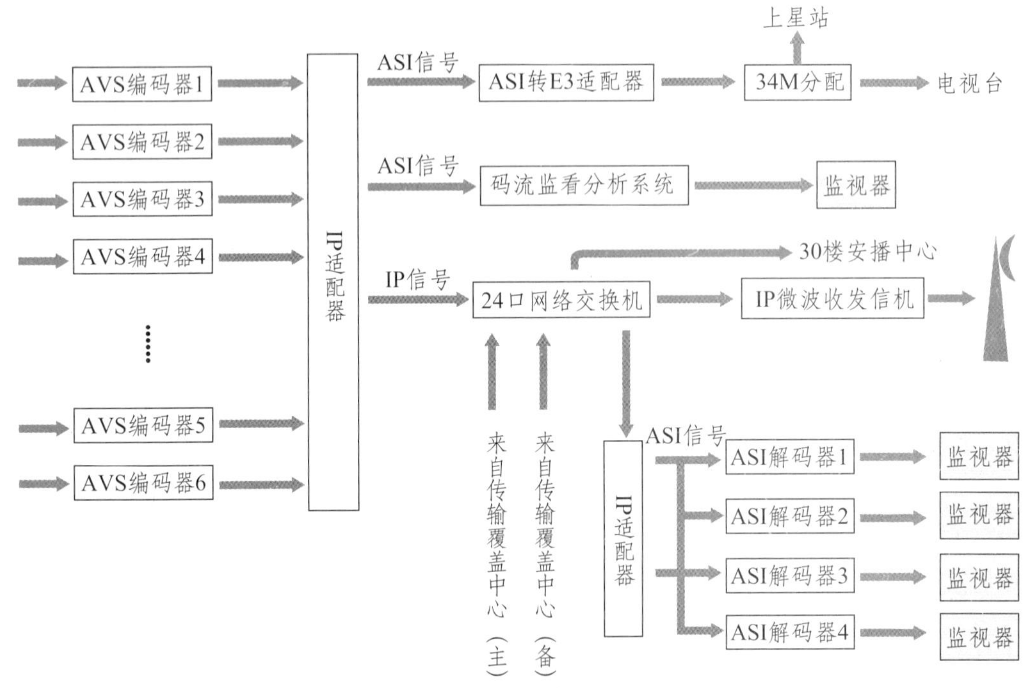


图 4–9　微波机房信号流程图

### 4.1.5 湖南省微波收发信机技术特点

湖南省微波收发信机采用“1+1”异频双路的保护方式，6G 发信机输出端口的功率达到 +33dBm、8G 发信机输出端口的功率达到 +32dBm；接收机门限为 –76dBm（BER=$1\times10^{-6}$ 64QAM）及 –73dBm（BER=$1\times10^{-6}$ 128QAM）。自动发信功率控制 (ATPC) 动态范围≥ 20dB（对应于正常发信功率），衰落跟踪控制速度≥ 100dB/s；基带接口 2 个 RJ–45 电接口和 2 个 SFP 光接口，支持 VLAN 功能、QoS 功能、L2 交换功能。

湖南省微波收发信机如图 4–10 采用多级混频电路，提高了接收机的接收灵敏度；足够的功率放大量与适当的通频带考虑混频器非线性因素，提高微波系统的变频增益，动态范围大；采用独立的射频发射本振与接收本振，提高了射频频率的稳定度，提高 XPIF 的改善程度，改善系统传输性能。

图 4–10 为湖南省微波收发信机支持相邻频率的传输系统，无须额外的合路器实现多系统的单极化传输，提高可用频率资源的利用效率，降低天馈系统的配置，避免了合路器的射频插入损耗，提升了微波系统的传输性能和可靠性。

图 4–11 为湖南省微波收发信机采用独立的收发分路系统结构，有利于系统的升级与扩容，提高射频滤波性能，改善射频信号的失真程度。

图 4–12 为湖南省微波收发信机具备独立的空间分集滤波系统，有利于改善分集接收信

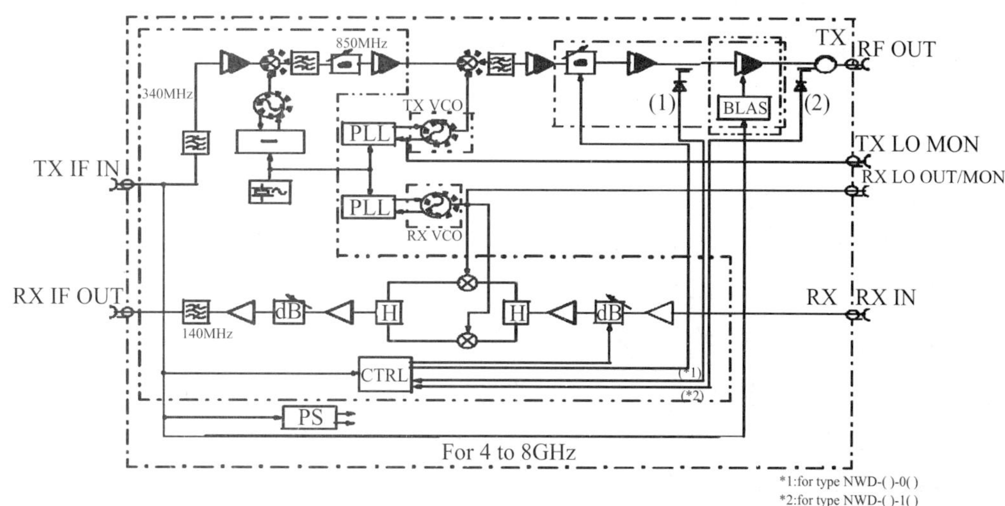


图 4–10 微波收发信机的线路图

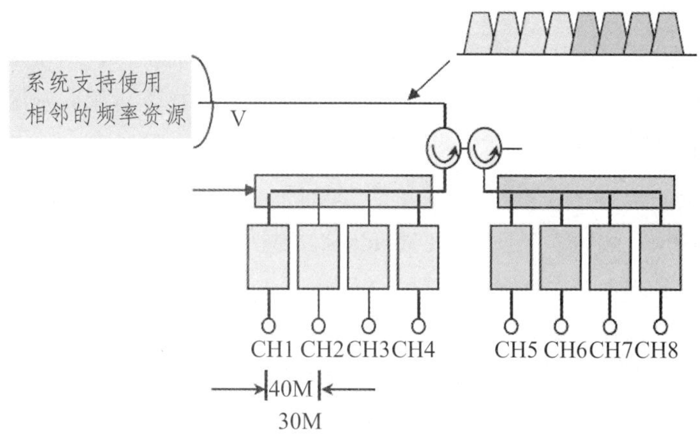


图 4–11 邻频滤波系统

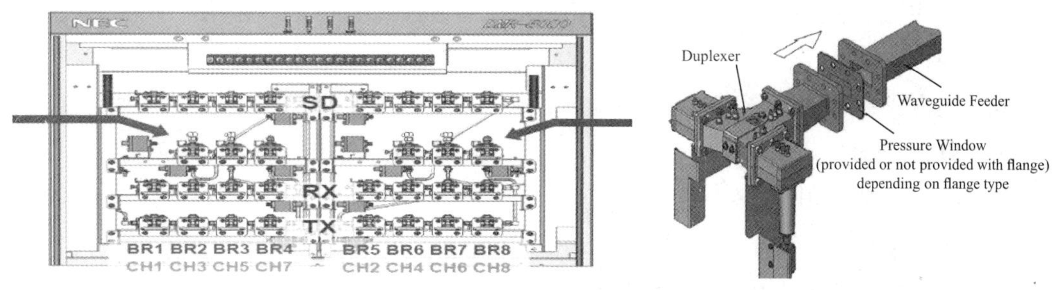


图 4–12 收发分路系统

号的质量，可共用同一个收发信单元，有利于改善主信号与分集信号的时延差，提高空间分集的改善效果；减少主 / 分集接收信号差别而导致的 S/N 恶化；电子时延均衡可以通过 LCT 进行设置；可以支持系统配置改善系统性能。湖南超长距离站点均采用增加 SD 单元的方式提高系统性能。

湖南省微波收发信机在 IP 设置上采用独有的管道 (TUNNEL) 设置，不论网络 ACCESS 或 TRURK 属性一概予以通过，整个湖南数字微波收发信机相当于路由器之间的网线，避免因网络设置冲突引起传输信号中断。

湖南数字微波网络上除了总前端站 (广电中心站) 其他高山台站机房要求实现全电路无人值守。湖南省微波收发信机保证设备的 MTBF 值大于 25 万，以其高可靠性保障湖南省数字微波网络安全运行。

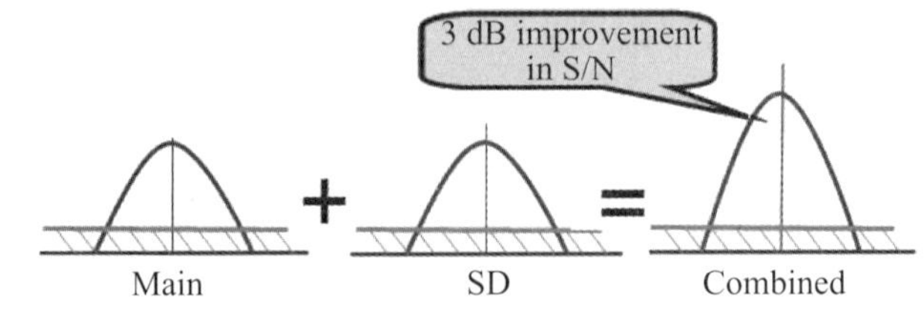


图 4–13　空间分集系统

### 4.1.6 湖南数字微波网络在传输中采用 IP 组播技术 (Multicast technology)

IP 组播技术指的是单个发送者对应多个接收者的一种网络通信。组播技术中，通过向多个接收方传送单信息流方式，可以减少具有多个接收方同时收听或查看相同资源情况下的网络通信流量。对于 n 方视频会议，可以减少使用 $a$ ($n$–1) 倍的带宽长度。“组播”中较为典型的是采用组播地址的 IP 组播。IPv6 支持单播 (Unicast)、组播 (Multicast) 以及任意播 (Anycast) 3 种类型，IPv6 中没有关于广播 (Broadcast) 的具体划分，而是作为组播的一个典型类型。此外组播定义还包括一些其他协议，如使用“点对多点”或“多点对多点”连接的异步传输协议 (ATM)。组播技术基于“组”这样一个概念，属于接收方专有组，主要接收相同数据流。该接收方组可以分配在因特网的任意地方。

传统的 IP 通信有两种方式：第一种是在一台源 IP 主机和一台目的 IP 主机之间进行，即单播 (unicast)；第二种是在一台源 IP 主机和网络中所有其他的 IP 主机之间进行，即广播 (broadcast)。如果要将信息发送给网络中的多个主机而非所有主机，则要么采用广播方式，要么由源主机分别向网络中的多台目标主机以单播方式发送 IP 包。采用广播方式实现时，不仅会将信息发送给不需要的主机而浪费带宽，也可能由于路由回环引起严重的广播风暴；采用单播方式实现时，由于 IP 包的重复发送会白白浪费掉大量带宽，也增加了服务器的负载。所以，传统的单播和广播通信方式不能有效地解决单点发送多点接收的问题。

IP 组播是指在 IP 网络中将数据包以尽力传送 (best–effort) 的形式发送到网络中的某个确定节点子集，这个子集称为组播组 (multicast group)。IP 组播的基本思想是，源主机只发送一份数据，这份数据中的目的地址为组播组地址；组播组中的所有接收者都可接收到同样的数据拷贝，并且只有组播组内的主机 (目标主机) 可以接收该数据，网络中其他主机不能收到。组播组用 D 类 IP 地址（224.0.0.0 ～ 239.255.255.255）来标识。

IP 组播技术有效地解决了单点发送多点接收的问题，实现了 IP 网络中点到多点的高效数据传送，能够大量节约网络带宽、降低网络负载。作为一种与单播和广播并列的通信方式，组播的意义不仅在于此。更重要的是，可以利用网络的组播特性方便地提供一些新的增值业务，在 IP 网络中多媒体业务日渐增多的情况下，组播有着巨大的市场潜力。

传统 SDH 传输方式下，标清视音频信号通过多路复用（+ 适配器）转换成 DS3(45Mb) 业务信号，多路 DS3 信号通过 MSTP（或复用设备）转换成 STM–1 信号后，通过 SDH 微波系统进行传输。其中每路 DS3 信号在 STM–1 的位置固定、带宽固定（45M），在使用端通过 MSTP（或复用设备）对应的板块解出 DS3 信号，再通过适配器（+ 解码器）解出标清视音频信号。

湖南数字微波网 IP 组播模式下，多路标清视音频输入信号经 AVS+ 编码系统直接输出 IP 组播信号，通过千兆 3 层路由器（HUAWEIS5700）与微波传输系统连接。在使用端通过千兆 3 层路由器（HUAWEIS5700）网口，再通过适配器（+ 解码器）解出标清视音频信号。

其中每路 IP 组播信号在网络的 VLAN 号（自定义）固定、带宽可控可调，不同类别信号对应不同 VLAN 号（即不同局域网）互不干扰，使用端输出时在台站路由器上的端口可加（VLAN 号一致即可），对于传输信号的检测、监控提供极大便利。也可根据输出带宽需求调节输入带宽，线路简单、带宽源头可控。如现行中央无线覆盖工程的清流发射机输入带宽要求在 20.7M 内，输入的 IP 组播带宽也限制在 20.7M，适配器解码信号可输出直接接入发射机发射。

| 项目 | TDM 网络 | IP 网络 | 备注 |
|---|---|---|---|
| 传输效率 | 😟 | 😄 | IP 带宽动态分配 |
| 传输时延 | 😄 | 😟 | SDH 传输时延低 |
| 业务质量 | 😄 | 😟 | SDH 面向连接，提供纠错机制 |
| 业务调度 | 😟 | 😄 | IP 路由策略 |
| 安全可靠性 | 😄 | 😟 | SDH 端到连接 |
| 兼容性 | 😟 | 😄 | 大部分网络设备提供 IP 接口 |
| 维护管理 | 😄 | 😟 | SDH 具有丰富的开销 |
| 业务发展 | 😟 | 😄 | IP 网络有利于业务发展 |
| 业务保护 | 😟 | 😄 | IP 网络提供 QoS、AMR 机制 |
| 系统保护 | 😄 | 😟 | SDH 提供系统的保护切换机制 |

图 4–14　TDM 网络与 IP 网络的比较

### 4.1.7 湖南数字微波网络网管

湖南数字微波网络有数字收发信机、千兆 3 层路由器、编解码系统 3 套网管，所有网

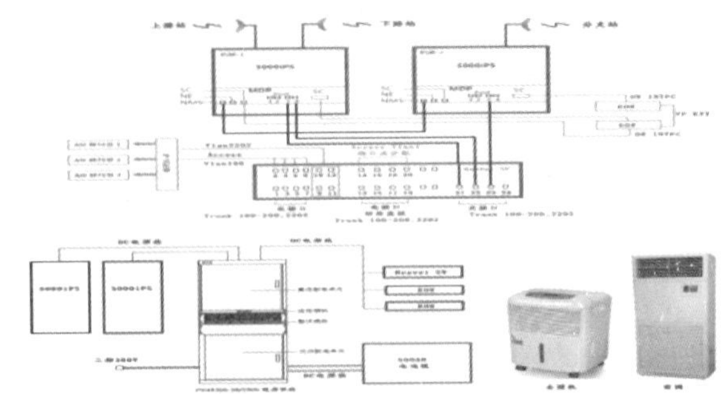

图 4–15　台站设备安装配置示意图

管软件均基于 Web 浏览器基础上开发，全网统一设计、制定设备 IP 地址，维护人员分级管理。3 套网管平行运行，维护工程师依靠网管可远端准确定位故障点（可判断设备之间连接线情况）。如图 4–15 所示，湖南数字微波网络大部分故障可在首站通过网管更改设备配置、调整线路迅速解决或临时抢通网络，极大提高网络可用性，减轻维护人员工作强度。

### 4.1.8 湖南数字微波网络建设中遇到的问题和解决方案

湖南数字微波网络 2013 年立项，2014 年 5 月启动到 2016 年 12 月验收，4 年建设过程中遇到一系列问题，其中以下问题具有代表性，特别在此提出希望其他省市在建设中可提前避免。

**1. 设计电路路由时，未使用过设计的路由一定要先进行实地电测，否则必须预备备选路由**

湖南数字微波网有一段路由设计时是太阳山到蜈蚣寨站点，此路由为成熟路由，原有 8G 模拟微波使用 10 年。在建设时太阳山要求更换天线位置（平移 32 米），设计人员经计算无任何阻挡，为保证万无一失仍要求进行电测。电测时不通，经查前方 1 公里新建多普勒雷达站阻挡微波路由。雷达站已建好 2 年，重新计算和电测后我方更改路由为太平山到蜈蚣寨。

**2. 湖南海拔 600 米以上高山站点天馈线需安装防冰系统**

湖南数字微波网络采用加装防风防尘罩的单极化高性能天线 WTG 系列，试运行期间发生微波天线在冬春之交被铁塔上冰块砸坏；微波天线馈源结冰影响接收电平事件。维护人员全网勘察后，做出湖南全省 600 米以上站点加装防冰系统；馈源结冰站点在天线防尘罩内加装金属电热部件。

**3. 防雷**

湖南数字微波网络采用 IP 模式传输，微波机、路由器、解码器直接均采用超 5 类网线连接。全网电路试运行期间因雷击导致网络中断数次。经论证，IP 电接口因信号电平低，带宽范围窄，比视频线接口抗雷电能力弱。为保证全网稳定运行，全网微波机与路由器连接方式由网线改为光纤（电口改光口）；路由器与解码器或其他设备之间加装无源网络防雷器。经过改造运行 6 个月时间观察，效果良好，没有再发生雷击现象。

# 4.2 光纤传输之 SDH 网络

## 4.2.1 光纤传输概述

光纤传输系统是以光波为载频，以光导纤维为传输媒介的一种通信方式。光纤传输不但能够有效地提升系统的可靠性和工作效能，还具有视频信号失真度小、安全性高等优点。而光纤传输系统可以将图像画面传送到非常远的地方，都不会使信号发生任何形式的畸变，更不会减损图像画面的清晰度或细节。因此，光纤传输系统能得以迅猛的发展，尤其是在远距离传输高质量的视频图像领域。

概括起来，光纤传输系统在视频图像传输中得以广泛使用，是由于它具有以下的突出优点：

**1. 传输频带宽、通讯容量大**

光纤传输系统的频带宽，多模光纤的频带在几百兆赫兹 (MHz) 以上，单模光纤的带宽可达十几吉赫兹 (GHz)。

**2. 信号损耗低**

光纤采用纯净度很高的石英 ($SiO_2$) 材料，其传输损耗非常小。单模光纤低损耗窗口在波长为 1310nm 的每公里损耗在 0.35dB，在波长为 1550nm 时的损耗只有 0.2dB，是同轴电缆每千米损耗的 1%。而且由于光纤损耗几乎不随温度和工作频带内频率而变化，因而不需要进行温度补偿和频率均衡。

**3. 传输质量好、保真度高**

光纤传输不需要中继放大，无须噪声增加和引入非线性失真，因此只要使用激光器线性好就可高保真地传输信号。而且光缆传输系统中间环节少，因而可靠性高。

**4. 不受电磁波干扰**

因为光纤的材料——石英为非金属的介质材料，在其中传输的信号是光信号，因此光纤传输不受外界电磁波及雷电的干扰。而且不存在电磁泄漏，保密性好。

**5. 重量轻、敷设方便**

光纤非常轻、细，制成光缆后直径只有 0.1mm 左右，而且重量轻，抗腐蚀、不怕潮、温度系数小等特点，因此在施工过程中光缆的敷设非常方便。

**6. 寿命长**

光纤传输系统远比金属设施使用寿命长，光缆具有更强的适应环境变化和抗腐蚀能力。

当然，光纤传输系统也有诸如光纤质地脆、机械强度低，切断、连接技术要求高，分路、耦合麻烦等缺点，但随着技术发展也在逐步完善和改进。

按照传输的信息内容不同，光纤网分为以传送话音业务为主，具有较强的交换、调度、管理的电信网，以传送广播电视节目信号内容的有线广播电视网和传输数据信号的计算机网络。按现在发展，3 种网络趋于融合态势。

按照覆盖范围的不同，光纤网可分为全国范围的骨干网、城域网和用户接入网。其中骨干网的覆盖范围最大，有全国范围的骨干网。城域网一般覆盖一个城市的范围，用户接入网覆盖范围最小，一般是一个单位或者小区。

下面分别介绍湖南地面数字电视节目通过 SDH 网络和 DWDM 波分复用网络的传输方案。

## 4.2.2 光纤介绍

本节将简要介绍 G.652、G.653 和 G.655 3 种单模光纤的特点和用途，以及 DWDM 系统使用的光纤类型。

**1. 光纤类型**

(1) G.652(普通单模光纤)

也称为色散非位移单模光纤，可以应用于 1310nm 波长和 1550nm 波长窗口的区域。在 1310nm 窗口区域有近似于零的色散，在 1550nm 窗口损耗最低，但是具有 17ps/km•nm 的色散值。

当 G.652 光纤应用于 1310nm 窗口时，仅适用于 SDH 系统；当 G.652 光纤应用于 1550nm 窗口时，适用于 SDH 系统和 DWDM 系统，如果单通道速率大于 2.5Gbit/s，需要进行色散补偿。

(2) G.653(色散位移单模光纤)

该类型光纤在 1550nm 窗口同时获得最低损耗和最小色散值。因此，主要运用于 1550nm 窗口。

适用于高速、长距的单波长通信系统。但是采用 DWDM 技术时，在零色散波长区将出现严重的 4 波混频非线性问题，导致复用信道光信号能量的衰减以及信道串扰。

(3) G.655(非零色散位移单模光纤)

该类型光纤在 1550nm 窗口的光纤色散的绝对值不为零并处于某个范围内，保证该窗口处具有最低损耗和较小的色散值。

适用于高速、长距的光通信系统。同时，由于非零色散值抑制了非线性 4 波混频对 DWDM 系统的影响，因此，该类型光纤主要用于 DWDM 系统。

**2. 光纤传输模式**

光纤从光传输的模式上可分为单模光纤（SM）和多模光纤（MM）。光信号经过多模光纤传输会因模式色散而被展宽，经过较长距离的传输后衰耗非常大，因此在高速、长距离系统中都采用单模光纤。由于不能传输高阶模式，多模光纤中的光几乎不能输入单模光纤，但单模光纤中的光却可输入多模光纤。

(1) 单模光纤

单模光纤这是指在工作波长中，只能传输一个传播模式的光纤，通常简称为单模光纤（SMF：Single ModeFiber）。目前，在有线电视和光通信中，是应用最广泛的光纤。光纤的纤芯很细（约 10 μ m），而且没有多模色散，再加上 SMF 的材料色散和结构色散的相加抵消形成零色散的特性，使传输频带非常宽。

（2）多模光纤

多模光纤将光纤按工作波长以其传播可能的模式为多个模式的光纤称作多模光纤（MMF：Multi ModeFiber）。纤芯直径为 50 μ m，由于传输模式可达几百个，与 SMF 相比传输带宽主要受模式色散支配。由于 MMF 较 SMF 的芯径大且与 LED 等光源结合容易，在短距离通信领域中更有优势。

实际使用中，光纤是以光缆的形式使用，对于室内用光缆，一般单模光缆的护套为黄色，多模光缆的护套为橙色。

在湖南地面数字电视传输系统中，采用的主要是单模光纤。

**3. 光纤连接器**

按照光纤连接器的连接头形式，目前常用的有 FC，SC，ST，LC。在光纤配线架或光缆终端盒用的最多的是链接牢固、操作方便的 ST 或 FC 型连接器；传输设备和数据设备侧光接口一般用介入损耗波动小、安装密度高的 LC 型或 SC 型连接器。

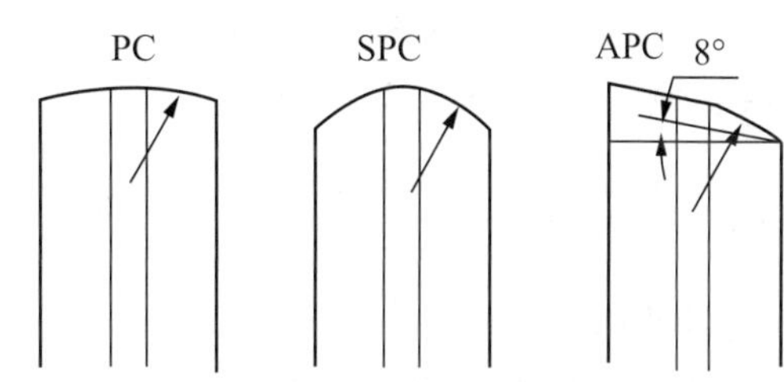


**图 4–16　PC、SPC(UPC)、APC 插芯端面示意图**

光纤连接器是通过插芯端面相互对接来实现光信号耦合传输的（如图 4–16），根据插芯研磨平面分为 PC、SPC 或 UPC、APC。在湖南地面数字电视长途传输中使用较多的是 SPC 类型，在湖南地面数字电视接入段使用插入损耗更小的斜 8° APC 球面类型。

**4. 光模块**

光模块主要安装在传输设备或者数据设备，常用的光模块可以从设备的端口带电插拔。光模块的作用就是光电转换，发送端把电信号转换成光信号，通过光纤传送后，接收端再把光信号转换成电信号。

光模块由光电子器件、功能电路和光接口等组成，核心部分是光电子器件包括发射和接收两部分。

光模块分类：

（1）按照速率分

以太网应用的 100Base（百兆）、1000Base（千兆）、10GE；以及 SDH 应用的 155M、622M、2.5G、10G。

（2）按照封装分

1×9、SFF、SFP、GBIC、XENPAK、XFP。

(3) 按照发射波长分

850nm、1310nm、1550nm 等

(4) 按照使用方式分

非热插拔 (1×9、SFF)，可热插拔 (GBIC、SFP、XENPAK、XFP)。

在湖南地面数字电视传输系统中，采用的主要可热插拔的 SFP 封装模块，速率为 GE，采用 LC 接口，波长为 1310nm。

光模块主要参数

光模块传输速率：百兆、千兆、10GE 等。

光模块发射光功率和接收灵敏度：

发射光功率指发射端的光强，接收灵敏度指可以探测到的光强度。两者都以 dBm 为单位，是影响传输距离的重要参数。

饱和光功率值：

指光模块接收端最大可以探测到的光功率，一般为 -3dBm。当接收光功率大于饱和光功率的时候同样会导致误码产生。

### 4.2.3 ODF 介绍

**1.ODF 功能介绍**

光纤配线架 ODF(Optical Distribution Frame) 是专为光纤通信机房设计的光纤配线设备，具有光缆固定和保护功能、光缆终接功能、调线功能、光缆纤芯和尾纤保护功能，对于光纤通信网络安全运行和灵活使用有着重要的作用。

ODF 是光传输系统中一个重要的配套设备，是光纤通信光缆网络终端，或中继点实现排纤、跳纤光缆熔接及接入必不可少的设备。常用于光纤通信系统中局端主干光缆的成端和分配，方便地实现光纤线路的连接、分配和调度。一般情况下，外缆都是通过光纤连接器连到 ODF 架的内侧，而尾纤是接在 ODF 架的外侧。

在湖南地面数字电视传输系统中，由于单个站点使用的光缆数量不大，一般只配置了最简单的法兰盘或者光缆终端盒。

**2.ODF 注意事项**

光纤通过 ODF 架上面的法兰盘对接，完成传输线路单元与光缆外线之间的跳接、光纤转接。如对接不良，会引起无光、线路误码、帧失步、告警指示 (AIS)、对告等告警。

出现问题最多的是 ODF 架和光端机间的跳线部分，如果布放环境复杂，布放中不注意规范，常常会使所布放的跳线留下隐患，故需要注意以下几点：

(1) 避免跳线在走线中出现直角，特别是不应用塑料带将跳线扎成为直角，否则光纤因长期受力影响而可能出现断裂，并引起光损耗不断增大。跳线在拐弯时应走曲线，且弯

曲半径应≥ 40mm，布放中要保证跳线不受力、不受压，以避免跳线长期的应力疲劳。

(2) 避免跳线插头和转接器（又称法兰盘）在连接中出现藕合不紧的情况，如果插头插入不好或者只插入一部分，一般会引起 10 ~ 20dB 的光衰耗，使跳线的插入损耗大大增加，引起光通信系统的传输特性劣化。特别是在中继距离较长或者光端机光发送功率低的情况下，光通信系统的不稳定性将表现得尤为明显。

(3) 有些安装在环境较差的光通信系统设备，因为易受鼠害的攻击，所以一方面要注意环境的治理，另一方面连接的跳线尽量由光通信系统设备的上方进入，避免跳线由地槽或地面进入设备。有些光通信系统如果用的是直接终端法，则终端盒最好挂在墙上而不要放在地槽下或地面上。

### 4.2.4 SDH 系统概述

未来数据持续大爆炸，通过通信网传输、交换、处理的信息量将不断增大，这就要求现代化的通信网向数字化、综合化、智能化和个人化方向发展。

传输系统是通信网的重要组成部分，传输系统的好坏直接制约着通信网的发展。当前世界各国大力发展的信息高速公路，其中一个重点就是组建大容量的传输光纤网络，不断提高传输线路上的信号速率；其次希望传输网能有世界性统一的标准，能实现全球用户能随时随地便捷地通信。

SDH（Synchronous Digital Hierarchy）全称叫做同步数字传输体制，SDH 是一套可进行同步数字传输，复用和交叉连接的标准化数字信号的等级结构，SDH 传输网所传送的信号由不同等级的同步传输模块（STM–N）所组成。 SDH 这种传输体制规范了数字信号的帧结构、复用方式、传输速率等级、接口码型等特性。

### 4.2.5 SDH 信号的帧结构

STM–N 信号的帧结构是实现 SDH 网络功能的基础。对它的要求是：能够满足对支路信号进行同步数字复用和交叉连接；支路信号在帧内分布是均匀的，有规律的和可控的，便于接入和取出。SDH 的帧结构如图 4–17 所示。

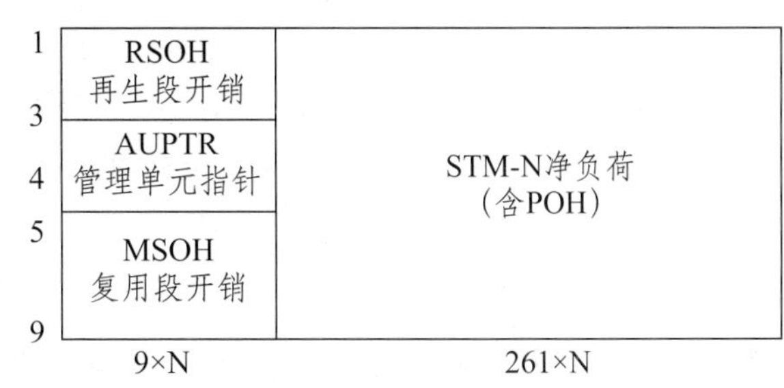


图 4–17 STM–N 帧结构图

基本帧结构即基本传送模块 STM–1 的帧结构。

STM–1 的 1 帧由 270 列和 9 行组成，即每帧包含 270 × 9Byte=2430Byte，帧周期为 125μs，即每秒传输 8000 帧。

字节的传输顺序是从左到右按行进行的，首先由图中左上角第一个字节开始，从左往右，由上而下按顺序传送，直至整个 270×9Byte 都传送完毕后再转入下 1 帧，1 帧 1 帧的传送，每秒传送 8000 帧，所以 STM–1 的传输速率为 9×270×8×8000=155.520Mbit/s。

从图 4–17 看出 STM–N 的信号是“9 行 ×270×N 列”的帧结构。此处的 N 与 STM–N 的 N 相一致，取值范围：1,4,16,64……表示此信号由 N 个 STM–1 信号——字节间插复用而成。STM – 1 信号的帧结构是“9 行 ×270 列”的块状帧，当 N 个 STM–1 信号通过字节间插复用成 STM–N 信号时，仅仅是将 STM–1 信号的列按字节间插复用，行数恒定为 9 行。

从图 4–17 中看出，STM – N 的帧结构由 3 部分组成：段开销（包括再生段开销 – RSOH、复用段开销 – MSOH），管理单元指针 – AU – PTR，信息净负荷 – payload。下面我们讲述这 3 大部分的功能。

**1. 信息净负荷—payload**

（1）信息载荷域是 SDH 帧内用于承载各种业务信息的部分。对于 STM1 而言，Payload 有 9×261=2349Byte, 相应于 2349×8×8000=150.336Mb/s 的容量。

（2）2M/34M/140M 等 PDH 信号、ATM 信号、IP 信息包等打包成信息包后，放于其中。然后由 STM–N 信号承载，在 SDH 网上传输。若将 STM–N 信号帧比做一辆货车，其净负荷区即为该货车的车厢。

（3）在将低速信号打包装箱时，在每一个信息包中加入通道开销 POH，以完成对每一个“货物包”在“运输”中的监视。

（4）信息净负荷是在 STM – N 帧结构中存放将由其传送的各种信息码块的地方。信息净负荷区相当于 STM – N 这辆运货车的车箱，车厢内装载的货物就是打包了的低速信号即待运输的货物。为了时时监测货物（打包的低速信号）在传输过程中是否有损坏，在将低速信号打包的过程中加入了监测低速信号的通道开销（POH）字节。POH 作为净负荷的一部分与信息码块一起装载在 STM – N 这辆货车上，在 SDH 网中传送，它负责对打包的货物（低速信号）进行通道性能监视、管理和控制。

**2. 段开销—SOH：**

段开销是在SDH帧中为保证信息正常传输所必需的附加字节(每字节含64kb/s的容量)，主要用于运行、维护和管理，如帧定位、误码检测、公务通信、自动保护倒换以及网管信息传输。

对于 STM–1 而言，SOH 共使用“9×8( 第 4 行除外 )=72Byte”相当于 576bit。由于每秒传输 8000 帧，所以 SOH 的容量为“576×8000=4.608Mb/s”。

根据传输通道连接模型，段开销又细分为再生段开销 (SOH) 和复接段开销 (LOH)。前者占前 3 行，后者占 5～9 行。

（1）再生段开销（RSOH）：完成对 STM–N 整体信号流的监控。即对 STM–N “车厢”中所有“货物包”进行整体上的性能监控。

（2）复用段开销（MSOH）：对 STM–N 中的某一个 STM–1 信号进行监控。

简单地说，段开销用于对 STM–N 整体信号流进行监控。即对 STM–N “车厢” 中所有 “货物包” 进行整体上的性能监控。

RSOH、MSOH、POH 组成 SDH 层层细化的监控体制。二者区别：宏观 (RSOH) 和微观 (MSOH)。

具体来说，段开销可进行对 STM–N 这辆运货车中的所有货物在运输中是否有损坏进行监控，而 POH 的作用是当车上有货物损坏时，通过它来判定具体是哪一件货物出现损坏。也就是说 SOH 完成对货物整体的监控，POH 是完成对某一件特定的货物进行监控，当然，SOH 和 POH 还有一些管理功能。

以 2.5G 系统为例，RSOH 监控的是整个 STM–16 的信号传输状态；MSOH 监控的是 STM–16 中每一个 STM–1 信号的传输状态；POH 则是监控每一个 STM–1 中每一个打包了的低速支路信号 (例如 2Mb/s) 的传输状态。这样通过开销的层层监管功能，可以方便地从宏观 (整体) 和微观 (个体) 的角度来监控信号的传输状态，便于分析、定位。

**3. 管理单元指针——AU–PTR：**

管理单元指针是一种指示符，主要用于指示 Payload 第一个字节在帧内的准确位置 (相对于指针位置的偏移量)。对于 STM–1 而言，AU–PTR 有 9 个字节 (第 4 行)，相当于 “9 × 8 × 8000=0.576Mb/s”。管理单元指针的主要作用有：

(1) 指示定位低速信号在 STM–N 帧中 (净负荷) 的位置，使低速信号在高速信号中的位置可预知，方便低速信号上下。

(2) 发端在将信号包装入 STM–N 净负荷时，加入 AU–PTR，指示信号包在净负荷中的位置，即将装入 “车厢” 的 “货物包”，赋予一个位置坐标值。

(3) 收端根据 AU–PTR 的指针值，从 STM–N 帧净负荷中直接拆分出所需的低速支路信号，即依据 “货物包” 位置坐标，从 “车厢” 中直接选取所需要的那一个 “货包”。

(4) 由于 “车厢” 中的 “货物包” 是以一定的规律摆放的 (字节间插复用方式)；所以对货物包的定位仅需定位 “车厢” 中第一个 “货物包” 即可。

实际上，指针有高、低阶之分，指针的定位如图 4–18 所示。用得最多的高阶指针是 AU–PTR，低阶指针是 TU–PTR(支路单元指针)，TU–PTR 的作用类似于 AU–PTR，只不过所指示的货物堆更小一些而已。

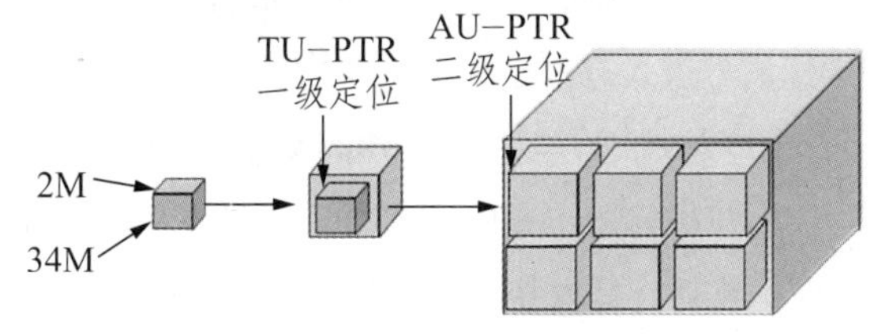


图 4–18　指针的定位

### 4.2.6 SDH 复用映射结构、步骤与指针

SDH 的复用包括两种情况：一种是低阶的 SDH 信号复用成高阶 SDH 信号，其复用方法主要是通过字节间插复用方式完成，即 “4 × STM–1 → STM–4,4 × STM–4 → STM–16”。

任何 STM 级别帧频都是 8000 帧 / 秒，恒定的帧周期是 SDH 信号的特点。帧周期的恒定使 STM － N 信号的速率有其规律性。例如 STM － 4 的传输数速恒定的等于 STM － 1 信号传输数速的 4 倍。在进行字节间插复用过程中，各帧的信息静负荷和指针字节按原值进行间插复用，段开销则有些取舍。

一种是低速支路信号（2Mb/s、34 Mb/s、140 Mb/s）复用成 SDH 信号 STM–N。

ITU–T 规定的复用结构如图 4–19 所示。

**1.SDH 复用映射结构**

复用映射结构图如下：

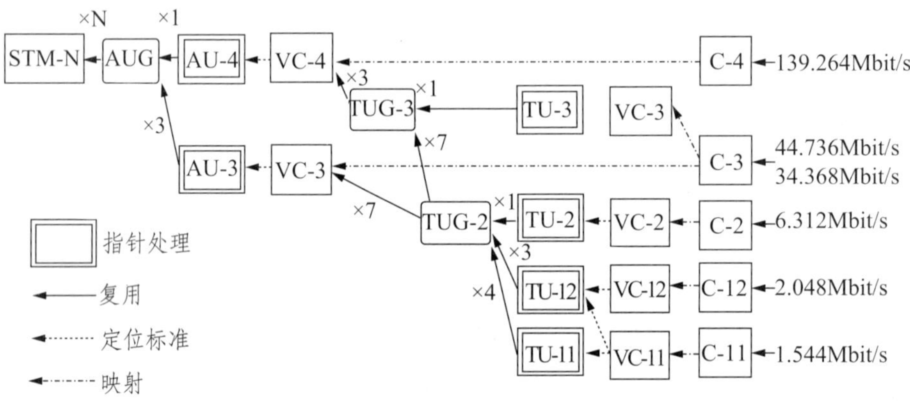


图 4–19 SDH 的一般复用结构

其中：C–n: 容器 VC–n: 虚容器 Tu–n: 支路单元 Au–n：管理单元

TUG–n: 支路单元组 AUG–n: 管理单元组 STM–N：同步传输模块 N。

复用过程如下：

（1）将异步信号映射进容器 C(Container)

C 容器：是一种信息结构，主要是完成适配功能（速率调整），在容器单元里可以用增加冗余码速调整和加入调整控制等方法，将异步信号变为同步信号，让那些最常使用的 PDH 信号进入有限数目的标准容器。

（2）构成虚容器 VC(Virtual Container)

由标准容器出来的信号加上通道开销构成虚容器 VC。VC 是 SDH 中最重要的一种信息结构，其功能是支持通道连接。VC 的封包速率是与网络同步的，因而不同速率的封包是互相同步的。VC 在 SDH 网中传输时总是保持完整不变的。它作为一个独立的实体在通道中任一点取出或者插入，进行交叉连接或同步复用。

（3）形成管理单元 AU(Administrative Unit)

AU 是管理单元，也是一种信息结构，它提供适配功能。AU 与 VC 不同是前者多了指针，即 AU 是高阶 VC 加上 AU–PTR（Pointer）。指针是用来指明高阶 VC 在 STM–N 帧内的位置。

高阶 VC 在 STM–N 帧内的位置是浮动的，但是指针 AU–PTR 本身在 STM–N 帧内位置是固定的。

(4) 组成管理单元组 AUG（Administrative Unit Group）

由若干个 AU–3 或者单个 AU–4 按字节间插方式组成 AUG。

(5) 加入段开销形成 STM–1

在 AUG 的基础上加入段开销就可以形成 STM–1。

(6) *N* 个 AUG 形成 STM–*N*

AUG 由 9 行 261 列的静负荷加上第 4 行的 9 个字节（AU 指针）所组成。*N* 个 AUG 复用进 STM–*N* 帧是通过字节间插方式完成，AUG 相对于 STM–*N* 帧有固定的相位关系。

注：AU 和 TU 要进行速率调整，因而低阶数据流在高阶数据流中的起始点是浮动的，为确定起始点位置，设置 AU 指针和 TU 指针分别对高阶 VC 在相应 AU 内的位置及低阶 VC 在相应 TU 内的位置进行灵活动态的定位。

**2. 指针**

指针是一种指示符，其值定义为虚容器相对于支持它的传送实体的帧参考点的帧偏移。指针是同步数字复接设备的一种特有设置，它使设备具有更大的灵活性，方便实现上、下话路和系统同步等。指针的作用如下：

(1) 当网络处于同步工作状态时，指针用于进行同步的信号之间的相位校准。

(2) 当网络失去同步时，指针用作频率和相位的校准；当网络处于异步工作时，指针用于频率跟踪校准。

(3) 指针还可以用来容纳网络中的相位抖动漂移。

指针值指示 STM–1 帧中净负荷的起始位置。

指针的类型主要有管理单元指针（AU 指针）和支路单元指针（TU 指针）两类。

AU–PTR 对高阶 VC 在相应 AU 帧内位置进行动态定位。

TU–PTR 对低阶 VC 在相应 TU 帧内的位置进行动态定位。

若干个 AUG 的基础上再附加段开销（SOH）便形成了最终 STM–*N* 的帧结构。

### 4.2.7 湖南地面数字电视的 SDH 网传输模式的技术需求

**1.SDH 网络的传输带宽为 56Mbps**

湖南地面数字电视传输模式采用 C=1 单载波高码率模式，帧头格式为 PN595，星座模式是 16QAM，FEC 编码效率为 0.8，传输码率为 20.791Mbps。考虑到大部分电视发射台需要发射两个频点，故实际使用 SDH 网络的传输带宽为 56Mbps（两个 IP 流，包括 2 个 25Mbps 视频下行传输，1 个 6Mbps 监控数据上行回传）。

**2. 传输方式选择点对点 IP 单播传输**

SDH 网络中传输的数据格式为 IP 流，而非传统的 ASI 流，传输方式为点对点 IP 单播传输或组播传输，考虑到单播传输易于传输链路维护，当链路信号出现丢帧，易于查出问题和解决问题；组播虽然节省硬件资源，但是广播风暴的问题出现时，对节目播出的影响很大，所以最终传输方式选择为点对点 IP 单播传输。

**3.IP/ASI 格式转换适配器**

发射台终端采用 IP 转 ASI 适配器，适配器的配置为一个 IP 流输入，至少 2 个 ASI 码流输出。此种 IP 转 ASI 适配器有硬件和软件服务器形式两种，考虑到硬件适配器安全稳定且操作简单，选择硬件适配器。

**4. 交换机选择**

省传输机房中心发端需配置 1000M 数据三层交换机，各电视发射台收端需配置 100M 数据二层交换机，保证转播台的数据可回传。

三层交换机就是具有部分路由器功能的交换机，三层交换机的最重要目的是加快大型局域网内部的数据交换，对于数据包转发等规律性的过程由硬件高速实现，而像路由信息更新、路由表维护、路由计算、路由确定等功能，由软件实现。三层交换技术就是“二层交换技术 + 三层转发技术”。传统交换技术是在 OSI 网络标准模型第二层——数据链路层进行操作的，而三层交换技术是在网络模型中的第三层实现了数据包的高速转发，既可实现网络路由功能，又可根据不同网络状况做到最优网络性能。

全省共 17 个高山电视发射台，每个台站规划 56Mbps 带宽，“17 × 56=952Mbps”，故省中心机房需配置 1000M 数据的智能三层交换机。

具体业务需求如表 4–1 所示。

**表 4–1　业务技术需求表**

| 地址 | ASI 1 | ASI 2 | 板卡对应端口 | 端口号 | 交换机管理 IP |
|---|---|---|---|---|---|
| 机房 EXT2 | 192.168.20.100 | | | | |
| 岳阳达摩岭 | 192.168.20.10 | 192.168.20.50 | 13#2 | 5004 | 192.168.1.10 |
| 常德太阳山 | 192.168.20.11 | 192.168.20.51 | 13#3 | 5004 | 192.168.1.11 |
| 长沙岳麓山 | 192.168.20.12 | 192.168.20.52 | 13#1 | 5004 | 192.168.1.12 |
| 衡阳南岳 | 192.168.20.13 | 192.168.20.53 | 14#2 | 5004 | 192.168.1.13 |
| 郴州泗洲山 | 192.168.20.14 | 192.168.20.54 | 14#1 | 5004 | 192.168.1.14 |
| 永州羊毛岭 | 192.168.20.15 | 192.168.20.55 | 13#4 | 5004 | 192.168.1.15 |
| 怀化大中坡 | 192.168.20.16 | 192.168.20.56 | | 5004 | 192.168.1.16 |
| 邵阳大坡岭 | 192.168.20.17 | 192.168.20.57 | 14#4 | 5004 | 192.168.1.17 |
| 娄底苦竹山 | 192.168.20.18 | 192.168.20.58 | | 5004 | 192.168.1.18 |
| 株洲 | 192.168.20.19 | 192.168.20.59 | | 5004 | 192.168.1.19 |
| 张家界一碗水 | 192.168.20.20 | 192.168.20.60 | | 5004 | 192.168.1.20 |

续 表

| 地址 | ASI 1 | ASI 2 | 板卡对应端口 | 端口号 | 交换机管理 IP |
|---|---|---|---|---|---|
| 郴州苏仙岭 | 192.168.20.21 | 192.168.20.61 | | 5004 | 192.168.1.21 |
| 娄底珠山公园 | 192.168.20.22 | 192.168.20.62 | | 5004 | 192.168.1.22 |
| 吉首花果山 | 192.168.20.23 | 192.168.20.63 | | 5004 | 192.168.1.23 |
| 永州大华山 | 192.168.20.24 | 192.168.20.64 | | 5004 | 192.168.1.24 |
| 益阳碧云峰 | 192.168.20.25 | 192.168.20.65 | | 5004 | 192.168.1.25 |
| 岳阳金鹗山 | 192.168.20.26 | 192.168.20.66 | | 5004 | 192.168.1.26 |
| 湘西羊峰山 | 192.168.20.27 | 192.168.20.67 | | 5004 | 192.168.1.27 |
| 永州铜山岭 | 192.168.20.28 | 192.168.20.68 | | 5004 | 192.168.1.28 |
| 石门蜈蚣寨 | 192.168.20.29 | 192.168.20.69 | | 5004 | 192.168.1.29 |

### 4.2.8 湖南台的 SDH 网传输模式的组网方案

本方案考虑利用移动 SDH 网络进行组网，具体方案如图 4–20 所示。

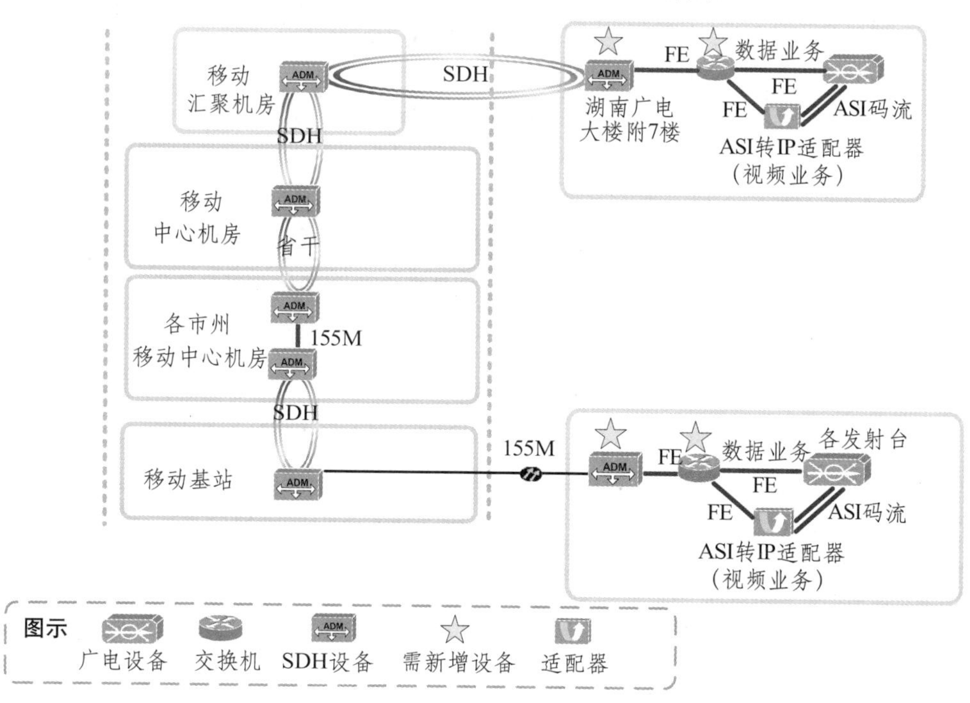


图 4–20　湖南广播电视台 SDH 网结构图

根据图 4–20 的组网方案图，详细介绍下面各个环节的组成。

### 1. 湖南广电大楼中心机房配置

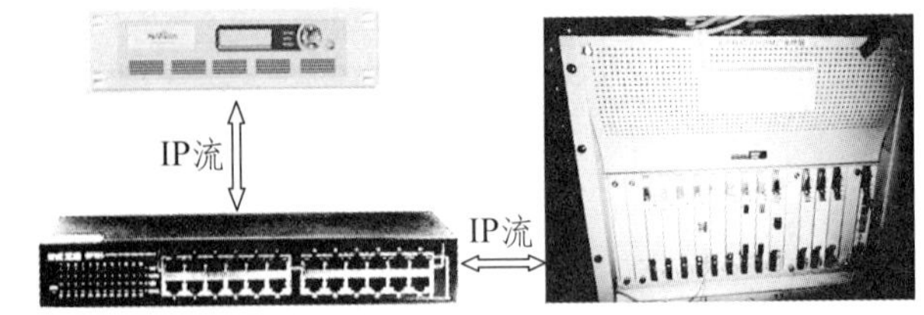


图 4–21　前端机房的节目 IP 流信号流程

在中心机房由复用器推出单播 IP 流传输至千兆交换机，交换机对数据进行分组转发，再分别与 SDH 的 ADX 分插复用器连接，ADX 分插复用器将 IP 数据通过 2.5G 光发板卡 OL16 汇聚至核心交换机。IP 流信号传输链路如图 4–21 所示。

(1) 复用器的单播 IP 流设置

编码器的组播 IP 数据包信号通过交换机传输至复用器，在复用器上我们在将各个单节目码流自由组合成想要的传输节目流，但是根据我们采用的 DTMB 传输模式，总码流不能超过 20.791Mbps。

① 复用器的网口设置

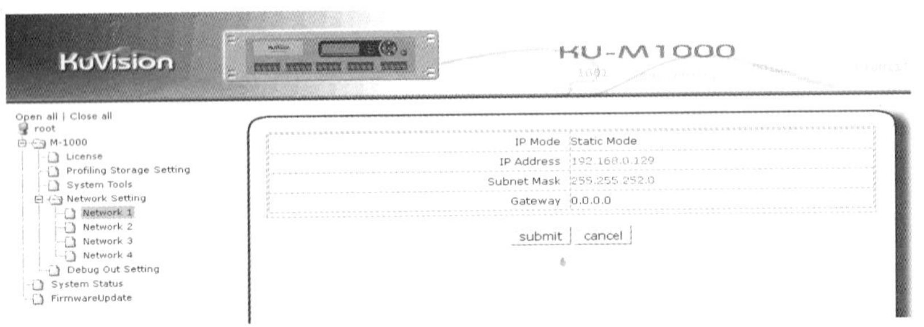


图 4–22　复用器网口 IP 设置

复用器 IP 网口配置（如图 4–22），可通过网页 IP 配置菜单对网口进行配置。可选配 IP 模式，有自动获取 DHCP 模式和静态模式，在静态模式下，可手动修改 IP 地址、子网掩码和网管地址。NET1/NET2/NET3/NET4 分别对应设备背面板四个网口，从左到右、从上到下，分别为 1、2、3、4，且 1、2 作为网管口，3、4 作为数据口。分别对 4 个网口设置为规划的 IP 地址。

② 复用器输出节目流的参数设置（如表 4–2 所列）

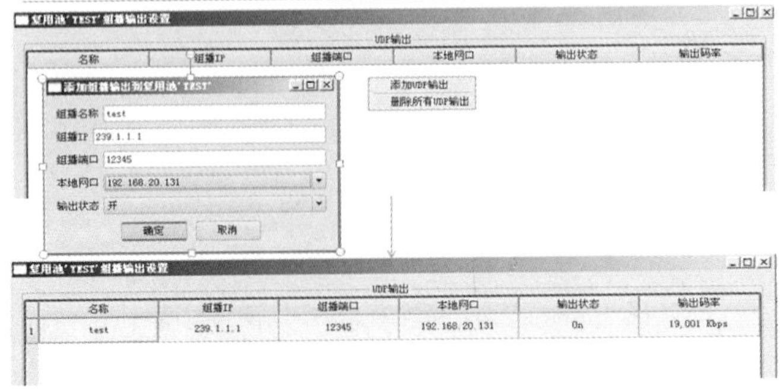


图 4–23 复用器单播 IP 流的设置

右键可显示添加 UDP 输出及删除所有 UDP 输出选项栏，单击添加 UDP 输出进行 IP 输出参数配置；如图 4–23，添加 UDP 输出后，可弹出组播输出设置框，可设置组播名称 / 组播输出地址 / 组播输出端口，并可选配输出 IP 网口及开启输出状态，设置成功后，可显示 IP 输出的状态及输出码率。

根据我们组网需要，我们将输出的 IP 地址规划为单播地址，这样 IP 数据传输的就是点对点的单播传输。

表 4–2　为对各个高山台的 ASI 流进行 IP 规划设置

| 地址 | ASI 1 | ASI 2 | 板卡对应端口 | 端口号 | 交换机管理 IP |
|---|---|---|---|---|---|
| 机房 EXT2 | 192.168.xx.100 | | | | |
| 岳阳达摩岭 | 192.168.xx.10 | 192.168.xx.50 | 13#2 | 5004 | 192.168.xx.10 |
| 常德太阳山 | 192.168.xx.11 | 192.168.xx.51 | 13#3 | 5004 | 192.168.xx.11 |
| 长沙岳麓山 | 192.168.xx.12 | 192.168.xx.52 | 13#1 | 5004 | 192.168.xx.12 |
| 衡阳南岳 | 192.168.xx.13 | 192.168.xx.53 | 14#2 | 5004 | 192.168.xx.13 |
| 郴州泗洲山 | 192.168.xx.14 | 192.168.xx.54 | 14#1 | 5004 | 192.168.xx.14 |
| 永州羊毛岭 | 192.168.xx.15 | 192.168.xx.55 | 13#4 | 5004 | 192.168.xx.15 |
| 怀化大中坡 | 192.168.xx.16 | 192.168.xx.56 | | 5004 | 192.168.xx.16 |
| 邵阳大坡岭 | 192.168.xx.17 | 192.168.xx.57 | 14#4 | 5004 | 192.168.xx.17 |
| 娄底苦竹山 | 192.168.xx.18 | 192.168.xx.58 | | 5004 | 192.168.xx.18 |
| 株洲 | 192.168.xx.19 | 192.168.xx.59 | | 5004 | 192.168.xx.19 |
| 张家界一碗水 | 192.168.xx.20 | 192.168.xx.60 | | 5004 | 192.168.xx.20 |
| 郴州苏仙岭 | 192.168.xx.21 | 192.168.xx.61 | | 5004 | 192.168.xx.21 |
| 娄底珠山公园 | 192.168.xx.22 | 192.168.xx.62 | | 5004 | 192.168.xx.22 |
| 吉首花果山 | 192.168.xx.23 | 192.168.xx.63 | | 5004 | 192.168.xx.23 |
| 永州大华山 | 192.168.xx.24 | 192.168.xx.64 | | 5004 | 192.168.xx.24 |
| 益阳碧云峰 | 192.168.xx.25 | 192.168.xx.65 | | 5004 | 192.168.xx.25 |
| 岳阳金鹗山 | 192.168.xx.26 | 192.168.xx.66 | | 5004 | 192.168.xx.26 |
| 湘西羊峰山 | 192.168.xx.27 | 192.168.xx.67 | | 5004 | 192.168.xx.27 |
| 永州铜山岭 | 192.168.xx.28 | 192.168.xx.68 | | 5004 | 192.168.xx.28 |
| 石门蜈蚣寨 | 192.168.xx.29 | 192.168.xx.69 | | 5004 | 192.168.xx.29 |

（2）交换机的配置

中心机房的交换机是 50 口的千兆 3 层交换机，我们将数据类型分为：下发的节目复用流，台里回传的监控流和局里回传的监控流，此 3 种数据不能互相干扰，需安全隔离传输。所以将传输机房交换机的配置成如下参数：

交换机 ip：192.168.1.1 所属 vlan 104

1–20 口 为中继接口 捆绑 VLAN 101–104 用于节目码流下行至高山台

21–26 口 复用器来节目总码流辅助口 49 口 复用器来节目总码流 vlan 101

27–32 口 台监控回传流辅助口 50 口 台监控回传流 vlan 102

33–38 口 局监控回传流辅助口 扩展口 1 局监控回传流 vlan103

39–48 口 备用及交换机网管口 扩展口 2 备用 vlan104

以上数据口中，49 口、50 口、扩展 1 口、扩展 2 口为千兆口，其余为百兆口。

(3) SDH 的 ADM 分插复用器

机房的 ADM 分插复用器如图 4–24 所示。

图 4–24 ADM 分插复用器

① 主要特点：

体积小巧，功能强大，性价比高。

可实现从 STM–1 至 STM–16 的平滑升级和跳跃式升级，减少工程时间，保护用户投资。

多达 24 个光接口及超强的交叉能力，能实现多个光方向的混合 / 复杂组网及灵活的业务调度。

完善而全面的支路 1:N 保护，单子架可配置多达 4 组支路保护。

各个速率等级接口板可混插，配置灵活。

完善的同步定时技术，保证网络的同步性能和传输质量。

可以实现包括子网连接保护在内的多种保护方式。

接口能力：

252 × E1/T1，36 × E3/T3，24 × E4，数据 / 音频接口，24 × STM–1(O/E)，12 × STM–4，4 × STM–16，ATM 和 Ethernet 接口。

② 子架结构图（如图 4–25）：

电接口板和电支路板配套使用：

2.5G 线路板，GE 板可安装在第 5, 6, 11, 12 业务槽位；

622M 线路板可安装在第 3, 4, 5, 6, 11, 12, 13, 14 业务槽位；

155M 以下速率支路板可安装在任意业务槽位；

台内中心机房使用了第 6 个业务槽位，OL16x1, 通道是 2.5G 速率的光信号。

系统对外接口：

电接口位于相应的业务接口板；

光接口位于相应的线路板（但 2.5G 光接口位于 OL16 业务板上）；

网管接口 Qx 和公务接口（标准 Z 接口 RJ11）位于主控板 NCP；

电源接入接口位于电源接入槽位。

主控接口板 NCPI 提供的接口有：

一个 DB15 插座用作 F1 接口 / 外部告警输入接口（烟雾、水浸、开门、火警、温度等）；一个 DB9 插座用作列头柜告警输出接口（一般告警、严重告警、声音告警）；

提供一个用户环路中继 TRK 接口（用于公务互连）；

外部参考时钟接口（2 路 2Mbit 时钟的收发接口和 2 路 2MHz 时钟的收发接口）位于时钟接口板 SCI 板。（75Ω 通过 8 个同轴插座出线，120Ω 通过 2 个 DB9 插座出线）。

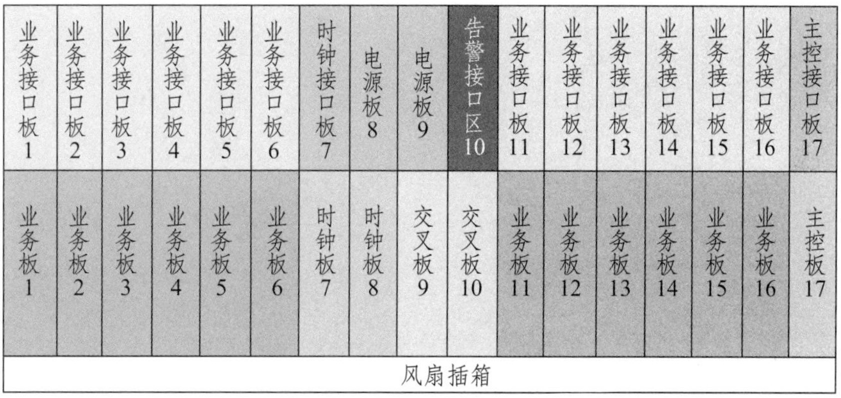

| 业务接口板1 | 业务接口板2 | 业务接口板3 | 业务接口板4 | 业务接口板5 | 业务接口板6 | 时钟接口板7 | 电源板8 | 电源板9 | 告警接口区10 | 业务接口板11 | 业务接口板12 | 业务接口板13 | 业务接口板14 | 业务接口板15 | 业务接口板16 | 主控接口板17 |
|---|---|---|---|---|---|---|---|---|---|---|---|---|---|---|---|---|
| 业务板1 | 业务板2 | 业务板3 | 业务板4 | 业务板5 | 业务板6 | 时钟板7 | 时钟板8 | 交叉板9 | 交叉板10 | 业务板11 | 业务板12 | 业务板13 | 业务板14 | 业务板15 | 业务板16 | 主控板17 |
| 风扇插箱 | | | | | | | | | | | | | | | | |

**图 4–25　子架结构图**

**2. 移动 SDH 干线网络—MSTP 技术**

MSTP：Multi–Service Transport Platform：基于 SDH 的多业务传送平台（MSTP）：基于 SDH 平台，同时实现 TDM、ATM、以太网等业务的接入、处理和传送，提供统一网管的多业务平台。

（1）湖南移动传输网现状

湖南移动城域传输网按分层结构进行建设，整个网络清晰的分为核心层、汇聚层、接入层 3 个层面。核心层采用“ASON ＋ MSTP”设备组网，能够保证对重点电路的高优先级。汇聚层和接入层采用 MSTP 设备组网，具有多样化的网络接口和灵活的多业务接入能力。核心层、汇聚层组网均采用二纤双向复用段保护环，核心层每个环路保证有两个业务节点，汇聚层每个环路保证上联到两个骨干节点，以确保单业务 / 骨干节点失效而业务不中断。接入节点将根据光缆建设情况就近接入汇聚节点，相邻的 3 ～ 5 个接入节点与汇聚节点组成 155Mbit/s 或 622Mbit/s 通道保护环进行业务的汇聚，在光缆条件允许的情况下，尽量双归到两个汇聚层节点，以避免单节点失效导致的网络中断。

另外，郊区网作为城域传送网的一部分，郊区各县均建有综合楼，综合楼节点在移动传送网中相当于城区的汇聚节点，建设原则和使用的设备与城区汇聚节点相同。郊区接入节点根据节点位置就近接入到郊县内相应的汇聚节点。

移动城域传输网总体结构如图 4–26 所示。

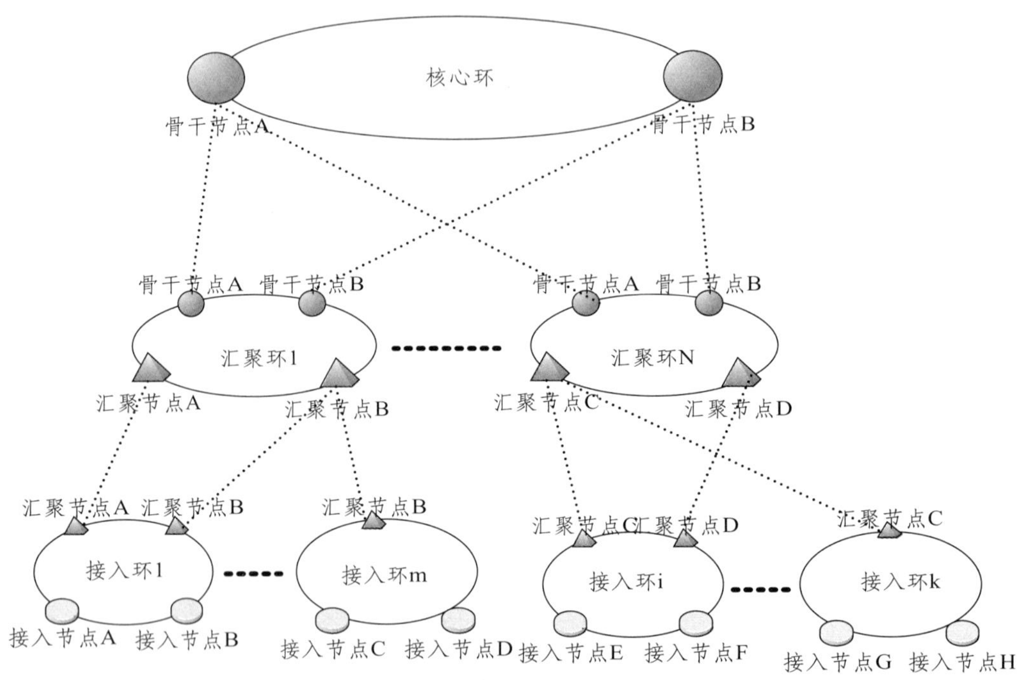


图 4–26 移动城域传输网总体结构

汇聚环均采用双归方式上联到 2 个骨干节点，接入环根据光缆情况，尽量采用双归方式汇聚到 2 个汇聚节点，如果光缆暂时无法达到要求的，可采用单归方式，如图中接入环 m 及接入环 k。

（2）SDH/MSTP 工作原理平台

SDH/MSTP 结构拓扑图，如图 4–27。

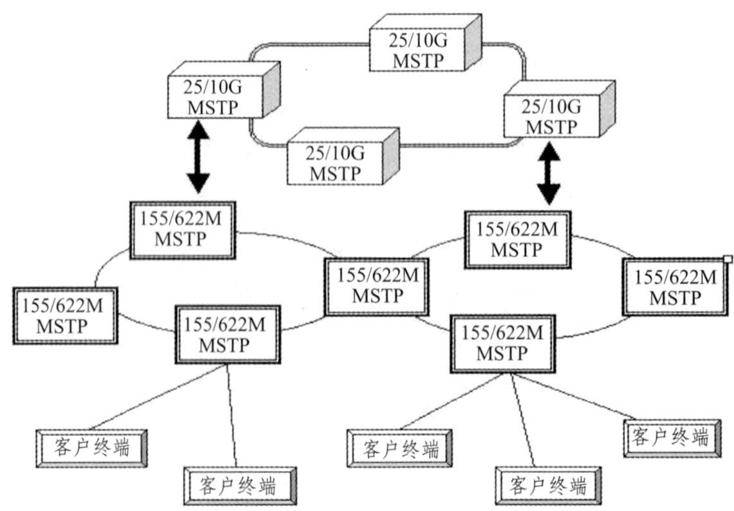


图 4–27 SDH/MSTP 结构拓扑图

MSTP 可以将传统的 SDH 复用器、数字交叉链接器（DXC）、WDM 终端、网络二层交换机和 IP 边缘路由器等多个独立的设备集成为一个网络设备，即基于 SDH 技术的多业务传送平台（MSTP），进行统一控制和管理。基于 SDH 的 MSTP 最适合作为网络边缘的融合节点支持混合型业务，特别是以 TDM 业务为主的混合业务。它不仅适合缺乏网络基础设施的新运营商，应用于局间或 POP 间，还适合于大企事业用户驻地。而且即便对于已敷设了大量 SDH 网的运营公司，以 SDH 为基础的多业务平台可以更有效地支持分组数据业务，有助于实现从电路交换网向分组网的过渡。所以，它成为城域网近期的主流技术。这就要求 SDH 必须从传送网转变为传送网和业务网一体化的多业务平台，即融合的多业务节点。MSTP 的实现基础是充分利用 SDH 技术对传输业务数据流提供保护恢复能力和较小的延时性能，并对网络业务支撑层加以改造，以适应多业务应用，实现对二层、三层的数据智能支持。即将传送节点与各种业务节点融合在一起，构成业务层和传送层一体化的 SDH 业务节点，称为融合的网络节点或多业务节点，主要定位于网络边缘。

基于 SDH 的多业务传送节点除应具有标准 SDH 传送节点所具有的功能外，还具有以下主要功能特征：

①具有 TDM 业务、ATM 业务或以太网业务的接入功能；

②具有 TDM 业务、ATM 业务或以太网业务的传送功能包括点到点的透明传送功能；

③具有 ATM 业务或以太网业务的带宽统计复用功能；

③ 有 ATM 业务或以太网业务映射到 SDH 虚容器的指配功能。

基于 SDH 的多业务传送节点可根据网络需求应用在传送网的接入层、汇聚层。城域网大致包括基于 SDH 结构的城域网、基于以太网结构的城域网、基于 ATM 结构的城域网和基于 DWDM 结构的城域网。各种城域网技术之间表现出一种融合的趋势，如图 4–28。

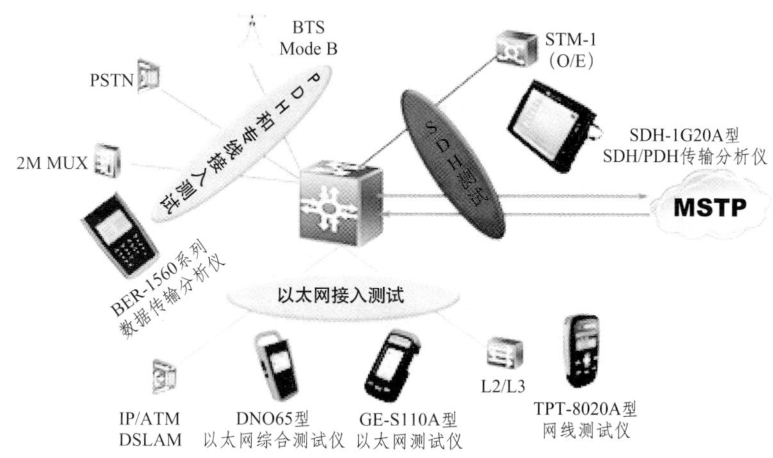


图 4–28 MSTP 业务融合图

（3）MSTP 的特点

①业务的带宽灵活配置，MSTP 上提供的 10/100/1000Mbit/s 系列接口，通过 VC 的捆绑可以满足各种用户的需求；

②可以根据业务的需要，工作在端口组方式和 VLAN 方式，其中 VLAN 方式可以分为接入模式和干线模式：

端口组方式：单板上全部的系统和用户端口均在一个端口组内。这种方式只能应用于点对点对开的业务。换句话说，也就是任何一个用户端口和任何一个系统端口（因为只有一个方向，所以没有必要启动所有的系统端口，一个就足够了）被启用了，网线插在任何一个启用的用户端口上，那个用户端口就享有了所有带宽，业务就可以开通。

VLAN 方式：分为接入模式和干线模式。其中的接入模式，如果不设定 VLAN ID，则端口处于端口组的工作方式下，单板上全部的系统和用户端口均在一个端口组内。如果设定了 VLAN ID，需要设定“端口 VLAN 标记”。这是因为交换芯片会为收到的数据包增加 VLAN ID，然后通过系统端口走光纤发到对端同样 VLAN ID 的端口上。比如某个用户口 VLAN ID 为 2，则对应站点的用户端口的 VLAN ID 也应该设定为 2。这种模式可以应用于多个方向的 MSTP 业务，这时每个方向的端口都要设置不同的 VLAN ID。然后把该方向的用户端口和系统端口放置到一个虚拟网桥中（该虚拟网桥的 VLAN ID 必须与“端口 VLAN 标记”一样）。

③可以工作在全双工、半双工和自适应模式下，具备 MAC 地址自学习功能。

④ QoS 设置：QoS 实际上限制端口的发送，原理是发送端口根据业务优先级上有许多发送队列，根据 QoS 的配置和一定的算法完成各类优先级业务的发送。因此，当一个端口可能发送来自多个来源的业务，而且总的流量可能超过发送端口的发送带宽时，可以设置端口的 QoS 能力，并相应地设置各种业务的优先级配置。当 QoS 不作配置时，带宽平均分配，多个来源的业务尽力传输。QoS 的配置就是规定各端口在共享同一带宽时的优先级及所占用带宽的额度。

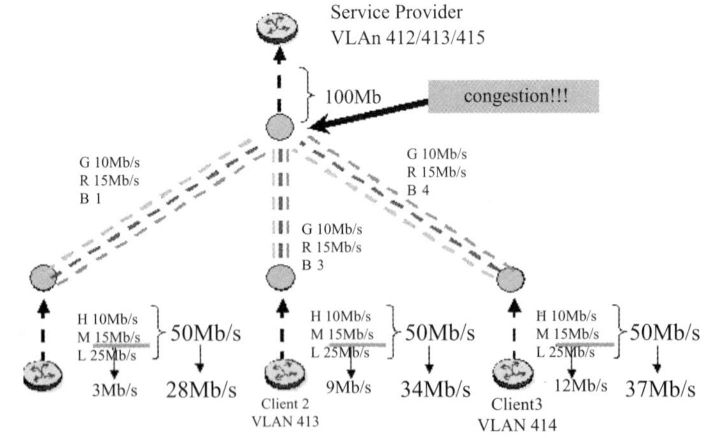


图 4–29　生成树协议

⑤每个客户独立运行生成树协议，如图 4–29。

（4）MSTP 的优势

①现阶段大量用户的需求还是固定带宽专线，主要是 2Mbit/s、10/100Mbit/s、34Mbit/s、

155Mbit/s。对于这些专线业务，大致可以划分为固定带宽业务和可变带宽业务。对于固定带宽业务，MSTP 设备从 SDH 那里集成了优秀的承载、调度能力，对于可变带宽业务，可以直接在 MSTP 设备上提供端到端透明传输通道，充分保证服务质量，可以充分利用 MSTP 的二层交换和统计复用功能共享带宽，节约成本，同时使用其中的 VLAN 划分功能隔离数据，用不同的业务质量等级（CoS）来保障重点用户的服务质量。

②在城域汇聚层，实现企业网络边缘节点到中心节点的业务汇聚，具有节点多、端口种类多、用户连接分散和较多端口数量等特点。图 4–30 采用 MSTP 组网，可以实现 IP 路由设备 10M/100M/1000M POS 和 2M/FR 业务的汇聚或直接接入，支持业务汇聚调度，综合承载，具有良好的生存性。根据不同的网络容量需求，可以选择不同速率等级的 MSTP 设备。

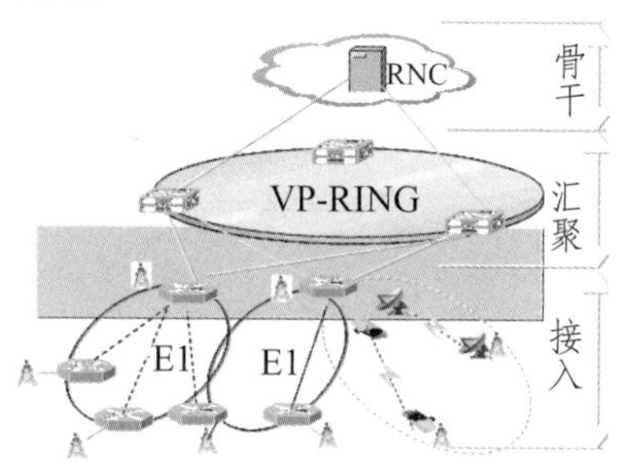

图 4–30 MSTP 拓扑结构图

（5）“SDH/MSTP”业务网络安全保障

由于 IP 网络系统内运行的 TPC/IP 协议并非专为安全通讯而设计，所以网络系统存在大量安全隐患和威胁。网络入侵者一般采用预攻击探测、窃听等搜集信息，然后利用 IP 欺骗、拒绝服务攻击、分布式拒绝服务攻击、篡改、堆栈溢出等手段进行攻击。

防火墙技术是建立在现代通信网络技术和信息安全技术基础上的应用性安全技术，越来越多地应用于专用网络与公用网络的互联环境之中，尤其应用在有 Internet 接入的网络。

为此客户在接入互联网时，充分考虑了以下措施：

采取物理分段、逻辑分段等措施，根据业务系统运行的需要，规划和建立安全的网络拓扑结构；

通过使用防火墙等安全设备确保网络边界安全；

通过防火墙、路由器等网络设备，通过源地址、源端口或目的地址、目的端口等设置严格的访问控制策略；

建议网络采用安全扫描系统，对系统或网络设备的各种服务端口进行检测，以便及时发现漏洞并采取修补措施；

在网络 DMZ 区或数据中心等重要服务器网段，采用入侵检测系统，通过协议分析、特征检测等方式，及时发现攻击行为并采取相应措施。

**3. 各发射台机房配置**

各发射台需的 1 端 155M SDH ADM 设备和 1 台 100M 数据交换机，利用 SDH 设备出 FE 电口与交换机相连，交换机出 FE 与 IP 转 ASI 适配器相连，通过 IP 转 ASI 适配器出两路码流信号至各发射机。

同时各发射台需出 1 路 FE 数据业务回传至长沙，通过交换机与新增 SDH 设备相连。发射台信号传输链路如图 4–31：

（1）SDH的ADX分插复用器

每条上电视发射台的链路是SDH的STM-1 155.520Mbps，通过ADX复用器的电口插分出低速支路信号，后传送至交换机。

（2）交换机

各发射台交换机配置如下（假设24口百兆可划VLAN交换机）：

1–4口为上行中继接口 捆绑VLAN 101–104连接至移动板卡端；

5–12口 VLAN101 输出节目码流至IP/ASI网关；

13–16口VLAN102 总台监控回传；

17–20口VLAN103 省局监控回传；

21–24口VLAN104 网管口；

交换机IP，所属VLAN104。

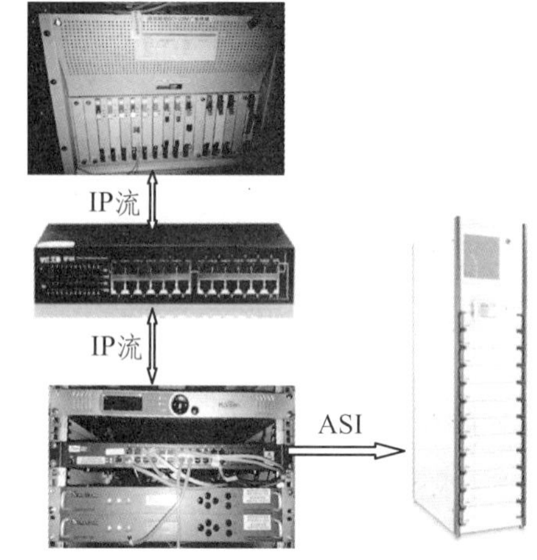

图4–31 发射台信号流程图

（3）IP转ASI的适配器

①该网关技术要求：图4–32完成ASI与IP的相互适配功能，1路ASI输入、1路IP输入，2路ASI输出、2路IP输出。

DVB–IP网关的主要功能如下：

支持ASI—>IP，IP—>ASI的双向适配；

可设置2路IP输出的目的地址；

支持IP的大码率传输，IP业务网口传输最大码率可达到900M（全双工）；

支持ASI输入空包过滤功能，减小输出码率；

支持单播、组播和广播；

支持web/http方式登录、查询、控制设备，使得对网关工作的控制更简单便捷；

② ASI/IP网关的系统架构

③ ASI/IP网关的设置

IP输入设置

GBE输入

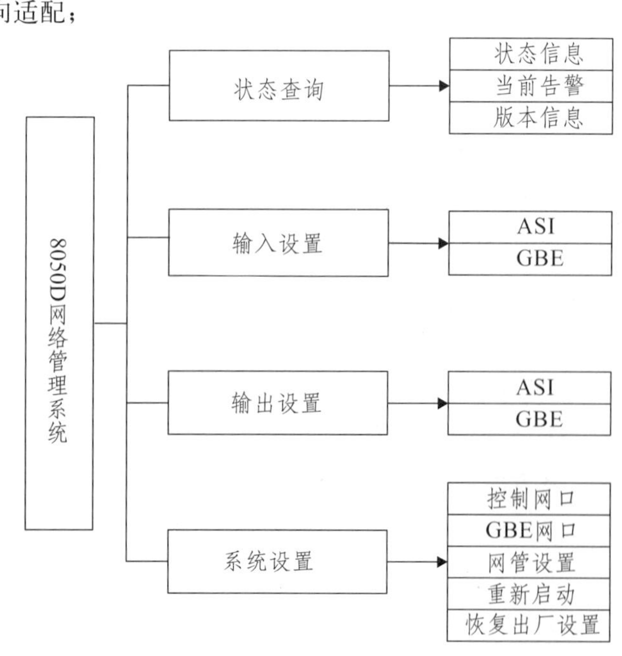

图4–32 ASI/IP网关的系统架构

此菜单主要用于设置图 4–33 GBE 输入的接收参数和告警开关。设置 GBE 输入通道的接收 IP。

图 4–33 GBE 输入设置

ASI 输出设置

用于设置 ASI 和 GBE 两个通道的输出。

ASI 输出直接选择需要的输入源，GBE 输出选择输入源后需要设置目的 IP 和端口。设置完成后即可正常输出需要的节目流。

## 4.2.9 湖南地面数字电视 SDH 网络的传输维护

**1. 交换机**

(1) 现有网络及故障情况说明

湖南广电跨地市双 25M 专线传输采用 SDH 组网，至每个地市 50M 带宽，在广电传输中心机房安装交换机一台，交换机 49 口（千兆）连接至中心机房复用器设备 (IP：192.168.20.100)，交换机 1 口至 20 口分别连接至各个地市 (IP：192.168.20.X)，由于客户有回传数据的需要，湖南移动在交换机上做 VLAN 数据进行不同的数据传输，其中 49 口 VLAN101，数据模式为 Access，1–20 口捆绑 VLAN101–104，数据模式为 Trunk，在各个地市安装二层交换机 1 台将 VLAN 分开供不同的业务使用。

现有网络为单纯的二层结构，复用器设备只支持基于 MAC 的数据流分发，每个数据流带宽约为 20M 左右，每个地市传输 2 个数据流，占用带宽约为 40–45M。湖南移动提供到每个地市的带宽为 50M。在某个地市断线后，由于基于 MAC 的数据流分发的技术限制 (MAC 地址列表存在更新延时)，复用器设备并不会马上停止数据流的分发，造成该数据流会在交换机的每个端口进行广播，使其他端口数据超过 50M，造成传输丢包和网络阻塞的情况，继而影响整个通道的传输，在用户接收端表现为频点节目流大量误码 (马赛克)。

(2) 故障解决方案

该问题主要原因是基于 MAC 的数据流分发的技术限制造成的，现需将其改为基于 IP 的数据流分发模式，理论上可以解决问题。因湖南移动在广电传输中心机房安装的交换机已具备三层交换功能，本次更改需各方面积极配合进行数据修改开启相关功能。流程如下：

① 由于地市高山台站 IP/ASI 格式转换器未设置网关，现需各个台站将该设备加上网关 192.168.20.100。

② 复用器设备原有地址为 192.168.20.100，现改为 192.168.60.100/24，网关：192.168.60.1。

③ 在交换机的 VLAN101 上配置 IP:192.168.20.100/24。

④ 在交换机上创建 VLAN105, 配置 IP:192.168.60.1/24。

⑤ 将交换机 49 口 VLAN 设置为 VLAN105，数据模式为 Access。49 口与复用器总数据

输出网线相连。

⑥ 将数据流分发模式改为基于 IP 的数据流分发模式。

⑦ 与 9 个涉及使用移动传输通道发射的高山台站机房运维人员逐点联系，确认优化后通道传输质量正常无数据误差。

**2.DVB　IP 网关**

(1) 故障情况说明

该网关的 ASI 输出口只有两个，如果其中一个 ASI 口出现故障，则该台网关没有备用接口，容易出现播出安全事故，该台网关运行半年之后，出现的故障如下：常德太阳山发射台的两台网关分别有 1 个 ASI 接口出现故障，怀化大中坡发射台一台网关 2 个 ASI 口出现故障，还有一台网关 1 个 ASI 口出现故障；永州羊毛岭发射台的一台网关 2 个 ASI 口出现故障。网关的 ASI 口出现大面积故障。

(2) 故障解决方案

经过检查，ASI 口出现故障基本都是高山电视发射台出现闪电雷击现象之后，大电压冲击 ASI 口，大电压通过 ASI 口将解码板击坏。解决办法：将 DVB–IP 进行接地，和发射机的总地连接好，不再出现电压差，并在线路上安装无源防雷器。至今 DVB–IP 网关运行稳定，再也没有出现故障现象了。

**3. 湖南移动 SDH 光纤链路中断**

由于各种基础建设，移动网络的光缆偶尔会被挖断，造成信号链路中断。我方直接通知移动商务经理，移动方根据移动公司的故障处理流程，由各地州市当地的移动分局技术人员上山处理故障，及时有效，保障播出安全。

## 4.3 光纤传输之波分复用 DWDM 网络

### 4.3.1 DWDM 波分复用网概述

**1.DWDM 介绍**

波分复用是将两种或多种不同波长的光载波信号（携带各种信息）在发送端经复用器（亦称合波器）汇合在一起，并耦合到光线路的同一根光纤中进行传输的技术；在接收端，经解复用器（亦称分波器或称去复用器）将各种波长的光载波分离，然后由光接收机作进一步处理以恢复原信号。这种在同一根光纤中同时传输两个或众多不同波长光信号的技术，称为波分复用。DWDM 是波分复用技术中的一种，由于相邻波长间隔较小（1nm–10nm 量级），因此，称为密集波分复用（DWDM）。

目前，实用的 DWDM 系统工作在 1550nm 窗口，以便利用 EDFA 放大器的增益频谱特性对复合光波长信号进行直接放大。为满足系统之间的横向兼容性，光通路的中心波长必须符合 G.692 标准。

DWDM 系统中，每个光通路可承载不同的客户信号，如 SDH 信号、PDH 信号、ATM 信号，GBE 信号等。

在运营商网络上 8 波 16 波以及 32 波的 DWDM 已经是比较成熟并开始大量应用，在湖南地面数字电视传输系统中所使用的“波分”就是指的密集波分复用 DWDM

DWDM 技术不仅极大地提高了网络系统的通信容量，充分利用了光纤的带宽，而且它具有扩容简单和性能可靠等诸多优点。这位今后湖南地面数字电视传输系统的扩容提供了非常便利的条件。

图 4–34 DWDM 系统的构成及光谱示意图所示。

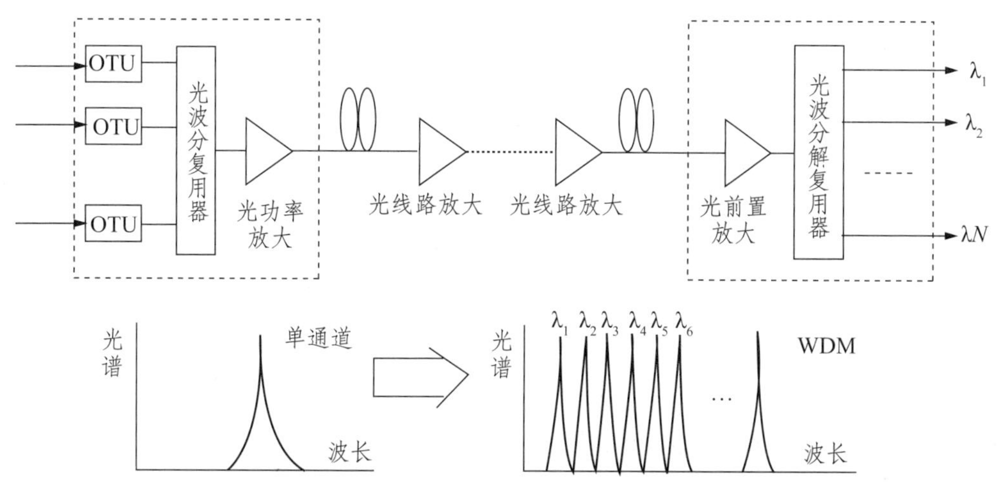


图 4–34 DWDM 系统的构成及光谱示意图

**2.DWDM 技术的优点**

(1) 超大容量传输：DWDM 系统的传输容量十分巨大。由于 DWDM 系统的复用光通路速率可以为 2.5，10Gbit/s 等，而复用光通路的数量可以是 4，8，16，32 甚至更多，因此系统的传输容量可达到 300 ~ 400Gbit/s。

(2) 节约光纤资源：DWDM 系统将多个单信道波长复用后，在一根光纤传输，极大节约了光纤资源，降低线路建设成本。

(3) 各通路透明传输、平滑升级扩容：由于 DWDM 系统中的每个波长通道透明传输数据，不对通道数据进行处理。只要增加复用光通路数量与设备，就可以增加系统的传输容量以实现扩容，而且扩容时对其他复用光通路不会产生不良影响。

(4) 充分利用成熟的 TDM 技术：以 TDM 方式提高传输速率，它可以充分利用现已成熟的 TDM 技术，相当容易地使系统的传输容量呈几倍甚至几十倍的增加。

(5) 利用 EDFA 实现超长距离传输：掺饵光纤放大器 (EDFA) 具有高增益、宽带宽、低噪声等优点，在光纤通信中得到了广泛的应用。它可以对 DWDM 系统中的各通路信号同时放大，使传输距离可达到数百公里，节省大量中继设备，并降低成本。

(6) 丰富的业务接入类型：DWDM 系统中的各波长互相独立，可透明传输不同的业务，如 SDH、GBE、ATM 等信号，实现多种信号的混合传输。

(7) 可组成全光网络：全光网络是未来光纤传送网的发展方向。在全光网络中，各种业务的上下、交叉连接等都是在光路上通过对光信号进行调度来实现的，从而消除了电光转换中电子器件的瓶颈。

**3.DWDM 的业务格式**

如图 4–35，DWDM 可以传输多种业务格式，DWDM 的客户层信号多属于 SDH 信号，DWDM 使用的各个波长互相独立，与业务信号的格式无关，所以可以传输多种格式的信号，比如 IP，ATM，SDH，Ethernet 信号格式，每个波长可以传输特性完全不同的信号，实现多种信号的混合传输。

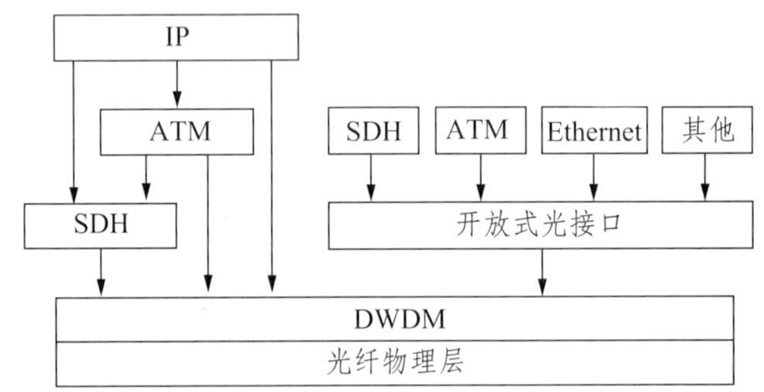


图 4–35　DWDM 与其他业务的关系图

## 4.3.2 DWDM 系统基本结构

DWDM 系统就是把具有不同标称波长的几个或几十个光通路信号复用到一根光纤中进行传送，每个光通路承载一个业务信号。一个单向 DWDM 系统的基本结构如图 4–36 所示。

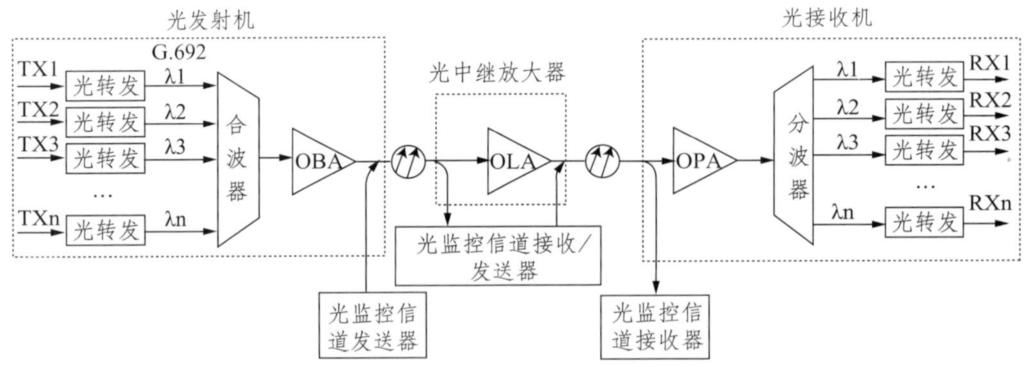


图 4–36　DWDM 系统基本结构图

**1. 光发射机端**

由各复用通路的光发送机 TX1…TXn 分别发出具有不同标称波长的光信号（λ1、λ2、…λn，对应的频率为 f1、f2、…fn）。每个光通路承载着不同的业务信号，如标准的 SDH 信号、ATM 信号、Ethernet 信号等。然后，由合波器将这些信号合并为一束光波后，由 OBA 输出到光纤中进行传输。

**2. 光接收机端**

线路光纤经过OPA放大后，用分波器分解光通路信号后，再分别输入到相应的各复用通路光接收机RX1…RX n中。

**3. 光中继放大器端**

位于光传输段的中间位置，由OLA对光信号进行放大。

**4. 光监控信道**

利用一个独立波长（1510 nm）做为光监控通道，传送光监控信号。光监控信号用于承载DWDM系统的网元管理和监控信息，使网络管理系统能有效地对DWDM系统进行管理。

**5. 网络管理系统**

DWDM系统的网络管理系统应当具有在一个平台上管理光放大单元（OBA、OLA、OPA）、波分复用器、波分转换器（OTU）、监控信道性能的功能，能够对设备进行性能、故障、配置以及安全等方面的管理。网络管理系统的信息由光监控通道中的监控信号承载。

### 4.3.3 湖南地面数字电视波分复用网传输方案

湖南省电视台在综合考虑网络传输的质量保障和可扩展等性能的基础上，确定采用光纤覆盖的方案来部署全省高山发射台，全程采用光纤传输来实现高质量的视频传输。

实施方案示意图如图4–37所示：

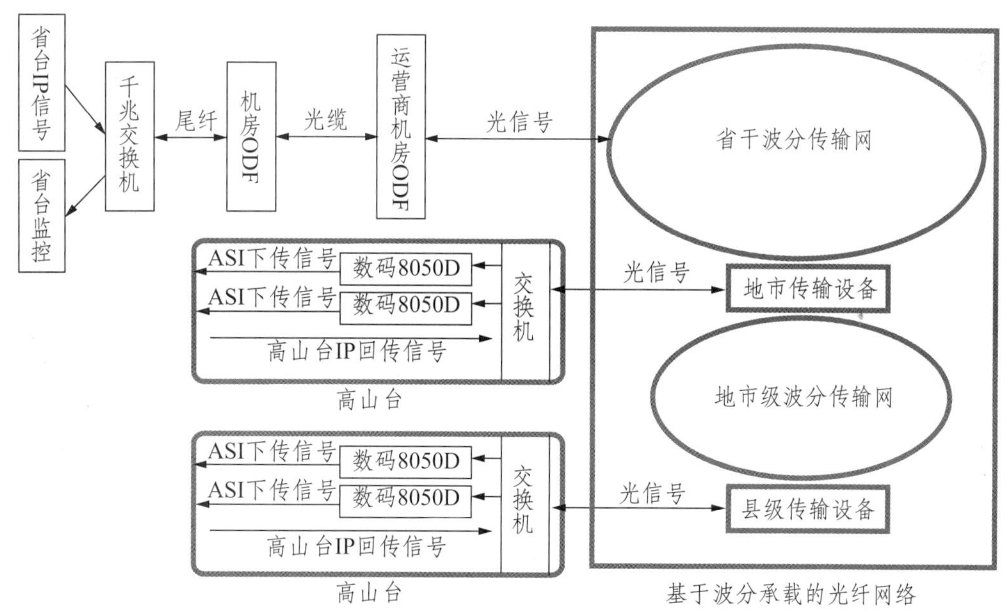


图4–37　湖南地面数字电视的信号流程图

**1. 网络拓扑说明**

（1）省台信源接入：省电视台将内容信号源以IP电口接入千兆交换机，完成电信号到光信号的转变，通过交换机光口接入 ODF 架端口，与运营商 ODF 调通光纤，接入有线集团 DCN 网络。单独一路信号流输入，并通过 IP 接口接入省台千兆交换机千兆以太口。规划 1、2、3、4 端口用于信号流的输入端口。

（2）长途传输：波分传输完成光信号的长途传输

（3）信号接收：在各市（县）运营商机房，利用千兆光口从波分传输网络接出，并通过光纤接至各高山发射台的配置汇聚交换机，完成光信号到电信号的转变。2 台适配器接入交换机，将 IP 转换成 2 路 ASI 信号。

（4）监控回传：利用交换机接各高山台 IP 回传信号，通过运营商光纤网络回传至省电视台。省电视台通过千兆交换机电口提取监控信号。

（5）波分网络：网络设备及传输是基于波分承载的全 IP 网络，省至地市、地市至县全部通过波分传输网络连接，已全部开通 GE 链路提供 1000M 的带宽。全省统一规划新增 VPN 用于承载地面数字电视业务。根据 1 路 ASI 流量 25M 带宽测算，每个高山台站需保证 50M 带宽。

（6）各站点发射机信号接入：各站点新部署的 8050D 设备输出口信号经过码流测试仪测试，具备信号输出能力。各地面数字电视发射站布放发射机至 8050D 设备的连接线缆，可直接从 8050D 设备 ASI 接口取出省台信号流。

**2. 逻辑网络**

传输网络中的省干波分环网、地市波分环网实现省至地市、地市至县通过波分传输网络物理连接，为省台中心节点至各高山站节点提供网络基础，将省中心及台站交换机设备基于波分环网组成一个全省通达的网络。

而在逻辑上可将此视为透明的连接电路，为省中心至各站点提供点对点的连接电路，组成一个统一的 IP 网络，并统一规划一个专用 VPN 用于承载地面数字电视业务。逻辑网络拓扑图如图 4–38 所示：

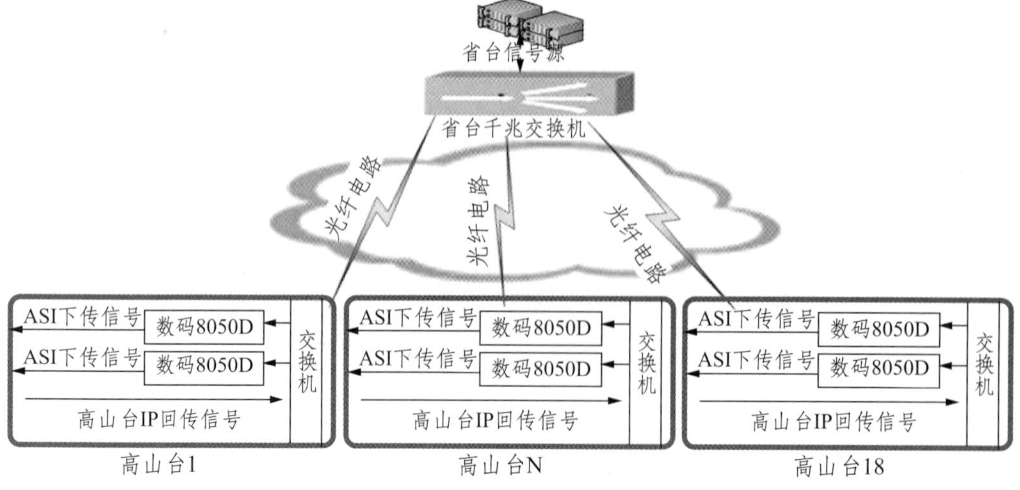


**图 4–38　湖南地面数字电视逻辑网络拓扑图**

具体网络数据规划如下：

(1) 省台千兆交换机光口与运营商核心交换机端口对接，分配接口 IP 地址 10.120.1.240/30, 开启信号源 IP 地址静态路由 (ip rout x.x.x.x 255.255.255.0 10.120.1.241)。

(2) 在 IP 网内启用地面数字电视 vpn 实例 GSZ，实现从省至地市至县，建立安全独立的 IP 网络通道，并与其他业务进行隔离。

(3) 各地市统一规划 IP 地址用于高山台站的接入，如表 4–3 所示。

表 4–3　高山发射台规划的 IP 地址

| 编号 | 地市名称 | 所属地址段 | 子网掩码 | 网关 | 可用的地址范围 |
|---|---|---|---|---|---|
| 1 | 常德 | 10.120.1.0 | 28 | 10.120.1.1 | 2 ~ 14 |
| 2 | 岳阳 | 10.120.1.16 | 28 | 10.120.1.17 | 18 ~ 30 |
| 3 | 衡阳 | 10.120.1.32 | 28 | 10.120.1.33 | 34 ~ 46 |
| 4 | 郴州 | 10.120.1.48 | 28 | 10.120.1.49 | 50 ~ 62 |
| 5 | 永州 | 10.120.1.64 | 28 | 10.120.1.65 | 66 ~ 78 |
| 6 | 怀化 | 10.120.1.80 | 28 | 10.120.1.81 | 82 ~ 94 |
| 7 | 娄底 | 10.120.1.96 | 28 | 10.120.1.97 | 98 ~ 110 |
| 8 | 邵阳 | 10.120.1.112 | 28 | 10.120.1.113 | 114 ~ 126 |
| 9 | 益阳 | 10.120.1.128 | 28 | 10.120.1.129 | 130 ~ 142 |
| 10 | 张家界 | 10.120.1.144 | 28 | 10.120.1.145 | 146 ~ 158 |
| 11 | 湘西 | 10.120.1.160 | 28 | 10.120.1.161 | 162 ~ 174 |
| 12 | 湘潭 | 10.120.1.172 | 28 | 10.120.1.173 | 178 ~ 190 |
| 13 | 株洲 | 10.120.1.192 | 28 | 10.120.1.193 | 194 ~ 206 |
| 14 | 预留 | 10.120.1.208 | 28 | 10.120.1.209 | 210 ~ 222 |
| 15 | 预留 | 10.120.1.224 | 28 | 10.120.1.225 | 226 ~ 238 |
| 16 | 省中心 | 10.120.1.240 | 28 | 10.120.1.241 | 242 ~ 254 |

根据地面数字电视一路 IP 信号包含 9 套标清电视节目，需 25M 的电路带宽。为保障信号传输的稳定可靠，在故障时能及时切换，表 4–4 还统一规划了一路备用信号，因此每个高山台站需提供至少 50M 带宽电路接入，而在省台汇聚 18 个站点后需 900M 电路带宽。

表 4–4　湖南省广播电视台高山台接入电路

| 电路带宽 | 数量（条） | 起点（接入点） | 终点（接出点） |
|---|---|---|---|
| 25M | 2 | 湖南省广电中心 | 中央电视台株洲转播站 |
| 25M | 2 | 湖南省广电中心 | 常德太阳山发射台 |
| 25M | 2 | 湖南省广电中心 | 南岳衡山发射台 |
| 25M | 2 | 湖南省广电中心 | 郴州泗洲山发射台 |

续 表

| 电路带宽 | 数量（条） | 起点（接入点） | 终点（接出点） |
|---|---|---|---|
| 25M | 2 | 湖南省广电中心 | 永州羊毛岭发射台 |
| 25M | 2 | 湖南省广电中心 | 怀化市大中坡转播台 |
| 25M | 2 | 湖南省广电中心 | 邵阳电视转播台 |
| 25M | 2 | 湖南省广电中心 | 湘潭电视转播台 |
| 25M | 2 | 湖南省广电中心 | 岳阳金鹗山转播台 |
| 25M | 2 | 湖南省广电中心 | 郴州苏仙岭转播台 |
| 25M | 2 | 湖南省广电中心 | 怀化雪峰山转播台 |
| 25M | 2 | 湖南省广电中心 | 娄底市苦竹山电视转播台 |
| 25M | 2 | 湖南省广电中心 | 益阳电视调频转播台 |
| 25M | 2 | 湖南省广电中心 | 张家界市微波总站 |
| 25M | 2 | 湖南省广电中心 | 湘西永顺县羊峰山转播台 |
| 25M | 2 | 湖南省广电中心 | 湘西（七六〇二台）花果山转播台 |
| 25M | 2 | 湖南省广电中心 | 冷水江市电视转播台 |
| 25M | 2 | 湖南省广电中心 | 岳阳达摩岭发射台 |

**3. 地面数字电视实际信号流程图**

（1）湖南前端机房 IP 流信号流程

如图 4–39，在中心机房由复用器推出单播 IP 流传输至千兆交换机，交换机通过 SFP 分别与 DWDM 的 OTM 连接，进入 DWDM 密集波分复用网络。

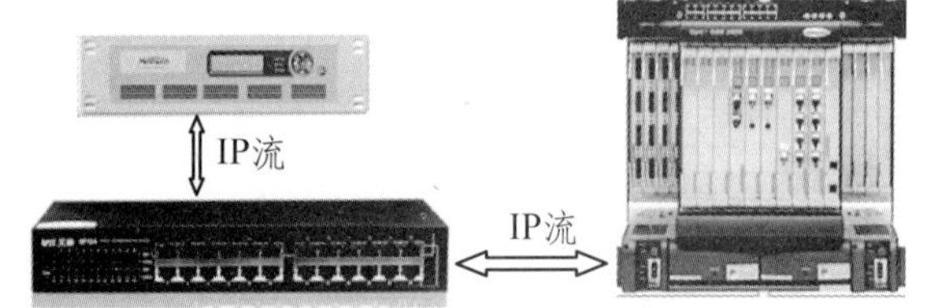


图 4–39　湖南前端机房 IP 流信号流程

（2）各发射台 IP 信号流程

图 4–40 为从波分网络的 OTM 端取出自己的 IP 流，通过 SFP 进入交换机，交换机通过网线 RJ45 与 ASI/IP 网关连接，网关将 IP 流转换成 ASI 节目流，再送给发射机进行发射。

（3）地面数字电视光传输终端转换盒

在地面数字电视光传输的网络布线中，通常室外使用的是光缆，室内（机房内部）使用的是以太网双绞线，光缆传输媒介与机房内以太网传输媒介之的转换以及设备，如图 4–41 所示：

1. 室外光缆接入光缆终端盒，如图 4–41，将光缆中的光纤与尾纤进行熔接，通过跳线，将其引出。

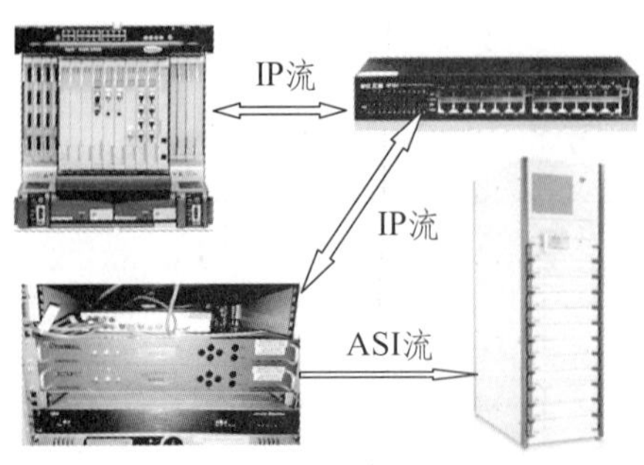


图 4–40　各发射台 IP 信号流程

2. 光纤跳线接入光纤收发器或带光口的交换机，将光信号转换成电信号。

3. 电信号通过 RJ–45 以太网的双绞线接入信号适配器，提取视频信号。

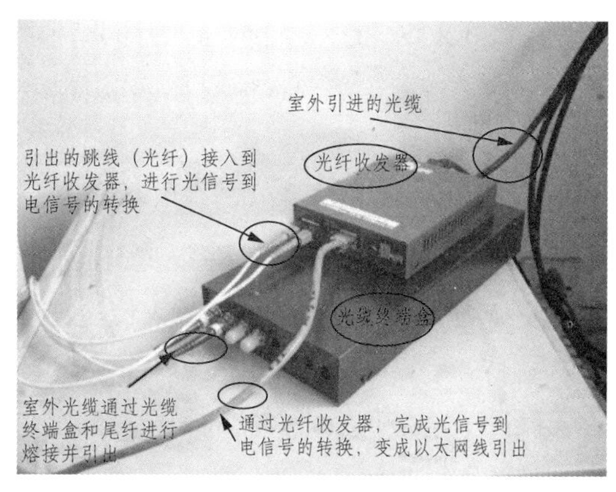


图 4–41 光传输终端转换盒

## 4.3.4 湖南地面数字电视波分复用传输系统介绍

### 1. 湖南波分复用网网络拓扑介绍

图 4–42 为湖南有线省一级干线网从省会长沙连接全省 13 个地市的 DWDM 密集波分网络，有两套（A、B 平面波分系统）南、北两环路。A 平面设备主要为华为 6100 系列，B 平面设备为中兴 M920 系列，均能提供 GE/10GE 业务的接入。

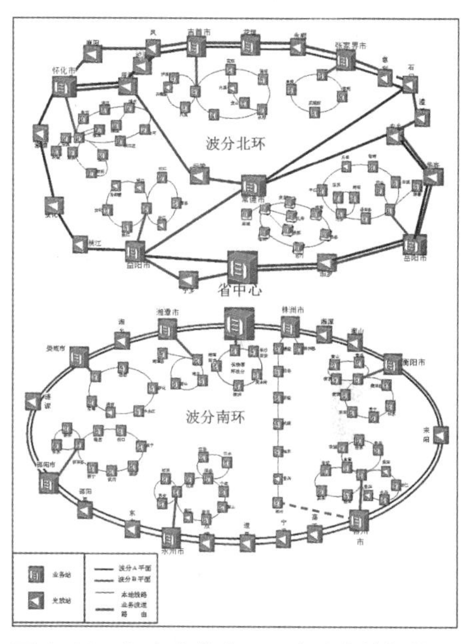


图 4–42 湖南有线省干网波分传输拓扑图

各市州二级干线网有 14 个（OTN 本地网，各容量 800 G），网络带宽为 18G，配置有 GE 和万兆（10GE）光口，本地市县均已接入在本地 OTN 环上。设备主要型号为：湘潭是华为的 6800；长沙、株洲、衡阳、郴州、益阳、岳阳、娄底是中兴的 M920；邵阳、怀化、吉首、张家界、常德、永州是贝尔 1830，均能提供 GE 业务的接入，均具备 10GE 业务接入。

### 2. DWDM 网络结构中的设备拓扑图

波分 A 平面的设备主要是华为 6100，图 4–43 是华为波分设备在网络中的拓扑图。

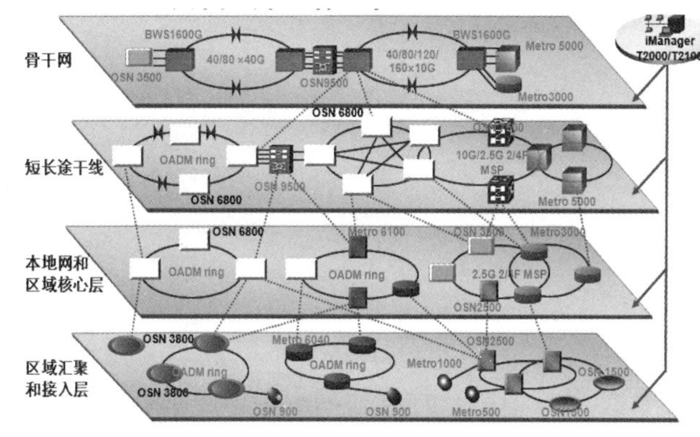


图 4–43 DWDM 网络结构中的设备拓扑图

### 3. 长沙中心机房的波分设备 M920 的特点

波分 B 平面采用中兴的波分设备，在长沙中心机房采用是图 4–44 的 M920 骨干传输密集波分复用，新一代大容量、超长距的智能骨干网波分产品，该设备应用了先进的传输技术与高度的集成技术，面向全 IP 化传输，全面支持 OTN 标准，

图 4–44　M920 波分设备

支持 GMPLS/WASON 控制平面的加载，应用于国际、国家、省际、省内干线，本地交换网以及各种专网的建设。以下是它的关键特性。

（1）超大容量传输和模块化升级能力

支持 C 波段 192 波 10G 系统传输；

支持 96×40G 系统传输，最大传输容量 3.84Tbit/s；

支持 400G/480G–>800G/960–>1.92T–>3.84T 模块化扩容，保证了建网初期的低投资和后期的平滑扩容，满足未来不断增长的带宽需求。

（2）超长距离传输能力

在 10G 系统配置下，支持多跨段无电中继传输距离约 5000km，支持单跨段最大传输距离 300km；在 40G 系统配置下，支持多跨段无电中继传输距离约 1500km；

超长的无电中继传输距离，减少中继站点的设置，为客户节省投资。

（3）智能化的立体业务调度和疏导能力

支持 WASON，配合 ROADM、OTN 电交叉技术以及 L2 交换等技术，构筑了一个智能化的多层次业务疏导体系。IWF(integrated wavelength feedback) 集中式波长反馈控制。

（4）IWF(integrated wavelength feedback) 集中式波长反馈控制

自有专利的波长集中监控技术与高精度的温度控制相结合，进一步保证 50GHz 波长间隔系统的波长稳定性；

采用 IWF 技术，可实现 100G 系统到 50G 系统的平滑升级，而不需要更换 OTU 单板。

（5）APO（Auto Performance Optimization）安全可靠的光功率自动均衡技术

内嵌子网级性能优化算法，用于自动建立和保持系统光性能如功率与信噪比 OSNR 的优化状态，使整个系统性能保持最优，降低维护成本，提高维护效率，特别适用于光纤参数经常发生变化的波分系统。

（6）全面灵活、成熟的保护方案

提供多种保护方式："1+1" 通道保护，二纤双向通道层共享

保护：二纤双向复用段共享保护，子网连接保护，1 + 1 复用段保护，设备侧 1:N OTU 保护；

独有专利的通道共享保护技术，可充分减少系统的波长使用数，节省建网投资。

（7）强大的业务接入和汇集能力

可接入包括 STM–N、POS、ATM、GE、10 GE、FC、

ESCON、FICON、DVB 等多种格式的光信号。

**4. 传输网络保护**

湖南地面数字电视传输系统通过 DWDM 环路组网，图 4–45 可以提供全面的网络保护，包括光通道层的保护和光复用段层的保护。既能实现光纤路由保护，又能实现光传输设备

保护。信号发送端将数据从保护通道和被保护通道通过不同的路径达到接收端，在光纤中断或设备故障时，设备检测到工作通道的中断信号，通过传输设备内的光板控制光倒换，在邻近的两个节点完成“还回”功能，从而使得所有的业务得到保护。

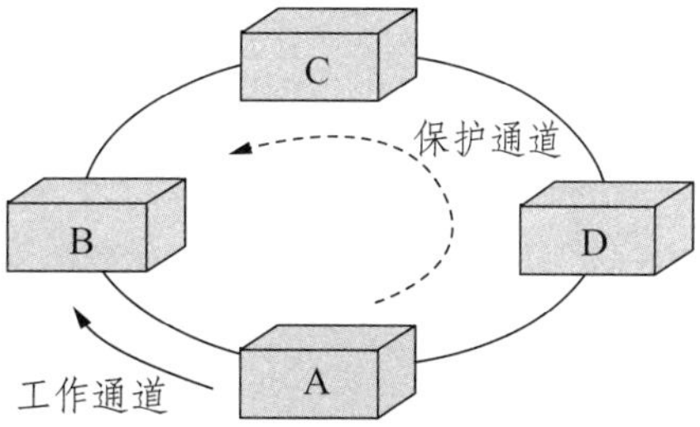

图 4–45 传输网络保护机制

### 4.3.5 湖南地面数字电视波分复用网传输维护

在湖南地面数字电视传输系统日常维护工作中，主要做好两个层面的维护工作：网络层面的流信号检测、物理层面的光信号检测。

正常情况下，省台中心发出持续的电视视频流信号，通过传输系统，在高山台站接收端接收到固定的电视视频流信号。在数据设备和传输设备的网管上能实时监控各条链路的视频流量，在流量异常或中断时发布告警。登录设备网管系统查看各条链路的视频流信号，检查视频信源、IP 交换机、适配器转换等设备的运行情况。

光网络层面主要是监测光信号，通过网络层面的监控大致定位故障节点，再从物理层面的光模块运行、光纤接续、光缆监测，逐段排查可能出现的故障。以下对在光信号检测中常用到的概念和方法逐一介绍。

**1. 光衰耗**

光可传输的距离主要受到损耗和色散两方面受限，在湖南地面数字电视传输系统中，色散受限远小于损耗受限，可以不作考虑。

损耗限制是最主要的因素，具体可以根据公式：损耗受限距离 =（发射光功率 – 接收灵敏度）/ 光纤衰减量来估算。光功率的单位一般用 dB 表示。3dB 的光损耗相当于 50% 的光功率损耗（lg2=0.3）；7dB 的光损耗相当于 80% 的光功率损耗（lg5=0.7）；10dB 的光损耗相当于 90% 的光功率损耗（lg10=1）；20dB 的光损耗相当于 99% 的光功率损耗（lg100=2）；30dB 的光损耗相当于 99.9% 的光功率损耗（Lg1000=3）

**2. 光功率测量**

光功率计和光源一起用来测量光纤或光纤设备的损耗。将光源的光注入光纤的一端，而用连接到光纤另一端的光功率计测量接收到的光功率。光源可以是一个激光器测试仪，或者用接在设备中的光模块的光源来代替。 因为光纤损耗随光波长而变化，所以光功率计测量所用的波长应与光波通信设备所用的波长相同。如果光波设备工作在 1310nm 波长，那么光功率计和光源也应调整到 1310nm 波长进行测量。

**3. 光传输距离**

实际的光纤通信距离受各种传输衰耗参数的限制，如光发送机的平均发光功率、光缆的衰耗系数、光接收机灵敏度等。衰耗受限系统的接收光功率可用下式计算：

实际接收光功率 = 发送光功率 – 光传输距离 × 衰耗系数 / km – 活动连接器总衰耗

其中光纤的衰耗系数和实际选用的光纤相关，一般目前的 G.652 光纤可以做到 1310nm 波段 0.5dB/km，1550nm 波段 0.3dB/km。活动连接器衰耗一般每个为 0.5 dB。

将实际接收光功率与接收灵敏度相比较，前者应比后者高 5dB 以上，才能保证光传输系统长期正常工作。常见的光模块传输距离如表 4–5。

表 4–5　光模块的传输距离

| 传输数率 | 发射波段 | 传输使用光纤 | 参考传输距离 |
|---|---|---|---|
| 百兆 | 1310nm | 多模 | 2km |
| 百兆 | 1310nm | 单模 | 15km |
| 百兆 | 1310nm | 单模 | 40km |
| 百兆 | 1550nm | 单模 | 80km |
| 千兆 | 850nm | 多模 | 550m |
| 千兆 | 1310 | 单模 / 多模 | 10km/550m |
| 千兆 | 1550 | 单模 | 70km |

**4. 光模块功能失效主要原因及防护措施**

在湖南地面数字电视传输系统中，由于特殊的应用场景及使用环境，分析光模块功能失效原因，最常出现的问题集中在以下几个方面：

（1）光口污染和损伤

由于光接口的污染和损伤引起光链路损耗变大，导致光链路不通。分析具体产生的原因有：

①光模块光口暴露在环境中，光口有灰尘进入而污染；

②使用的光纤连接器端面已经污染，光模块光口二次污染；

③带尾纤的光接头端面使用不当，端面划伤等；

④使用劣质的光纤连接器。

因此在湖南地面数字电视传输系统的日常工作中要求做好以下防护和维护措施：

①选择符合入网标准的光纤连接器；

②光纤连接器要有封帽，不使用时盖上封帽，避免光纤连接器污染而二次污染光模块光口；封帽不使用时应放在防尘干净处保存；

③光纤连接器插入是水平对准光口，避免端面和套筒划伤；

④光模块光口避免长时间暴露，不使用时加盖光口塞；光口塞不使用时储存在防尘干净处；

⑤光纤连接器的端面保持清洁，避免划伤；使用正确的方法对污染光纤端面进行清洁。

（2）ESD 损伤

ESD 是 ElectroStatic Discharge 缩写即“静电放电”。ESD 是不可避免，引起 ESD 损伤的

因素有：

①环境干燥，易产生 ESD；

②不正常的操作，如：非热插拔光模块带电操作；不做静电防护直接用手接触光模块静电敏感的管脚；运输和存放过程中没有防静电包装；

③设备没有接地或者接地不良；

光模块失效简易判断步骤

测试光功率是否在指标要求范围之内，如果出现无光或者光功率小的现象。处理方法：

①检查光功率选择的波长和测量单位（dBm）

②清洁光纤连接器端面，光模块光口。

③检查光纤连接器端面是否发黑和划伤，光纤连接器是否存在折断，更换光纤连接器做互换性试验。

④检查光纤连接器是否存在小的弯折。

⑤热插拔光模块可以重新插拔测试。

⑥同一端口更换光模块或者同一光模块更换端口测试。

**5．光缆的维护**

按光缆敷设方式，光缆可分为架空光缆、管道光缆、直埋光缆、隧道光缆和水底光缆。在湖南地面数字电视传输系统中，大部分进入发射台站采用的光缆是直埋光缆，光缆线路经过山林、溪水等不同环境，通过埋入规定深度和宽度的缆沟到达台站机房。光缆必须具有足够的机械强度、防渗水能力和良好的温度特性。由于使用条件恶劣，在光缆中断时需及时排查断点，并及时完成光缆的接续修复。因此要求我们的维护做好以下几点：

(1) 光缆维护人员应熟悉光缆线路资料，熟练掌握线路抢修作业程序、障碍测试方法和光缆接续技术，加强抢修车辆管理，随时做好抢修准备。

(2) 抢修用专用器材、工具、仪表、机具以及交通车辆。

(3) 使用 ODTR 测量仪准确及时查找光缆线路故障点的具体位置。

并按照光缆熔接的一般步骤来及时修复：

①剥光缆，除去光缆护套（一般 1.7 米）；

②清洗、去除光缆内的石油填充膏；

③捆扎好光纤，若采用套管保护时，可预先套上热套管；

④检查光纤芯数，进行光纤对号，核对光纤色标是否有误；

⑤加强芯固定或接续；

⑥光纤的接续；

⑦光纤接头的保护处理；

⑧光纤余纤的盘留处理；

⑨接头盒光缆（纤芯）熔接中，光缆熔接完成。

**6.OTDR 的运维使用**

OTDR 的全称是 Optical Time Domain Reflectometer，意思为光时域反射仪。OTDR 是利用光线在光纤中传输时的瑞利散射和菲涅尔反射所产生的背向散射而制成的精密的光电一体化仪表，它被广泛应用于光缆线路的维护、施工之中，可进行光纤长度、光纤的传输衰减、接头衰减和故障定位等的测量。在湖南地面数字电视传输系统维护中，要求我们的维护人员熟练掌握 ODRT 的使用，及时修复光缆故障。

（1）测量光纤长度

OTDR 测试是通过发射光脉冲到光纤内，然后在 OTDR 端口接收返回的信息来进行。从发射信号到返回信号所用的时间，再确定光在玻璃物质中的速度，就可以计算出距离。

以下的公式就说明了 OTDR 是如何测量距离的：$d=(c\times t)/2(IOR)$

在这个公式里，c 是光在真空中的速度，而 t 是信号发射后到接收到信号（双程）的总时间（两值相乘除以 2 后就是单程的距离）。IOR 是由光纤生产商标明的被测光纤折射率。

（2）光纤衰耗

随着距离的增长，总损耗会越来越大。用总损耗（dB）除以总距离（Km）就是该段纤芯的平均损耗（dB/Km）。

（3）光纤故障点

（4）光纤接头损耗

当光脉冲在光纤内传输时，会由于光纤本身的性质，连接器，接合点，弯曲或其他类似的事件而产生散射，反射。其中一部分的散射和反射就会返回到 OTDR 中。返回的有用信息由 OTDR 的探测器来测量，它们就作为光纤内不同位置上的时间或曲线片断。

以下为常用光缆监测图形

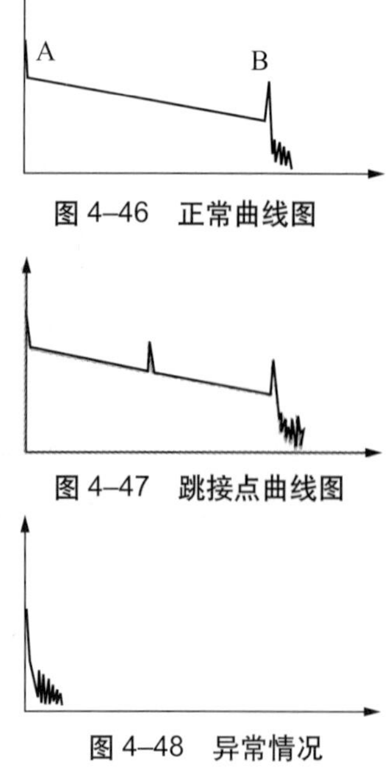

图 4–46　正常曲线图

图 4–47　跳接点曲线图

图 4–48　异常情况

（1）正常曲线

如图 4–46 所示，一般为正常曲线图，A 为盲区，B 为测试末端反射峰。测试曲线为倾斜的，随着距离的增长，总损耗会越来越大。用总损耗（dB）除以总距离（Km）就是该段纤芯的平均损耗（dB/Km）。

（2）光纤存在跳接点

中间多了一个反射峰，因为很有可能中间是一个跳接点，如图 4–47 所示。

（3）异常情况

出现图 4–48 这种情况，有可能是仪表的尾纤没有插好，或者光脉冲根本打不出去，再有就是断点位出现图中这种情况，有可能是仪表的尾纤没有插好，或者光脉冲根本打不出去，再有就是断点位置比较进，所使用的距离、脉冲设置又比较大，看起来就像光没有打出去一样。

(4) 非反射事件

图 4–49 这种情况比较多见，曲线中间出现一个明显的台阶，多数为该纤芯打折，弯曲过小，受到外界损伤等因素。

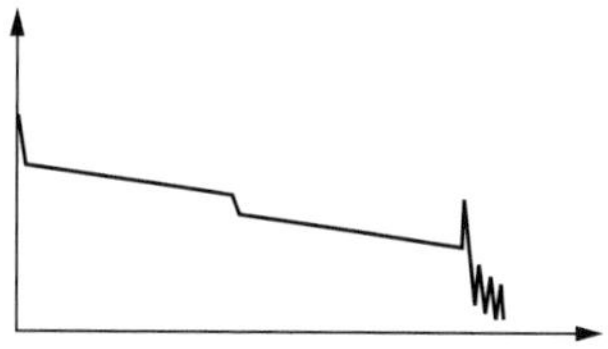

图 4–49 非反射事件

(5) 光纤存在断点

图 4–50 这种情况一定要引起注意。曲线在末端没有任何反射峰就掉下去了，如果知道纤芯原来的距离，在没有到达纤芯原来的距离，曲线就掉下去了，这说明光纤在曲线掉下去的地方断了，或者也有可能是光纤在那里打了个折。

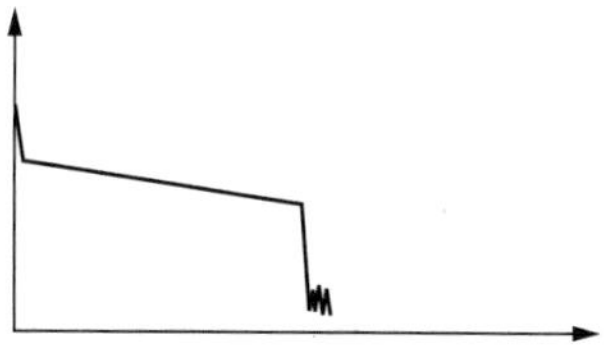

图 4–50 存在断点

(6) 测试距离过长

图 4–51 这种情况是出现在测试长距离的纤芯时，OTDR 所不能打到的距离所产生的情况，或者是距离、脉冲设置过小所产生的情况。如果出现这种情况，OTDR 的距离、脉冲又比较小的话，就要把距离、脉冲调大，以达到全段测试的目的，稍微加长测试时间也是一种办法。

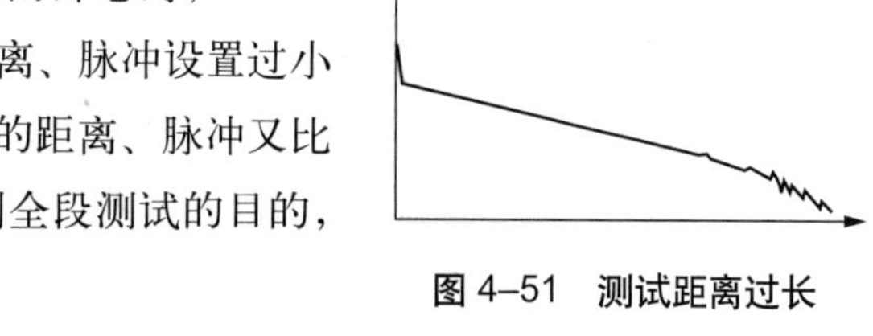

图 4–51 测试距离过长

(7) 典型轨迹

说明：

Front Connector：前端连接器

Fusion Splice：熔接点，光纤的熔接点缺陷容易造成轨迹图 4–52 中散射曲线的突然跌落。

Bend ：弯曲。弯曲直径过小，光就会不再遵循全反射，而是有以部分从纤衣出射，造成轨迹图中散射曲线的突然跌落。

Crack：断裂 Backscatter：背向反射 Fiber end：光纤结束

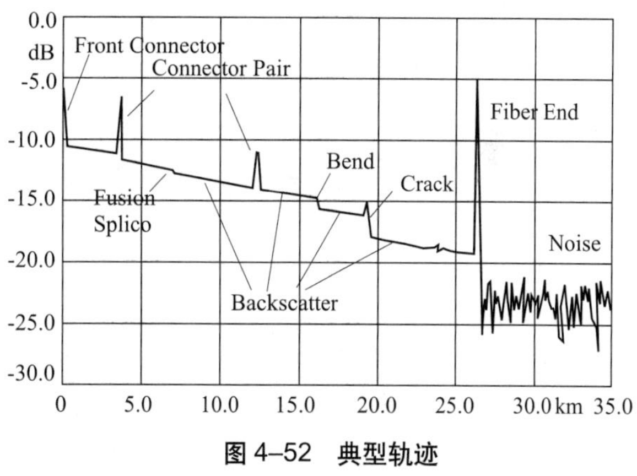


图 4–52 典型轨迹

# 4.4 卫星传输

## 4.4.1 卫星传输的概述

### 1. 卫星通信的优势

利用卫星传输广播电视节目是卫星应用技术的重大发展，卫星通信同现在常用的电缆通信、微波通信等相比，有较多的优点，具体表现在以下几个方面：

卫星通信的传播距离远。

同步通信卫星可以覆盖最大跨度达 1 万 8 千公里的区域。在这个覆盖区的任意两点都可通过卫星进行通信。

图 4–53 为卫星通信路数多、容量大。一颗现代通信卫星，可携带几十个转发器，可提供几十路电视和成千上万路电话。

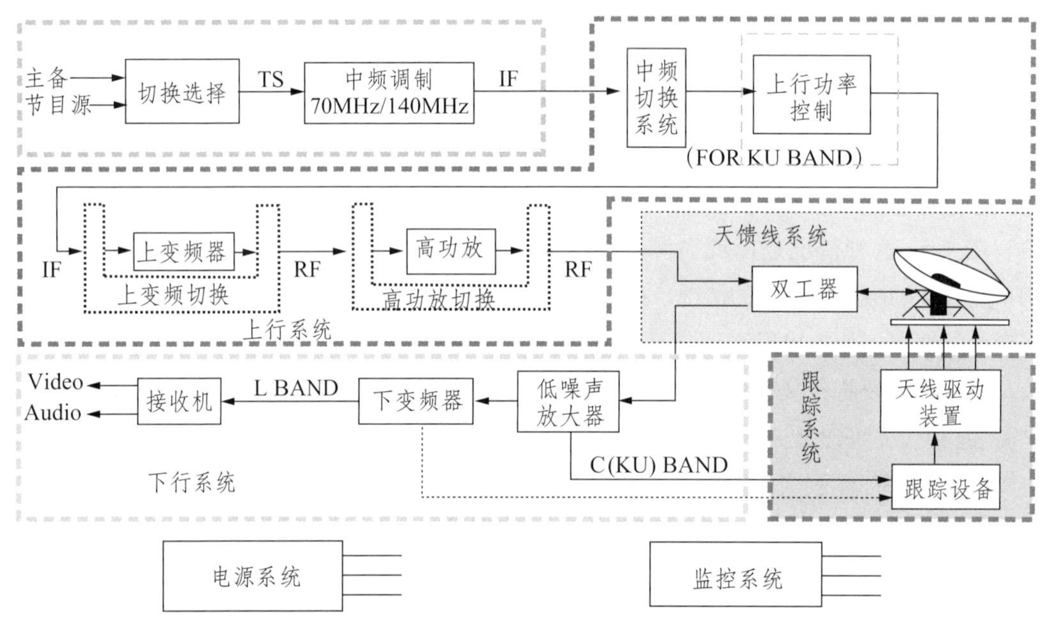


图 4–53　地球站卫星广播电视传输系统图

卫星通信质量好、可靠性高。

卫星通信运用灵活、适应性强。它不仅能实现陆上任意两点间的通信，而且能实现船与船、船与岸上、空中与陆地之间的通信，它可以组成一个多方向、多点的立体通信网。

**2. 卫星电视广播系统组成**

卫星电视广播系统主要由 4 部分组成：上行发射站、卫星转发器、测控站、地球接收站。上行发射站把节目制作中心送来的信号（可以是数字电视信号、数字广播、视频、音频、中频信号等）加以处理，经过调制，上变频和高功率放大，通过定向天线向卫星发射上行 C、Ku 波段信号；同时也接收由卫星下行转发的微弱的信号，监测卫星转播

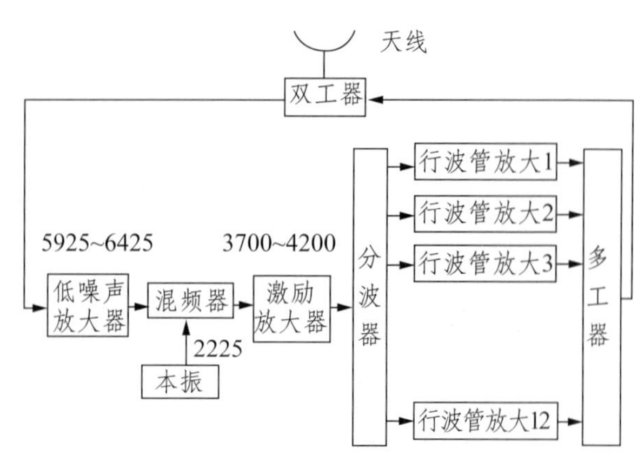


图 4–54　卫星转发器

节目的质量。图 4–54 为卫星转发器用于接收地面上行站送来的上行微波信号（C 波段为 5.925~6.425GHz，Ku 波段为 12.75~18.1GHz），并将它放大、变频、再放大后，发射到地面服务区内。因此，卫星转发器实际上是起一个空间中继站的作用，它应以最低附加噪声和失真传送电视广播信号。地面接收站接收来自卫星的信号，经过低噪声放大，下变频为中频信号、中频信号经过调频、解调后得到基带信号，分别送到视频恢复电路和伴音解调电路，重新得到正常的视音频信号，直接送到电视监视器或电视机，也可以重新调制到电视频道上传送给用户。

中央无线地面数字电视覆盖工程的信号传输方式主要是卫星传输，在湖南省内根据各个高山电视发射台的实际情况，比如图 4–55 可以差转高山骨干台发射台信号，光纤链路已经通达，开通数字微波基站等，因地制宜，根据实际情况，选择主备信号源的传输方式。

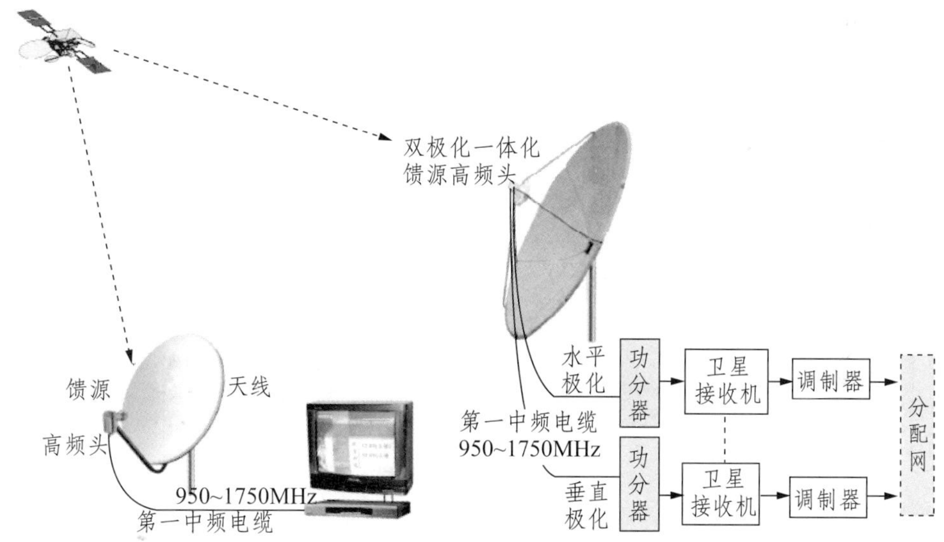


**图 4–55 卫星接收系统**

按照节传方式的不同可以分为 6 类，具体如下：

(1) 采用卫星 + 微波 + 光纤方式；

(2) 采用卫星 + 微波 + 差转方式；

(3) 采用卫星 + 光纤 + 差转方式；

(4) 采用卫星 + 光纤方式；

(5) 采用卫星 + 差转方式；

(6) 采用卫星方式。

### 4.4.2 采用卫星 + 微波 + 光纤方式

湖南省 19 个高山骨干台以及微波、光纤链路已通达的台站采用此方式。其中，通过卫星接收的中一等 8 套节目与通过数字微波链路传送的中一等 8 套节目信号构成主、备链路，经 ASI 切换器后送入中一频点发射机。通过卫星接收的中七等 4 套节目与通过数字微波传送和 AVS+ 编码的湖南省 5 套、市州 1 套、进行统计复用，与通过有线光缆传输、经过有线电视解调和 AVS+ 编码的湖南省的湖南省 5 套、本地 1 套无线信号构成主、备链路，经 ASI 切换器后送入中七频点发射机。节传链路如图 4–56 所示。

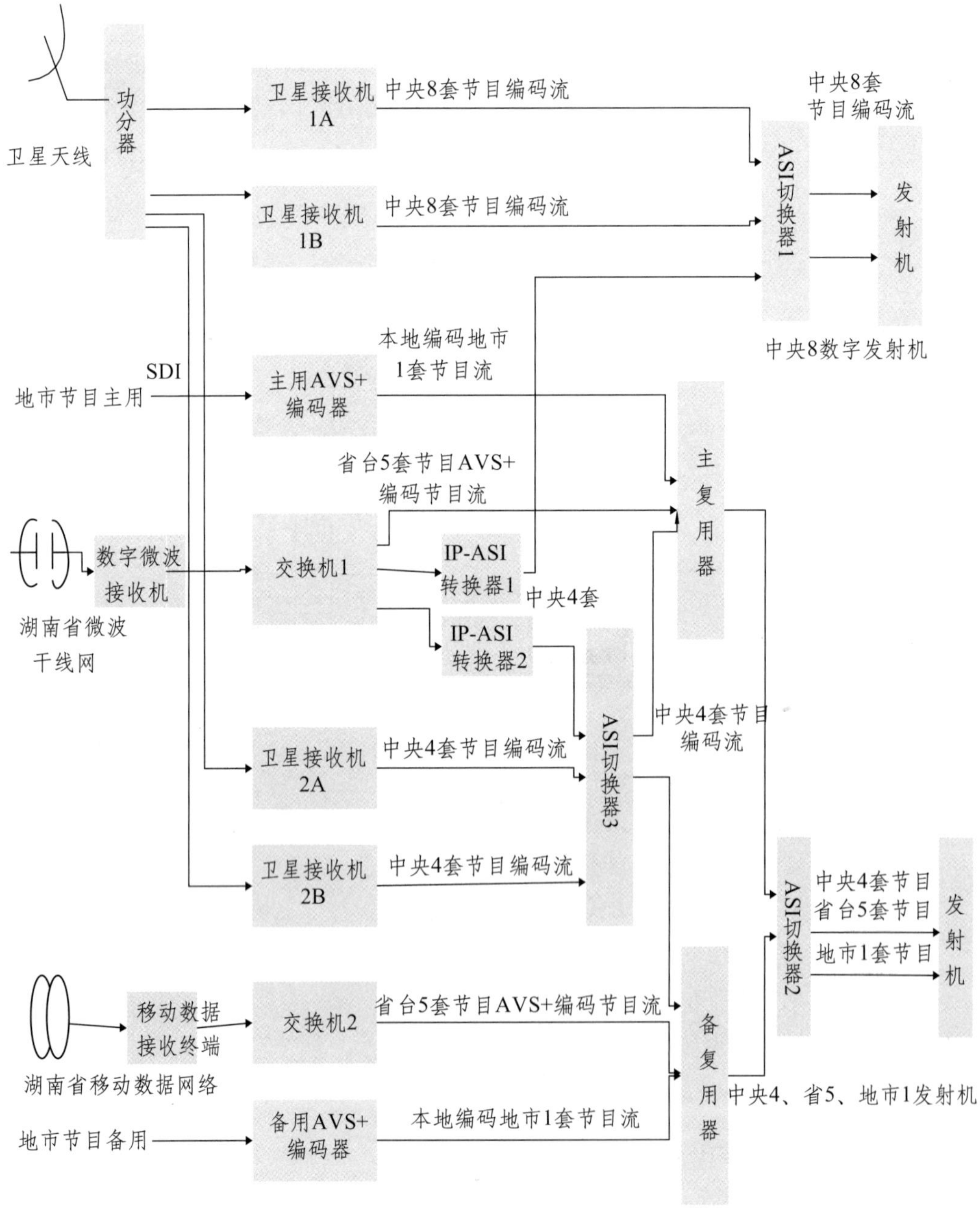

卫星天线
功分器
卫星接收机1A
中央8套节目编码流
卫星接收机1B
中央8套节目编码流
中央8套节目编码流
ASI切换器1
发射机
中央8数字发射机
SDI
地市节目主用
主用AVS+编码器
本地编码地市1套节目流
主复用器
省台5套节目AVS+编码节目流
数字微波接收机
湖南省微波干线网
交换机1
IP-ASI转换器1
中央4套
IP-ASI转换器2
ASI切换器3
中央4套节目编码流
卫星接收机2A
中央4套节目编码流
卫星接收机2B
中央4套节目编码流
ASI切换器2
中央4套节目
省台5套节目
地市1套节目
发射机
移动数据接收终端
湖南省移动数据网络
交换机2
省台5套节目AVS+编码节目流
备复用器
中央4、省5、地市1发射机
地市节目备用
备用AVS+编码器
本地编码地市1套节目流

**图 4–56　采用卫星 + 微波 + 光纤方式**

### 4.4.3 采用卫星 + 数字微波 + 无线差转方式

非骨干台中少数数字微波链路已通达且可以收到本州市骨干台无线信号的采用此方式。其中，通过卫星接收的中央 8 套节目与通过数字微波链路传送的中央 8 套节目信号构成主、备链路，经 ASI 切换器后送入中央频点发射机。通过卫星接收的中央 4 套节目与通过数字微波传送和 AVS+ 编码的湖南省 5 套、本地 1 套节目进行统计复用，构成主链路。通过 UHF 天线接收的骨干台发射的中央 4 套、省 5 套、本地 1 套节目无线信号经过滤非本市州节目 PID 后构成备链路。主备链路经 ASI 切换器后送入中七频点发射机。节传链路如图 4–57 所示。

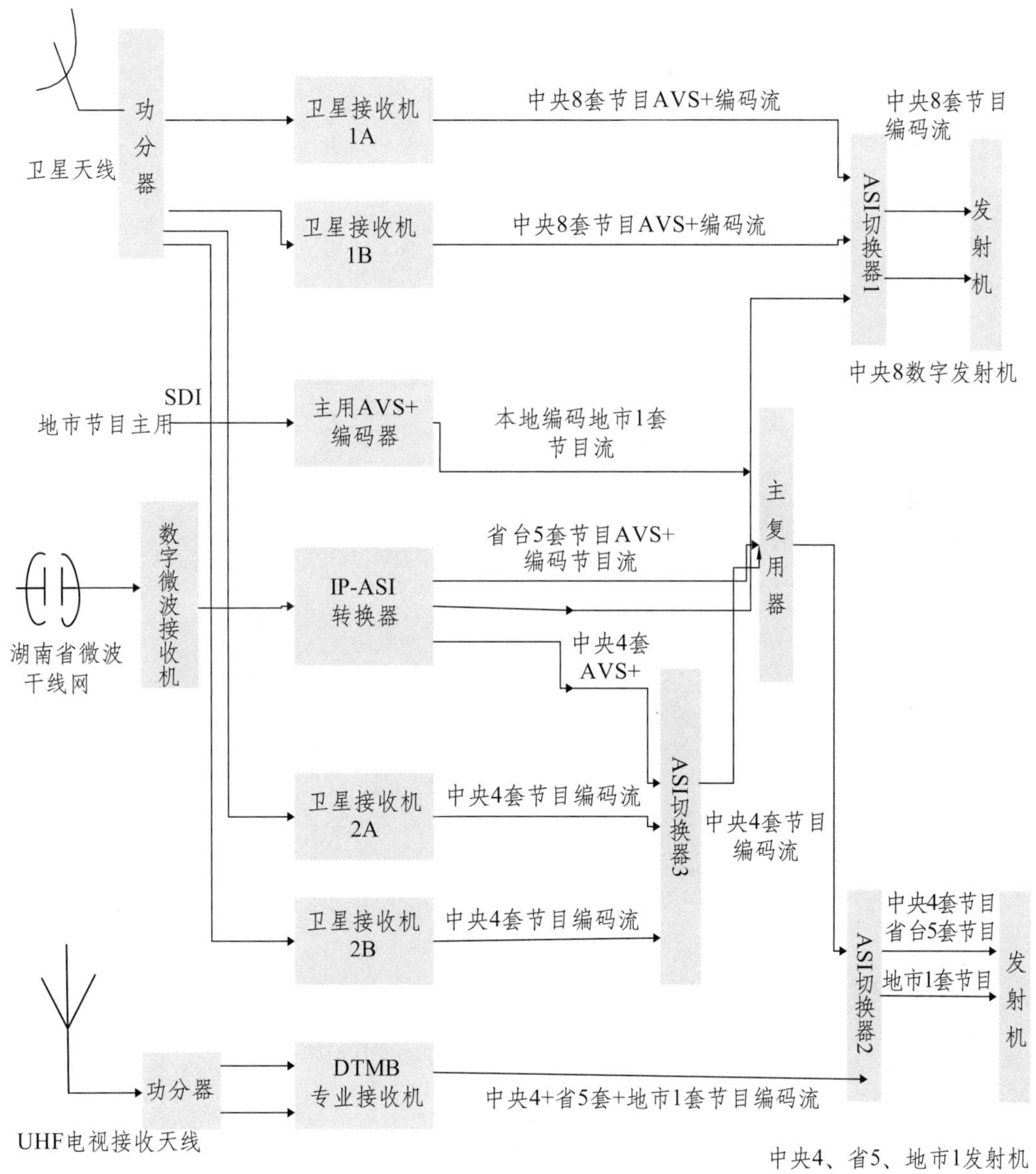


图 4–57　采用卫星 + 微波 + 差转节传方式

### 4.4.4 采用卫星 + 光纤 + 差转方式

非骨干台中光纤链路已通达且可以收到本州市骨干台无线信号的采用此方式。其中，通过卫星接收的中一等 8 套节目与通过 UHF 天线接收的骨干台发射的中一等 8 套节目无线信号构成主、备链路，经 ASI 切换器后送入中一频点发射机。通过卫星接收的中七等 4 套节目与通过有线光缆传送、经有线电视解调和 AVS+ 编码的湖南省 5 套、本地 1 套、县 1 套节目进行统计复用，构成主链路。通过 UHF 天线接收的骨干台发射的中七等 4 套、省 5 套、本地 1 套节目无线信号经过滤非本市州节目 PID 后构成备链路。主备链路经 ASI 切换器后送入中七频点发射机。节传链路如图 4–58 所示。

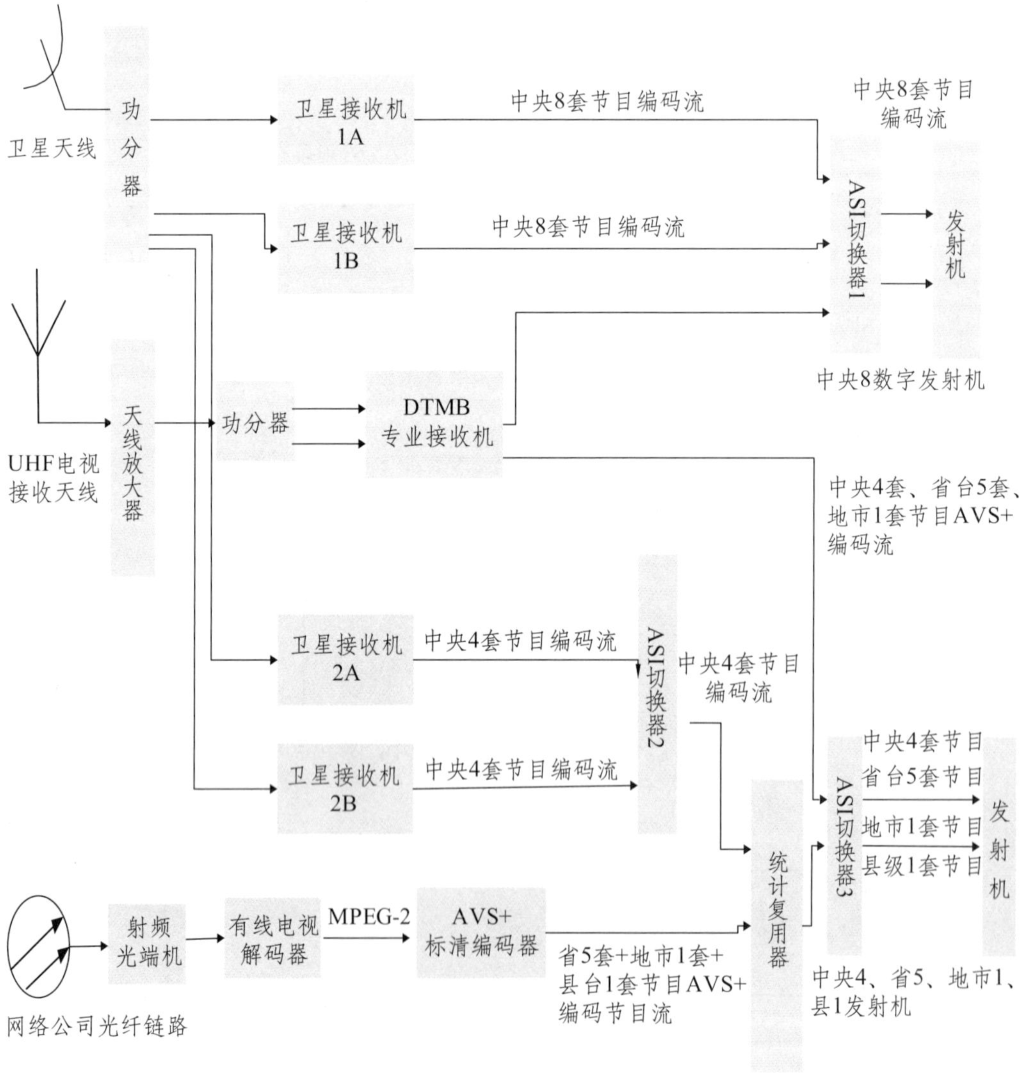

图 4–58　采用卫星 + 光纤 + 差转节传方式

### 4.4.5 采用卫星 + 光纤方式

非骨干台中光纤链路已通达但无法收到本州市骨干台无线信号的采用此方式。其中，通过卫星接收的中一等 8 套节目经 ASI 切换器后送入中一频点发射机。通过卫星接收的中七等 4 套节目与通过有线光缆传送、经有线电视解调和 AVS+ 编码的湖南省 5 套、本地 1 套、县 1 套节目进行统计复用，经 ASI 切换器后送入中七等频点发射机。节传链路如图 4–59 所示。

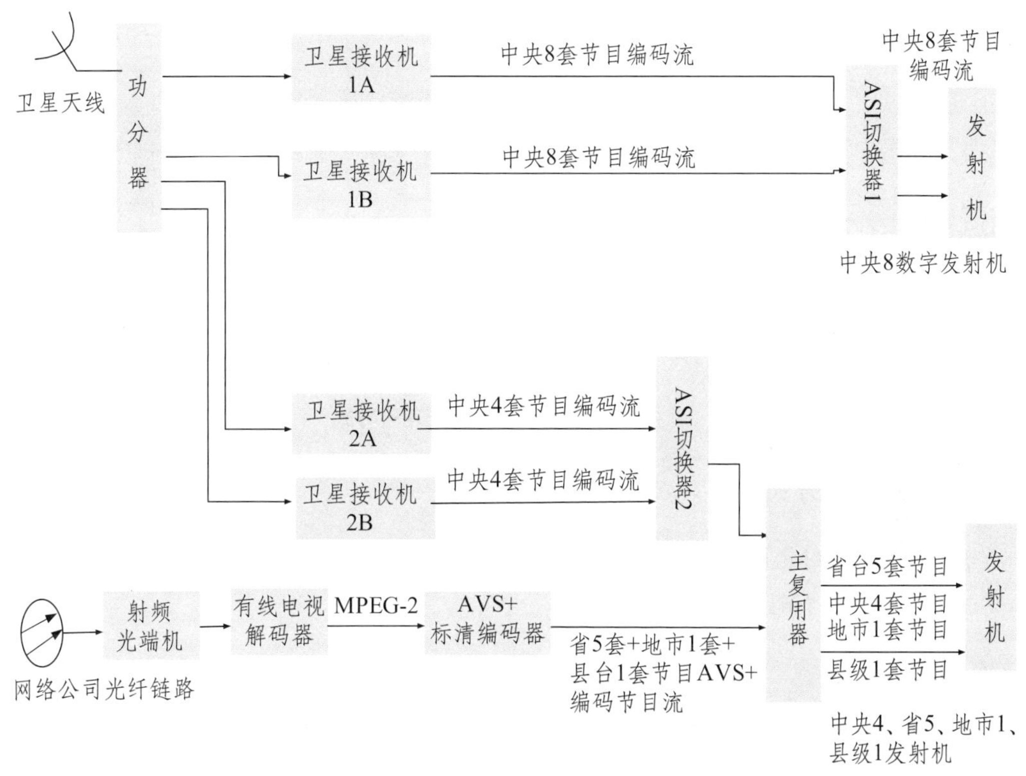


图 4–59 采用卫星 + 光纤方式

### 4.4.6 采用卫星 + 无线差转方式

非骨干台中光纤链路未通达但可以收到本州市骨干台无线信号的采用此方式。其中，通过卫星接收的中一等 8 套节目与通过 UHF 天线接收的骨干台发射的中一等 8 套节目无线信号构成主、备链路，经 ASI 切换器后送入中一频点发射机。通过卫星接收的中七 4 套节目构成主链路。通过 UHF 天线接收的骨干台发射的中七等 4 套、省 5 套、本地 1 套节目无线信号经过滤非本市州节目 PID 后构成部分备链路（省、本地节目无备份链路问题），经 ASI 切换器后送入中七频点发射机。节传链路如图 4–60 所示。

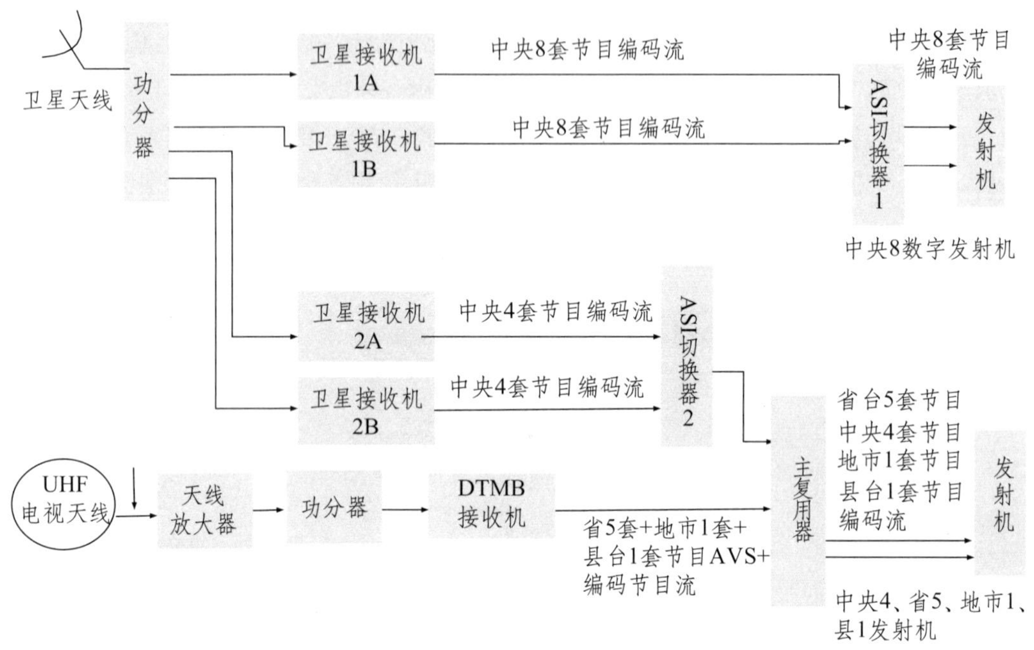


图 4–60　采用卫星 + 无线差转方式

### 4.4.7 仅采用卫星方式

非骨干台中光纤链路未通达且收不到本州市骨干台无线信号的，仅采用卫星接收 12 套中央电视节目。节传链路如图 4–61 所示。

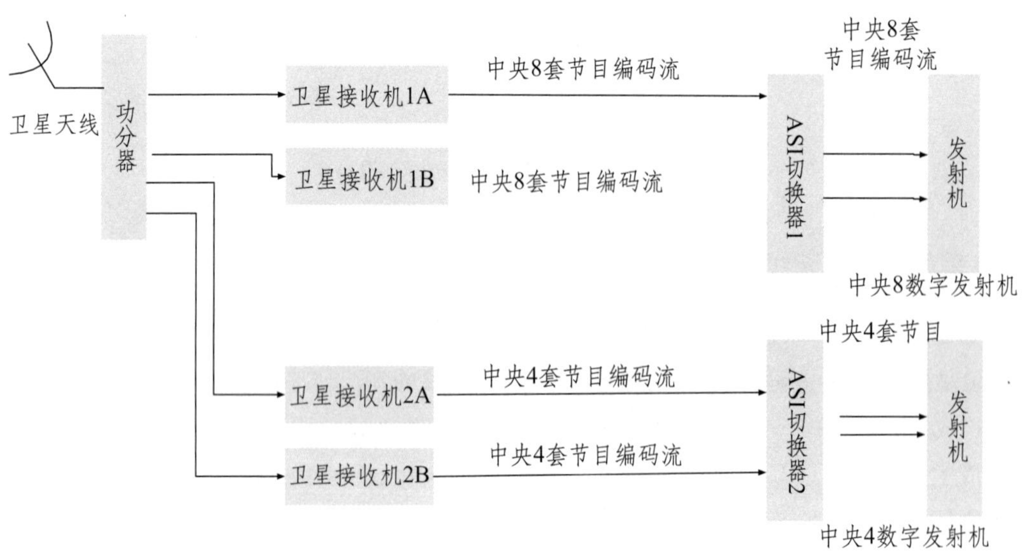


图 4–61　采用卫星节传方式

# 4.5 公网传输探讨

据统计，到 2015 年年底，我国有超过 50% 的人口使用宽带互联网，互联网应用已非常普及。同时互联网基础设施也在不断升级。宽带发展联盟发布的最新报告《中国宽带速率状况报告》显示，2016 年第二季度，我国固定宽带网络平均下载速率同比 2016 年第一季度提升 10.7%，达到 10.47Mbit/s，突破 10Mbit/s 大关。从区域情况看，全国有 16 个省级行政区域的平均下载速率已率先超过 10Mbit/s，占所有省级行政区的一半以上，其中上海和北京已经超过了 12Mbit/s。随着全国各地宽带网速纷纷“撞线”10Mbit /s，我国的宽带网速已经迎来“10M 时代”。

以前传统媒体的视频传输主要依靠卫星、光缆、微波等传统手段，长距离传输普遍使用专线形式。这些传输方式最大的特点就是可靠性强，安全稳定。但是这些传输手段也有一些弊端，带宽利用率低，成本居高不下。随着网络建设的发展和传输纠错技术的进步，利用通信互联网传输低压缩视频逐渐成为现实。目前新媒体覆盖分发在公网传输低码率视频方面已经积累了很多经验。

公网传输系统系统的业务特点：以互联网数据为主；传输可靠性要求不高，传输延迟不确定；数据流量特点：下行数据量为主；业务流量潮汐现象严重，实际网络利用率不高；在数据量大的时候，无法真正保证重点用户优先级；大部分用户处于待机状态。

根据公网传输的业务特点，那么公网传输低压缩、高码率视频是否可行？安全性、稳定性如何？什么产品和技术在公网传输中更适合？什么样的系统构建形式最优？本节对以上问题，结合地面数字电视传输的实际需求，进行了相关的测试、实验、总结与探究。

## 4.5.1 公网传输技术需求

技术规划目标：根据技术发展的趋势，湖南广播电视台正在积极研究整体技术架构的升级，公网传输及云技术应用已在规划之中。公网传输实验项目也是电视台整体架构升级的一个过程和步骤。因此项目需要考虑能在不远的将来实现与云平台的对接。

实验范围：公网传输实验系统计划应用于省内地面数字电视系统备份信源的传输，地面数字电视系统选取 3 个传输目的地。

实验测试类型：有线网络实验主要用于测试，观察，收集数据，为之后的布局和决策提供数据，因此，使用纯公网形式；地面数字电视目前实时直播，实验点信源备份不足，需要随时用到此路信源播出，对网络传输的稳定性要求高，宜采用“公网 +CDN 网络”形式传输。

公网传输湖南省地面数字电视信源试验平台：

湖南省地面数字电视发射台布局概况，测试点，测试情况，需求特点。

## 4.5.2 SRT 公网传输技术介绍

SRT 是 Secure Reliable Transport 的缩写，意为安全可靠的传输，是一种在公共互联网中传输高品质且安全稳定可靠的视频的传输技术。

Secure | 安全：加密的视频流媒体。

Reliable | 可靠：恢复机制应对严重的网络丢包。

Transport | 传输：网络状况感知，终端动态调整。

**1.SRT 的技术特点**

SRT 是能够优化流媒体呈现性能的传输技术，特别是在网络质量不可靠的 Internet。网络丢包和抖动存在于几乎所有的网络连接。同时，通过 Internet 能够随时实现的网络连接，也会由于网络的拥堵而造成带宽的波动。

SRT 在实时的网络状况下提供端到端的安全性、弹性以及动态的终端调整，从而能够时时刻刻地推送最佳的视频质量。

SRT 作为视频流媒体工作流程的一部分，被应用于内容生成和分发终端之间。在编码（或转码）之后，SRT 运用加密并且提供错误补偿。在解码（或转码）之前，SRT 解密视频流并且从 Internet 连接的典型的丢包中启用恢复机制。同时，SRT 检测编码 / 解码 / 转码终端之间的实时网络性能；为最优化的性能和质量动态的调整终端。

**2.SRT 采用 UDP 协议**

UDP 是 OSI 参考模型中一种无连接的传输层协议，它主要用于不要求分组顺序到达的传输中，分组传输顺序的检查与排序由应用层完成 ，提供面向事务的简单不可靠信息传送服务。UDP 协议基本上是 IP 协议与上层协议的接口。UDP 协议适用端口分别运行在同一台设备上的多个应用程序。

UDP 提供了无连接通信，且不对传送数据包进行可靠性保证，适合于一次传输少量数据，UDP 传输的可靠性由应用层负责。

SRT 在传输层采用了 UDP 协议，对于对实时性要求较高的实时 I/O 数据，采用 UDP/IP 协议来传送，这时可以获得 UDP 的如下几个好处。它不属于连接型协议，因而具有资源消耗小，处理速度快的优点，所以通常音频、视频和普通数据在传送时使用 UDP 较多。

（1）数据发送前不用建立连接，减少开销和延迟，这一点控制系统来说是非常重要的。

（2）UDP 没有采用可靠交付，数据收发双方不用维护很多的用于记录连接状态的表。

（3）UDP 数据报首部很短，只有 8 字节，处理方便。

（4）UDP 取消了拥塞控制，所以发送方不会降低发送速度，在实时应用上非常重要。

**3.SRT 成本节约与灵活性**

SRT 提供了显著的经营灵活性和成本节约，相较于卫星或专用 (MPLS) 网络基础设施。借助于 SRT，我们可以实现：

尽管 Internet 连接的网络质量并不可靠，还是能够从任何地点流畅传输现场活动；

在网络丢包和抖动的情况下，仍然能够通过相应的补偿恢复机制传输无马赛克的高质量视频；

无需专用的网络配置也可以监测远程设施的视频，避免了漫长的前置准备时间以及昂贵的年度合约；

增加你的节目内容而无需卫星链接，包括高昂的按小时计的费用。

SRT 作为端到端解决方案的传输层技术，最初被应用在 Makito X 系列编码器和解码器中，在点对点的应用场景中实现高质量的、低成本的视频传输。

### 4.5.3 SRT 公网传输设备介绍

**1．Makito X 系列编码器和解码器**

极致编码 Makito ™ X 系列的 H.264 编码器和解码器提供了一个经过实际客户验证的完整的端到端视频解决方案，可信、安全和可靠并带有成熟的技术特性集。作为一个完整的产品系列，Makito X 解决最苛刻的编码和视频分发的需求。无论是作为独立的设备或者是插入机架式机箱的迷你型刀片，Makito X 编码器 / 解码器都有非常出色的集成度，在一个 1U 机架内能够支持高达 12 路 1080p60 输入或输出。

(1) 最佳质量

为了在网络上最大化提升视频质量，Makito X 编码器支持 H.264 High Profile 编码。在低带宽的环境下表现卓越，与其他的编码器相比较，Makito X 编码器提供两倍的图像质量或者使用一半的带宽。与 Makito X 解码器匹配，可提供端到端的极致低延时；Makito X 在 2Mbps 带宽内提供接近原始质量的图像。Makito X 是视频分发的理想选择，用于连接不同的场所或支持远程视频内容生成，提供基于卫星连接和互联网上的高性能完美视频。

(2) 强大特性

借助于每块板卡上高达 2 路输入和 4 个编码引擎，Makito X 将 Makito 系列旨在应对最严格视频应用的优良传统发扬光大。在低带宽下出色的图像质量，行业内最低的端到端时延，这些都使得 Makito X 系列平台成为广播应用的理想之选。同时结合对 KLV 和 CoT 元数据的支持使得 Makito X 平台适合用于政府和军方的全动态影像（FMV）。此外，集成特性例如快照、标志插入、Selective Mute ™、Talkback 和强大的控制接口被用于医疗应用。多码率（MBR）编码到单播、组播和 RTMP 使得管理员能够直接将许多独特的视频流推送到特定的桌面以及移动网络上的观众、机顶盒、录制设备和互联网上。

(3) 综合解决方案

设计了独特的集成技术以支持端到端的视频应用场景。Makito X 平台包含了安全可靠传输（SRT）技术，使视频能够在低成本的互联网连接上分发；AES 加密和前向纠错（FEC）则用于 Furnace IPTV 系统以及 CoolSign 数字标牌系统中可控媒体的分发推送。

Makito X 系列包括单路 HD–SDI，双路 HD–SDI，DVI/ 分量接口的编码器、适用于恶劣环境的单路或双路编码器以及 Makito X 双路 HD–SDI 解码器。

**2．Media Gateway 视频流网络桥接设备**

Media Gateway 作为视频基础设施之间的桥接设备，一方面用于分发实时视频到多个目的地，另一方面能够从多个远程位置汇聚实时视频。借助于 SRT (Secure Reliable Transport，安全、可靠、传输 ), Media Gateway 是在公网及私有网络上传输高质量、安全的实时视频的理想之选。

（1）SRT 作为核心技术

Media Gateway 的核心技术为 SRT。SRT 传输技术优化在不可靠网络—例如互联网上的实时视频传输，在面对丢包、网络抖动、延时以及带宽波动的情况下，确保视频传输的质量。在实时视频传输中，Media Gateway 和 SRT 利用互联网作为桥接不同设施的方式，对比于卫星或定制网络设施，提供显著的操作灵活性和成本节约。

（2）视频流的转换

考虑到在公网上利用 SRT 进行实时视频分发而在企业内网中使用 TS 来推送，Media Gateway 能够转换 SRT 和 TS（标准 MPEG 传输流）的视频流为 TS 或 SRT。

（4）SRT 视频流的汇聚和复制

无论是从多个异地制作场所获取实时视频内容到中央控制室，还是分发一场实时的全体员工大会到纽约、伦敦、旧金山和北京的办公室，Media Gateway 汇聚和复制 SRT 视频流的独特能力使你能够在几乎任何网络上传送高质量、安全的实时视频。

（4）视频流的管理

基于对来源和目的地的配置，Media Gateway 使管理员能够轻松地建立、管理和监测视频流的路由，提供工具来支持不断变化的环境。

## 4.5.4 基于 IP 流的省内公网传输测试

**1．湖南电视台机房至益阳发射台和湘西古丈发射台的公网传输测试**

在湖南广电大楼 6 楼部署 Makito X 编码器，并接入 SDI 播出信号，图 4–62 将 Makito X 解码器分别带到益阳、古丈两个高山台，接收长沙的湖南广电大楼的播出信号。湖南广电大楼的 Makito X 编码器端配置在映射有公网 IP 的网络上，益阳和古丈的 Makito X 解码器是 DHCP 网络接入，从 Makito X 编码器端拉流。

Makito X 编码器分别接入了湖南卫视 HD 和湖南经视 HD 的播出 SDI 信号，如图 4–63。

**2．公网传输的网络图**

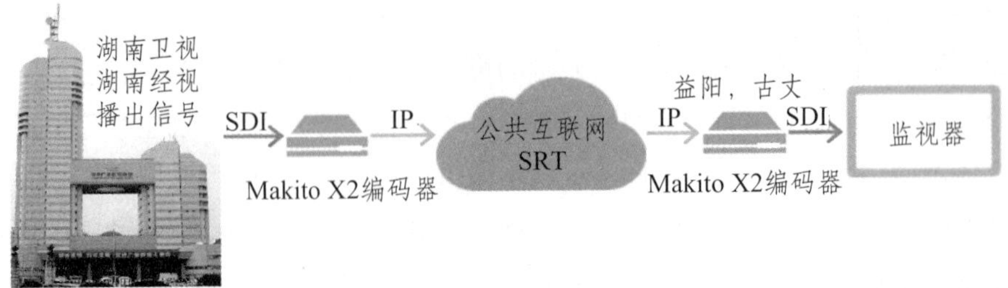


图 4–62 益阳、古丈公网测试信号流程图

**3．测试结果总结**

（1）益阳发射台的测试结果

益阳接收端能够流畅的接收，并且稳定可靠，最高达 10Mbps。

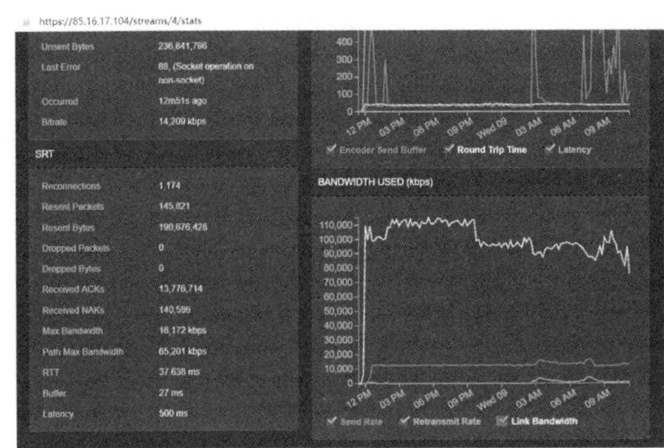


图 4–63　湖南经视节目监测 24 小时截图

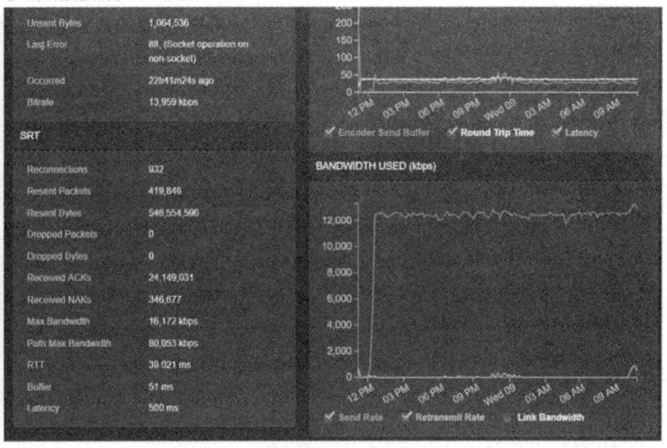


图 4–64　湖南卫视节目监测 24 小时截图

图 4–64 从湖南经视和湖南卫视节目监测 24 小时（12：00pm—12：00am）来看，益阳接收端能够流畅的接收，并且稳定可靠，最高达 10Mbps。通过了解和笔记本实际测网速，得知，益阳发射台的网络带宽是包年的普通数据带宽，带宽为 50Mbps, 而且带宽整体非常平稳，上下波动不大。这条网络线并不是网络专线，这条带宽是与很多会员共享资源。50Mbps>>10Mbps, 所以信号传输安全优质。可以推荐有此种网络条件的电视发射台可以采用公网传输节目信号源，作为节目信源的备路。

（2）古丈发射台测试结果

在古丈发射台接收端信号一直有马赛克，信号解码不流畅，从 5 分钟的数据监测画面如图 4–65 可以看出来，接收端的码率一直不稳，有时码率处于尖峰 2.6Mbps，有时码率跌落谷底为 0，波动幅度太大。我的节目流的码率是 8Mbps。所以信号在收端不能完全接收，节目丢包非常严重。虽然古丈发射台的网络带宽为普通线路，带宽是 50Mbps, 但是经过笔记本网络测试，发现此网络下载速度波动非常大，锯齿波很严重，有时码率处于尖峰 40Mbps，有时码率跌落谷底为 0，网络带宽资源比较差。所以网络条件差的发射台并不推荐使用公网传输。

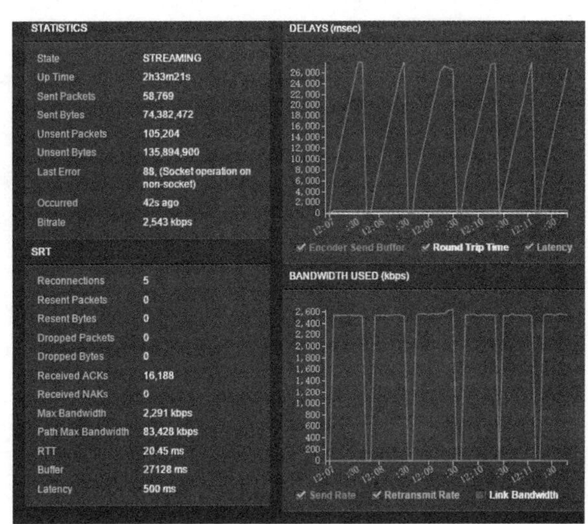


图 4–65　湖南卫视节目监测 5 分钟截图

### 4.5.5 基于 IP 流的国际公网传输测试

Media Gateway 配置在 1Gbps 带宽出口的相关外网中，使用 172.18.1.5 映射到 42.48.85.45 的公网 IP 地址上。湖南广电大楼 6 楼分别提供了 H.264 UDP MPTS 和 AVS+ UDP MPTS 两路信号，分别以组播的 IP 地址进入到 Media Gateway，Media Gateway 将其转为 SRT 通过公网传输，将 Makito X Decoder 分别接入到不同的网络里，从 Media Gateway 接收 SRT 流转为 UDP TS 输出，分别用 Ericsson H.264 解码器和 Kuvision AVS+ 解码器解码接收到的 UDP TS.

异地测试以图 4–66 的湖南广电大楼 6 楼为信源点，分别做了以下链路的测试：

1. 广电大楼 6 楼的几个不同的网络之间的测试：科管网，台办网，以及电信 30 专线；

2. 从广电大楼 6 楼的科管网绕行海外的新加坡、东京、悉尼的 Media Gateway（AWS）再回传到台办网之间的测试。

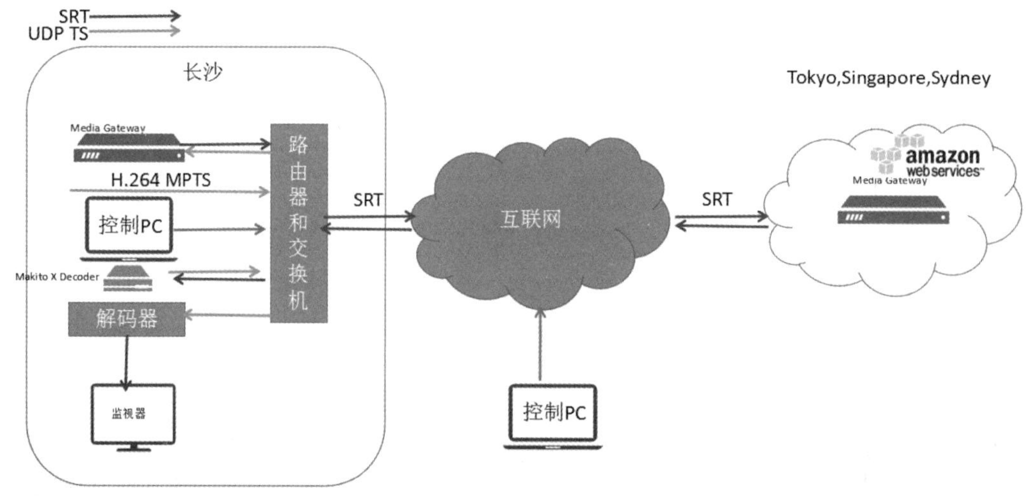


图 4–66　国际公网传输测试信号流程图

测试结果：

1. 广电大楼 6 楼的几个不同的网络之间的传输测试流畅，并且：

Ericsson 解码器能够顺利的解码接收到的 H.264 UDP MPTS（如图 4–67），并且能够解复用，自由地选择每一个 channel；

Kuvision 解码器能够顺利的解码接收到的 AVS+ UDP MPTS（如图 4–68），并且能够解复用，自由地选择每一个 channel；

以上两点验证了 Media Gateway 可以将各种标准的 UDP TS 和 SRT 之间互相转换，无关编码格式和 TS 数据信息。

2. 从广电大楼 6 楼的科管网绕行海外的新加坡、东京、悉尼的 Media Gateway（AWS）再回传到台办网之间的测试如下：

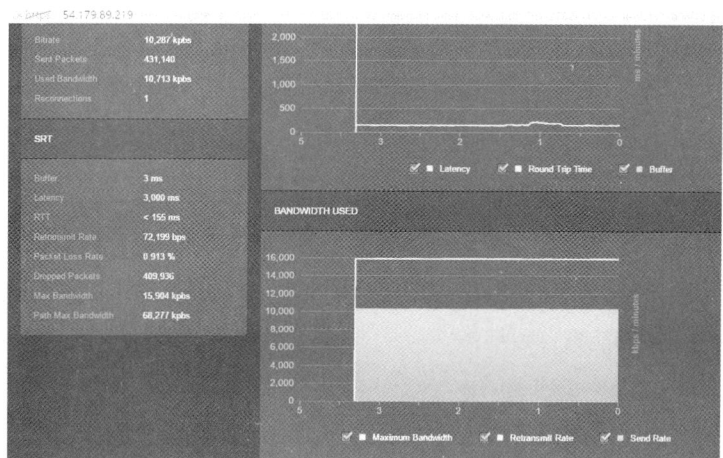


图 4–67　10Mbps H.264 MPTS SD Singapore to Changsha over SRT

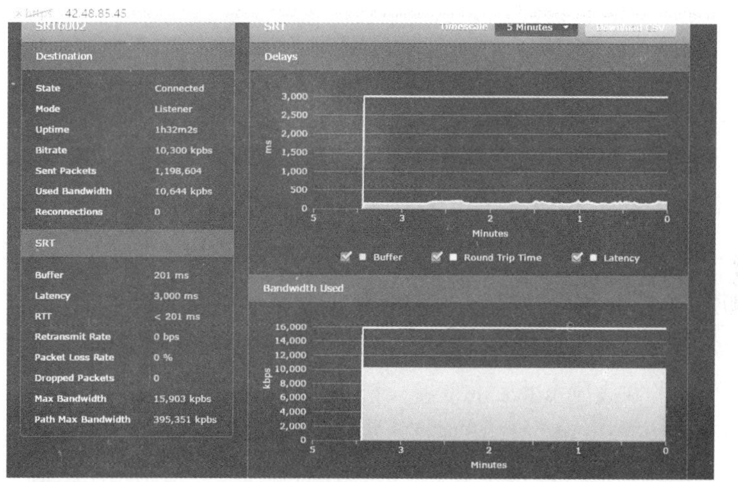


图 4–68　10Mbps AVS+ MPTS HD Singapore to Changsha over SRT

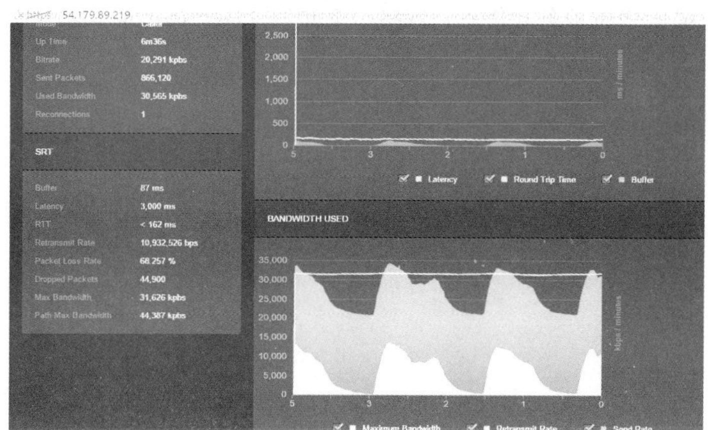


图 4–69　30Mbps AVS+ MPTS HD Singapore to Changsha over SRT

以上测试简单验证了 SRT 在跨国传输方面的能力（如图 4–69），从科管网到海外的传输基本稳定可靠，从海外回传，H.264 UDP MPTS(10Mbps 左右 ) 比较稳定，AVS+ UDP MPTS(30Mbps 左右 ) 就比较困难。

### 4.5.6 公网测试总结

针对某公司 SRT 公网传输技术，分别做了 MakitoX 系列编码器和解码器以及视频流网络桥接设备 Media Gateway 综合测试，在不同的网络、不同的地理位置、不同的时间，充分验证了 SRT 传输技术的能力，包括：

紧凑便携的 MakitoX 系列编码器和解码器用于 SDI 信号处理，将 SDI 信号编码为高质量的 H.264 SRT IP 流通过公网传输；

Media Gateway 用于标准的 UDP TS 和 SRT 协议之间的互相无损转换，以及 SRT/UDP 流的汇聚和多点分发，实现 N+M 点的公网传输；

Media Gateway 完全兼容第三方编码器 / 复用器以及第三方解码器 / 解复用器的标准 UDP TS 流，无论是 H.264, 还是 AVS+,HEVC, 无论是 SPTS 还是 MPTS，都能够处理为 SRT 流通过公网上面传输，在收发端的上下行带宽和路径链路有足够的带宽保证的情况下，具备替代传统内网专线和卫星传输的能力，为客户节省了传输链路的租用成本。SRT 传输技术，在公共网络中传输稳定可靠的视频能力在本次测试中得到了体现和认可。SRT 传输技术适用于独享网络接入或者有 QoS 保证的网络接入条件，无论是点对点传输，还是 N 点对 M 点网状传输，都需要接收端和发送端提供独享的稳定的互联网接入环境，即在比较可靠稳定的网络中传输稳定可靠的高品质视频，相对于传统的成本高昂的卫星链路和点对点专线链路，SRT 传输技术所需的网络成本非常的低廉，帮助客户节省了传输成本，并且部署灵活。

因为 SRT 在传输层采用了 UDP 协议，在网络质量令人十分不满意的环境下，UDP 协议数据包丢失会比较严重。例如在古丈发射台公网测试时，由于古丈发射台机房申请的公共网络带宽速率波动浮动比较大，在收端接收到的数据包有丢失现象，产生马赛克，不适合公网传输。如果网络质量条件优质，网络带宽充足，而且网络波动不大，可以考虑使用公网传输，比如益阳电视发射台可以考虑使用公网传输节目信号流。公网传输成本较低，相对于专网传输，价格优势非常明显，如果传输质量能够达到广播级水平，公网传输优势明显，是以后传输发展的趋势，将对未来传输格局产生较为深远的影响。

# 第 5 章　地面数字电视发射系统

地面模拟无线电视要实现一套电视节目大区域覆盖时，往往单一台站无法满足覆盖要求，必须依靠多个台站，且采用多个不同的频率完成覆盖，这就是无线电视信号覆盖多频网（MFN）覆盖模式。对于地面数字无线电视系统而言，除传统的多频网（MFN）外，DTMB 地面系统优异的抗多径干扰性能使其具备了更简洁的单频网（SFN）组网能力，单频网（SFN）即多个台站同时使用同一频率完成相同节目流的覆盖。规划建设地面数字电视覆盖网时，组网方式可以在多频网和单频网两种中选择。多频网（MFN）建设规划复杂程度低，组网建设不受限制；地面数字电视单频网（SFN），一方面极大地节省了地面电视广播频谱资源；另一方面，通过组网确保地面数字电视信号能量均匀地分布在整个网络，从而提升网络整体的覆盖质量。DTMB 地面数字电视广播多频网（MFN）、单频网（SFN）还都可以提供地面数字电视移动接收业务。地面数字电视覆盖网络可根据数字电视业务的不同特点和覆盖要求，灵活采用以单频网（SFN）和多频网（MFN）相互补充的混合组网方式来构建地面数字电视广播系统。

本章详细介绍了地面数字电视发射系统的重要组成部分，包括液冷数字发射机、桥式结构多工器 、各种馈管、电视发射常用天线；介绍了单频网的组网技术，对单频网规划组建调试等进行了指导性分析；以湖南省地面数字电视建设为实例，介绍地面数字电视多频网与单频网发射技术，发射机日常维护保养技术要点。

## 5.1 地面数字电视发射系统组网

### 5.1.1 多频网概述

多频网是指不同区域的发射机使用不同的射频频道发送独立节目的广播电视网络。因为多频网组网和建设相对灵活而且容易移植，不存在同频段的发射机因为时延不同带来干扰，所以系统地接收终端设计也就相对简单。多频组网建设毋须考虑频谱的干扰，不需要全局组网的统筹规划，因而多频组网构建十分容易。当今社会，通信技术高度发展，无线频率资源极其宝贵，如果多个台站发射相同数字电视节目，相邻近的发射频道不能互相干扰，多频网需要占用较多的无线电视发射频道。相比于单频网，多频网占用的频率资源要远远大于单频网，这是多频网最大的缺点。

### 5.1.2 地面数字电视多频网采用新型大功率液冷数字发射机

多频网组网依靠多个独立数字电视发射台站，发射不同频道的数字电视信号，台站为了扩大覆盖范围、消除覆盖盲区，往往采用大功率发射机进行覆盖。

数字电视发射机都采用全固态电视功率放大器组合，就其放大器冷却方式分为风冷和液冷两种。由于风冷发射机散热的效率低、噪声大，再加上各地高山发射台站大多处在高海拔的山上，空气湿度大，空气中杂含水汽容易引起功放器件锈蚀引发电路故障，所以风冷发射机不适合高山发射台工作。地面数字电视大功率多频组网建设时，选择使用新型液冷大功率数字电视发射机是不错的选择。

新型液冷数字电视发射机采用新型防冻冷却液，普遍使用去矿物质的单乙烯、乙二醇(1,2—乙烷二醇)和水的混合物，呈微碱性，PH值一般在7.8～8.3之间，它的冰点在-30℃，具有导热快的优点，能满足高效散热的要求，低冰点特性满足南方冬季防冻需求。现代液冷数字电视发射机冷却液体在整个循环中全封闭，不与外部空气接触，不会发生冷却液体氧化，也避免与外界污染接触，导热性能可以一直保持稳定。

新型液冷数字电视发射机采用创新的高效功放管，输出功率大，进一步降低能耗，提高整机能量转换效率。

新型液冷数字电视发射机采用IP监控回传技术，实现发射机远程检测，数据回传。加强发射管理部门对发射信号内容以及信号质量的管理，可以有效防止安全播出事故的发生。

### 5.1.3 地面数字电视多频大功率发射系统的基本组成

地面数字电视多频网根据本地节目覆盖数量需要来规划频道，每个发射台站采用双数字电视发射机双频道配置，两个频道的数字电视信号采用桥式多工器合成，通过共用发射天馈方式发射。其基本构成见图5–1。

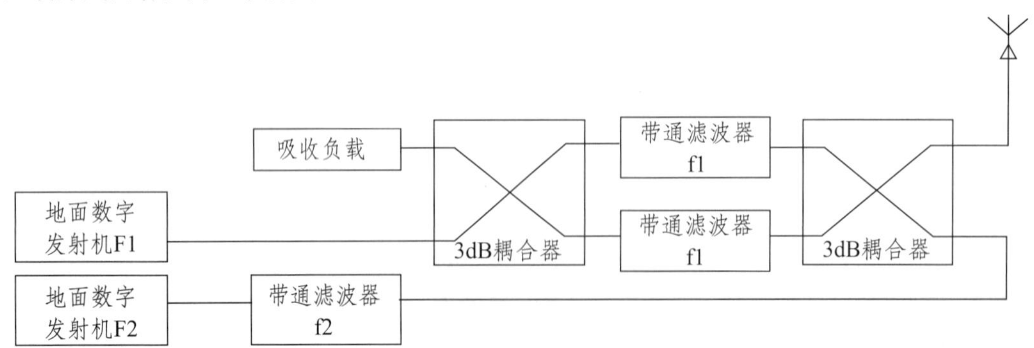


图5–1　多频网双发射机构成方框图

地面数字电视大功率多频网系统由液冷大功率数字电视发射机、多工器、馈管、发射天线等部分组成。

本章5.2～5.5节重点介绍液冷大功率数字电视发射机与多工器、馈管、天线。

### 5.1.4 单频网概述

单频网（SFN：Single Frequency Network）是指由多个位于不同地点、处于同步状态的发射机组成的地面数字电视覆盖网络，网络中的各个发射机以相同的频率、在相同的时刻发射相同的（码流）已调射频信号（比特），以实现对特定服务区的可靠覆盖。

同频率、同比特、同时延是构建单频网的充分必要条件。同频率指不同的发射机发射频率相同，通常通过引入GPS基准时钟同步本振源从而控制发射频率；同比特，指同一时刻发射的内容一样；同时延指不同源的信号到达接收终端的时延控制在机顶盒允许的保护间隔内。

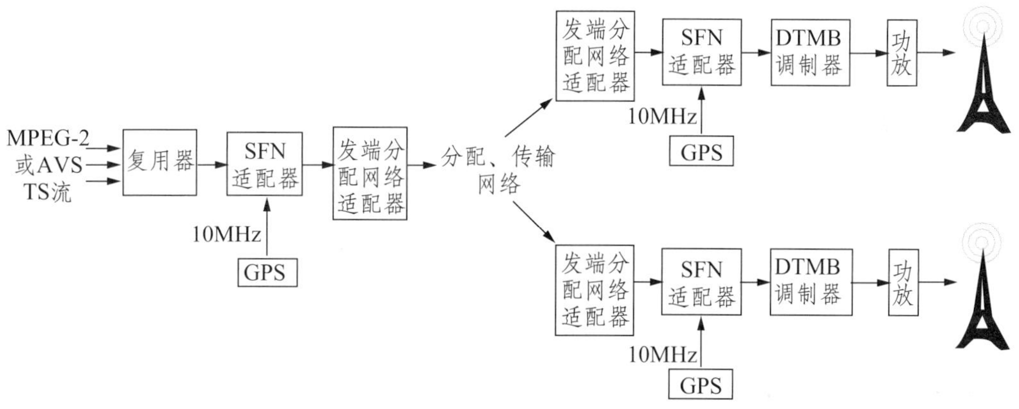


图5–2　单频网原理图

单频网的优点：(1) 有利于频率规划：在我国空间频谱资源紧张的情况下，可以大大节约宝贵的频率资源，提高频谱利用率。(2) 由于无线电信号本身的特性，在高楼林立的城市或丘陵山地环境中，无论单个数字电视发射站点的发射功率多大都会有很多信号覆盖不到的区域，这些覆盖不到的区域被称作覆盖盲区或盲点，单频网则可通过多点同频发射的办法来解决覆盖盲区问题，获得较好的覆盖率。(3) 单频网技术还可降低组网成本；通过优化和调整单频网发射网络（基站数量、分布、发射天线高度、发射功率等），可以使用多个较小功率发射机代替一个大功率发射机，以降低信号辐射、减少电磁波污染、增强覆盖均匀度，也可以根据需要随时改变覆盖意图。

在实际组网中，往往在同一基站通过多路合波或小信号通过混合放大送同一天馈系统同时发射多个频道的信号，这种每个频点的信号处理都基于SFN核心技术多频道发射叫多频道单频网发射系统（M–SFN）。

构建SFN网络或M–SFN网，同比特是关键，要求在信号适配和码流同步的过程中实现“透传”，做到不随意增加一个不同字符或空包。

交叉覆盖区的总时延同步是构建SFN网络或M–SFN网的难点，在基站规划阶段应尽量避免3个以上基站的交叉重复覆盖或2个基站越过2基站相邻区域的大面积交叉重复覆盖。

实际工程总时延同步的实现可通过控制进入发射机的码流信号同步和接收终端接收发

射机发出的空中射频信号的时延来同步交叉覆盖区的总时延。码流时延差是码流在处理或传输过程中产生的，射频时延差是射频信号在空间传播过程中因达到接收端空间距离不一样而产生的时延差。

### 5.1.5 码流同步与射频时延同步

**1. 码流时延同步技术**

图 5–3 为 DTMB 配套性标准 GY/T 236–2008《地面数字电视广播传输系统实施指南》(以下简称《指南》) 中 DTMB 的 SFN 网络结构示意图。

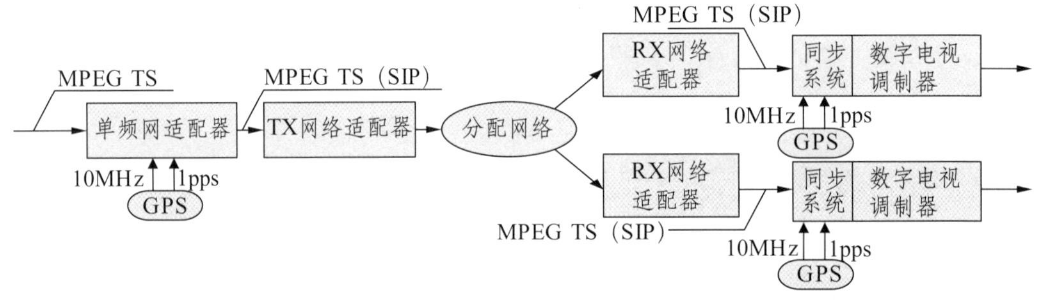


图 5–3　地面数字电视 SFN 结构示意图

该方式是通过把来自复用器的 TS 码流首先送入 SFN 适配器进行适配 (如图 5–3)，完成码流适配和秒帧初始化包 (SIP) 插入，适配后形成包含秒帧初始化包的 TS 流分配网络送到各个发射台，经各发射台的调制器进行时钟同步处理，再完成信道编码、上变频成射频信号进行发射。在地面数字电视 SFN 的构建过程中，需要依赖全球定位系统 (GPS：Global Positioning System) 来完成各个发射点信号的同步，也可以由其他时间同步系统提供同步时钟。

时间同步主要调节调制器的发射时延，根据接收到的 MPEG–TS 中的 SIP 包分析时间信息，计算出由主站信号到该发射台的码流传输时间，由此时间各发射台可以调整各自的时延，从而达到一起发送信号的目的。

这种构建形成 SFN 的关键设备是 SFN 适配器。图 5–4 为地面数字电视 SFN 适配器框图。

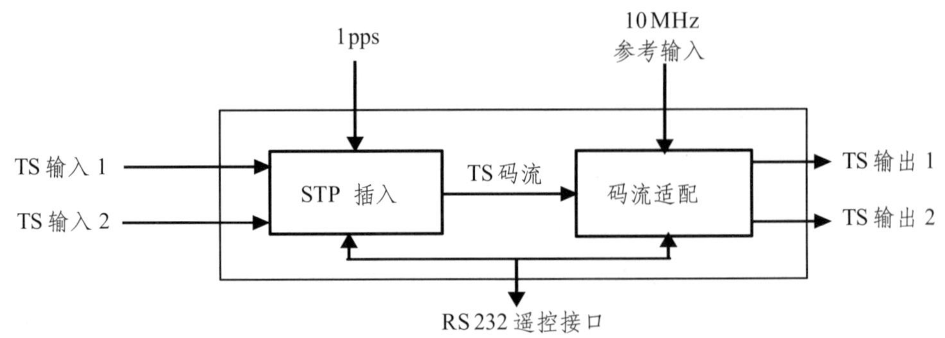


图 5–4　地面数字电视 SFN 适配器框图

DTMB的SFN适配器主要对系统的各项参数进行设定；其中包括帧头模式、单/多载波、工作模式、净码率、交织深度、帧头功率加倍、双导频、频谱翻转等，这些参数将随着有效数据包一起传输给调制器作为调制器自动设定工作模式的依据，但不对各发射点的发射频率、功率等射频参数进行设置。

**2. 射频时延同步技术**

射频（RF）时延同步技术（RFST）是特别针对近期国内新兴的M–SFN组网模式进行RF信号同步技术，其通过SFN射频适配器，运用RF信号的传输链路对M–SFN中含有多个物理频道的宽带射频信号的进行时延精确调整。SFN射频适配器的输入输出的频率完全一致，完全排除了内部本振频率偏差对系统造成的影响。传输链路中信号传输无需依靠GPS信号作为基准，也不需要在各个节点进行单频道信道处理（调制映射、SFN适配）、上变频、射频单频道功率放大后再进行大功率合成后发射。所有节点和传输链路中都使用同一路的含有多个物理频道宽带射频信号（FM），因此在整个覆盖网络中不存在频率偏差。系统链路中所有设备的固有时延（Ta）还可以作为一个常量，通过SFN射频适配器的附加延时微调来补偿，保证了各节点的时延调整精确。图5–5为SFN射频时延同步技术原理框图。

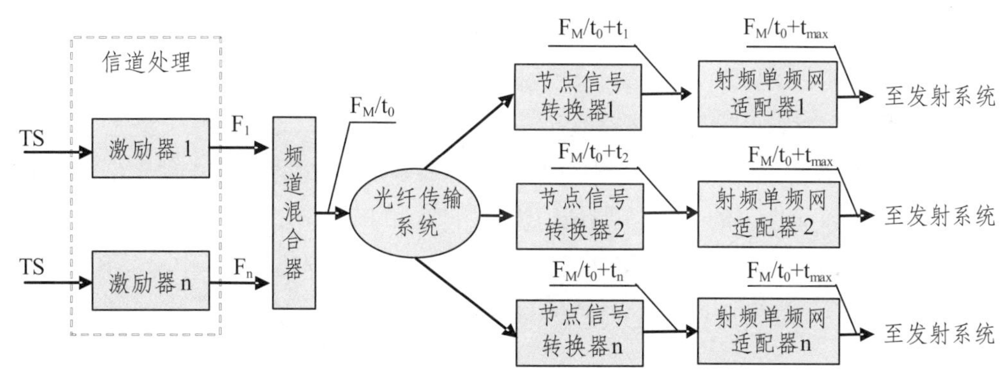


图5–5 SFN射频时延同步技术原理框图

FM为宽带RF信号，可经信号传输链路送至M–SFN系统的各节点信号转换器，经信号转换后，接各节点的SFN射频适配器调整相应的射频输入信号的时延，再经各节点的宽带发射机对含有n个物理频道的宽带射频信号FM进行功率放大后发射。各节点链路传输距离不同，射频信号在链路传输时延不同，在各节点的信号转换器上恢复出各节点的不同传输时延 $t_0$、$t_1$……$t_n$，宽带射频信号记着FM / $t_0+t_1$、FM / $t_0+t_2$……FM / $t_0+t_n$。其中 $t_0$ 为初始时间。$t_0$、$t_1$……$t_n$ 中的最大值为 $t_{max}$。综上所述，各节点的SFN射频适配器输入宽带射频信号FM / $t_0+t_n$，其附加信号时延为 $t_{max}-t_n$，输出宽带射频信号FM / $t_{max}+t_0$。

SFN射频适配器结构包括上下变频滤波模块、基准时钟、中频增益控制模块，还有可编程模块、高速模数及数模转换模块。图 5–6 为射频 SFN 适配器工作流程图。

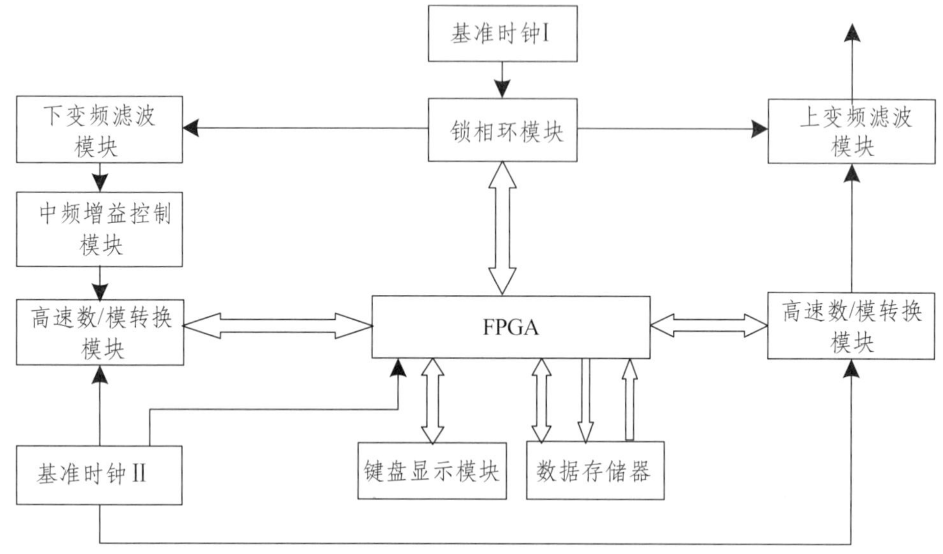


图 5–6　射频 SFN 适配器工作流程图

**3. M–SFN 的组网基本构建**

为适应国内农村用户对收看 20 余套甚至 40 余套数字电视的需求，在一个省域范围内，在频率资源极其稀缺的现实面前，基于 SFN 核心技术采用 M–SFN 组网不失为构建大规模、高覆盖率地面数字电视网络可行技术路线。

M–SFN 是由多个位于不同地点、处于同步状态的多频道发射机组成的数字电视覆盖网络；同一组频率（2 个以上的频道），时域同步采用 TS 和 RF 的不同调整方式，以接近相同时刻发射相同的信号，实现对特定服务区的可靠覆盖。图 5–7 为 M–SFN 中采用 RF 调整时延的结构示意图。

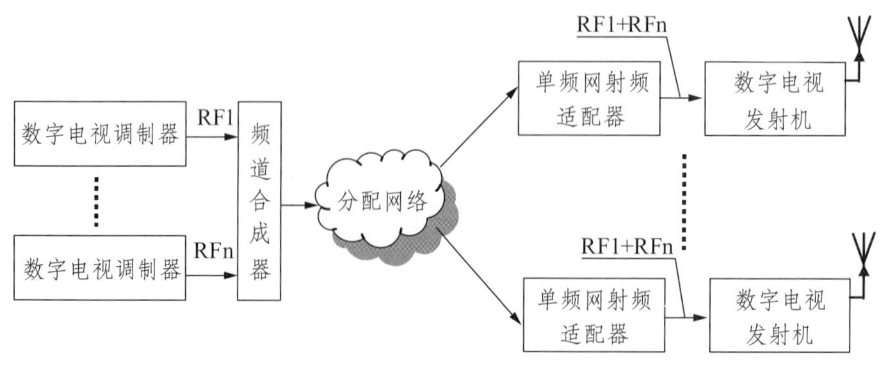


图 5–7　M–SFN 中采用 RF 调整时延的结构示意图

# 5.2 液冷数字电视发射机

地面数字电视信源 AVS+ TS 清流包含图像、伴音信息。激励器对 TS 清流进行 DTMB 信道编码，然后调制在载波上，再经功率放大、滤波，多频道多工以后输出至天线。数字电视发射机整机主要由激励器、功率放大器、功率分配器、功率合成器、滤波器、发射机集中控制系统、供电系统、循环冷却系统等多部分组成。

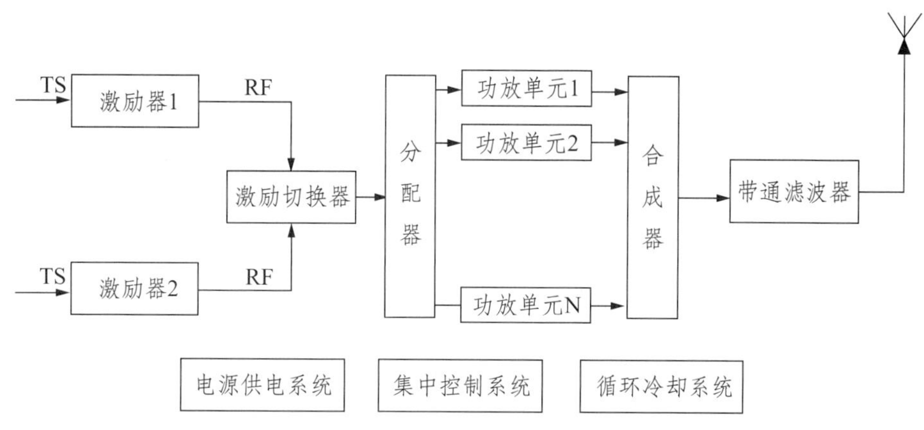


图 5–8　液冷数字发射机构成方框图

数字电视发射机都采用全固态电视功率放大器组合，图 5–8 为新型液冷数字电视发射机采用新型防冻冷却液，具有导热快的优点，能满足高效散热的要求，低冰点特性满足南方冬季防冻需求。现代液冷数字电视发射机冷却液体在整个循环中全封闭，不与外部空气接触，不会发生冷却液体氧化，也避免与外界污染接触，导热性能可以一直保持稳定。

## 5.2.1 液冷数字电视发射机整机

根据地面数字电视大功率多频组网覆盖规划，液冷数字电视发射机整机性能要达到以下具体要求：

1. 数字发射机必须符合现行国家标准：地面数字发射标准 GB/T 26681–2011，如表 5–1、表 5–2 所列。

2. 发射机电源输入应满足 3 相 4 线交流 380V ± 10%，50Hz。供电电源具有防浪涌、过压保护与缺相保护功能及雷击保护装置。设备不受断电的影响保存设置参数，在断电恢复后，可调用断电前的配置参数，自动恢复工作。

3. 发射机工作频率

（1）VHF 频段 167 ~ 223MHz 频段内设置任意电视频道工作。

（2）UHF 频段 470 ~ 860MHz 频段内设置任意电视频道工作。

4. 发射机要求具有低故障率、高安全级别和完善的保护措施等特性，能适应高山台气候变异、温差较大、雷击等恶劣环境。

5. 发射机采用双激励器配置。主、备激励器既能实现故障自动倒换，又能通过手动切换。主、备激励器自动切换时间小于 10 秒。

规定在以下两种情况下进行输入信号或主备激励器之间的自动热冗余切换：1. 输入信号丢失或输入信号与当前调制模式不匹配（码流溢出），输入信号源进行自动热冗余切换；2. 激励器状态异常或者激励器无信号输出，进行主备激励器之间的自动热冗余切换。

6. 激励器具有自动数字预校正功能，对由功率放大器引起的非线性失真进行补偿。

7. 激励器支持单 / 多频网两种工作模式，工作模式参数设定方便。

8. 具有多种调制方式的转换功能。激励器与发射机相互检测自动调整发射功率。

9. 液冷发射机冷却系统，采用闭循环液冷方式，水泵单元、热交换器、配套防冻冷却液及管件应采用知名品牌材料，并具有足够的冗余度，具备故障报警和保护功能。

10. 发射机整机效率高，达到高效节能的目的。

11. 发射机有好的线性、高的频率精度和稳定度、较低的相位噪声，保证较低数字的误码率和信噪比。

12. 当发射机控制器探测到射频输出功率、反射功率、液体状态（温度、流量、压力）异常时，发射机具备自动关闭系统进行保护的能力。当功放单元探测到输出、反射、电压、温度等异常时，功放单元具备自动保护功能，发射机驻波比（VSWR）不大于 1.3 时可正常运行。

13. 发射机具备自动与手动控制功能，在自动控制失效情况下可手动控制。

14. 具有本地控制、面板集中检测，实行自动检测发射机各项工作参数。

15. 发射机可通过 SNMP 协议计算机远程控制，允许遥控开关机及工作状态检测、故障显示。对激励器、功放等设备的工作状态、参数进行实时监测、控制，具有故障告警、系统日志记录、查询等功能。可以通过网络控制和检测发射机工作，实现无人值守、遥控和遥测。

16. 完善的工作状态检测功能，检测参数指示误差≤ 5%。

17. 允许热插拔功放模块和开关电源。功放模块全热插拔方式，采用直插式连接件，实现完全意义的带电、带功率热插拔，功放模块相互之间可以互换，无需再做任何调试。

18. 功放单元液冷冷却，结构合理，可在播出过程中热插拔，而不影响其他模块的正常工作，无冷却液滴漏，功放内无需内置风扇冷却。

19. 功放单元应具有自我保护电路，如：过压、过流、过热、过驱、过温、反射等。功放电源模块在遭遇极端电压、电流或温度时应可自动关闭，从而提供自我保护。

20. 整机无技术故障瓶颈，不会因某一器件故障导致整机无法工作。不采用单独的中间推动级放大模块的设计方案。

21. 发射机外观美观、结构紧凑、便于运输和拆卸。发射机与冷却交换机采用软管连接，要求安装简单，易维护。冷却与控制系统要求安全可靠性高。

**表 5–1 数字电视发射机适应工作环境**

| 项目 | 使用环境、电源要求 |
|---|---|
| 1. 电源输入 | 三相四线（或三相五线），交流 380 伏 ±10%，电源频率 50 Hz±3% |
| 2. 环境温度 | 室内部分 –10 摄氏度至 +45 摄氏度；室外部分 –20 摄氏度至 +55 摄氏度 |
| 3. 环境海拔 | 海拔 2,000 米以内 |
| 4. 冷却系统 | 液冷（作防冻处理） |

**表 5–2 数字发射机技术要求**

| 项目 | 技术要求 |
|---|---|
| 1. 技术指标 | 符合国标 GB/T 26681–2011 要求 |
| 2. 工作频率 | VHF167–223MHz 频段内任意频道；<br>UHF470–860MHz 频段内任意频道 |
| 3. 功率要求 | 单频道 DTMB 数字发射功率大于（或等于）5kW |
| 4. 功放应用技术 | 高效节能（推荐采用 Doherty 技术） |
| 5. 输出功率稳定性 | ≤ ±0.3dB（VHF167–223MHz）<br>≤ ±0.3dB（UHF470–860MHz） |
| 6. 频率稳定度 | 内部参考源 ≦ 1X10$^{-7}$；<br>外部参考源 ≦ 1X10–10 |
| 7. 本振相位噪声 | @10kHz ≤ –80dBc/Hz |
| 8. 频率准确度 | 对于 MFN 模式，±100Hz；<br>对于 SFN 模式，±1Hz |
| 9. 带内不平坦度 | ≤ ±0.5dB |
| 10. 带肩 | ≦ –40dB（±3.9MHz） |
| 11. 调制误差率（MER） | ≧ 36dB |
| 12. 杂波辐射 | ≦ –60dB/13mW（邻频道外）<br>≦ –45dB/13mW（邻频道内） |
| 13. 频谱模板 | 符合国标模板要求 |

### 5.2.2 数字电视激励器

数字电视激励器的主要作用是编码复用后的 TS 流按照 DTMB 标准进行信道编码和信号调制。数字电视激励器各项技术指标的好坏将直接影响到整个数字电视发射质量，也直接影响电视接收解码的各项指标，所以说激励器是发射机的核心。

数字地面电视激励器首先要完成 DTMB 信道编码，形成符合 GB20600–2006< 数字电视

地面广播传输系统帧结构、信道编码和调制 > 标准的数字基带信号。数字基带信号经过数字预校正，射频调制，经过时钟基准同步、带外抑制、RF 放大输出。数字电视激励器基本原理方框图见图 5–9。

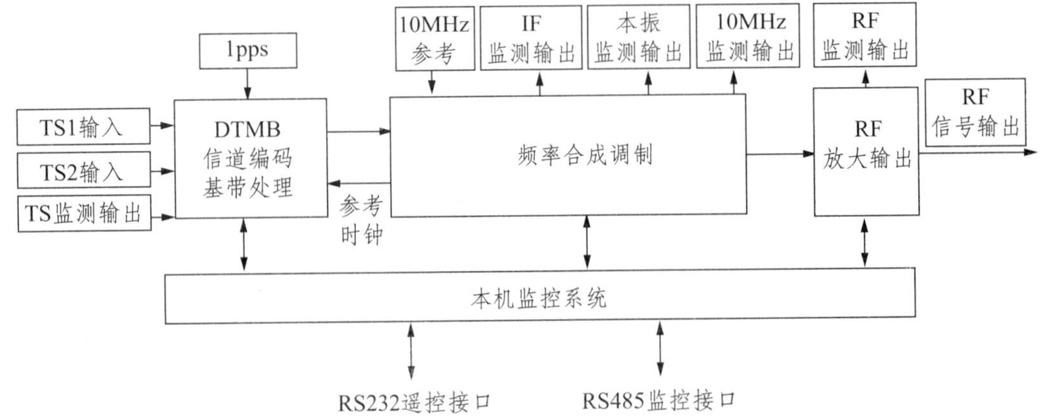


图 5–9　数字电视激励器原理方框图

地面数字电视单频道发射机采用双激励器配置。激励器具有以下功能，如表 5–3 所列：

1. 满足 GB20600–2006 规定国标 DTMB 的工作模式。

2. 工作频率范围：VHF、UHF 任一制定频道（带宽 8MHz）。

3. 主备激励器切换要求：

输入信号丢失或输入信号与当前调制模式不匹配（码流溢出），输入信号源进行自动热冗余切换。

激励器状态异常或者激励器无信号输出，进行主备激励器之间的自动热冗余切换。

主、备激励器既能实现故障自动倒换，又能通过手动切换。

主、备激励器自动切换时间小于 10 秒。

4. 激励器具备自动数字预校正功能，能对由功率放大器引起的非线性失真进行补偿，改善发射机输出信号的频谱特性。

5. 激励器支持单 / 多频网两种工作模式，工作模式参数设定方便。

6. 数字电视激励器满足安全播出需要，能够提供实时监控和报警功能。监控系统检测激励器各部件的工作状态，发生信号异常，给出报警指示，报警信息支持远程控制端口进行查询。激励器支持远程升级和远程操作。

7. 数字电视激励器具备完善的保护功能。当激励器发生严重故障，或外部原因造成激励器损伤时，激励器监测系统自动切断射频输出，避免更大事故发生。

8. 数字激励器能提供 10MHz 监测输出、本振监测输出、RF 监测输出。满足系统设备性能测量、实施监控和网络运营维护需要。

表 5–3　地面数字电视激励器技术指标

| 序号 | 项目 | | 指标 |
|---|---|---|---|
| 1 | 工作频率 | | 符合 GB/T14433–1993 有关规定；<br>167 ~ 223MHz 内任意频道设置<br>470 ~ 860MHz 内任意频道设置 |
| 2 | 技术标准 | | 国标 GB/T 26681–2011；<br>国标 GB20600–2006 有关 DTMB 所有技术要求 |
| 3 | 组网方式 | | 支持多频网（MFN）和单频网（SFN） |
| 4 | 单频网模式频率调节步长 | | 1Hz |
| 5 | 频率准确度 | | 对于 MFN 模式，频率准确度：±100Hz<br>对于 SFN 模式，频率准确度：±1Hz |
| 6 | 频率稳定度（3 个月） | | 采用内部参考源时，频率稳定度为 $1\times10^{-7}$；<br>采用外部参考源时，频率稳定度为 $1\times10^{-10}$ |
| 7 | 输出功率 | | ≥ 0 dBm |
| 8 | 输出功率稳定度（24h） | | ≤ ±0.3dB |
| 9 | 射频有效带宽 | | 8MHz |
| 10 | 滚降系数 | | 0.05 |
| 11 | 符号带肩（fc±4.2MHz） | | ≤ –48dBc |
| 12 | 带内不平坦度（fc±3.591MHz） | | ≤ ±0.5dB |
| 13 | 带外杂散 | 邻频道带内无用发射功率 | 低于带内信号功率 50dB |
| | | 邻频道带外无用发射功率 | 低于带内信号功率 55dB |
| 14 | 相位噪声 | | ≤ –60 dB c/Hz,@10Hz<br>≤ –75 dB c/Hz, @100Hz<br>≤ –85 dB c/Hz, @1kHz<br>≤ –95 dB c/Hz@10kHz<br>≤ –110 dB c/Hz,@100kHz<br>≤ –120 dB c/Hz, @1MHz |
| 15 | 调制误差率（MER） | | ≥ 36 dB |
| 16 | 单频网时延调整范围 | | 0 ~ 999.9999ms |
| 17 | 单频网时延调整步进 | | 100ns |

### 5.2.3 功率放大器

功率放大器的作用是将已经调制的 RF 信号放大到额定的功率，输出到天馈系统。数字电视发射机的功率放大器单元通常由 3 级放大电路组成，其中第一、二级为预放级，预放级产生足够的功率，推动若干并联放大支路组成的末级。一般预放级的放大模块工作在 A 类，末级放大模块工作在 AB 类。

功率放大器的选型与设计关系到整个发射机的能耗和转换效益。运行在大电流中的功率放大器产生很大热量，降低功放管节点温度可以延长功率放大管的使用寿命，提高功放管的转换效率。很多发射机厂家采用散热方式就是让冷却液流经功放管的周围，尽最大限度降低功放管的节点温度，提高功率放大的效率。新型液冷数字发射机采用覆盖整个分米波段大功率场效应管（LDMOS），在每块功率放大单元中内置有 CPU, 根据设置的输出功率、频率，实现对场效应管工作电压实时调整，保证功放管在设定功率情况下有最佳电压电流值。功放管工作电压优化的设计与传统固定工作电压相比，功率放大管始终工作在高效率、低结温状态，从而保证 LDMOS 特性稳定，也延长了功放管的使用寿命。功放单元探测到输出、反射、电压、温度等异常时，功放单元具备自动保护功能。

功放单元工作原理图（图 5–10）。

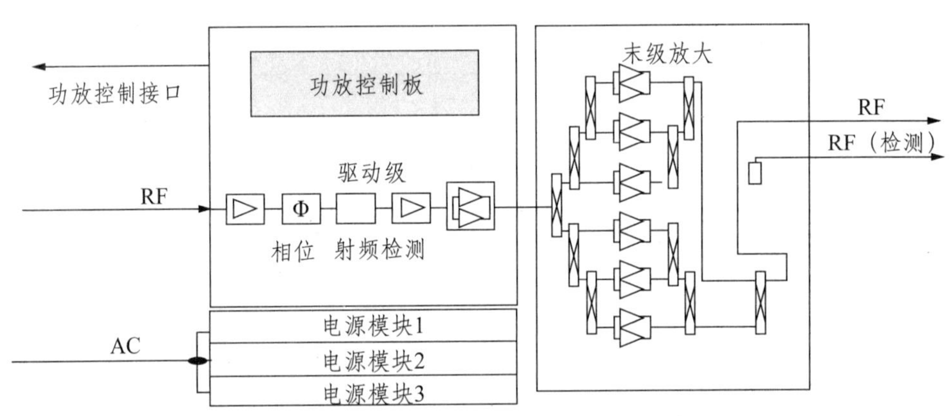


**图 5–10　发射机功放单元原理方框图**

高效发射机功放在充分散热的条件下，发射效率进一步提高，尤其是采用 Doherty 功率放大技术的数字电视发射机整机效率可以达到 34% 以上。采用高效功放，可以进一步可以大大降低地面数字电视发射覆盖运行成本，节约电力能源。未来，采用 Doherty 技术的数字电视发射机将成为地面数字电视覆盖的主流产品。

Doherty 功放技术简要介绍：Doherty 结构由两部分功放组成：一个主功放，一个是辅助功放，主功放工作在 B 类或者 AB 类，辅助功放工作在 C 类。两个功放不是轮流工作，而是主功放一直在工作，辅助功放到设定的峰值才工作（这个功放也叫作 peak amplifier）。主功放后面的 90° 四分之一波长线是阻抗变换，目的是在辅助功放工作时，起到将主功放的视在阻抗减小的作用，保证辅助功放工作的时候和后面的电路组成的有源负载阻抗变低，这样主功放输出电流变大。由于主功放后面有了四分之一波长线，为了使两路功放输出同相，在辅助功放前面也需要 90° 相移。辅助功放引入后，辅助功放对负载的作用相当于串连了一个负阻抗，这样从主功放的角度看，负载是减小的，主功放的输出电压饱和恒定，输出功率也因为负载的减小却持续增大。激励的峰值超出时，辅助功放也达到了效率的最大点，这样两个功放合在一起的效率就远远高于单个功放的效率。Doherty 功放单元结构如图 5–11 所示。

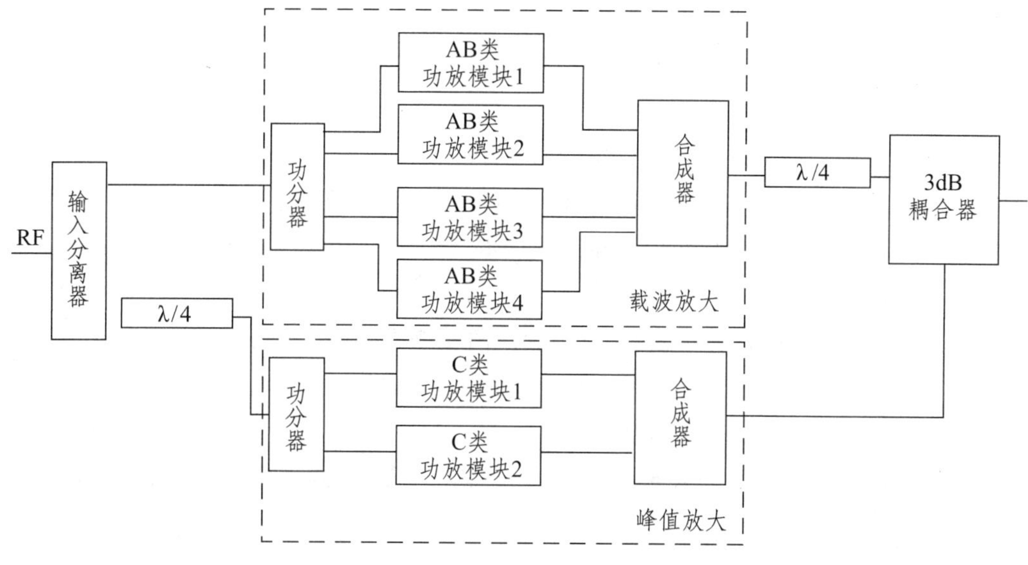


图 5–11 Doherty 功放单元工作原理方框图

从 Doherty 功率放大器工作原理可以看出，RF 信号经过四分之一波长线的移相器，由于不同频率的 RF 信号波长不同，移相会产生差异。如何合理设计多频段使用的 Doherty 功率放大器来满足数字电视发射机改频的需要，发射机生产厂家解决办法都不尽相同。

## 5.2.4 分配器与合成器

激励器输出的射频信号经过功率分配成多路信号，送多个功放单元进行放大，放大后的 RF 信号再经过功率合成，最后得到发射机总输出功率。分配器和合成器在电路形式上是相同的，是一种倒置关系。

每个功放单元由多个放大功率模块组成，每个功放单元中具有 RF 信号功率分配和合成网络。大功率数字电视发射机由多个功放单元组成，多个功放单元的输出功率最终合成发射机总的输出。

功率分配时要求各分配回路输出要平衡，各分配回路隔离性能好，任意一路功放拔出不至于影响到其余回路的信号分配。

功率合成器的具体要求：

(1) 插入损耗低；

(2) 合成器各路隔离性能好，任意一路或多路的故障，其他回路工作状态不能受到影响；

(3) 合成器各端口阻抗 50 欧姆；

(4) 工作频带足够宽；

(5) 合成器由足够的功率冗余；

(6) 合成端口出现故障，输出失配时，对合成器各路输入阻抗的影响要尽量小；

(7) 科学布局，确保散热。

功率合成常用网络有传输线变压器混合网络、定向耦合器、多路功率直接合成法（也称吉赛尔合成）和同相二等分功率合成器（也称威尔金逊合成）等多种。

数字电视发射机功放单元普遍采用威尔金逊混合分配合成网络（如图 5–12），威尔金逊功率分配和功率合成网络的特点：

(1) 威尔金逊混合网络既适用于偶数个也适用于奇数个放大器的功率分配与合成；

(2) 威尔金逊混合网络既实现等功率分配与合成，也实现不等功率分配与合成；

(3) 适用于电视 VHF 和 UHF 频段；

(4) 威尔金逊混合网络具有良好的分配合成各路之间隔离性能，在 RF 放大电路中得到广泛应用。

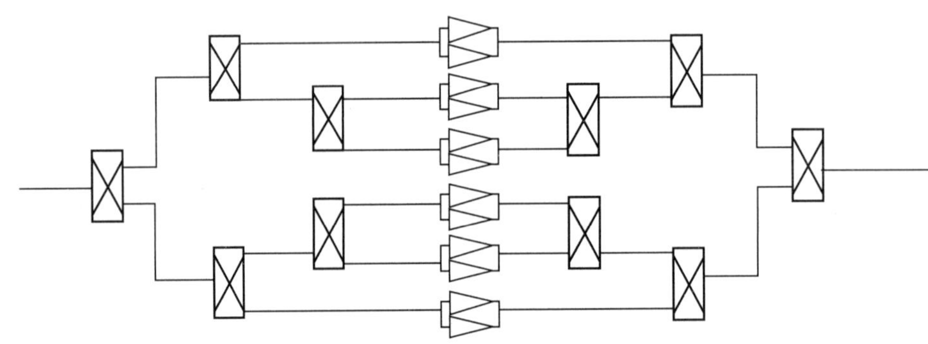

图 5–12　威尔金逊分配与合成原理示意图

### 5.2.5 液体循环与冷却控制系统

图 5–13 为液体循环冷却系统由水泵控制柜、热交换器、发射机 3 大部分组成。

如图 5–14 水泵机柜由主备水泵、冷却液箱、泵控制装置、压力温度监测装置等部分组成。早先型号的水泵控制机柜比较大，R&S THU9 型液冷发射机水泵控制机柜结构高度紧凑，整个单元可以放置在发射机主机机柜中，不需要挤占机房空间。

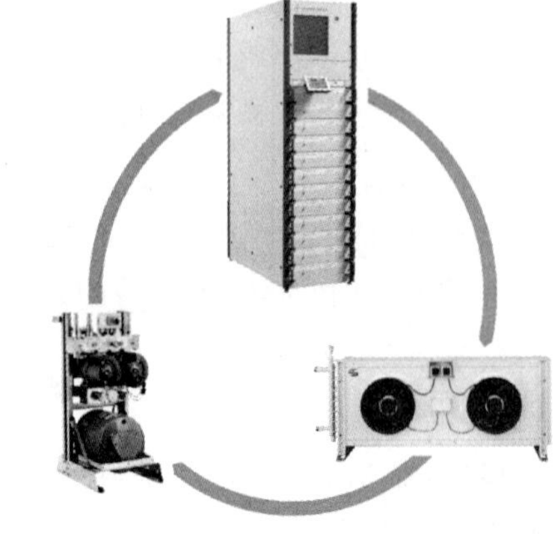

图 5–13　液体循环冷却系统组成示意图

普遍使用的防冻冷却液为去矿物质的单乙烯、乙二醇和水的混合物，呈微碱性，PH值一般在7.8 ~ 8.3之间，它的冰点在 –30℃，具有导热快的优点，能满足高效散热的要求，低冰点特性满足南方冬季防冻需求。冷却液体在整个循环中全封闭，不与外部空气接触，不会发生冷却液体氧化，也避免与外界污染接触，导热性能可以一直保持稳定。功放模块的冷却液输入、输出接口采用快速啮合接头。发射机与水泵单元及其室外冷凝器间一般采用直径为1/2英寸，由7层橡胶并缠钢丝的冷却水管连接。冷却水管可以任意弯曲，水泵扬程支持发射机与室外冷凝器间的落差可达25米，极大方便室外热交换机安装位置的选择。水泵控制原理图（如图5–15）。

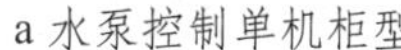

a 水泵控制单机柜型

b 水泵控制紧凑型

图 5–14　水泵控制机柜实物照片

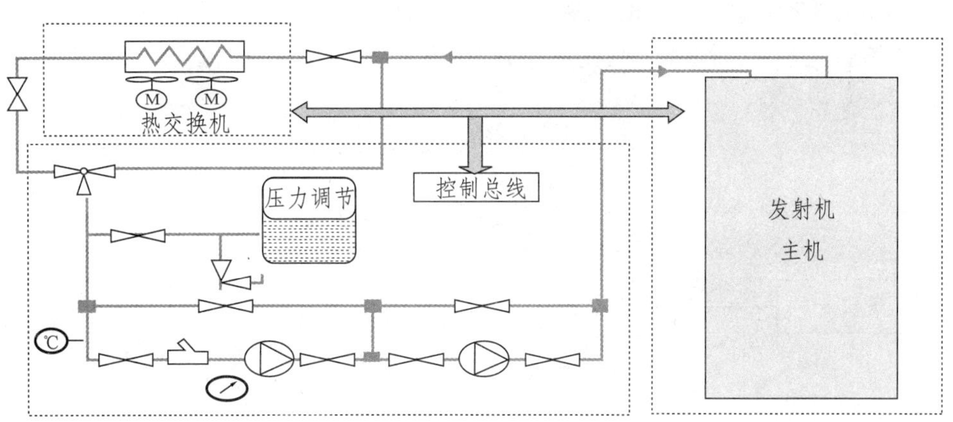


图 5–15　水泵控制原理图

## 5.2.6 发射机整机控制系统

发射机整机控制系统通过通信接口和发射机各主要组成部分进行通信联系，对发射机各种检测信号进行收集记录，对多种信息进行判断处理，让发射机处于安全平稳运行状态。

发射机整机控制系统应具有控制发射机开启 / 停止、取样监测、告警、紧急状态自动保护等基本功能。

发射机整机控制系统由监测采样传感器、计算机、控制软件、控制逻辑电路等组成。

值得一提的是，R&S 公司 THU9 液冷数字发射机整机控制系统不仅能监测激励器的输出信号状态，还能直接调整激励器的参数。该机型整机控制系统在控制逻辑电路上采用 CAN 总线方式，使得控制单元一旦检测到严重告警，如激励器频率失锁、发射机供电缺相、发射过大、液体压力过高或过低、功放模块温度过高、发射机反射信号大等等，控制单元通过 CAN 控制总线发出指令，立即关闭发射机功放单元，保护发射机不遭受更严重损害。

发射机整机控制系统应具备以下基本控制功能：

(1) 电源控制：系统通过检测工作电源的状况，进行告警或者自我保护关停发射机等动作；

(2) 射频电平控制：系统设置有自动增益控制、手动增益控制两种功率控制方式，检测系统对发射机输出功率采样，比对设置功率参数，保持发射机整机射频输出功率稳定。射频电平控制功能还可以对反射功率进行检测，当发射机天线性能下降、驻波比增大，反射功率超过发射机的设置最高限值时，射频电平控制将关闭整个发射系统，避免射频反射信号烧毁发射机功放单元与合成单元。

(3) 故障保护控制：

大功率数字发射机长时间处于高电压、大电流的工作状态，保证发射机安全平稳工作是集中控制系统（图 5–16）的首要任务。

发射机监测参数是十分关键的参量，比如发射机反射功率、液压指示、液体流速、功放管温度等等。这些关键参数一般设置有 3 级门限：正常门限，警告门限，保护门限。

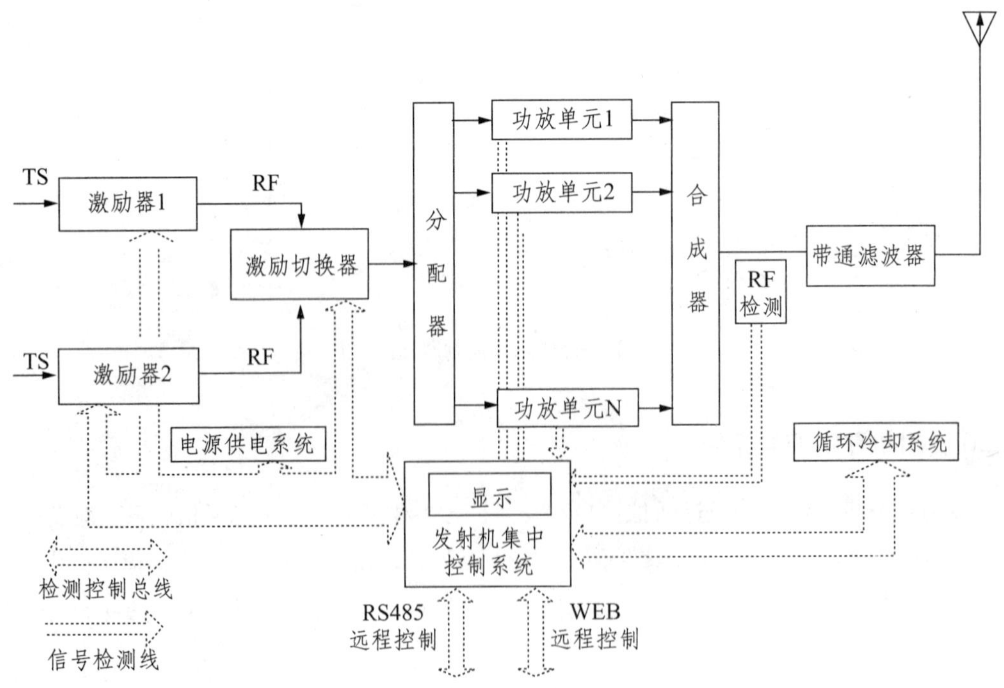


图 5–16　发射机集中控制系统构成框图

（4）指标测量与指示：发射机一些重要电气参数，如电压、电流、输出功率、发射功率；重要工作指标，如温度、液压等，需要在集中控制系统中显示，值班人员巡机时可以实时对各单元工作状态进行监视。

（5）远程监控数据回传功能：随着网络技术的发展，发射机配置 RS–485/RJ–45 远程监控接口，通过 Web、SNMP 等方式实现智能化和网络化管理与监控。发射机生产厂家开放更多协议，提供更为安全更为完善的监控管理软件，让发射智能化，实现真正意义上的无人值守。

### 5.2.7 R&S 高效大功率液冷电视发射机

R&S 高效大功率液冷电视发射机主要特点：

**1. 功率输出大**

R&S?THU9 系列发射机为罗德与施瓦茨公司新一代大功率水冷电视发射机，即 R&S 公司第三代液冷发射机（如表 5–4）。THU9 系列发射机采用最新一代大功率功放管，输出 1.3kW 至 29kW 的数字平均功率。

表 5–4

| 单机柜 | | |
|---|---|---|
| **功放数量** | **多载波数字电视标准** | **单载波数字电视标准** |
| 1 | 1.3 kW | 1.6 kW |
| 2 | 2.6 kW | 3.2 kW |
| 3 | 3.9 kW | 4.8 kW |
| 4 | 5.2 kW | 6.4 kW |
| 5 | 6.4 kW | 8.0 kW |
| 6 | 7.7 kW | 9.5 kW |
| 8 | 10.0 kW | 12.5 kW |
| 10 | 12.5 kW | 15.0 kW |
| 12 | 15.0 kW | 18.5 kW |
| **双机柜** | | |
| **功放数量** | **多载波数字电视标准** | **单载波数字电视标准** |
| 16 | 20.0 kW | 24.5 kW |
| 20 | 24.0 kW | 30.0 kW |
| 24 | 29.0 kW | 36.0 kW |

**2. 整机效率高，低能耗**

数字电视：THU901 普通型整机效率 > 28%（宽带）

THU902 Doherty 型整机效率 >35%( 宽带 )

新型 THU903 型整机效率从原来的 35% 左右，提高到 39% ～ 42%

**3. 采用最新技术，发射机更具优点：**

(1) 激励器采用数字直接调制技术，结构紧促；

(2) 采用最新一代 LDMOS 功放管，具有线性指标高，低失真等特点；

(3) 宽带功放，适用于 VH/U 波段；

(4) 多种冗余配置

(5) 便捷的发射机操控方式：前面板 TFT 彩色触摸屏进行本地操作；使用 Web 浏览器访问，用户图形化界面；CAN–BUS 总线结构，可实现发射机的深层诊断。

图 5–17 为 R&S 大功率液冷电视发射机主要组成部分：

**1. 发射机系统控制**

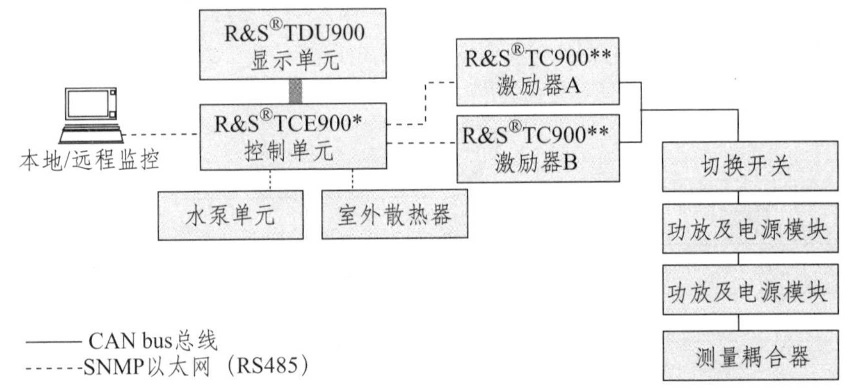


图 5–17　R&S 大功率液冷电视发射机系统控制原理图

THU9 系列发射机在射频部分先进的 CAN–Bus 总线技术，可以最大程度避免射频器件的损坏，保持发射机安全可靠的播出，避免发射机系统安全事故。

发射机中央控制系统与其他部件联系，采用最先进的以太网技术 (RJ45 接口，SNMP 网络协议)，操作人员在本地和远程对发射机各部件参数进行图形化监控以及设置，也可以支持 RS232/RS485 等其他接口协议，接入用户统一的监控平台。

**2. 激励器 (见图 5–18)**

(1) 全数字激励器，16 比特分辨率

(2) 基带 I/Q 信号采用数 / 模变换器变为数字信号

(3) 模拟视音频信号直接调制到射频信号

(4) I/Q 调制器采用 2 GHz 参考时钟方便 改变频率，无需做任何调整

(5) 采用数字 FIR 冲击响应滤波器

(6) 激励器输出功率最大为 13 dBm（RMS）

(7) R&S 新型激励器 TCE901，增加了对 Doherty 功放的软硬件优化支持功能

(8) 数字预校正

基带数字群时延预校正；数字非线性预校正；

基带频率响应校正功能（幅度响应：±50%，相位响应：max. ±30°）；

多达 18 个预校正点，手动调整简单方便；

采用数字 FIR 冲击响应滤波器。

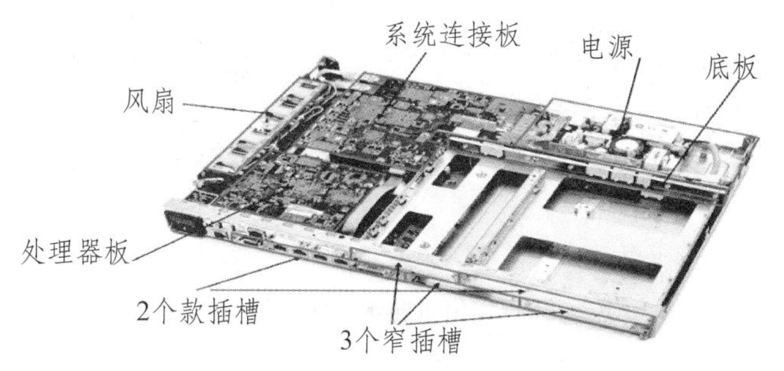


图 5–18　激励器实物照片

**3. 电源分配板（见图 5–19）**

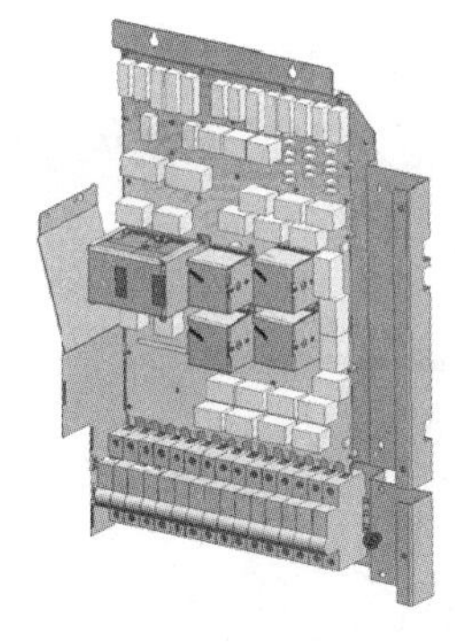

单项电源分配器

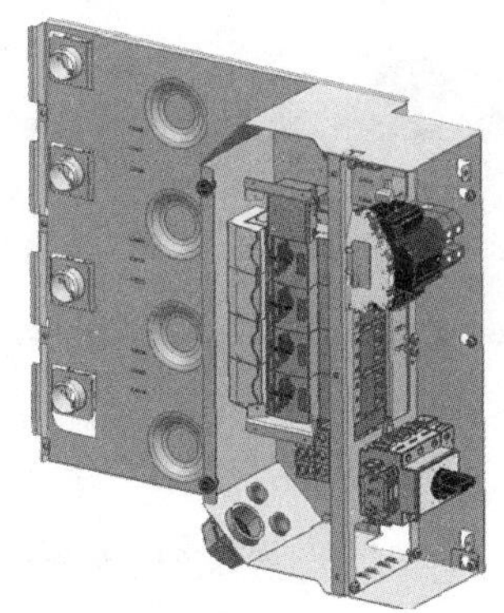

380V/220V(L1/L2/L3N+PE)
用于4个功放的电源分配器

图 5–19　电源分配板构造示意图

(1) 电源分配及总电源开关安装机柜后面；

(2) 电源分配包含回路开关（根据功放数量确定），过压保护及主电源开关；

(3) 电源分配板为通用设计；

(4) 内置选择开关回路以便实现“MultiTX（多台发射机安装于一个机柜内）”。

**4. 发射机显示单元（如图 5–20）**

(1) 发射机显示单元采用推拉式设计，不用时可折叠推入机柜内。避免人为原因而引起

的误操作；

(2) 发射机显示单元采用彩色触摸屏设计；

(3) GUI 图形化菜单设计，操作界面直观，简洁。

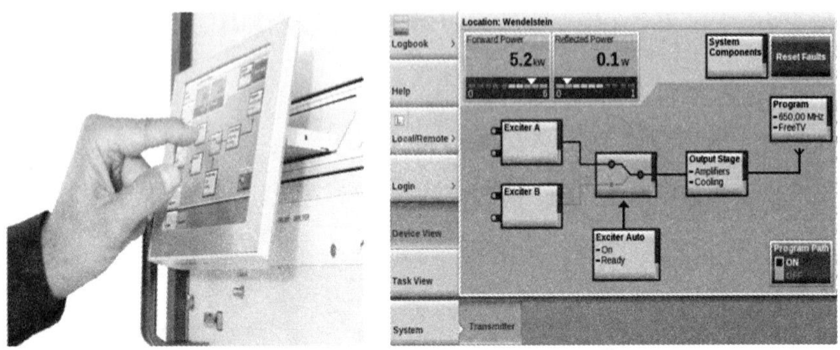


显示单元实物图　　　　　　发射机操作界面

图 5–20　发射机显示操作示意图

**5. 功放及电源模块（如图 5–21、图 5–22）**

R&S 功放模块采用液冷冷却方式，为宽带功放模块，频率为 470 MHz ~ 862 MHz (UHF IV/V 波段 ). 数模兼容，改变频率无需做任何调整。

图 5–21　功放单元实物照片

PHU9 型功放模块采用最新一代大功率 LDMOS，NXP BLF888 功放管，具有效率高，省电，高线性 / 非线性指标等特点。功放模块的主要部件包括了一个功放控制板，预放电路板和由 12 只 BLF888 组成的末级放大电路板。

功放控制板采用创新的控制电路，具有对功放模块的过温，反射功率过大，输入电流、电压过载，末级功放管的工作电流、电压监测及其输出射频信号的功率和相位检测等自我保护和自我监测、检测功能。

功放模块的工作状态以及主要故障信息可通过功放模块前面板的 LED 灯显示，同时更具体的、更进一步的信息通过 CAN 总线传输到机架控制器进行模数转化后，在中央控制单元 TCE900 中显示。

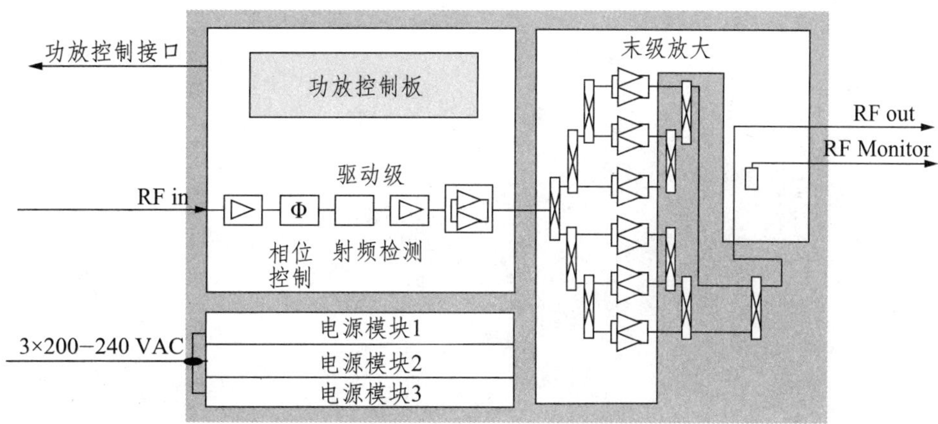


图 5–22　PHU901 功放及电源模块原理图

表 5–5　PHU901 功放主要技术参数

| | |
|---|---|
| 频率范围 | 470 – 862 MHz |
| 输入功率 | +13 dBm（20 mW） |
| 电源 | 3 × 220 V AC +/– 15%　47 Hz .. 63 Hz |
| 输出功率（DTMB） | 1350 W |
| 功放管型号 | LDMOS NXP BLF 888B |
| 进出水温差 | 7° C |
| 最大允许进水温度 | 55° C |

功放电源模块是由 3 组开关电源组成（见图 5–23），最大带载为 6.6 kW，输入电压为 220V ± 15%，47 Hz ~ 63Hz，并内置于功放模块内。输出为直流 32V – 50V，功率因子为 0.95。

每两对功放末级放大电路采用一组开关电源，当一组开关电源出现故障时，仅会影响两对末级功放管没有功率输出，不会造成整个功放模块没有功率输出。

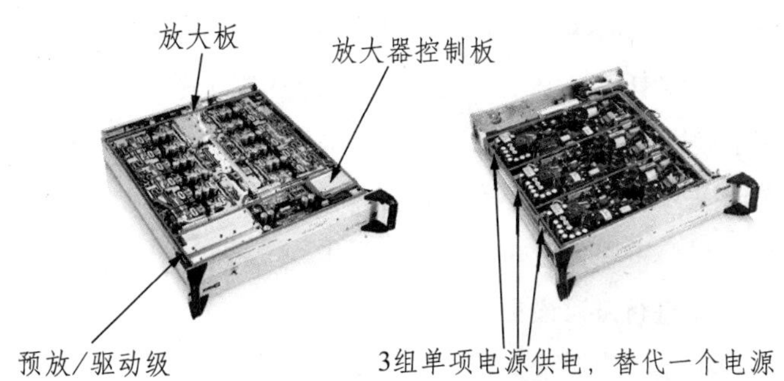


图 5–23　功放及电源实物照片

**6. 功率合成器（图 5–24）**

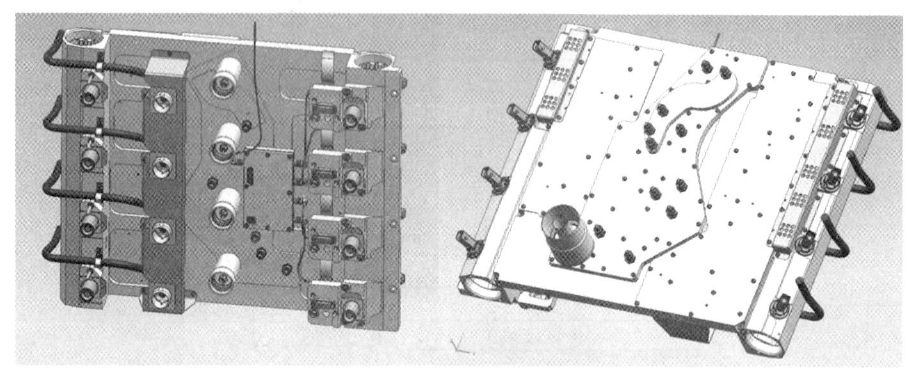

图 5–24　功率合成器结构示意图

主要特点：

（1）水平安装功率合成器节省空间。

（2）功率合成器水平安装在机柜中。它包含冷却液的输入 / 输出口，吸收负载及功放接口于一体。

（3）更换功率合成器无需拆除冷却水管。

（4）内置阀门操作方便。

（5）结构紧凑，叠置设计保证多台发射机可安装于一个机柜内。

**7. 冷却系统：**

THU9 系列发射机的冷却系统为闭环设计。功放模块的冷却液输入、输出接口为快速啮合接头，末级功放管（LDMOS）安装于冷却水道之上，保证更好的散热效果，提高功放管的寿命。发射机与水泵单元及其室外冷凝器间采用直径为 1/2 英寸，由 7 层橡胶并缠钢丝的冷却水管连接。冷却水管可以任意弯曲，根据现场的实际条件进行安装。并可以支持发射机与室外冷凝器间的落差高达 25 米。冷却液采用进口工业防冻液 Antifrogen N ，可以保证发射机在环境温度 –25° C ～ +50° C 范围内正常工作 。

冷却系统具有以下特点：

（1）冷却系统的水泵和散热风扇的转速可由中央控制单元根据发射机的实际工作温度进行调整，以降低不必要能耗，提高发射效率，延长使用寿命。

（2）100% 冗余度设计，冷却系统采用两台水泵和散热风扇，在一台水泵和一台风扇同时出现故障的极端状态下，可以保证发射机正常工作。

（3）所有水泵和风扇采用独立的控制，如果出现故障，无需关闭发射机，可在发射机工作时对出现故障的设备进行维修或更换。如图 5–25 所示，当一个水泵出现故障时，可以根据图中的指示，使用随机提供的扳手旋转球形阀至相应的位置，即可短路故障水泵。从而保证在更换水泵时不会有更多的冷却液泄露。

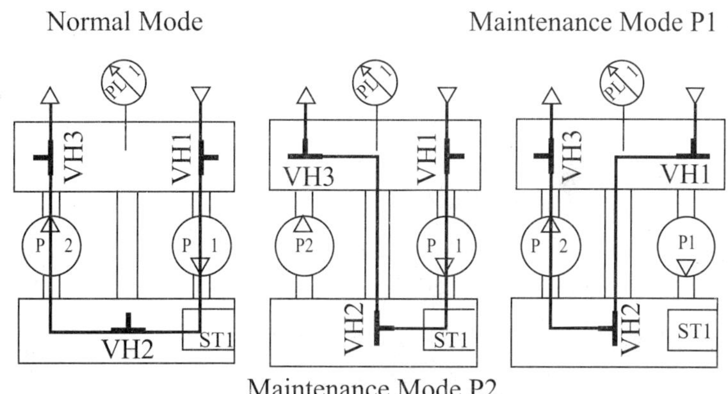


图 5–25　水泵维修球形阀调整位置图

(4) 水泵和风扇的转速可以根据发射机实际的工作温度由发射机中央控制单元自动调整。

(5) 正常情况下，水泵和风扇的转速为最高转速的 60%，风扇的噪声为 45 dBA。在出现故障而造成功放模块内温度过高时，中央控制单元会自动提高水泵和风扇的转速，保证发射机可以正常播出，不会造成停机。

(6) 防冻功能 – 为防止发射机室外单元在寒冷的气候条件下，在发射机停播后，因风扇停止转动而被冰雪冻住，可根据实际条件，由用户在中央控制单元中开启发射机防冻功能，即在发射机停播后，室外散热器的风扇依然保持 10% 的转速。这样的控制对高山台站十分必要。

### 5.2.8 东芝液冷大功率数字发射机

图 5–26 为东芝 8000 液冷大功率发射机结构示意图，其主要特点：

1. 使用了多个功放，每个功放单元都留有一定的功率冗余。功率充足。单台数字发射功率 6.2kW。

2. 功放单元使用东芝专门开发的氮化镓放大器 (GaN FET)，效率高。

3. 激励器具备 1pps、10MHz 基准信号的接口，并内置 GPS 功能。含有双信号源输入功能，具备自动切换功能。支持单频网和多频网功能。

4. 发射机使用液冷方式进行冷却，冷却循环系统使用全封闭环路系统设计，

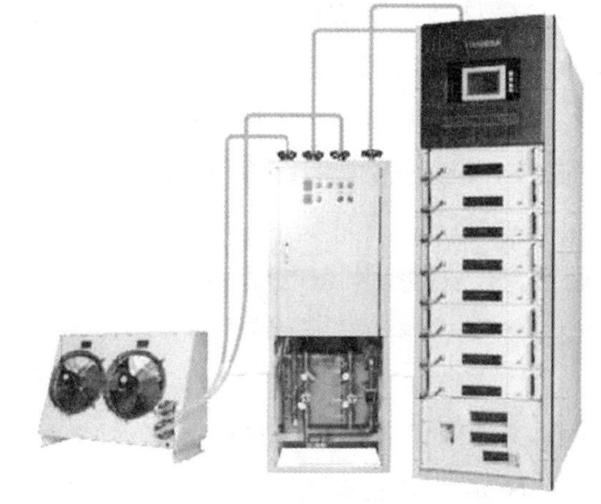

图 5–26　东芝发射机整机结构示意图

东芝 8000 型发射机冷却风机不具有变频功能。

5. 发射机的控制系统（图 5–27）提供以下功能：

(1) 具备诊断、显示及控制的功能。

(2) 控制发射机的开 / 关以及输出功率升降。

(3) 提供整机输出功率，反射功率的数据。

(4) 提供功放模块电流、电压、输出和反射功率、温度等。

(5) 发射机能自动从软故障中恢复，故障履历的保存，查询，故障日志的导出。

6. 控制系统在发射机工作时出现故障，不影响发射机的正常运行。控制系统具有 RS–232/485 接口和网络接口等，可为用户提供遥控、遥测功能。

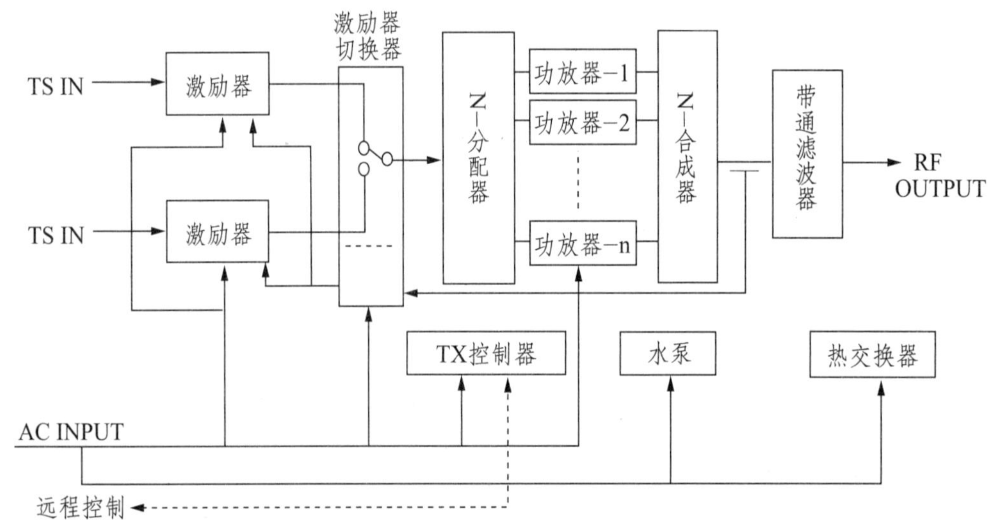


图 5–27　东芝液冷发射机原理图

新型东芝 UHF DTX 发射机（图 5–28），其技术指标如表 5–6 所示。

采用了最新氮化镓 FET 放大器的 Doherty 回路，从而实现高效率，最大化降低系统运行成本。发射机采用宽带域、高效率设计，合放式全固态电视发射机。

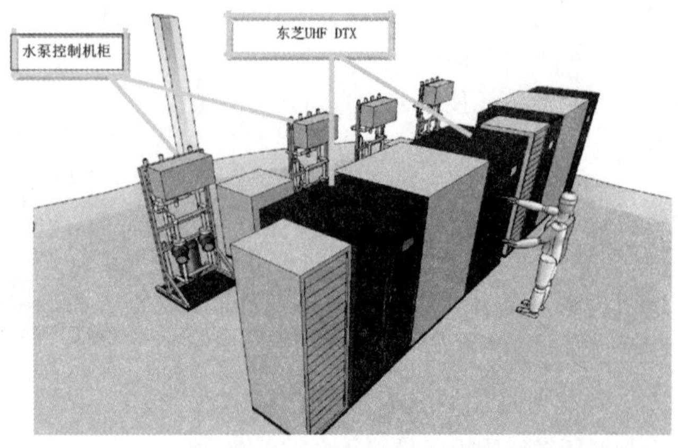


图 5–28　东芝 DTX 发射机机房布置示意图

氮化镓放大器（GaN FET）是东芝专门设计和生产的放大器，区别于其他厂家使用的 LD–MOS 放大器。氮化镓放大器

(GaN FET) 有着高效率及宽带域的优点，Doherty 回路能够实现宽带域，更改频道时无需更改硬件 (BPF 除外)。每个功放单元输出 1.2kW 功率。功放模块可在工作工程中进行热插拔，更换时不影响其他正常工作的功放模块。功放模块具有过驱动、过温、反射过大、过流等的保护功能。功放模块的电源具备过压、过流、过热、线电压过低等保护功能。

新型发射机水冷系统的水泵和室外散热装置的风扇采用变频产品，可以根据发射机温度进行自动转速调整。

**表 5–6 东芝 DTX 发射机主要技术指标**

| 名称 | | 东芝 UHF DTX 发射机 |
|---|---|---|
| 整机效率 | | ≧ 40% |
| 输入输出特性 | 数字基带信号 | ASI |
| | 远程控制接口 | LAN/RJ45 或 RS–232/485 |
| | VSWR | ＜ 1.3 |
| | 带肩电平 (±4.2MHz) | ≤ –42dB |
| | 带内波动 | ≤ ±0.5dB 以内 |
| | 调制误码率 MER | ≧ 35dB |
| 设备电源 | | 三相五线制 |
| | | 电压 :AC380V±15% |
| | | 频率 :50±1Hz |
| 电磁兼容性 | | 符合 ETS 300 447 |
| 安全性 | | 符合 IEC215 |

## 5.2.9 哈里斯液冷数字电视发射机

图 5–29 为新型 GatesAir Maxiva™ULXT 型发射机，其原理图 (图 5–30) 主要特点：

1. Maxiva™ULXT 与 3D 的 PowerSmart® 技术深度结合，获得发射高效率。全新设计以节能为目的，进一步降低运行成本。

整机采用 PowerSmart 3D 功放技术；采用可热插拔的 AC 到 DC 电源效率高，功率容量大，结构紧凑；采用变频冷却剂泵和热交换器冷却风扇，降低能耗。DTMB 调制模式下，整机 AC 到 RF 射频输出效率达 38%。

图 5–29 哈里斯液冷发射机实物照片

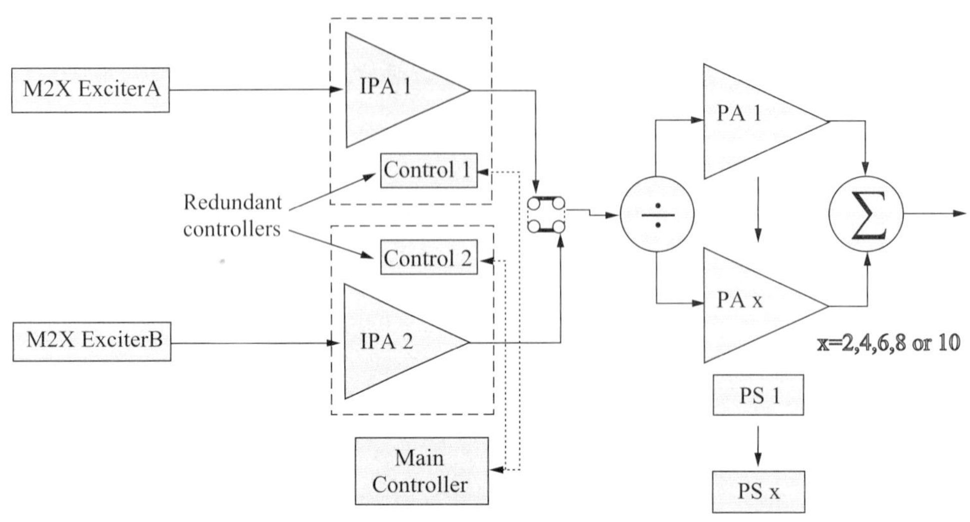


图 5–30　哈里斯液冷发射机原理方框图

2. Maxiva M2X 激励器技术，可以方便升级到新的数字标准，数字信号输入采用 ASI 和 IP 信号两种格式。全数字信号处理的 Maxiva M2X 激励器响应快，应用了实时自适应线性与非线性预校正（RTAC）技术。

3. 功放单元采用全新 50V LDMOS FET 宽带高效率功放模块，应用 PowerSmart 3D 功放技术，采用 Maxiva 全数字线性和非线性预校正，实时自适应校正。472–862MHz 频段内更换发射频道不需要调整功放参数。功放前级采用了独特的冗余双驱动方式 。

4. 采用 Maxiva Web 功能的遥控器图形用户界面。显示前面板液晶屏的发射机各单元参数，发射机前向功率和反射功率。友好型界面帮助值班员便于使用，前面板可以控制发射机。

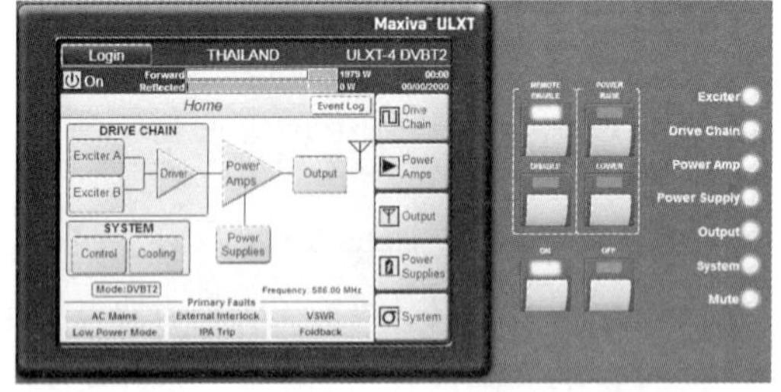


图 5–31　哈里斯液冷发射机用户界面

5. 全面的监控系统，用户使用直观、图 5–31 为基于浏览器的图形用户界面（GUI）或者基于 SNMP 的软件，通过 TCP/IP 网络在世界任何地方对 Maxiva ULXT 发射机进行监控。

## 5.2.10 意大利优特（EUROTEL S.P.A.）液冷数字电视发射机

**1. 发射机整机（如图 5–32）**

如图 5–33、图 5–34 所示，EUROTE 发射机特点：采用大功率 LDMOS FET 场效应管，输出功率余量大，整机采用自动电平控制（整机 ALC），发

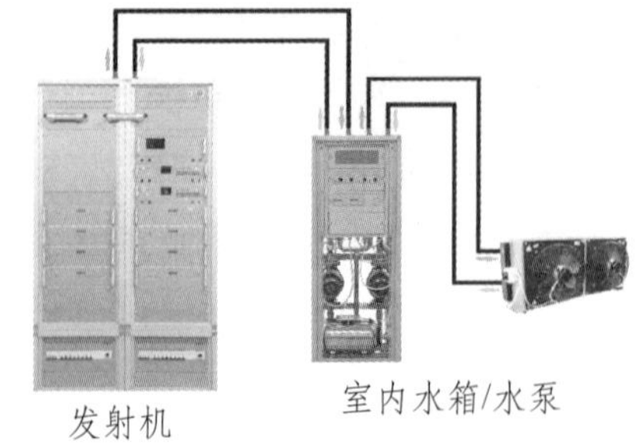


图 5–32　优特液冷发射机整机原理方框图

射机输出功率稳定。功放可带电拔插检修，功放单元带独立电源，整机功放链路无瓶颈支路，安全可靠。功放管的工作电压随着输出功率和工作频率动态调整，整机效率高。

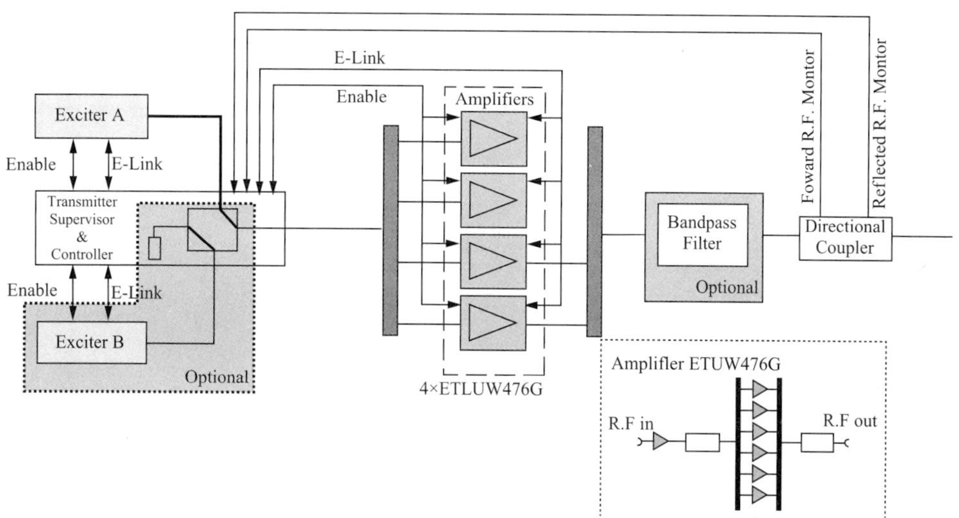


图 5–33 优特液冷发射机原理方框图

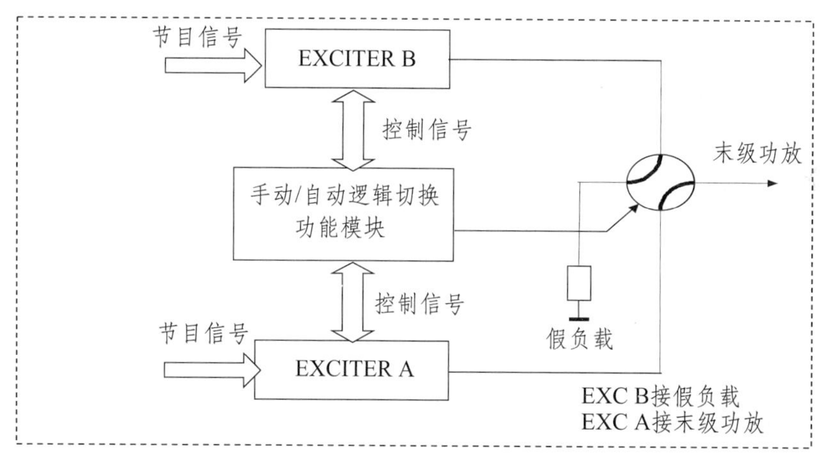


图 5–34 优特发射机主备手动 / 自动切换逻辑系统功能原理方框图

**2. 发射机中央控制单元**

中央控制单元由工控微机和控制接口板组成，前面板由液晶显示屏、功能按键及整机状态指示灯组成，还配有 RS232 接口，在现场及时查看运行发射机运行状态。

中央控制单元通过 ELINK 串行总线连续监测发射机的各个功能单元，包括激励器和功率放大器，显示各个功能单元工作参数和工作状态，并管理发射机的所有动作。中央控制单元还配有 RS485 接口，与其他如激励器、功率放大器构成 RS485 接口总线，可实现对发射机遥测遥控。

在关闭中央控制单元的情况下，可通过 Enable 硬件总线直接跳线打开使能，使发射机照常工作；也可对激励器和功率放大器做相关按键设置，使各功能模块独立于中央控制单元运行。

**3．EUROTE 发射机在新一代液冷数字发射机中采用了 Doherty 功率放大器**

高增益、高效、高线性（DOHERTY 技术）数字功率放大器采用独特的设计，利用对于不同频率射频的输出功率是功放管工作电压的函数关系，通过改变功放管工作电压，来调节输出功率，由此大大提高的功放管的效率和增大了输出功率。

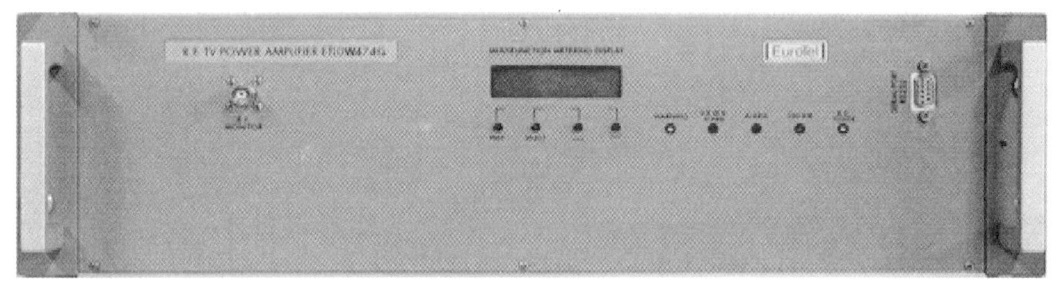

图 5–35　优特发射机功放单元实物图

新一代数字功率放大器进行宽带放大设计，大功率场效应管可覆盖整个分米波段。

功率放大单元具有完善的自动保护及状态显示功能：每个功放单元 PA 内部均带有 6 组开关电源，出现故障后，降低的功率至最小。

每个功放单元 PA 内带有微处理器，图 5–35 在前面板的显示屏上显示功放单元的实时状态信息和历史报警信息；数据可通过 RS485 接口协议获得；同时配置有 RS232 接口，值班人员无须配专用软件，可直接连接 PC 机的操作系统自带的超级终端软件检测功率放大器所有运行参数。播出时，功率放大单元可带电插拔检修。

新一代 Doherty 放大单元液冷却散热板是由特种铝合金材料构成，在内部冷却液流过的路径上，设计了有多组供散热用的“薄鳍”（图 5–36），鳍状的散热体增加了散热面积，又保证了液体流速稳定。这种独特的鳍式散热板设计可以在非常低的流速和较低的液体压力下，使散热更加迅速，散热更加均匀，还同时满足在同一散热板上大小不同的发热源。放大单元的满功率工作时的出入冷却液温度差≤ 5℃。

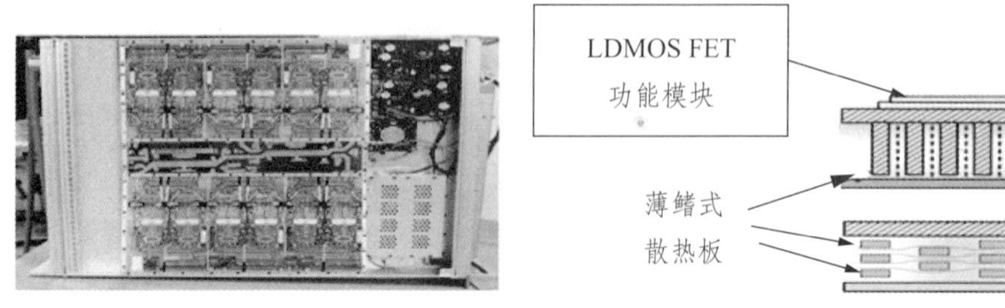


图 5–36　优特发射机功放单元薄鳍式散热板示意图

# 5.3 多工器

多工器即多频道合成器，是使不同频道的多部发射机用同一副宽频带天线，同时互不干扰地发送各自节目的技术设备。现阶段为电视发射模数混存时代，各地骨干发射台站一直有模拟电视节目在播，铁塔资源极为有限，各地发射台需要对天线数量进行限制，地面数字电视频道与台站现有模拟频道可以采用公用天线播出。地面数字电视采用高效、便捷的桥式多工技术，使用大功率多工器，来实现地面数字电视与模拟电视同址，可以有效地解决新增数字发射机对机房场地的需求难题，又解决天线对新增频道的制约，减轻铁塔负荷降低发射台站建设成本，而且能避免用户收看数字电视时更换天线或增加接收天线带来的麻烦。多工器的结构类型大致有以下种类：星点型，定阻抗型（桥式），延时型（相敏型）。地面数字电视播出系统多工器以桥式结构多工器（定阻抗型）为主。

桥式结构多工器（图 5–37）优势在于：

(1) 反射损耗、插入损耗、隔离度、工作温升等指标更为优秀；

(2) 电视 UHF 全桥式多工器如表 5–7 所示，可实现任意 UHF 电视频道的功率合成，包括邻频道合成；

(3) 电视全桥式多工器各窄带口带外衰减如果可以满足发射机要求，无需再安装发射机输出带通滤波器；

(4) 工作频道和频率可任意更改（470 ~ 800MHz 内）；

(5) 输入口的宽带特性，带外功率会被桥式单元的负载吸收掉，保护发射机；

(6) 每个滤波器承受一半的窄带输入功率，额定功率更高，系统更加安全；

(7) 宽带口预留，频道扩展性好，还可以加装多工器的 N+1 备份系统，可以从根本上提升多工器的安全性。

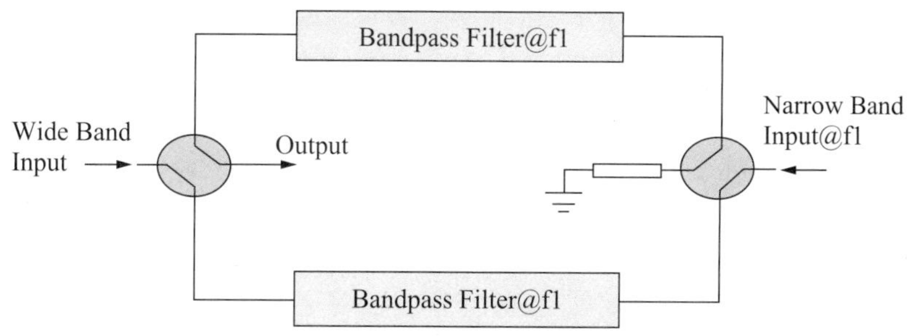


**图 5–37 桥式双工器结构示意图**

多频网大功率地面数字电视多工器一般采用桥式结构双工器，预留有宽带输入口，为未来多工器增加扩展性能；要求多工器工作频率可以 470MHz ~ 800MHz 全频段可调，极大方便的发射机频率更改；多工系统要有足够的功率容量冗余，确保系统安全稳定。

表 5–7　UHF 多工器技术需求

| UHF 多工器 | |
|---|---|
| 宽带口工作频率 | 470—800MHz |
| 端口阻抗 | 50 欧姆 |
| 窄带口工作带宽 | 8MHz |
| 结构形式 | 桥式 |
| 驻波比 | <1.08 |
| 系统插入损耗 | ≦ 0.6dB |
| 隔离度 | ⩾ 36dB |
| 输入端口类型 | 输入馈线连接 EIA 3–1/8” |
| 输出端口类型 | 输出馈线连接 EIA 5” |
| 滤波器结构 | 6 腔 |
| 满功率温升 | < 15℃ |
| 输入端口功率 | 数字功率≥ 5.0kW, 模拟功率≥ 10kW |
| 系统输出总功率 | ⩾ 45kW |

# 5.4 馈　管

数字电视发射机放大的射频信号经馈管输送到天线，最后由天线开路辐射。模拟电视和地面数字混存年代，地面数字电视信号与模拟无线电视信号多工使用同一根馈管进行传输。对馈管而言，首先需要有足够的功率容量，其次需要有良好的电气特性，即足够小的插入损耗。馈管功率容量指馈管所承受的功率，各种馈管在不同的工作频率时功率容量不相同。在选择使用馈管时，一定要系统全面计算最高工作频率的功率负荷。

馈管指标标注功率容量是平均功率，地面数字电视是用平均功率进行描述。数字电视信号还有脉冲调制的特性，有较高的峰均功率比，不能忽略数字脉冲调制特性给馈管带来的破坏；再者馈管标注功率容量是在实验室理想状态下所得，大口径功率馈管经过弯曲装盘、长途运输到高山台安装使用，馈管会产生一些形变，功率容量也会受到影响。地面数字电视覆盖设计在馈管选型时，装机馈管功率容量按馈管标注功率容量乘以 0.7 的系数进行计算。

表 5–8 至表 5–13 附天津安迅达、ANDREW、RFS 几种常用功率馈管技术指标：

表 5-8　常用馈管技术指标一览表 1

| | 天津安讯达 | | Andrew（安德鲁） | | | | | |
|---|---|---|---|---|---|---|---|---|
| | SDY-50-80(3 1/8") | | HJ9HP-50(5") | | HP9-50(5") | | HJ11-50(4") | |
| 工作频率 | 功率容量 | 插入损耗 | 功率容量 | 插入损耗 | 功率容量 | 插入损耗 | 功率容量 | 插入损耗 |
| 50MHz | | | 265.33kW | ≤ 0.165dB/100m | 124kW | ≤ 0.176dB/100m | 94kW | ≤ 0.258dB/100m |
| 100MHz | 43kW | ≤ 0.37dB/100m | 178.93kW | ≤ 0.245dB/100m | 85kW | ≤ 0.255dB/100m | 64.7kW | ≤ 0.376dB/100m |
| 200MHz | 30kW | ≤ 0.52dB/100m | 118.74kW | ≤ 0.369dB/100m | 58kW | ≤ 0.372dB/100m | 44kW | ≤ 0.551dB/100m |
| 500MHz | 18.5kW | ≤ 0.85dB/100m | 66.93kW | ≤ 0.654dB/100m | 35kW | ≤ 0.624dB/100m | 26kW | ≤ 0.935dB/100m |
| 600MHz | | | 59.42kW | ≤ 0.737dB/100m | 31.5kW | ≤ 0.694dB/100m | 23.3kW | ≤ 1.04dB/100m |
| 700MHz | | | 53.66kW | ≤ 0.816dB/100m | 28.8kW | ≤ 0.759dB/100m | 21.2kW | ≤ 1.14dB/100m |
| 800MHz | 14.4kW | ≤ 1.01dB/100m | 49.07kW | ≤ 0.893dB/100m | 26.6kW | ≤ 0.822dB/100m | 19.6kW | ≤ 1.24dB/100m |
| 890MHz | | | 45.52kW | ≤ 0.962dB/100m | 25.8kW | ≤ 0.858dB/100m | 18.3kW | ≤ 1.33dB/100m |
| 特性阴抗 | [Ω]50 +/–0.5 | | [Ω]50 +/–0.5 | | [Ω]50 +/–0.5 | | [Ω]50 +/–0.5 | |
| 传播速度 | 0.96 | | 0.96 | | 0.93 | | 0.92 | |
| 最高工作频率 | 1.55GHz | | 0.96GHz | | 0.96GHz | | 1.22GHz | |
| 峰值功率 | 940kW | | 1690kW | | 1890kW | | 1100kW | |
| 最高工作电压 | 9.7kV | | 12kV | | 9.7kV | | 10kV | |
| 直流电阻（内导体） | 0.40Ω/km | | 0.328Ω/km | | 0.33Ω/km | | 0.36Ω/km | |
| 直流电阻（外导体） | 0.12Ω/km | | 0.131Ω/km | | 0.13Ω/km | | 0.13Ω/km | |
| 电容 | 70pF/n | | 68.2pF/n | | 71.2pF/n | | 71.2pF/n | |
| 连接法兰型号 | IF110Q–J(K) 137 | | H9HPMB–602 | | H9MB–M408 | | H9MB–M408 | |

表 5–9 常用馈管技术指标一览表 2

| 生产厂家 | | | | | | | | | | | |
|---|---|---|---|---|---|---|---|---|---|---|---|
| 馈管型号 | | HCA618–50J(6 1/8") | | HCA 550–50J(5–12") | | HCA495–50J(5") | | HCA400–50J(4") | | HCA300–50J(3") | |
| 指术指标 | 工作频率 | 功率容量 | 插入损耗 | 功率容量 | 插入损耗 | 功率容量 | 插入损耗 | 功率容量 | 插入损耗 | 功率容量 | 插入损耗 |
| | 50MHz | 243kW | ≤ 0.132dB/100m | 184kW | ≤ 0.153dB/100m | 118kW | ≤ 0.199dB/100m | 77.4kW | ≤ 0.252dB/100m | 57.4kW | ≤ 0.291dB/100m |
| | 100MHz | 171kW | ≤ 0.189dB/100m | 129kW | ≤ 0.219dB/100m | 82.7kW | ≤ 0.284dB/100m | 54.1kW | ≤ 0.362dB/100m | 40kW | ≤ 0.418dB/100m |
| | 200MHz | 120kW | ≤ 0.272dB/100m | 91.1kW | ≤ 0.314dB/100m | 58.1kW | ≤ 0.406dB/100m | 38kW | ≤ 0.521dB/100m | 27.7kW | ≤ 0.605dB/100m |
| | 500MHz | 74.7kW | ≤ 0.446dB/100m | 57.2kW | ≤ 0.513dB/100m | 36.3kW | ≤ 0.659dB/100m | 23.8kW | ≤ 0.856dB/100m | 16.8kW | ≤ 1dB/100m |
| | 600MHz | 68.1kW | ≤ 0.493dB/100m | 52.2kW | ≤ 0.567dB/100m | 33.1kW | ≤ 0.726dB/100m | 21.8kW | ≤ 0.946dB/100m | 15.2kW | ≤ 1.11dB/100m |
| | 700MHz | 63kW | ≤ 0.537dB/100m | 48.5kW | ≤ 0.616dB/100m | 30.5kW | ≤ 0.789dB/100m | 20.2kW | ≤ 1.03dB/100m | 13.9kW | ≤ 1.21dB/100m |
| | 800MHz | 58.9kW | ≤ 0.579dB/100m | 45.4kW | ≤ 0.663dB/100m | 28.5kW | ≤ 0.848dB/100m | 18.9kW | ≤ 1.11dB/100m | 13kW | ≤ 1.3dB/100m |
| | 890MHz | 56.9kW | ≤ 0602dB/100m | 43kW | ≤ 0.706dB/100m | 27kW | ≤ 0.9dB/100m | 18kW | ≤ 1.18dB/100m | 12.1kW | ≤ 1.39dB/100m |
| 电气性能 | 特性阴抗 | [Ω]50 +/–0.5 | | [Ω]50 +/–0.5 | | [Ω]50 +/–0.5 | | [Ω]50 +/–0.5 | | [Ω]50 +/–0.5 | |
| | 传播速度 | 0.97 | | 0.96 | | 0.97 | | 0.96 | | 0.96 | |
| | 最高工作频率 | 0.86GHz | | 0.86GHz | | 1GHz | | 1.66GHz | | 1.63GHz | |
| | 峰值功率 | 2890kW | | 2250kW | | 1560kW | | 940kW | | 640kW | |
| | 最高工作电压 | 17kV | | 15kV | | 12.5kV | | 9.7kV | | 8kV | |
| | 直流电阻（内导体） | 0.17Ω/km | | 0.2Ω/km | | 0.31Ω/km | | 0.43Ω/km | | 0.39Ω/km | |
| | 直流电阻（外导体） | 0.044Ω/km | | 0.057Ω/km | | 0.094Ω/km | | 0.13Ω/km | | 0.16Ω/km | |
| | 电容 | 69.0pF/m | | 70.0pF/m | | 68.0pF/m | | 70.0pF/m | | 66.6pF/m | |

表 5–10 常用馈管技术指标一览表 3

| 生产厂家 | | AFS（安弗斯） | | | | | |
|---|---|---|---|---|---|---|---|
| 馈管型号 | | HCA38–50J(3/8") | | HCA58–50J(5/8") | | HCA78–50J(7/8") | |
| 指术指标 | 工作频率 | 功率容量 | 插入损耗 | 功率容量 | 插入损耗 | 功率容量 | 插入损耗 |
| | 50MHz | 3.54kW | ≤ 1.95dB/100m | 6.78kW | ≤ 1.21dB/100m | 12.1kW | ≤ 0.827dB/100m |
| | 100MHz | 2.49kW | ≤ 2.77dB/100m | 4.77kW | ≤ 1.72dB/100m | 8.49kW | ≤ 1.18dB/100m |
| | 200MHz | 1.75kW | ≤ 3.95dB/100m | 3.34kW | ≤ 2.46dB/100m | 5.94kW | ≤ 1.69dB/100m |
| | 500MHz | 1.1kW | ≤ 6.33dB/100m | 2.09kW | ≤ 3.94dB/100m | 3.71kW | ≤ 2.72dB/100m |
| | 600MHz | 1kW | ≤ 6.96dB/100m | 1.91kW | ≤ 4.33dB/100m | 3.37kW | ≤ 3dB/100m |
| | 700MHz | 0.923kW | ≤ 7.55dB/100m | 1.76kW | ≤ 4.69dB/100m | 3.12kW | ≤ 3.25dB/100m |
| | 800MHz | 0.863kW | ≤ 8.09dB/100m | 1.65kW | ≤ 5.03dB/100m | 2.91kW | ≤ 3.49dB/100m |
| | 890MHz | 0.815kW | ≤ 8.58dB/100m | 1.55kW | ≤ 5.34dB/100m | 2.74kW | ≤ 3.71dB/100m |
| 电气性能 | 特性阴抗 | [Ω]50 +/–0.5 | | [Ω]50 +/–0.5 | | [Ω]50 +/–0.5 | |
| | 传播速度 | 0.89 | | 0.92 | | 0.93 | |
| | 最高工作频率 | 3GHz | | 3GHz | | 3GHz | |
| | 峰值功率 | 16.9kW | | 32kW | | 73kW | |
| | 最高工作电压 | 1.3kV | | 1.8kV | | 2.7kV | |
| | 直流电阻（内导体） | 1.44Ω/km | | 0.58Ω/km | | 1.1Ω/km | |
| | 直流电阻（外导体） | 1.63Ω/km | | 0.93Ω/km | | 0.88Ω/km | |
| | 电容 | 74.0pF/m | | 72.0pF/m | | 71.0pF/m | |

表 5–11　常用馈管技术指标一览表 4

| 生产厂家 | | AFS（安弗斯） | | | | | | | |
|---|---|---|---|---|---|---|---|---|---|
| 馈管型号 | | HCA118–50J(1–1/8") | | HCA 158–50J(1–5/8") | | HCA214–50J(2–1/4") | | HCA295–50J(3") | |
| 指术指标 | 工作频率 | 功率容量 | 插入损耗 | 功率容量 | 插入损耗 | 功率容量 | 插入损耗 | 功率容量 | 插入损耗 |
| | 50MHz | 17.3kW | ≤0.637dB/100m | 27.3kW | ≤0.444dB/100m | 33kW | ≤0.385dB/100m | 51.2kW | ≤0.311dB/100m |
| | 100MHz | 12.1kW | ≤0.91dB/100m | 19.2kW | ≤0.632dB/100m | 23kW | ≤0.553dB/100m | 36kW | ≤0.443dB/100m |
| | 200MHz | 8.47kW | ≤1.31dB/100m | 13.5kW | ≤0.902dB/100m | 16kW | ≤0.797dB/100m | 25.3kW | ≤0.633dB/100m |
| | 500MHz | 5.31kW | ≤2.12dB/100m | 8.41kW | ≤1.45dB/100m | 9.73kW | ≤1.31dB/100m | 15.9kW | ≤1.02dB/100m |
| | 600MHz | 4.83kW | ≤2.34dB/100m | 7.64kW | ≤1.6dB/100m | 8.8kW | ≤1.45dB/100m | 14.5kW | ≤1.12dB/100m |
| | 700MHz | 4.47kW | ≤2.54dB/100m | 7.03kW | ≤1.74dB/100m | 8.08kW | ≤1.58dB/100m | 13.4kW | ≤1.22dB/100m |
| | 800MHz | 4.18kW | ≤2.73dB/100m | 6.59kW | ≤1.86dB/100m | 7.52kW | ≤1.7dB/100m | 12.5kW | ≤1.31dB/100m |
| | 890MHz | 3.93kW | ≤2.91dB/100m | 6.2kW | ≤1.98dB/100m | 7.07kW | ≤1.81dB/100m | 11.9kW | ≤1.38dB/100m |
| 电气性能 | 特性阴抗 | [Ω]50 +/–0.5 | | [Ω]50 +/–0.5 | | [Ω]50 +/–0.5 | | [Ω]50 +/–0.5 | |
| | 传播速度 | 0.92 | | 0.95 | | 0.95 | | 0.96 | |
| | 最高工作频率 | 3GHz | | 3GHz | | 3GHz | | 1.5GHz | |
| | 峰值功率 | 137kW | | 270kW | | 425kW | | 580kW | |
| | 最高工作电压 | 3.7kV | | 5.2kV | | 6.5kV | | 7.6kV | |
| | 直流电阻（内导体） | 0.64Ω/km | | 1.06Ω/km | | 0.32Ω/km | | 0.51Ω/km | |
| | 直流电阻（外导体） | 0.5Ω/km | | 0.34Ω/km | | 0.23Ω/km | | 0.18Ω/km | |
| | 电容 | 73.0pF/m | | 70pF/m | | 66.6pF/m | | 70.0pF/m | |

表 5–12　常用馈管技术指标一览表 5

| 生产厂家 | AFS（安弗斯） | | | | |
|---|---|---|---|---|---|
| 馈管型号 | | HCA900–50T(9") | | HCA 800–50J(8") | |
| 指术指标 | 工作频率 | 功率容量 | 插入损耗 | 功率容量 | 插入损耗 |
| | 50MHz | 880kW | ≤ 0.108dB/100m | 399kW | ≤ 0.104dB/100m |
| | 100MHz | 611kW | ≤ 0.157dB/100m | 280kW | ≤ 0.149dB/100m |
| | 200MHz | 422kW | ≤ 0.231dB/100m | 195kW | ≤ 0.216dB/100m |
| | 500MHz | 252kW | ≤ 0.406dB/100m | 122kW | ≤ 0.358dB/100m |
| | 560MHz | 236kW | ≤ 0.438dB/100m | 111kW | ≤ 0.397dB/100m |
| | 590MHz | 228kW | ≤ 0.455dB/100m | 107kW@6500MHz | ≤ 0.415dB/100m |
| 电气性能 | 特性阴抗 | [Ω]50 +/–0.5 | | [Ω]50 +/–0.5 | |
| | 传播速度 | 0.98 | | 0.97 | |
| | 最高工作频率 | 0.56GHz | | 0.65GHz | |
| | 峰值功率 | 5800kW | | 4000kW | |
| | 最高工作电压 | 24kV | | 20kV | |
| | 直流电阻（内导体） | 0.11Ω/km | | 0.13Ω/km | |
| | 直流电阻（外导体） | 0.03Ω/km | | 0.027Ω/km | |
| | 电容 | 68.0pF/m | | 69.0pF/m | |

表 5–13　馈管英制、公制对照表

英制单位：英寸　公制单位：毫米

| 英制 | 公制 | 英制 | 公制 | 英制 | 公制 |
|---|---|---|---|---|---|
| 4# | 2.9 | 1–5/8 | 41.275 | 4–5/8 | 117.475 |
| 5# | 3.2 | 1–3/4 | 44.45 | 4–3/4 | 120.65 |
| 6# | 3.5 | 1–7/8 | 47.625 | 4–7/8 | 123.825 |
| 7# | 3.9 | 2 | 50.8 | 5 | 127 |
| 8# | 4.2 | 2–1/8 | 53.975 | 5–1/4 | 133.35 |
| 10# | 4.8 | 2–1/4 | 57.15 | 5–3/8 | 136.525 |
| 12# | 5.5 | 2–3/8 | 60.325 | 5–1/2 | 139.7 |
| 14#/1/4 | 6.35 | 2–1/2 | 63.5 | 5–5/8 | 142.875 |
| 1/8 | 3.175 | 2–5/8 | 66.675 | 5–3/4 | 146.05 |
| 1/4 | 6.35 | 2–3/4 | 69.85 | 5–7/8 | 149.225 |
| 5/16 | 7.936 | 2–7/8 | 73.025 | 6 | 152.4 |
| 3/8 | 9.525 | 3 | 76.2 | 6–1/4 | 158.75 |

续 表

| 英制 | 公制 | 英制 | 公制 | 英制 | 公制 |
|---|---|---|---|---|---|
| 7/16 | 11.113 | 3–1/8 | 79.375 | 6–3/8 | 161.925 |
| 1/2 | 12.7 | 3–1/4 | 82.55 | 6–1/2 | 168.275 |
| 9/16 | 14.288 | 3–3/8 | 85.725 | 6–5/8 | 171.45 |
| 5/8 | 15.875 | 3–1/2 | 88.9 | 6–3/4 | 174.625 |
| 3/4 | 19.05 | 3–5/8 | 92.025 | 6–7/8 | 177.8 |
| 7/8 | 22.225 | 3–3/4 | 95.25 | 7 | 184.15 |
| 1 | 25.4 | 3–7/8 | 98.125 | 7–1/4 | 187.325 |
| 1–1/8 | 28.575 | 4 | 101.6 | 7–3/8 | 190.5 |
| 1–1/4 | 31.75 | 4–1/4 | 107.95 | 7–1/2 | 193.675 |
| 1–3/8 | 34.925 | 4–3/8 | 111.125 | 7–5/8 | 196.85 |
| 1–1/2 | 38.1 | 4–1/2 | 114.3 | 7–3/4 | 200.025 |

## 5.5 天线

天线的作用在于将地面数字电视发射机放大、经馈管传输的电磁波转换为向空间辐射的自由空间波，天线是一个能量转换器。地面数字电视发射天线种类主要有 4 偶极板组合天线、缝隙天线、一体化天线等等。各类型天线的主要技术指标有以下方面：天线工作频率，带宽，天线增益，电压驻波比，功率容量等。

天线功率容量是指天线系统所承受的最大功率，一般采用峰值功率容量和平均功率容量来衡量系统承受功率的水平。地面数字电视是用平均功率进行描述，数字电视信号具有脉冲调制的特性，有较高的峰均功率比，虽然数字脉冲调制特性出现概率低，为了确保天线系统安全运行，不能忽略数字脉冲调制特性给天线系统带来的破坏。

### 5.5.1 宽频带四偶极板组合天线

地面数字电视覆盖现阶段，地面数字电视和模拟电视采用多工技术将射频信号合成，用一幅宽带（470MHz ~ 800MHz）天线开路发射。图 5–38 为宽频带 4 偶极板组合天线具有电气性能指标好、调试简单、安装容易、操作方便及可靠性高等优点，是地面数字电视发射天线系统首选。宽频带四偶极板组合天线一般包括主馈电缆、硬

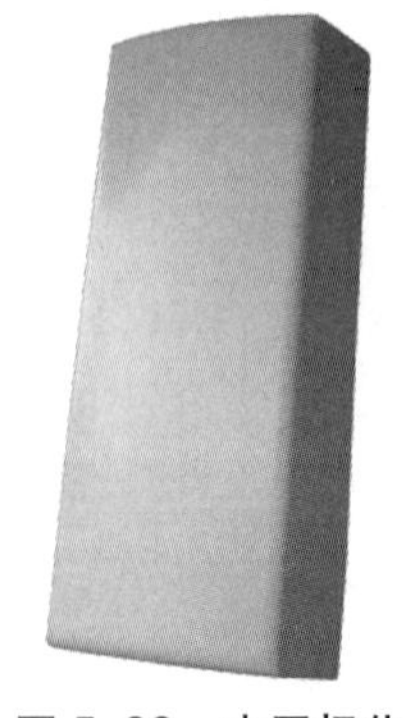
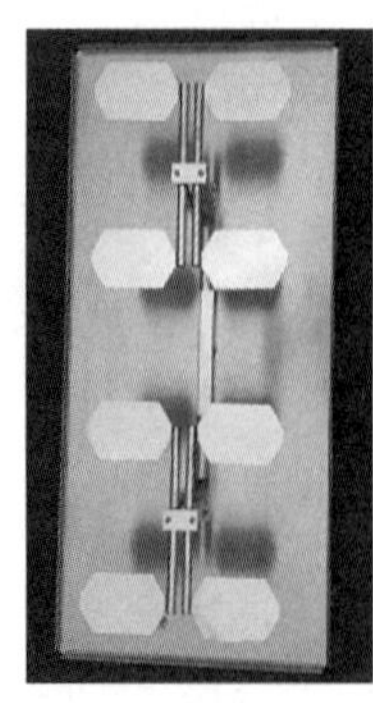
图 5–38　水平极化四偶极板天线实物照片

馈、功率分配器、分馈电缆、天线振子以及其他辅助馈电设备。选择使用四偶极板组合天线时既要兼顾模拟电视的峰值功率又要兼顾数字电视平均功率，还要充分考虑数字脉冲调制给天线带来的安全影响。

水平极化四偶极板天线系统理想安装状态（图 5–39、图 5–40）下水平面、立体方向性图（图 5–41 至图 5–43）：

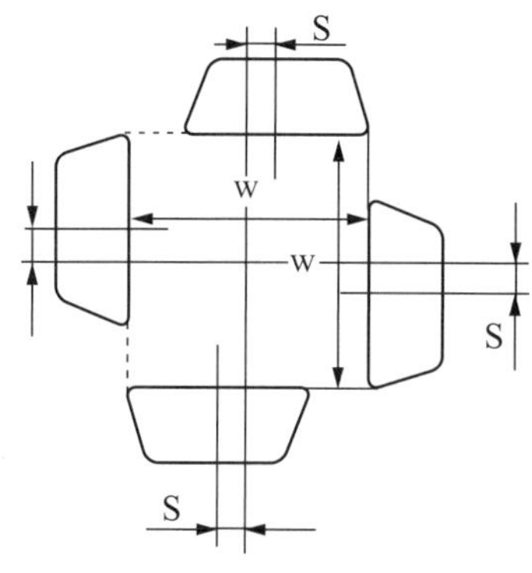


图 5–39　四偶极板天线理想安装尺寸

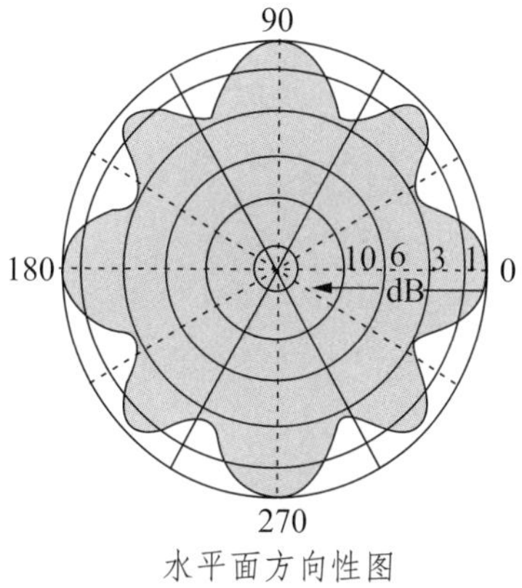

水平面方向性图

图 5–40　理想安装下水平面方向性图

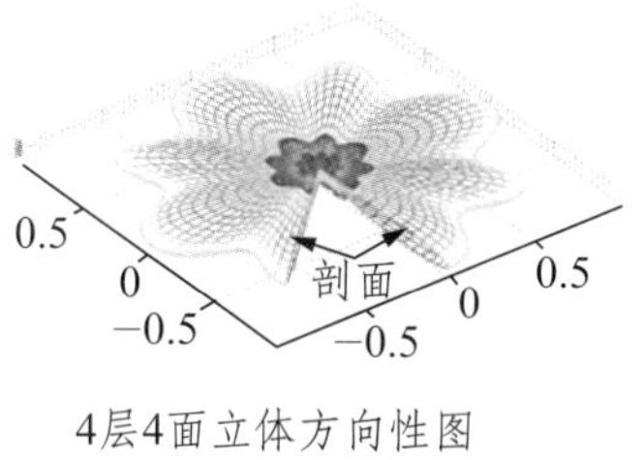

4层4面立体方向性图

图 5–41　4 层 4 面偶极板天线立体方向性图

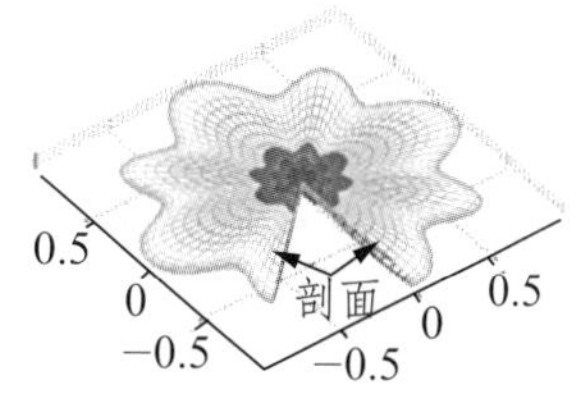


图 5–42　6 层 4 面偶极板天线立体方向性图

四偶极板组合天线系统技术参数

**1. 电气性能指标**

频率范围：470MHz ~ 870MHz

输入阻抗：50Ω

增益：G4 层 4 面＝ 12dBd；G6 层 4 面＝ 13.8dBd；G8 层 4 面＝ 15dBd；G10 层 4 面＝ 16dBd

电压驻波比：VSWR ≤ 1.08

极化方式：水平极化

垂直面主波束下倾：0.8–1°（根据发射天线有效高度，计算机优化设计）

第一零点填充：＞ 10%（计算机优化设计）

场形不匀度：＜ ±3dB

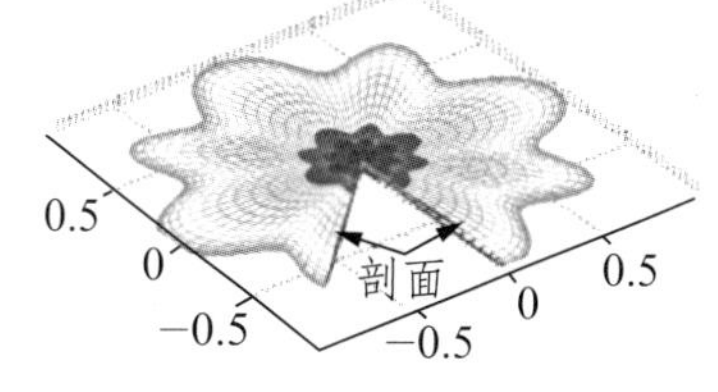


图 5–43　8 层 4 面偶极板天线立体方向性图

单元板接口：L27；L29；7/8″ EIA

系统接口：IF70–50K；IF110–50K；IF140–50K

功率容量：5Kw；20kW；40kW(数字功率)

**2. 机械性能指标**

抗风速：200km/h

工作温度：–40℃ ~ +60℃

制作材料：振子、馈电系统为黄铜，内导体为紫铜管镀银，功分器材料为精拉黄铜管，反射板、连接螺栓为不锈钢（管材壁厚不小于 1.5 毫米），变阻器输入接口为铜镀镍法兰接口，天线安装构件 A3 钢热浸锌。

接头密封施工要求：专业技术人员上塔操作密封处理。

①天线接头内放置硫化密封圈；

②天线接头安装注入防水螺纹胶；

③外包防水室外用自粘胶带；

④最后外用热缩套管热缩。

**3. 天线制造标准：**

《中华人民共和国广播电影电视行业标准 GY/T5051–94》

### 5.5.2 缝隙天线简介

缝隙天线是圆柱开缝导体的变形应用，结构原理如图 5–44、图 5–45。缝隙天线是一种谐振天线，为窄带天线，典型开缝圆柱面直径 D=0.125λ，缝宽约 0.02λ，谐振长度 L=0.75λ。

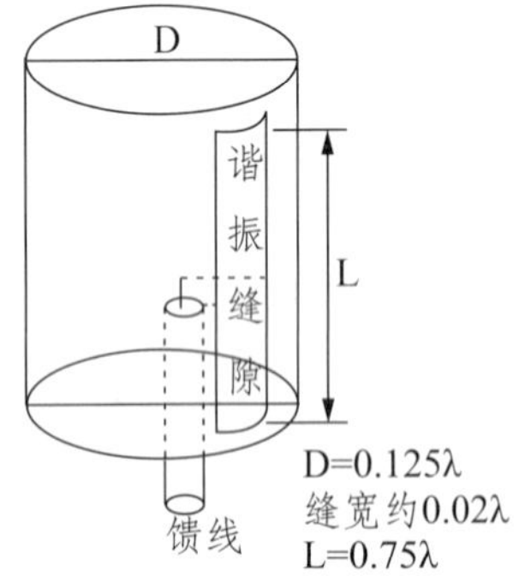


图 5–44　缝隙天线结构示意图

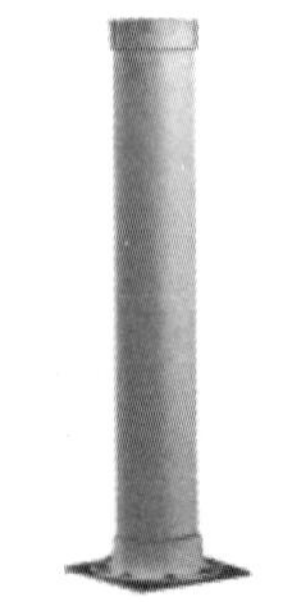

图 5–45　缝隙天线实物图

缝隙天线应用到广播电视发射中，根据覆盖要求来设计开缝数量，调整辐射场下倾角。常用缝隙天线技术参数：

频率范围：470MHz ~ 870MHz

输入阻抗：50Ω

增益：G4 缝＝ 9dBd；G6 缝＝ 10.8dBd；

G8 缝＝ 12dBd；G12 缝＝ 13.8dBd

电压驻波比：VSWR ≤ 1.10 (470 ~ 870MHz 制定单频道 )

极化方式：水平极化

垂直面主波束下倾：0.5 ~ 1°

场形不匀度：＜ ±3dB（全向）

系统接口：L27 ~ 50K；IF45 ~ 50K；IF70 ~ 50K；IF110 ~ 50K；

功率容量：1kW；3Kw；5kW；10kW( 模拟功率 )

缝隙天线结构小，安装方便，占用铁塔塔身有效位置少，信号全向辐射场型好，缝隙天线在广播电视发射中应用较为广泛。但缝隙天线也有着明显的缺点，天线按照主频道中心频率确定缝隙宽度 0.02λ、开缝长度 0.75λ，带宽较窄，仅为 20M, 只能应用到单频道电视发射，无法满足多频道多工发射的需要，发射机更改频道受到限制，不利于电视发射频道调整。缝隙天线是圆柱开缝导体，开缝的方向决定了它的极化方式只能是水平极化。

### 5.5.3 一体化天线简介

一体化天线（图 5–46）实际上是一种垂直极化偶极子组合天线，由多个偶极子板天线组成天线辐射面，功率分配器以及分配馈线、天线辐射板结构设计十分紧凑，整个组合天线用玻璃钢外罩封装起来，外面仅留出主馈线的接口，外形成一个圆柱状天线。一体化天线结构小，可以安装在发射铁塔桅杆上，在铁塔资源紧张的台站，也可以随意安装在铁塔的塔身上。

外形上，一体化天线极像缝隙天线；覆盖场型两者都能实现全向均匀辐射，很多使用者经常把两种天线混淆起来。但一体化天线和缝隙天线却有着本质的区别：

(1) 缝隙天线带宽窄，一般设计带宽 20M，只适用于单频道电视发射；一体化天线是偶极子组合天线，带宽可以到 100M 以上，有的一体化天线可以做到 200MHz 带宽。

(2) 广播电视缝隙天线极化方式是水平极化；一体化天线的极化方式是垂直极化。垂直极化电磁波抗干扰强，广泛应用于城市信号覆盖，所以一体化天线比较适合于城市周边台站安装使用。

(3) 电气特性上有区别：缝隙天线是谐振天线，摇表测试呈短路状态；一体化天线用摇表测试呈开路状态。

一体化天线技术参数：

频率范围：470–870MHz

输入阻抗：50Ω

增益：G=8dBd；G ＝ 11dBd；

电压驻波比：VSWR ≤ 1.10（100MHz）

VSWR ≤ 1.15（150MHz）

极化方式：垂直极化

垂直面主波束下倾：0.5 ~ 1°

场形不匀度：< ±3dB（全向）

系统接口：IF70 ~ 50K；IF110 ~ 50K；

功率容量：5kW；7.2kW(模拟功率)

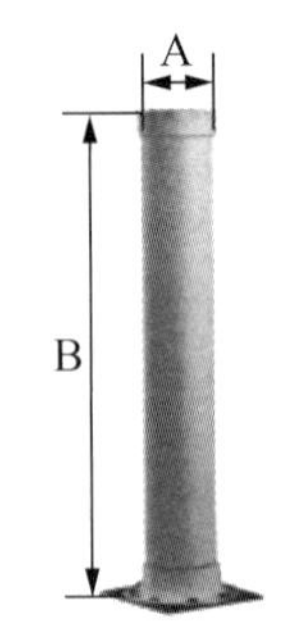


图 5–46　一体化天线实物照片

## 5.5.4 四偶极子斜极化天线简介

随着广播电视事业的飞速发展，各高山台大部分电视发射塔分米波天线的安装位置已经用完，剩下的大截面塔桅不能满足传统的单极化（水平或垂直极化）分米波四偶极子天线的安装要求，否则相邻单元的重叠信号由于时延会使场形恶化，造成多个方向信号覆盖不好，图 5–47 是相同极化的 4 偶极子天线安装于半径为 2 波长的圆周上所得到的场形，从图中可见场形很不均匀，很多方向凹陷很大。

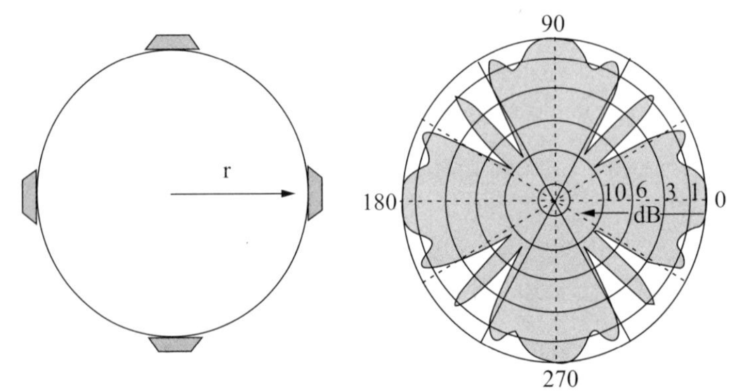


图 5–47　R=2λ 条件下四偶极子天线水平方向性图

为了克服以上弊端，国内外有设计实力的天线厂家在不停的发展创新，如南京宁光天线开发了 ±45° 斜极化四偶极子天线单元，在组阵应用时，水平面相邻的天线单元采用了不同的极化方式，这两种极化在空间是正交的，即相邻单元辐射出的电磁波的电磁场矢量在水平面的重叠区是正交的，这样就避免了电磁场矢量叠加时，由于空间相位差而引起的场形恶化覆盖效果变差的问题，这种天线配置理论上适用于任意截面的塔桅。图是 ±45° 斜极化四偶极子天线安装于直径为 20λ 塔桅上所得到的

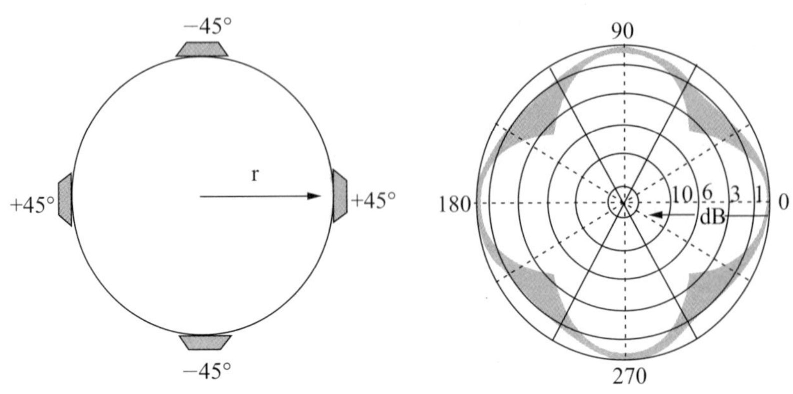


图 5–48　R=10λ 条件下混合极化四偶极子天线水平方向性图

水平场形图（图 5–48），从图中可见水平面辐射场形很均匀，不存在大的凹陷。

斜极化天线发射的电磁波在不同的角度上将呈现斜极化和椭圆极化，混合极化在水平和垂直方向都有较好的信号强度，特别适用于移动或手持终端接收。

斜极化四偶极子组合天线系统技术参数与 4 偶极板组合天线完全一致，本节不再重复。

## 5.6 湖南地面数字电视发射系统应用实践

湖南是一个拥有 7100 多万人口的中部大省，地形地貌犹如一个向北开口的马蹄，东南西部多山区，中部是湘中盆地，北部是洞庭湖平原。全省山区面积广城市化率不到 50%，省内 2000 多万户城乡居民中收看有线电视的用户约 700 万户，广大农村地区居民收看电视的主要方式是接收无线或卫星电视。传统无线模拟电视节目少，受到电磁波干扰日渐严重，收看质量越来越不好。无线模拟发射无法覆盖的偏远山区观众非法架设卫星天线收看节目，信号不稳定质量不佳。如何保障城乡居民听好广播、看好电视，建设一张湖南地面数字电视公益覆盖网，是推动中央、省、市州节目无线覆盖数字化升级的迫切需要，是提高湖南省广播电视公共服务水平的现实要求，是满足三湘四水广大人民群众精神文化娱乐生活的基本目标。

湖南省 14 个地州市，规划有 19 个骨干电视发射台站（如表 5–14），加上湖南广播电视台德雅院发射基地共 20 个台站。

**表 5–14 湖南省骨干发射台站基本情况**

| 序号 | 台 名 | 台 址 | 海拔高度 | 铁塔高度 |
|---|---|---|---|---|
| 1 | 怀化市大中坡电视转播台 | 怀化市武陵南路 9 号 | 638 米 | 76 米 |
| 2 | 冷水江电视转播台 | 冷水江市矿山乡 | 1009 米 | 60 米 |
| 3 | 郴州电视调频转播台 | 郴州市桂阳欧阳海乡泗洲山 | 1428 米 | 70 米 |
| | | 郴州市苏仙岭 | 530 米 | 90 米 |
| 4 | 怀化市 6902 台 | 洪江市雪峰镇帽子岭 | 1487m | 76 米 |
| 5 | 娄底电视发射台 | 苦竹山公园 | 209 米 | 75 米 |
| 6 | 湘西 7602 台 | 吉首花果山 | 338 米 | 75 米 |
| 7 | 湘西州羊峰山电视调频转播台 | 湘西永顺羊峰乡 | 1348 米 | 64 米 |
| 8 | 益阳电视转播台 | 益阳市回龙山 | 121 米 | 82 米 |
| 9 | 永州市铜山岭电视转播台 | 永州江永 | 967 米 | 60 米 |
| 10 | 永州市羊毛岭电视调频转播台 | 永州市零陵区南津南路 425 号 | 589 米 | 80 米 |
| 11 | 岳阳电视转播台 | 达摩岭基站：汨罗市玉池乡达峰村 | 778 米 | 62 米 |
| | | 金鹗山基站：岳阳市金鹗山 32 号 | 93 米 | 81 米 |

续 表

| 序号 | 台 名 | 台 址 | 海拔高度 | 铁塔高度 |
|---|---|---|---|---|
| 12 | 张家界微波总站 | 张家界市一碗水 | 706 米 | 85 米 |
| 13 | 常德电视转播台 | 常德太阳山 | 560 米 | 67 米 |
| 14 | 石门县电视转播台 | 石门县楚江镇二天门村 | 526 米 | 63 米 |
| 15 | 永州大华山电视转播台 | 永州市祁阳县 | 601 米 | 40 米 |
| 16 | 南岳发射台 | 衡阳市南岳 | 1296 米 | 120 米 |
| 17 | 邵阳电视转播台 | 大坡岭 | 328 米 | 120 米 |
| 18 | 湖南广播电视台覆盖传输中心 | 湖南台德雅院 | 48 米 | 210 米 |

湖南省骨干台站有着完善的基础设施，电力充足，信号传送、监控信号回传有通道，骨干高山台站技术力量强，地面数字电视安全播出有保障，充分发挥这些骨干台站具备的覆盖优势，可以实现湖南公益地面无线数字电视快速组网。再者 20 个高山台站一直有湖南广播电视台卫视频道、经视频道、都市频道、娱乐频道、电视剧频道的模拟电视发射，把数字无线和模拟无线统筹兼顾，进一步为模拟无线发射向数字化转移作足准备。充分利用全省 20 个骨干电视发射台站海拔高、铁塔资源足、电视信号辐射面广的优势，布置多频大功率（5kW）数字电视发射机组网发射，实现了数字地面电视迅速组网覆盖，快速推动地面数字电视 DTMB 向前发展。

### 5.6.1 湖南地面数字电视采用大功率多频网

湖南地面数字电视采用大功率（输出功率 5kW 以上）数字发射机多频组网覆盖。

湖南地面数字电视采用双国标模式：国标 AVS+ 作为信源编码方式；国标 DTMB 作为信道编码方式。

湖南地面数字电视选择 DTMB 第 4 种工作模式：

湖南电视素有“电视湘军”的美誉，湖南广播电视台下属湖南卫视、湖南经视、湖南都市、湖南娱乐、湖南电视剧、潇湘电影（2016 年从湖南广播电视台剥离）、湖南公共、金鹰纪实、金鹰卡通、湖南国际等公共电视频道，有湖南时尚、快乐购两个专业频道，还有先锋纪实、先锋乒羽、快乐垂钓等专业数字付费频道。湖南卫星频道、地面频道电视节目丰富，内容精彩，广受人民喜爱。模拟无线时代由于一个电视频道只能发射一套电视节目，省台很多优势地面频道受到无线频率资源的限制而无法实现全省无线覆盖。数字地面电视的发射改变这一历史，地面数字电视通过压缩编码的方式，在一个电视频道内优质传输十多套电视节目。这样更多的地面频道通过数字地面电视传输到更多的观众面前，地面数字电视扩大了省台地面频道的覆盖范围和收获更多收视群体，所有频道都希望加入到数字地面电视中来，地面数字电视发展有着广阔的发展空间。

湖南省农村人口多，数字地面电视覆盖主要针对广大农村观众，还有城乡结合部经济收入低的收视群体，湖南数字地面电视尽最大限度满足人民群众收视需求，在有限的两个数字无线频道上压缩编码中央台、湖南台等 20 多套电视节目。

在 DTMB 固定的系统净码率工作模式前提下，如何解决增加节目编码套数和保证编码画质优良之间的矛盾；根据接收机高斯信道载噪比门限、莱斯信道载噪比门限、瑞利信道载噪比门限等技术特性，如何解决增大系统净码率与扩大信号覆盖范围之间的矛盾。经过多次实验比对，湖南地面数字电视从 DTMB 信号覆盖范围、信道编码的有效带宽以及净码率、接收端信号的稳定度、接收解码器的接收门限等多方面因素来权衡，最终选择了 DTMB 七种工作模式下的第 4 种工作模式。如表 5–15。

**表 5–15　DTMB 应用第 4 种模式**

| 模式 | 载波数量 | 前向纠错 | 星座映射 | 帧头 | 符号交织 | 净码率(Mbps) | 高斯信道 | | | 莱斯信道 | 瑞利信道 |
|---|---|---|---|---|---|---|---|---|---|---|---|
| | | | | | | | 载噪比门限 /dB | 最小输入电平 /dBm | | 载噪比门限 /dB | 载噪比门限 /dB |
| | | | | | | | | VHF | UHF | | |
| 4 | 1 | 0.8 | 16QAM | 595 | 720 | 20.791 | 12.6 | –87 | –85 | 13.3 | 18.5 |

湖南省 2013 年 6 月在长沙岳麓山发射台、岳阳电视调频转播台达摩岭分台、常德太阳山转播台、郴州电视调频转播台泗洲山分台、南岳发射台安装了大功率 (5kW 以上) 数字发射机，每个发射台站配备两个地面数字电视发射频道，每个地面数字频道的有效覆盖半径在 50 公里以上。五个台站就构成了一个数字电视多频网，多频大功率网覆盖湖南省约 40% 人口。

湖南地面电视大功率多频网具有功率大、信号强、接受稳定、覆盖面广、影响远等诸多优势，推动着双国标地面数字电视的发展。

附图：湖南广播电视台地面数字电视多频网发射台站 (见图 5–49 至图 5–53)

图 5–49(左)　长沙岳麓山发射台实景

图 5–50(右)　南岳发射台实景

图 5–51　岳阳电视调频转播台达摩岭分台

图 5–52　郴州电视调频转播台泗洲山分台实景

图 5–53　常德电视调频转播台实景

湖南地面数字电视采用了六台 R&S 公司生产的 THU9 系列液冷数字发射机，两台数字 5.2kW 液冷数字发射机安装在岳阳电视调频转播台达摩岭分台，两台 5.2kW 液冷数字发射机安装在常德太阳山转播台，还有两台 2.5kW 液冷数字发射机安装在郴州电视调频转播台泗洲山分台；采用了五台大连东芝生产的 8000 系列液冷数字发射机，三台 6.0kW 液冷数字发射机安装在长沙岳麓山机房，两台 6.0kW 液冷数字发射机安装在南岳发射台。11 台发射机经过 3 年的使用，发射机运行情况都良好，覆盖区域地面数字电视信号稳定。

附 5 个站点大功率液冷数字电视发射机实物图（见图 5–54 至图 5–58）。

图 5–54　岳阳电视调频转播台达摩岭分台安装两台 R&S 5.2kW 发射机

图 5–55　常德电视调频转播台安装两台 R&S 5.2kW 液冷数字发射机

图 5–56 南岳发射台安装两台东芝 6kW 发射机

图 5–57 岳麓山发射台安装三台东芝 6kW 发射机

图 5–58 郴州电视调频转播台泗洲山分台安装两台 R&S 2.6kW 液冷数字发射机

## 5.6.2 湖南地面数字电视采用桥式多工器

由于湖南省骨干发射台站一直有模拟电视节目在播，铁塔资源有限，需要对天线数量进行限制，地面数字电视频道应与台站现有模拟频道采用公用天线播出。使用大功率多工器，实现了地面数字电视与模拟电视同址，有效地解决了新增数字发射机对机房场地的需求难题，又解决了天线对新增频道的制约，减轻了铁塔负荷降低发射台站建设成本，而且能避免用户收看数字电视时更换天线或增加接收天线带来的麻烦。

湖南地面数字电视采用桥式结构双工器，预留有宽带输入口，为多工器增加扩展性能；要求多工器工作频率可以 470–800MHz 全频段可调，极大方便了发射机频率更改和调整。

湖南地面数字电视采用桥式结构双工器，每个滤波器承受一半的窄带输入功率，额定功率更高，系统有足够的功率容量冗余，整个系统安全可靠。

以长沙岳麓山发射台为例进行重点介绍大功率多工器的应用情况：

**1. 长沙岳麓山发射台多工器系统原理图（图 5–59）**

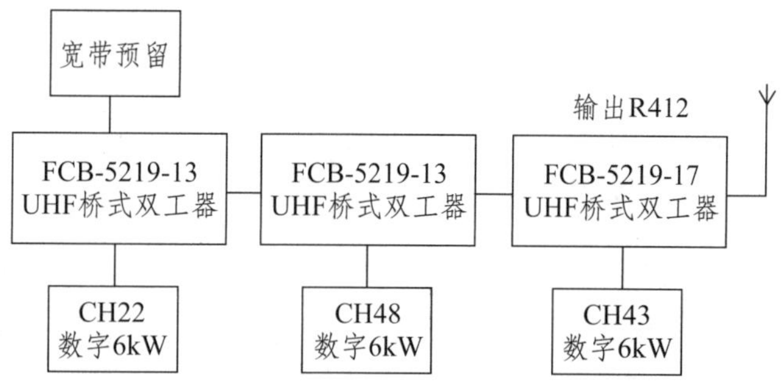


图 5–59 长沙岳麓山发射台四工器原理图

**2. 长沙岳麓山发射台多工器实物照片（见图 5–60）**

图 5–60　四工器 FCB–53194 实物照片

## 5.6.3 湖南地面数字电视使用大功率馈管

湖南地面数字电视信号与模拟无线电视信号多工使用同一根馈管进行传输，馈管型号为：HJ9HP–50(5")

安德鲁 HJ9HP–50(5") 馈管有足够的功率容量，也有良好的电气特性。湖南地面数字电视在馈管选型时，装机馈管功率容量按馈管标注功率容量乘以 0.7 的系数进行计算。

## 5.6.4 湖南地面数字电视使用四偶极板组合天线

湖南地面数字电视和模拟电视采用多工技术将射频信号合成，用一幅天线进行开路发射。湖南地面数字天线系统创新采用大功率宽频带四偶极板组合天线，组合天线既兼顾模拟电视的峰值功率又兼顾数字电视平均功率，还充分考虑了数字脉冲调制带来安全影响。工作频率 470–800MHz, 功率负荷为 60kW（模拟）。湖南地面数字电视天线系统具有电气性能指标好、调试简单、安装容易、操作方便及可靠性高的优点。

应用实例：长沙岳麓山发射台 10 层四面四偶极板天线

长沙岳麓山发射台采用 UHF 四偶极板电视发射天线（10 层 4 面、60kW），安装于发射塔 40 米处。

**1. 天线组成**

图 5–61 为：

UHF 水平极化四偶极板天线单元（U–01）　40 片

7/8″ 分支电缆　40 根

50∶50 / 4 功率分配器（含六螺钉调配器）　1 套

50∶50 / 10 功率分配器（含 –90° 移相器）　2 套

50∶50 / 10 功率分配器　2 套

天线安装件　1 套

天线单元

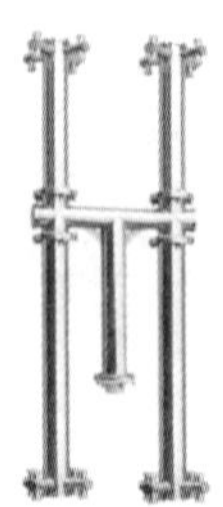


图 5–61　天线单元与功率分配器实物照片

**2. 天线系统水平（图 5-62，图 5-63）与垂直面方向性图（见图 5-64、图 5-65）及计算机计算结果**

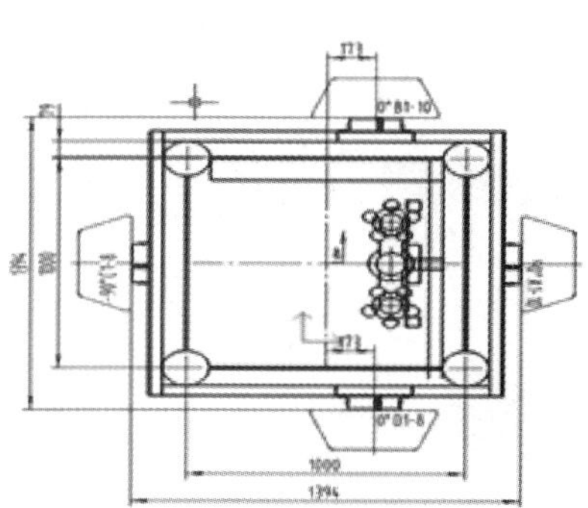

图 5-62　天线水平安装施工图

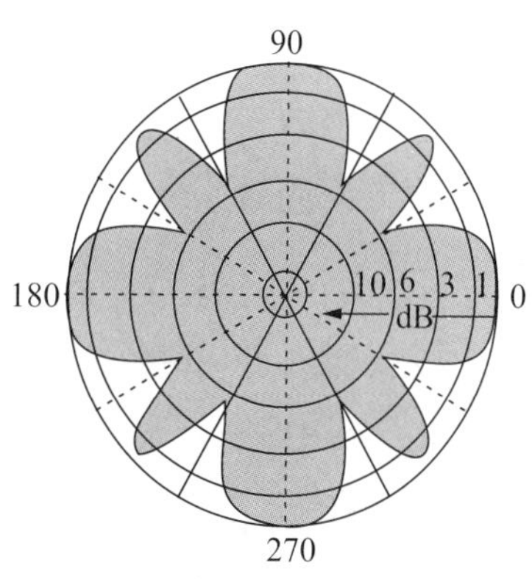


图 5-63　天线水平面方向性图

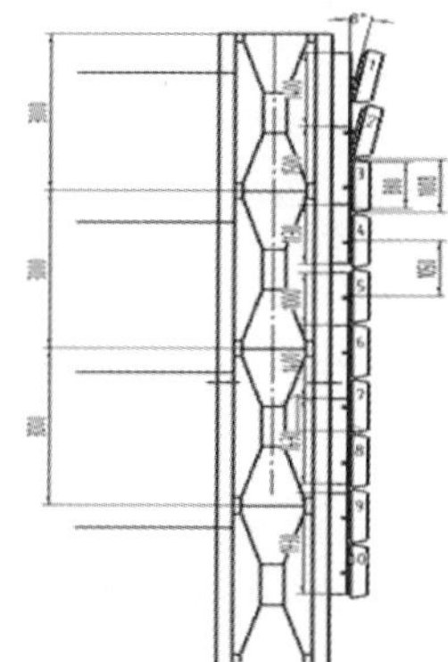

图 5-64　天线垂直安装示意图

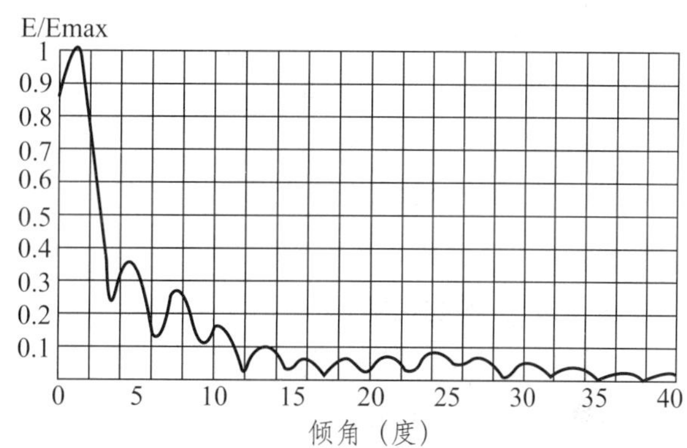


图 5-65　天线垂直方向性图

**3. 长沙岳麓山发射台四偶极板天线驻波比测试图（如图 5-66）**

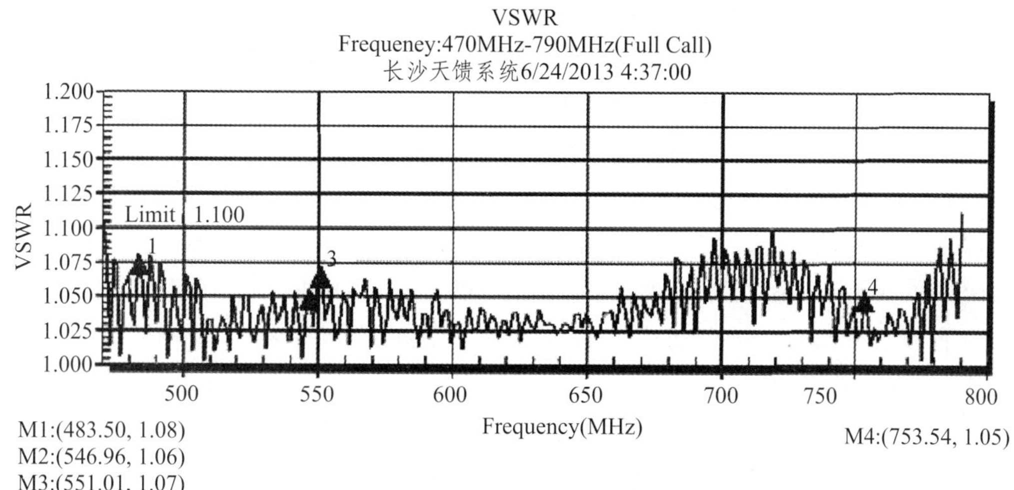


图 5-66　四偶极板天线驻波测试图

**4. 长沙岳麓山发射台覆盖场型实测图（见图 5-67）**

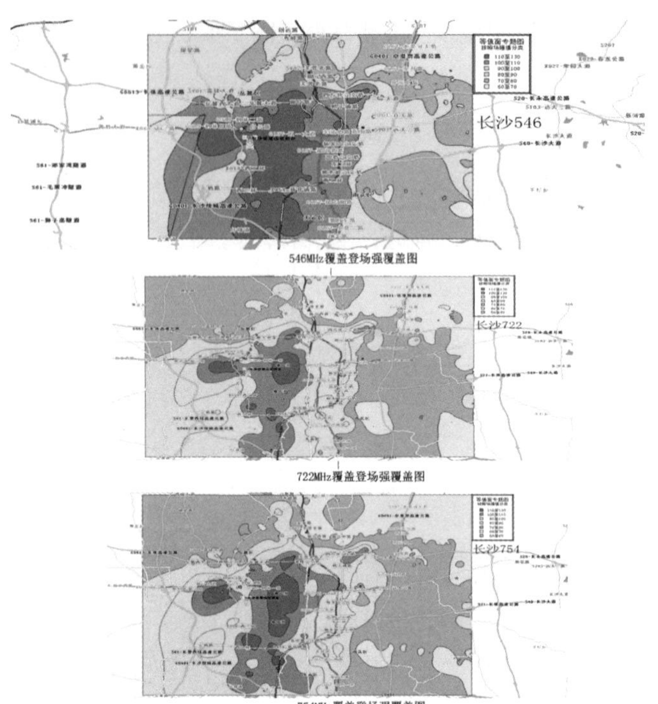


图 5–67　长沙岳麓山发射台多频道覆盖场型实测图

## 5.6.5 中央广播电视节目无线数字化覆盖工程方案简析

中央广播电视节目无线数字化覆盖工程于 2014 年 12 月 30 日正式启动，技术方案由国家新闻出版广电总局于 2015 年上半年发布。总体而言，技术方案主要考虑搭建采用基于卫星传输链路的地面数字电视单频网，即在节目传输过程首先对中央电视节目进行加密，然后再利用卫星传输链路将加密节目码流高效快捷地传输至全国各个发射台站，最后，各发射台站基于直接解扰解密后的卫星传输节目码流组建省级或区域性地面数字电视单频网。相对传统的地面数字电视单频网而言，无论是在组网方式上，还是在设备功能和性能指标上，中央覆盖工程均提出了更高更严的要求。

**1. 频率规划**

为了兼顾全国各省、市、区开展本地地面数字电视广播业务的需要，在中央覆盖工程实施过程中，12 套标清中央电视节目被打包复用成 2 路 TS 码流，分别在 2 个不同的地面数字电视频道中进行播出。在播出中央电视节目的同时，各地则可根据每个频道中中央电视节目的配置情况，结合本地电视节目播出的需求，插入适当数量的本地节目。

技术方案主要采用了“以省级单频网为主，区域单频网或多频网为辅”的地面数字电视组网思路，并相应地为每个发射台站规划了 2 个地面数字电视频率，确保中央覆盖工程的顺利实施。从方案思路上看，这样的做法可以有效节省频率资源。但从实际而言，由于我国地面电视发展现状以及模数同播的需要，当前我国的无线广播电视频率资源非常紧张，在进行工程频率规划时，一些地方往往难以找到某一个相同的频率来实现单频网，因此在工程实践中，也出现了“以多频网为主，单频网为辅”的情况。以湖南省为例，湖南省中央无线覆盖工程一期规划建设改造 82 座电视发射台站共 164 台数字电视发射机，采用了多频网为主的规划思路，80 座台站规划建设多频网，仅两座台站为单频网，这便是一个因地制宜的例子。

**2. 节目传输链路**

中央覆盖工程采用卫星作为中央节目的主用传输链路，各发射台站可基于直接接收来自卫星的中央节目码流完成省级或区域性地面数字电视单频网 / 多频网的组建。这样做的目的，主要是考虑到地面数字电视网络的建设成本。由于技术方案主要是考虑单频网的搭建，因此首先就需要确保到达各个发射站点的节目保持同步。如果由各省、市、区自行解决覆盖每个发射台站的、统一的节目传输链路，那么将会需要投入大量的建设资金，经济性极差；而由国家统一提供卫星信号，则省去了信号链路的大量基础设施投入，具有极高的经济性。同时，为了保护中央电视节目的版权及确保中央电视节目传输的安全性，本次中央覆盖工程的信号传输过程，采用加密传输的方式，即中央电视节目加密后通过卫星链路传输到各个发射站点，各个发射站点对接收到的卫星信号进行解调解密得到 TS 码流，然后进行调制发射。

此外，根据技术方案，各省、市、区若需在本地插入节目，此时就无法使用卫星作为节目传输链路，需要启用本地的节目传输网络，将插入本地节目后的 TS 码流统一传输到各个发射站点，然后再进行调制发射。以湖南省为例，计划在本地加入 5 套省级电视节目，1 套市级电视节目和 1 套县级电视节目，那么便需要分别考虑省、市、县三级电视节目的传输链路搭建。实际上，在实际工程规划及建设中，由于湖南各地经济条件及台站基础设施建设水平的差异，本地节目传输是通过综合利用有线电视光缆、数字微波、通信网 IP 链路以及差转等多种方式得以实现，因而湖南省的工程一期技术实施方案亦较为复杂。

**3. 节目信号的加扰与解扰**

中央覆盖工程的地面数字电视单频网，在节目传输过程中增加了加扰加密和解扰解密环节，并且加扰加密在单频网适配之前，解扰解密在地面数字电视发射机调制之前，从而对地面数字电视单频网的组建提出了新的更高要求。为了确保中央覆盖工程地面数字电视单频网的成功构建，包括加扰复用器、单频网适配器、卫星调制器、卫星链路、卫星解调解扰器在内的整个 TS 码流传输链路必须满足“透明传输”的要求。因此，解决 TS 码流先加扰加密、再适配传输（单频网适配 + 卫星传输适配）、最后解调解扰解密的端到端“透明传输”是中央覆盖工程地面数字电视单频网技术方案的难点和关键所在。简言之，中央覆盖工程中所采用的单频网适配系统除了实现在对前端输入的 TS 码流中插入秒帧初始化包（SIP 包）和码速率适配外，还增加了 SIP 包的 CRC 校验、更换输入码流中空包及适配插入空包的格式、TS 码流输出保持等等功能。从工程实践角度看，各省级以下建设单位主要是负责地面数字电视发射系统及附属设施搭建，因此本节不再赘述节目信号加扰与解扰细节，有兴趣的读者可自行参阅相关资料。

**4. “透明传输”**

在前文中，多次出现“透明传输”这一概念。所谓“透明传输”，是指在传输过程中，传输链路对传输信息而言，只起到传输通道的作用，而不对信息做纠错、编码等任何形式的处理，传输链路仅仅只是单纯进行信息传递而已，就像是对外界“透明”的。事实上，中央覆盖工程节目 TS 码流在传输过程中是无法严格实现 TS 码流真正的透明传输的，原因就在于 TS 码流的加扰加密和解扰解密。地面数字电视单频网适配器输出的 TS 码流是经过加扰加密的码流 A（含 SIP 包），而在码流 A 送入地面数字电视发射机之前，需要先经过解扰解密变为码流 A'，而 A 与 A' 内容不同，传送的数据发生了变化，自然谈不上是“透明传输”。但是，为了保证地面数字电视单频网的成功搭建，要求送入各地面数字电视发射机的 TS 码流应保持完全一致，即码流中 TS 包的内容和顺序完全相同，且包含标准间隔的 SIP 包，此种情况下，工程技术人员也将其视为“透明传输”。

**5. 中央广播电视节目无线数字化覆盖工程单频网发射系统简析**

由于采用基于卫星传输链路的地面数字电视单频网组网技术方案，因此，中央覆盖工程的地面数字电视单频网发射系统与传统的地面数字电视单频网发射系统略有区别。一是对激励器技术要求有所变化，主要是：发射机将 SIP 包更换为标准的 TS 空包（与传统单频网处理方式相同）后，还须将检测到的特定填充的单频网适配数据包替换为标准的 TS 空包，然后再进行编码调制发射。此外，当发射机检测到输入的 TS 码流中不包含 SIP 包时，将及时从单频网模式切换到多频网模式继续工作，保证在单频网处于失步状态时，所有非重叠覆盖区仍可有效覆盖，避免大范围停播，提高了安全播出的可靠性。这部分更多技术细节不再详述，有兴趣的读者可自行参阅相关资料。

中央广播电视节目无线数字化覆盖工程地面数字电视发射系统主要包括地面数字电视广播激励器、地面数字电视广播发射机、地面数字电视广播直放站、发射天线等。一般地，发射机主要用于县级以上电视台站的地面数字电视信号发射，而直放站多用于乡镇广播电视站的小功率（多为 50W 及以下）地面数字电视信号发射。从工程建设实践出发，以下简要介绍中央覆盖工程地面数字电视发射系统中的激励器、发射机和天线设备的构造。

（1）激励器

本次中央广播电视节目无线数字化覆盖工程招标中要求两种形式的地面数字电视广播激励器：通用地面数字电视广播激励器和支持基于卫星传输的单频网的地面数字电视广播激励器。

（2）发射机

发射机将输入的 TS 流信号，通过激励器进行信道编码调制，成为符合地面数字电视标准的数字基带信号，再直接上变频调制为射频信号，逐级进行放大，最终达到满功率输出。地面数字电视广播发射机一般由数字电视激励器、发射机控制器、切换放大器、功率放大器、开关电源、数据采集单元、功率分配器、功率合成器和输出同轴器件等部分组成。中央广播电视节目无线数字化覆盖工程普遍采用小功率风冷数字发射机，还对 300W 以上地面数字电视发射机的整机效率提出了明确要求，发射机的功放设计主要采用 NXP–BLF888B、

NXP–BLF888D、飞思卡尔 MRF6VP3450H 这三种 Doherty 配置的功放管，整机效率达 20%以上，达到数字覆盖高效节能的目的。

(3) 发射天线

以湖南省中央覆盖工程为例，工程实践中，常用的 UHF 频段地面数字电视发射天线主要有 4 偶极板天线和缝隙天线。

①四偶极板天线

四偶极板天线为发射台站最常用的一种天线形式。天线为水平或垂直极化，单片天线增益约为 10.5dBd，四偶极板天线具有以下特点：

1) 频带较宽，可实现分米波段全频段播出，便于该频段两个或多个频道自由组合实现双工或多工播出。

2) 承载功率较大，单片天线最大承受功率约 0.5kW（数字），天线可单片定向发射，也可多片组合实现不同的场形覆盖要求。天线的功率容量与天线的片数和功率分配系统有关，在湖南省中央数字电视覆盖工程中，四层四面天线系统、六层四面天线系统均有大量应用。

3) 天线系统下倾角、零点填充等可根据需要进行调整，且调整方式灵活，可进行电气调整、也可进行机械调整，也可以两种方式结合起来使用。

4) 占用天线桅杆直线段的空间较大，在制订工程技术实施方案时需要对各个任务台站的铁塔空间进行详细了解。

②缝隙天线

缝隙天线在湖南省中央覆盖工程建设中有少量采购，主要在个别不需要多工发射的台站，以及需要备份天线的台站有所应用。缝隙天线是较常见的一种天线形式，天线极化方式为水平极化。该天线优点是重量轻，体积小，便于安装且成本低廉，不需要专门的桅杆直线段，可安装在铁塔顶部、平台上以及主柱上等。该种天线形式缺点也比较明显，频带宽度比较窄，基本只适用于单频道发射。

数字电视发射机、天线等在本章多节均有讲述，这里不做过多分析。

湖南地面数字电视的两个显著特点：一是用大功率多频网与同频网相互配合的方式解决覆盖面的问题；二是用小功率发射机组成单频网的方式提升覆盖率。这种从工程实践总结出来的构建模式体现了原则性和灵活性的统一：1)、在现有条件下始终将频率规划及利用效率置于特别重要的地位，能“同”不“多”；2)、尽可能规避工程建设中即便花大量金钱与时间也不能很好解决的 3 个以上发射基站交叉覆盖区同频干扰的难题。单频网（SFN：Single Frequency Network）由多个位于不同地点、处于同步状态的发射机组成的地面数字电视覆盖网络，网络中的各个发射机以相同的频率、在相同的时刻发射相同的（码流）已调射频信号（比特），以实现对特定服务区的可靠覆盖。同频率、同时刻、同比特 3 个条件是构建单频网的充分必要条件。

### 5.6.6 湖南部分县（市）M–SFN 实验网构建简析

湖南从 2009 年开始在代表湖南平原、丘陵、山地等多种地形地貌特点的部分县（市）开展基于“AVS+DTMB”的“双国标”地面数字电视覆盖网的试点，探索以 M–SFN 为主的组网模式，在暂不具备条件的区域用 2 组频率交叉隔离、每组频率组建一个同频网的方式实现针对性极强的高效率覆盖。

湖南 M–SFN 实验网采用“AVS+DTMB”技术标准组建，通过几年的工程实践和运维管控为区域内同频网的组建和运维积累了宝贵经验。下面从信源处理、链路传输、基站设备选型与功率控制等几个方面简析湖南 M–SFN 的组网理念。

**1. 省级区域性单频网的信源处理**

湖南部分县（市）地面数字电视单频网按省级总前端和县（市）级分前端两级平台来构建，总前端完成所有分发至分前端的公共节目的 AVS+ 编码并打包形成 5 个 TS 流，5 个分发至各地的 TS 流中 4 个 TS 流按每个流 12 套节目打包，第 5 个个 TS 流按 8 套节目打包，为在县级分前端汇入当地县（市）预留空间。

公共节目全省集中编码不仅可节省大量编（转）码设备的投入，而且为利用不包含本地节目的 4 个 TS 流组建 M–SFN 网解决了同比特的问题。第 5 个流因需插入不同的县（市）本地节目，不同源的信号无法组建单频网。节目源采用总局省局要求的中央升级节目加部分地方节目，节目套数为 60 套。

（1）小功率单频网省总前端技术架构（见图 5–68）。

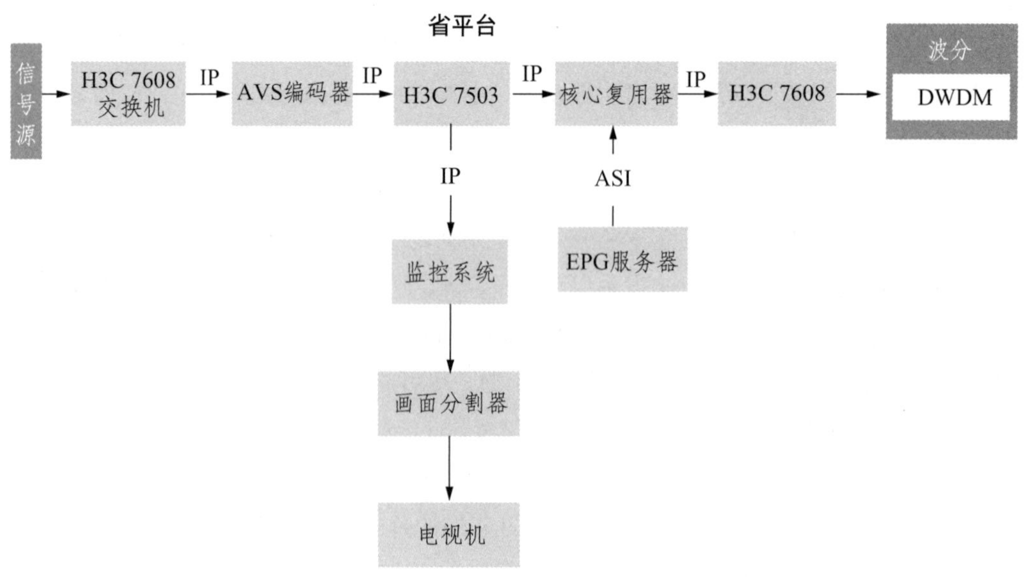


图 5–68 湖南 M-SFN 实验网省总前端技术架构原理图

特点：

①省级总前端的搭建不仅节省大量昂贵的编转码设备投资，而且为条件具备时构建全省 M–SFN 网解决共源同比特的问题；

② AVS 编（转）码的信号源可为带 ASI 输出口的卫星接收机或有线 MPEG–2 信源；

③系统实际组网用上海国茂 4 路编码器加数码视讯 EMR3.1 复用平台；

④单节目码流大小的设置受制于规划的单频点容纳节目数及后续调制模式的带宽，需插入市县本地节目的码流大小需预留本地节目插入所占带宽。

（2）县（市）分前端技术架构（如图 5–69）

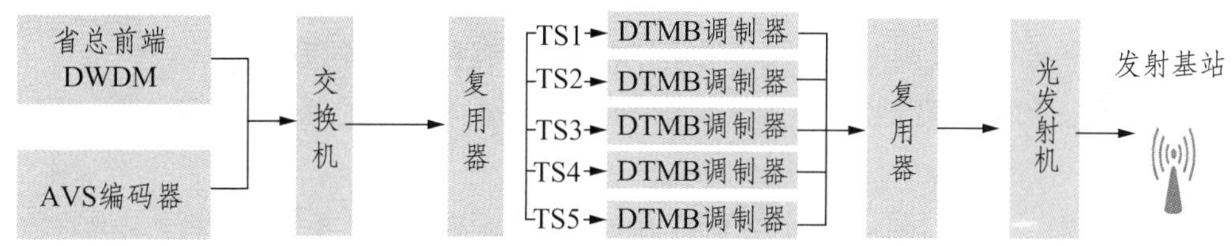


**图 5–69 MSFN 网县（市）架构原理图**

特点：

①激励器从通常的发射基站前移至县分前端，在节省激励器投资的同时为县（市）区域内同频网组建解决频率同步问题；

②信号从总前端 DS3 适配到传输到分前端接收和复用各环节，除一路需插入本地节目的码流外，其余各路码流均实现“透传”，解决了全省范围内组建同频网信号源比特相同的问题；

③同一县（市）各基站信号完全共源，各基站同频率同比特，做同频网只需考虑不同基站交叉覆盖区的时延同步；

④不同县（市）各基站本地节目所在频点因比特不同不能组建同频网，其余各频点可组建同频网，但需考虑频率相同和时延同步。

**2. 基站设备选型**

组建 M–SFN 基站有两种方式：① N 个频点用 N 台 8MHz 单道机发射，然后进行功率合成，用 1 台做应急自动切换，这样的基站叫“N+1”基站；②先将从激励器出来的 N 个频点 RF 信号用混合器混合，混合后的信号送带宽大于等于 8N 的宽带发射机，这种方式在频率较充裕、经济欠发达的海外一些国家应用较多。

“N+1”的多频道单道发射系统，存在以下问题：

（1）由于多台发射机通过功率合成器进行功率合成，系统在连接上的复杂性，需要更大的发射功率来抵消连接所带来的插损，造成了能耗上的浪费；

（2）多台发射机和功率合成器的使用，增大了系统集成的成本；

(3) 功率合成器由于制作技术的限制，满足系统使用邻频发射的技术需要较困难；

(4) 在 SFN 优化需要调整频率时、季节更替时，需要重新调整、校正功率合成器的相关指标，增加后期工作量。

为了解决以上问题达到更好更快发展地面数字电视事业，在 UHF 频段内，多个频道采用一台发射机同时发射组建区域性 M–SFN，可节省组网成本和时间，该方式成为在具有连续频点可用且经济欠发达的海外一些国家的首选。宽带发射机组网技术在国内外已得到了成功应用，其优势在于：

(1) 在发射机前采用小功率多路合成方式，可以在一个前端系统中输出多个邻频（或隔频）的射频信号。使得 M–SFN 组网时，整个网络可以共用相同的激励器，系统的射频信号达到了高度的一致性，无频率、相位、电平等的偏移，有利于组建 M–SFN。

(2) 高度一致的射频信号源，有利于宽带射频延时技术充分的发挥，保证了 M–SFN 的覆盖效果。

(3) 在多谱广播方式中，宽频带发射机组网技术方案可以省去多工器成本，并且提高多谱频率合成的效率和质量。

(4) 彻底解决了多频道合路输出时由于频谱间频率漂移问题所造成的频道间信号干扰问题。

(5) 由于采用射频延时校正技术，使得多频道发射系统构成 SFN 在工程上变为可实现，同时 M–SFN 系统抛开 GPS 建立自己的同步系统也变得可能。

(6) 抛开传统发射系统使用的功率合成器，大大减少了系统连接上的插损，在保证同等覆盖效果的同时，可以大幅度降低发射功率，节约了投资成本和运营成本，有利于产业的发展。

(7) 宽频带发射机组网技术方案采用宽带射频发射，使得多点小功率布点覆盖成为可能，使得大规模网络覆盖变得更为稳定、可靠、易于维护。宽带发射机组网技术方式使得广电地面数字电视区域性组网中随时进行频率优化调整变为可能。

宽带发射机在国内的应用受到无足够多的连续干净频点可用的限制。

宽带机除功放模块和滤波器的带宽有别于单道机外，其构成与单道机基本相同，下面以厂家的 1kW 单道机的工作原理图（图 5–70）为例简要说明发射机的工作流程。

本机采用交流 380V 供电，交流 380V 进入发射机柜后，由配电单元（分线排、交流接触器、固态继电器等）分配成所需的交流 220V，供给各用电单元（风机单元、总显控单元、激励单元、国标数字地面电视广播激励器、400W 功率放大器等）。交流 220V 由三台开关电源（CP2725）变为 DC48V 和 5V 两路，四路 48V 直流均流汇集后给末级 400W 功率放大器供电；5V 备用。

含有数字电视信息的数码流（TS）送入 XG913G01 国标数字地面电视广播激励器，激励器内本振有一个低相位噪声的 VCO，以保证混频后相位噪声能满足数字电视的要求。本设备在多频网工作时采用高稳定度高精度的恒温晶振，而在单频网工作时则外接 10MHz GPS 信源的作本振频率锁定源。混频后的信号经频道滤波器送出，再经过 XGPA10D 线性激励单元输出，以推动末级线性功率放大器。

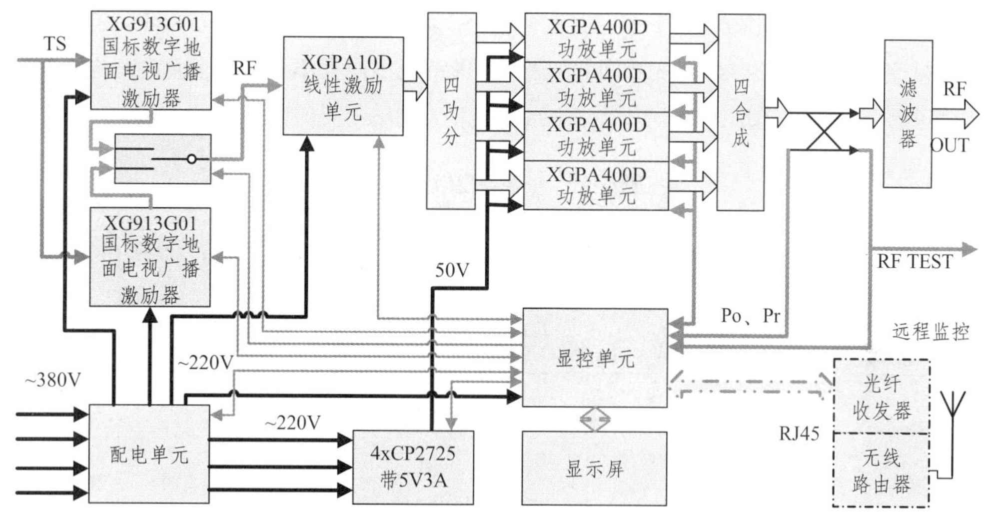


图 5–70 1kW 发射机工作原理图

整机内先将 XGPA10D 线性激励单元的推动功率一分为四，经 4 个线性功放模块放大后再进行四合为一，总合成功率达到 1000W 额定功率值。线性功放模块采用工作在甲乙类状态的 LDMOSFET。因此具有高增益、高效率、高线性的特点。

400W 功放单元有电流检测及保护、RF、VSWR 检测及保护、温度检测及保护。

**3. 基站功率控制**

要解决两个或两个以上基站交叉重复覆盖区的同频干扰，需从方案设计阶段就开始考虑交叉覆盖区接收终端能否稳定接收的问题。发射功率大小、发射天线的选择和天线倾角的调整、接收天线的前后比隔离、极化方式的隔离、射频时的调整是解决交叉覆盖区同频干扰的常用手段和方法。工程实践告诉我们：对于模式 4 的 16QAM 单载波信号，如果 A 信号比 B 信号高 10dbuv 以上，接收终端能正常解调接收 A 机基站的信号；机顶盒接收终端接收多个不同基站的时延落在机顶盒允许的保护间隔（如 64us），不会影响机顶盒的正常接收。

实际覆盖工程中，受传统模拟发射机峰值标称功率的影响，我们在选择以平均功率为标称功率的发射机时往往选择的发射功率远大于实际需要。特定区域的有效覆盖需综合考虑覆盖需求、地形地貌、基站建设成本、基站电耗与其他运维成本等因素通过计算来科学合理选择功率大小。没有形成有效覆盖的覆盖范围越大越不利于后期补点基站的建设。为降低建造成本，小于 500W 的小功率发射机常选用偶极子板状天线或一体化缝隙天线。

**4. 县（市）工程案例**

同频网的组建能在节省频率的同时解决深度覆盖的问题，但在实际工程中需科学规划并灵活应用。如何在有条件的地方建站完成同频网的建设并且最大限度的减少干扰区？下面以湖南常德安乡县的“同频网 + 多频网”的建设为例阐述湖南省“能同不多，不能则多”的组网理念。

**5. 设计条件及电测情况**

根据安乡县电测情况，在安乡南北狭长的50km范围内找不到4个连续频道构建M–SFN经综合考虑，在频率选定作如下选择，安乡县发射台如表5–16。

表5–16 安乡县发射台的信息

| 序号 | 发射台名称 | 地理坐标 | 海拔高度 | 发射功率 | 极化方式 | 发射塔高 | 信源传输 | 备注 |
|---|---|---|---|---|---|---|---|---|
| 1 | 县广电局发射基站 | 29° 25'5.40" N<br>112° 9'52.86"E | 34m | 1000W | 水平 | 75m | 前端射频信号 | 2011年9月建设完成 |
| 2 | 黄山头发射基站 | 29° 53'14.52"N<br>111° 18'4.68"E | 239m | 1000W | 垂直 | 30m | 具有光纤线路 | 2011年11月建设完成 |
| 3 | 康乐村发射基站 | 29° 14'17.76"N<br>112° 13'3.72"E | 38m | 500W | 垂直 | 60m | 具有光纤线路 | 2013年3月建设完成 |

因安乡县频率复杂，我们在三个发射点共使用了二组频率，分别如下：

(1) 县广电局发射基站和康乐村发射基站使用4个频点进行覆盖，发射频点：DS45(770MHz)、DS46(778MHz)、DS47(786MHz)、DS48(794MHz)，构建M–SFN同频网，发射天线采用极化隔离；

(2) 黄山头发射基站如图5–71，因海拔高与其他2基站覆盖区重叠面大且在北部可用的4个频点在南部有些频点存在同频干扰，拟使用另外4个频点进行覆盖，发射频点：DS37(706MHz)、DS38(714MHz)、DS39(722MHz)、DS42(746MHz)，与另外2基站构成多频网。

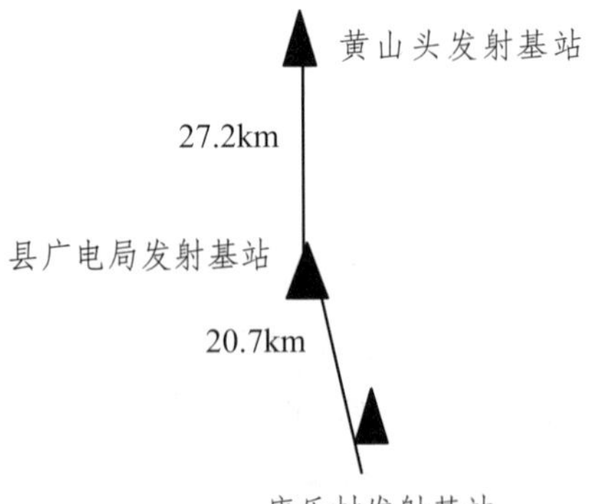

黄山头发射基站
27.2km
县广电局发射基站
20.7km
康乐村发射基站

图5–71 安乡县发射基站分布示意图

**6. 系统设计思路**

安乡县的地势特点：安乡县地处洞庭湖平原北部，整体地势较平，一般海拔29 ~ 36米，县境内地丘陵、平原、水域都有，地势自东北向西南倾斜，北境黄山，岗丘起伏。

在丘陵、平原、水域并存的地形为条件下要实现域内90%以上区域的有效覆盖是仅高北部唯一的高山黄山头基站是不现实的，况且境内居民喜欢在自己房前屋后种植冲天杨树，很多杨树的高度已经超过房子的高度，这种情况会阻碍信号用户的接收，针对其特殊地形及接收环境，设计提出采用南中北3个发射机来实现90%以上区域覆盖的目标。

安乡县地面数字电视发射系统的信号工作流程叙述如下：安乡县分前端接收省前端下

传的信号并添加本地节目，经处理后输出 TS 码流信号。通过 DTMB 调制器将 TS 码流信号调制成数字 RF 信号，经频道混合器输出宽带 RF 信号，宽带 RF 信号经光纤传输网络传输至各发射站点，各发射站点的发射机将信号功率放大后，经天馈系统对用户进行覆盖。系统设计框图如下图 5–72 所示：

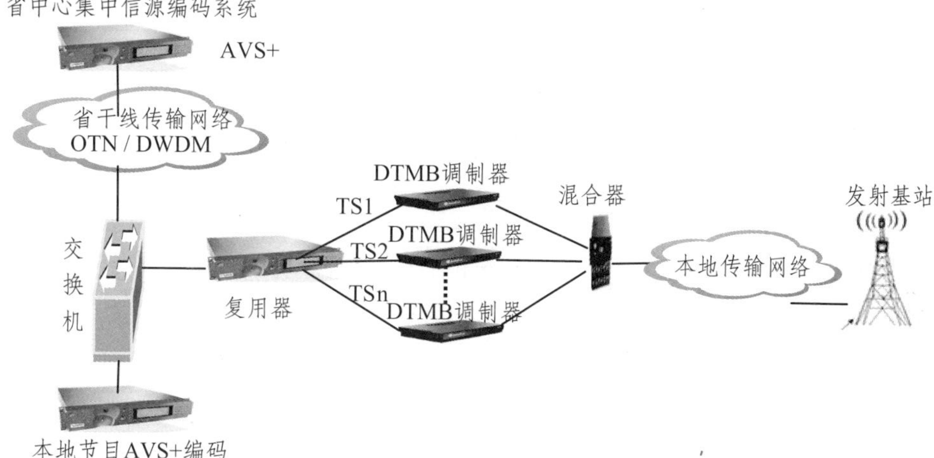


图 5–72　安乡县 M–SFN 前端编码传输系统方框图

**7. 理论计算**

衡量数字电视地面传输系统传输质量的主要指标是接收灵敏度和接收载噪比 C/N，DTMB（C=1）常用模式传输指标如表 5–17 所示。

表 5–17　DTMB 常用模式传输指标

| 工作模式 | 调制方式 | 传输速率（Mbps） | 最小信号接收电平（dBm） | 接收载噪比（C/N） |
|---|---|---|---|---|
| 低码率 | 4QAM–NR | 5.198 | –99.82 | 1.7 |
| 中码率 | 4QAM | 10.396 | –95.88 | 5.7 |
| 高码率 | 16QAM | 20.791 | –89.47 | 12.7 |
| 甚高码率 | 32QAM | 25.989 | –85.91 | 15.6 |

本方案采用 DTMB(C=1)16QAM 的调制模式。

5.5.3.1 链路预算

(1) 信号传输系统 C/N 计算公式为：

$$C/N = PT - LT + GT - L0 + GR - LR - Nf - Pn - n - Fm$$

式中：

*PT* 为发射机每频道的输出功率；

LT 为发射机至发射天线的传输损耗，含频道合成器的损耗、传输波导的损耗、连接跳线的损耗以及多发射天线方案中功率分配器的损耗等；

GT 为发射天线增益；

L0 为电波自由空间传输损耗，其计算公式为：

$$L0 = 32.44 + 20\lg d + 20\lg f(\text{dB})$$

式中，*d* 为接收点与发射天线间的距离 (km)，*f* 为传输的微波频率 (MHz)。

GR 为接收天线增益；

LR 为接收天线至下变频器的传输损耗；

Nf 为接收下变频器的噪声系数；Pn 为热噪声功率电平；

由于收发设备、连接器、天线和馈线等标称精度和调整误差影响，在设计中要预留的通道损耗裕量，称为现场系数，一般选取 n ＝ 2dB ；

Fm 为衰落储备。

衰落储备 (Fm) = 接收电平 (Pr) – 门限电平 (PL)

实践证明，在传输距离小于 10km 时，一般可不考虑衰落储备（水面、稻田除外）；传输距离在 10km ~ 60km 范围内，衰落储备可取 1 ~ 6dB（漫反射地形除外）。

整个传输系统的载噪比（C/N）为：

$$C/N = -10\lg [ \sum i =1, n\ 10 - ( C / Ni / 10 ) ]$$

(2) 接收电平 PR ( 接收灵敏度 ) 与 C/N 的关系如下：

$$PR = C/N + Pn$$

式中，Pn 为热噪声功率电平

$$Pn = 10\lg K + 10\lg BW + 10\lg T$$

式中：

K 为波耳兹曼常数 1.38 × 10 –23 J/K；

T 为绝对温度，在 20° C 时 T ＝ 293K；

BW 为等效噪声带宽, 以 7.61MHz（8MHz 信道带宽）代入公式得:Pn=–135.2dBW=–105.2dBm

**8.1000W 宽带发射系统设计（如表 5–18）**

选用 T1000 数字宽带发射机（室内型），发射频率范围：766 ~ 814MHz（每频道带宽 8MHz），带内 786MHz 频点不可用，预留 2 个频点，发射 4 个频点，总功率 1000W/60dBm，每频道发射数字功率 250W/53Bm；

发射天线选用 UHF4 偶极子天线 , 标称增益 : 11dBi；

固定接收天线增益：5dBi；

传输馈线及接头损耗：3dB；

噪声系数：5dB；

表 5–18 DTMB1kW 发射机覆盖数据表

| 传输系统 | 已知条件（设备参数） | | 接收距离（公里） | 传输损耗 (dB) | 接收电平 (dBm) | 接收载噪比 (C/N) |
|---|---|---|---|---|---|---|
| DTMB 地面数字电视发射系统 | 发射功率（PT） | 53Bm | 1 | 90.44 | –41.94 | 63.26 |
| | 发射天线增益（GT） | 11dBi | 5 | 104.42 | –55.92 | 49.28 |
| | 接收天线增益（GR） | 5dBi | 10 | 110.44 | –61.94 | 43.26 |
| | 热噪声功率电平（Pn） | –105.2 dBm | 15 | 113.96 | –65.46 | 39.74 |
| | 固定衰落储备（Fm） | 5dB | 20 | 116.46 | –67.96 | 37.24 |
| | 标准差（σm） | 5.5dB | 25 | 118.4 | –69.9 | 35.3 |
| | 噪声系数（N*f*） | 5dB | 30 | 119.98 | –71.48 | 33.72 |
| | 天馈系统衰减（LT +LR） | 3dB | | | | |
| | 现场系数（n） | 2dB | | | | |
| | 基准发射频率 | 794MHz | | | | |

从计算结果可知，1000W 室内型发射机覆盖 30km 半径时，接收电平和接收载噪比是高于 DTMB（C=1,16QAM）传输制式的接收门限的。

**9.500W 宽带发射系统设计（如表 5–19）**

选用 T500 数字宽带发射机（室内型），发射频率范围：766 ~ 798MHz（每频道带宽 8MHz），发射 4 个频点，带内 786MHz 频点不可用，预留 2 个频点，总功率 500W/57dBm，每频道发射数字功率 125W/50dBm；

发射天线选用 UHF 全向缝隙天线，标称增益：10dBi；

固定接收天线增益：5dBi；

传输馈线及接头损耗：2dB；

噪声系数：5dB。

表 5–19 DTMB500W 发射机覆盖数据表

| 传输系统 | 已知条件（设备参数） | | 接收距离（公里） | 传输损耗 (dB) | 接收电平 (dBm) | 接收载噪比 (C/N) |
|---|---|---|---|---|---|---|
| DTMB 地面数字电视发射系统 | 发射功率（PT） | 50dBm | 1 | 90.44 | –44.94 | 60.26 |
| | 发射天线增益（GT） | 10dBi | 5 | 104.42 | –58.92 | 46.28 |
| | 接收天线增益（GR） | 5dBi | 10 | 110.44 | –64.94 | 40.26 |
| | 热噪声功率电平（Pn） | –105.2 dBm | 20 | 116.46 | –70.96 | 34.24 |
| | 固定衰落储备（Fm） | 5dB | | | | |
| | 标准差（σm） | 5.5dB | | | | |
| | 噪声系数（N*f*） | 5dB | | | | |
| | 天馈系统衰减（LT +LR） | 2dB | | | | |
| | 现场系数（n） | 2dB | | | | |
| | 基准发射频率 | 794MHz | | | | |

从计算结果可知，500W 室外型发射机覆盖 20km 半径时，接收电平和接收载噪比是高于 DTMB（C=1,16QAM）传输制式的接收门限的。

**10. 台站覆盖情况**

根据理论计算及模拟覆盖图的覆盖情况，对站点的覆盖情况统计如表 5–20 所示。

表 5–20　安乡县 DTMB 覆盖收测统计表

| 发射台名称 | 发射功率 | 发射机类型 | 发射天线高度 | 有效覆盖距离（理论值） |
|---|---|---|---|---|
| 县广电局发射基站 | 1000W | 室内型 | 68m | 30km |
| 黄山头发射基站 | 1000W | 室内型 | 25 | 30 km |
| 康乐村发射基站 | 500W | 室内型 | 60m | 20km |

**11. 覆盖图分析**

(1) 黄山头发射台覆盖图分析

图 5–73，黑色区域为信号覆盖区，为发射塔位置。黄山头发射基站使用的发射机为宽带 1000W，发射天线是偶极子面包，南面用了 4 面偶极子面包天线，西北面用了 2 面偶极子面包天线，图 5–72 覆盖半径为 30km。分析覆盖图，因受地势及天线阵型的影响，官垱镇及官垸乡有部分区域无法覆盖，覆盖效果最好的是南面及西北面，在发射台半径 30km 内，都能做到比较好的覆盖。黄山头基站有相对高差优势，信号能有效覆盖县域大部分区域，采用单独一组频率实现“大”覆盖，与其余 2 基站构成多频网。为避免对域外其他运营主体造成的干扰，发射天线采用异形场组阵。

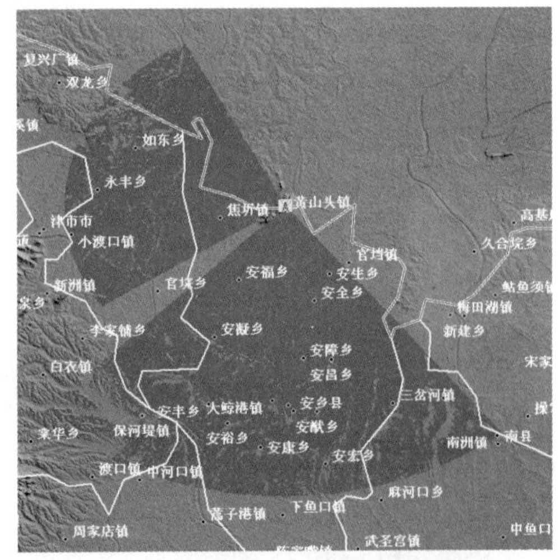


图 5–73　安乡县黄山头发射基站覆盖图

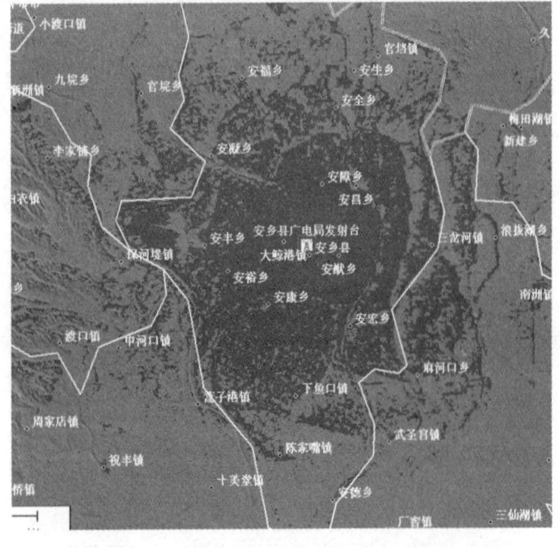


图 5–74　安乡县广电局发射基站覆盖图

(2) 县广电发射基站覆盖图分析

图 5–74 中，黑色区域为信号覆盖区，为发射塔位置。县广电局发射台使用的发射机为室内 1000W，图 5–74 覆盖半径为 30km。分析覆盖图，因受地势的影响，在离县广电发射台 17km 外只有部分区域覆盖，覆盖效果最好的在发射基站半径 17km 内，

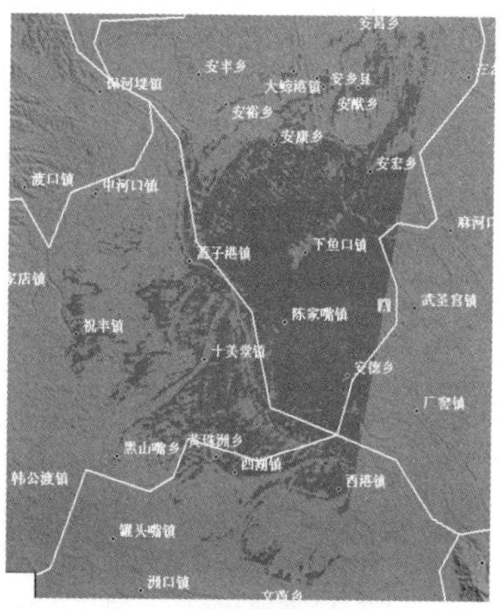

图 5–75　康乐村发射基站覆盖图

都能做到比较好的覆盖，单独从覆盖距离与发射功率匹配角度考虑选用 500W 发射机较为科学合理；考虑安乡南部地区电磁环境复杂，在能构建 M–SFN 网和不干扰其他运营主体的前提下提升了发射功率，选用 1000W 发射机。

(3) 康乐村发射台覆盖图分析

图 5–75，黑色区域为信号覆盖区，▲为发射塔位置。康乐村发射基站使用的发射机为室内型 500W，发射天线使用半向天线（朝西，垂直极化），图 5–75 覆盖半径为 20km。考虑到对域外运营主体的影响，采用定向 180° 天线组阵。为节省频率资源，康乐村基站与广电局基站组成同频网。分析覆盖图，因受地势及天线阵型的影响，发射基站东面是南县是我们不需要覆盖的区域（所以天线是半向天线），覆盖效果最好的是南面、西面及西北面，在发射台半径 20km 内能做到比较好的覆盖。

**12. 整体覆盖分析与总结**

分析整体的覆盖图可知，安乡县广电局发射基站、黄山头发射基站及康乐村发射基站，这 3 个发射站的覆盖效果都比较好，能实现安乡县域 90% 的覆盖目标。

*分析总结一：安乡地面数字电视遇到的第一个难题是北部可用的频点在南部部分频点存在干扰，南部可用的 4 个频点在北部部分频点存在干扰，且在南北仅能勉强找到一组频率可用。解决的办法基于 M–SFN 网和多频网混合组网解决问题。*

县广电铁塔为安乡地面数字电视的第一个安装基站，因天线覆盖场型不均和天线电气补偿存在瑕疵先后出现远近距离处覆盖效果不能同时达到设计要求及距铁塔 10km 弧形带信号衰落明显的等不合格项，供货天线厂家先后三次跟换天线未达设计要求，后更换一面包天线供应商圆满解决问题。

安乡广电局基站于 2011 年 9 月投入使用，2 个月黄山头基站投入使用，2013 年 3 月为解决南部覆盖盲区的康乐村基站投入使用，康乐村基站试开通时因射频时延设备未到货，康乐村基站和广电局基站交叉覆盖区存在明显的同频干扰，加装射频时延设备后很好解决了 2 基站交叉覆盖区的同频干扰问题。

为减轻对当地模拟电视 44CH 邻频干扰和消除对华容 786 频点的干扰，安乡先后在发射系统中增加 44CH 陷波器并停用 786 频点改用其他频点发射。

在发射机功率确定和发射机滤波器及发射天线带宽确定时留有合理裕量，系统带宽为 56MHz。2015 年整个系统增加 1 个频点 12 套节目，安乡只需在分前端增加两台 DTMB 调制器和与路射频时延调整模块，发射系统没有进行任何改造。另一频点工作一段时间后发现与常德太阳山发射台存在同频干扰，只在激励器上完成操作，将该频点调整至带内另一频点上发射即可。

分析总结二：设备选型选择技术力量雄厚产品品质过硬的厂商可避免建设过程中出现延工现象；复杂环境下的网络优化调整是一个持续改进的过程，宽带发射机在改频发射和增加频点发射时其优势较单道机表现明显。

## 5.7 湖南地面数字电视发射系统操作检查维修知识

2015 年，为了方便湖南电视发射高山台站值班技术人员及时检查、判断、排除广播电视传输发射系统故障，解决传输发射工作中的实际问题，提高广播电视安全播出水平，湖南省新闻出版广电局科技委无线专业委员会、广播专业委员会组织湖南广播电视台覆盖传输中心相关技术人员编写了 R&S®THU9 系列、TOSHIBA 8000 系列自检自查指南，附录如下：

### 5.7.1 R&S®THU9 液冷数字电视发射机自检自查

**1. 检查发射机是否处于正常工作状态**

R&S®THU9 液冷数字电视发射机正常工作时，主菜单界面（Home）显示当前发射频点和发射功率，柱状状态条为绿色或黄色（如图 5–76。绿色表示完全正常，黄色为次级告警，但不影响发射）。如数字液冷发射机处于非正常工作状态，则柱状状态条为红色，此时需立即对告警信息进行确认和排查（如图 5–77 所示）。

主菜单操作界面

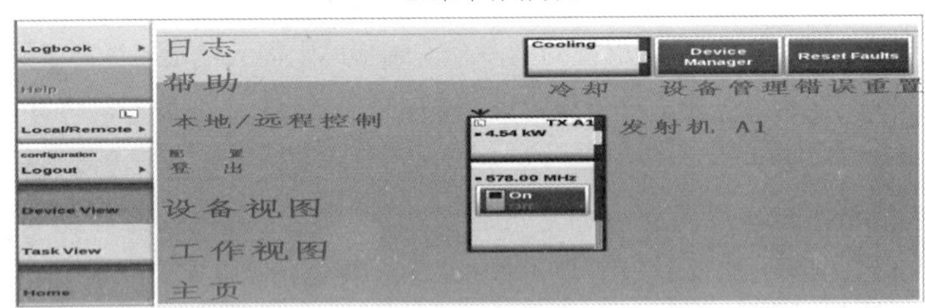


图 5–76 数字液冷发射机正常工作状态

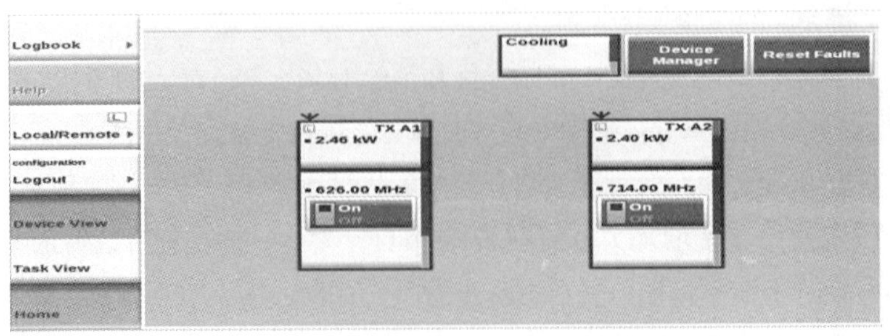


图 5–77 数字液冷发射机处于非正常工作状态

**2. 确认具体告警信息，明确故障点**

(1) 激励器输入信号中断或异常。可通过主菜单 (Home) 进入发射机控制菜单 (Tx)，进而进入激励器菜单 (Exciter) 查看其中的输入码流的情况 (如图 5–78)。在这里，值班人员可以清楚的看到目前每个激励器接入了几路信号，信号是否中断。理论上，主备激励器应各交叉接入来自不同信号源的两路信号，以完成充分的主备。

设备菜单－激励器

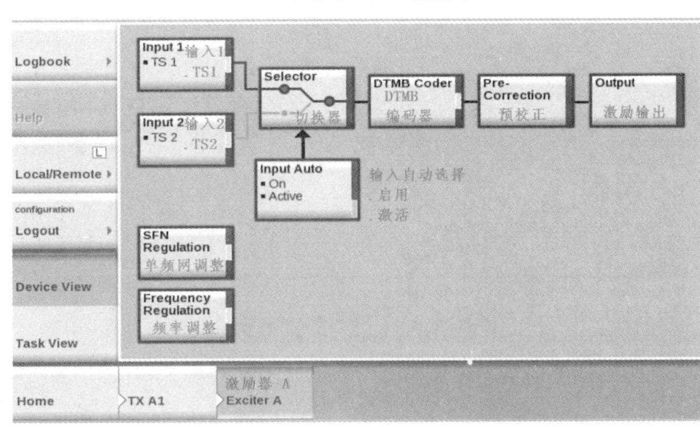


图 5–78 激励器输入信号的检查

(2) 激励器调制模式配置不当。应进入 DTMB Coder 菜单下的 Modulation 页面，根据国标推荐的 7 种地面数字电视调制模式进行配置 (Home => Tx => Exciter => DTMB Coder，如图 5–79)。

设备菜单－激励器–DTMB Coder-Modulaiton

DTMB 国标编码调制

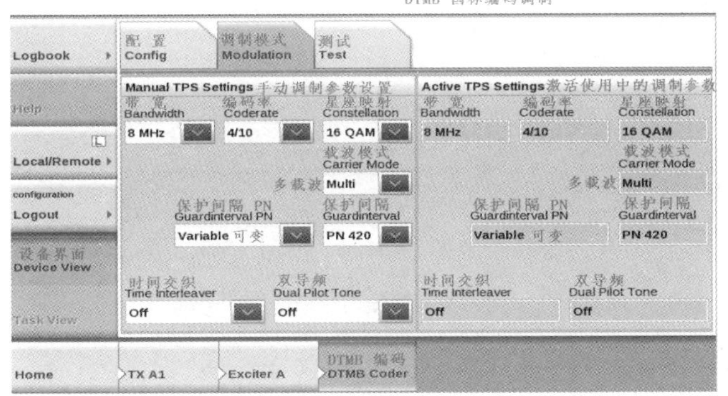


手动设置搞制参数界面

图 5–79 激励器调制模式的配置

(3) 发射机反射功率过大导致驻波比异常。如发射机内参数配置正确，当反射功率超过设定门限时，发射机将会自行关机，保护机器精密元器件的安全。此时，应在主菜单 (Home) 下发射机控制菜单 (Tx) 的 Power Limits 页面下观察发射功率的告警和门限电平设定是否正确（如图 5–80）。如设定正确，有条件的台站应进一步对发射天馈线系统的驻波比进行测量并及时与湖南广播电视台覆盖传输中心进行联系。

设备菜单 – 输出功率调整

Logbook
Help
Local/Remote
configuration
Logout
Device View
Task View
功率与限制
Power and Limits
Forward Power 入射功率
Reflected Power 反射功率
Power Sensor 功率传感器
Forward Power
0.00 kW
Reflected Power
0 W
Status 状态
Ok
Power 功率调整
100.0 %
报警门限设置 失效门限设置 报警门限设置 失效门限设置
Warning Limit Fail Limit Warning Limit Fail Limit
-1.0 dB -3.0 dB -18.0 dB -17.0 dB
射频失效超时
RF Fail Timeout
7 s
Home
TX A1
功率限制
Power Limits

通过调整 Power 的百分比，来调整输出功率

**图 5–80　发射机正确的发射与反射功率告警和保护门限的设定**

（4）发射机功放模块参数异常。值班员可以在主菜单（Home）下发射机控制菜单（Tx）里的输出状态（Output Stage）查看功放模块的具体情况（如图 5–81）。值班人员可以拍照记录发射机功放模块的具体告警信息，并及时与省台覆盖传输中心和发射机厂家进行联系。同样，功放的电源模块状态也可以在此菜单下进行查看。如台站本身有备份功放模块，值班员可以进行热拔插替换，保证发射功率正常。

设备菜单 –Outputstage（输出级）– 功放模块

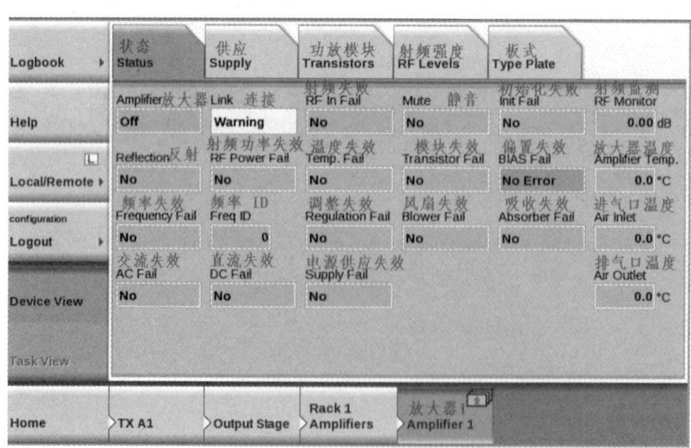


查询功放及功放电源模块工作状态

**图 5–81　发射机功放模块状态参数的检查**

(5) 发射机冷却系统工作异常。值班人员可以在主菜单(Home)下的冷却系统(Cooling)查看包括出水温度、冷却液压力、风扇、水泵在内的一系列参数(如图5–82)。一般来说，正常出水温度应<520℃，正常工作压力为1.5–2.5BAR，如低于1.5BAR，需补充冷却液。单水泵系统的情况下发射机能继续工作，但需及时维修故障水泵。

设备菜单 –Cooling（冷却系统）

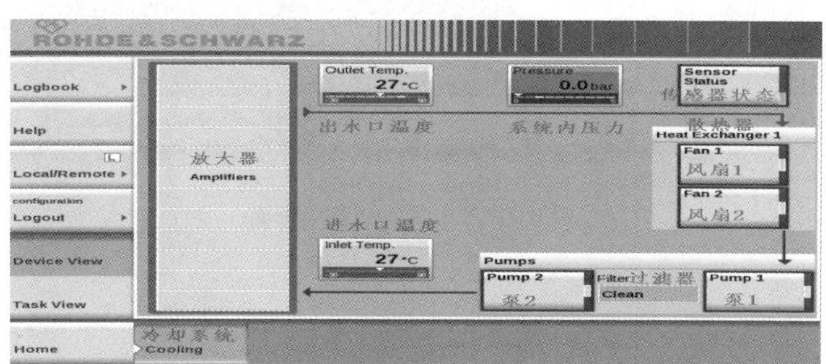


正常工作压力为 1.5–2.5BAR，低于 1.5Bar，需补充冷却液

正常出水温度为 <52 度，65 度关机保护

图 5–82　发射机冷却系统的检查

加冷却液分为三步：

1. 连接加液泵及水管；

2. 打开水泵上的阀门至冷却液回流到桶内；

3. 打开加液泵开关加液至压力为 2.0–2.5Bar。

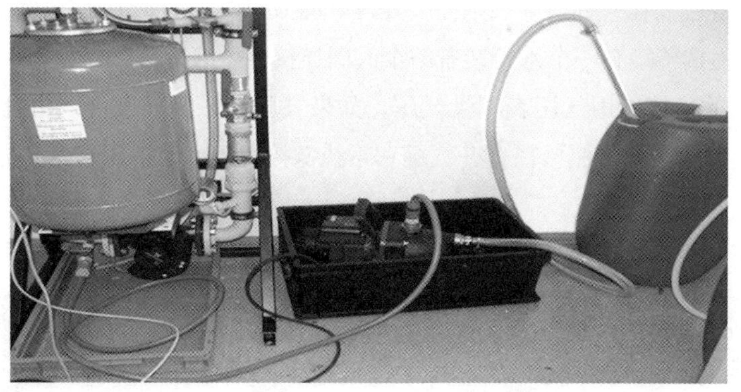

图 5–83　发射机加液示意图

## 5.7.2 东芝 6kW 液冷数字发射机

### 1. 日常维护

每天根据面板记录水流量、进水温度、水压和发射功率与反射功率、激励器与功放状态。

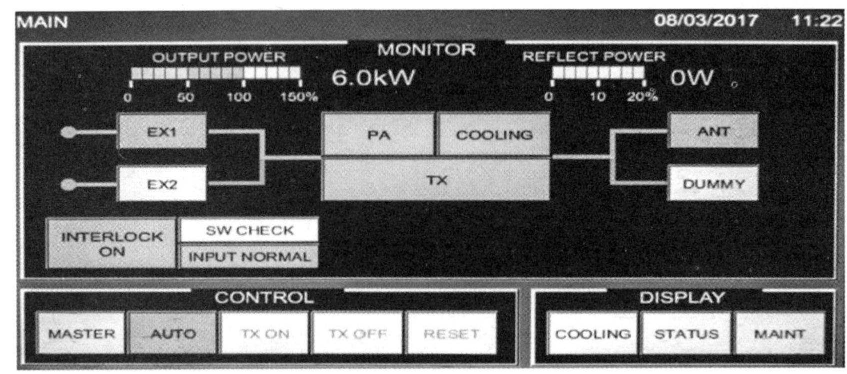


图 5–84　东芝发射机主界面

**2. 冷却系统维护**

液流量正常范围：80 ~ 100ml/min；

温度正常范围：26 ~ 50 摄氏度。

液压正常范围：0.07MPa ~ 0.15MPa。

注意事项：

(1) 液流量小于 80ml/min 时要检查是否漏液，然后及时加液。

(2) 两台发射机温度差别大或者同时温度高于 50 摄氏度，需要马上检测发射机是否发射异常，如果发射正常则需要检测室外机的过滤网是否被异物堵塞。一般建议 1 个月对室外机过滤网进行一次清洗。

(3) 液压小于 0.07MPa 时需要检查各个管道接头处是否有漏水现象，如果是正常蒸发，则需要马上进行加液操作；如有漏液则需要处理好漏液点再加液。

(4) 空气压力调节罐有一个水管装有一个阀门连接整个液冷系统，平常关闭后就断开液冷系统和空气罐的连接。用气压表测量气压，如果气压低于标准值可以用打气筒补气，和汽车自行车打气方法一样，然后在打开气罐和系统链接阀门，使液压在 0.1 左右；如果气压太高，可以从打气孔适当放气。

冷却系统正常情况及查看图 5–85：如果有问题则对应选项为黑色。

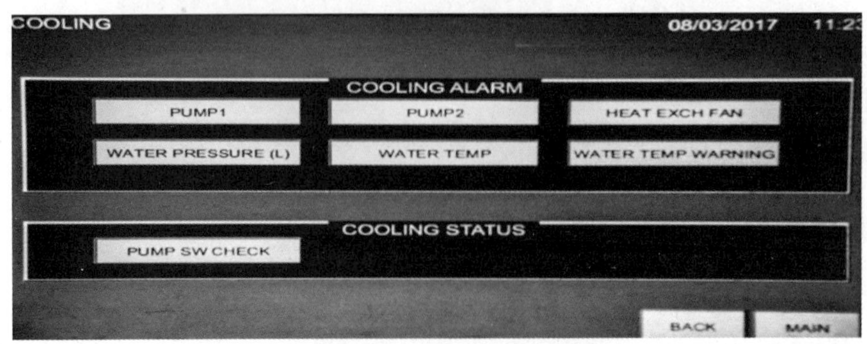


图 5–85　液冷系统工作界面

3 发射机维护

从图 5–86 对应选项查看发射各个状态问题：

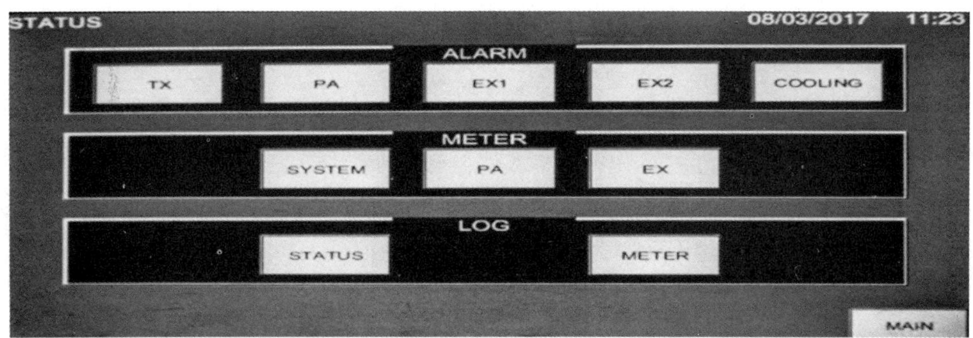


图 5–86 东芝发射机状态信息界面

**4. 激励器故障处理**

激励器为将基带数字信号调制到载波上的设备，在激励器面板上可以通过 MENU 进入 CONFIG 进行 MOD 调整，在 MOD 里面我们可以改变调制方式。现在我们地面无线数字都是采用 16QAM；0.8；PN595；720；调制传输码率 20.791Mbps。

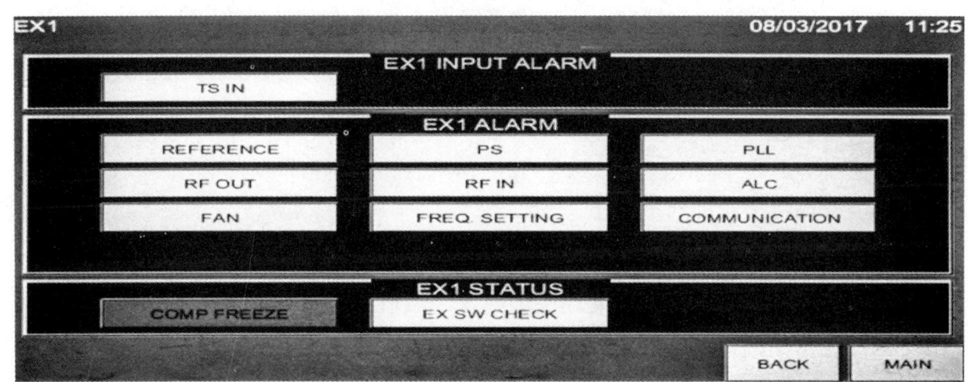


图 5–87 东芝发射机激励器状态界面

由上图 5–87 界面我们可以了解激励器状态，TS IN 黑色为信号源告警；PS 黑色为激励器电源告警；RF OUT 和 RF IN 、ALC 都是功率调制的问题。

**5. 整机功率调整**

(1) 在激励器菜单中有 COMP 补偿模式，菜单内部有 THROUGH、NORMAL、CLEAR、FREEZE、PRESET 几种工作模式。

调整功率时将激励器设置为 THROUGH 工作模式，查看发射机输出功率，在此模式时功率正常时可以直接切换到 NORMAL 模式调整功率，如果 THROUGH 模式功率偏高或偏低可以调整发射机 PPA 增益电位器，如两台以上 PPA 需要平衡调整，调整功率时应注意发射机输出的总功率及单台功放的输出功率。

(2) THROUGH 模式下功率正常时，将激励器右侧的四个白色的小开关的左面第一个按下，在 LOCAL 模式下，会显示反馈电平的监视值，调整激励器左边第三个电位器 RF1 IN（并排在一起的第二个电位器）将其调整到 ±40 范围内就可以，将白色开关打到抬起状态。

(3) 将激励器功率补偿模式切换到 COMP【NORMAL】模式，再次将白色的开关按下加快补偿速度，保证补偿充分，功率补偿完成后查看输出功率，功率有偏差时调整 RF1_IN 电位器，顺时针降低功率，逆时针增加功率，调整时注意激励器上显示 RF_IN MONI 的值，RF_IN MONI 监视值正值越大功率会降得越多，反之负值越大功率升的越多。

*注意：调整时动作要慢一些，调整一点后等激励器自动补偿完后再进行微调，电位器较灵敏，调整时需慢慢来功率调好后将激励器右边第一个白色开关抬起。激励器菜单会提示 PUSH LEFT KEY，按向左箭头返回。*

(4) 在 COMP 菜单中选择 CLEAR 模式将当前补偿状态清除一次，激励器会自动返回到 NORMAL 模式，观察发射机的功率是否正常。

(5) 进入 CONFIG 菜单，找到 PRESET 菜单，进入后选择 SAVE，系统会提示 YES/NO，用上下方向键选择 YES，之后菜单会提示 DONE，按 ENTER 键，确认保存完成，接下来菜单会提示是否再次保存按向左方向键返回上一级菜单，在 PRESET 菜单中可以保存 3 个补偿状态，默认的是第 1 个，分别选择其他两个分别保存，最终将第一个补偿状态选择，返回到正常工作状态即可。可以按向左方向键返回上一级菜单，也可以直接按 MENU 键返回激励器主界面。

激励器前面板电位器排列示意图 5–88：

RESET：用于激励器复位；

RF OUT1：用于调整激励器温度补偿输出，一般情况不用动；

RF OUT2：用于调整激励器 THROUGH 模式下输出；

RF1 IN：激励器反馈电平调整，可以改变发射机在 NORMAL 模式的输出功率；

RF2 IN：未使用；

QDEM：改变频道时调整用，一般不需调整。

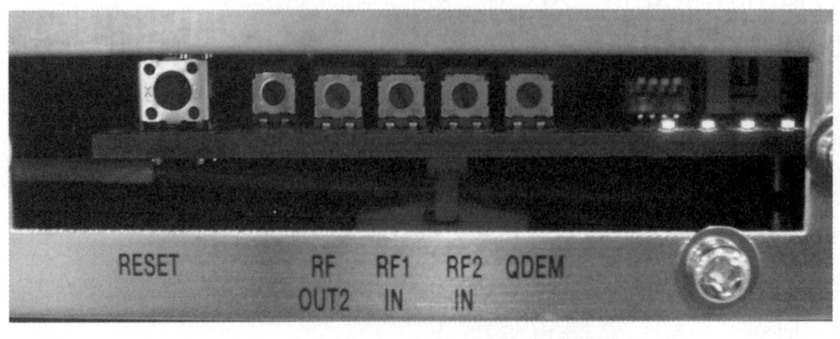


**图 5–88　激励器电位器排列示意图**

激励器操作按键：如下图 5–89：

利用「↑」「↓」进行项目间移动、利用「←」返回上一页面，利用「→」进入下一页面。另外，「→」也具有「ENTER」的功能。

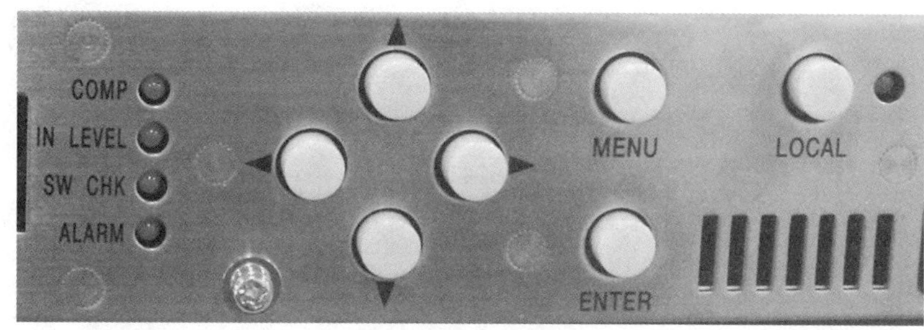


图 5–89　激励器操作按键排列示意图

**6．功率放大器**

发射机功放分为两组，两组激励信号分别为从 PPA 出来分到 6 个功放放大。功放正常状态为显示最左边两个绿灯，如果只有一个绿灯为功放输出功率低。功放最右边 3 个等为功放内部电源模块指示灯，如果为红灯，则需要检测功放电源，如果控制面板里面此功放工作正常一般则通过复位解决。如果功放一个等都不亮，则考虑是背后的空气开关跳闸，检测发射机时候有其他异常，如果发射正常则合闸即可。平时日常维护要记录 PPA 和 PA 的工作电流与输出功率。如图 5–90、图 5–91：

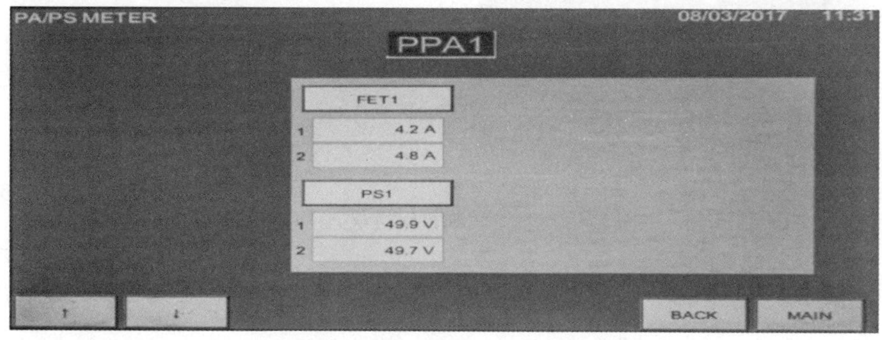


图 5–90　东芝发射机 PPA 工作界面

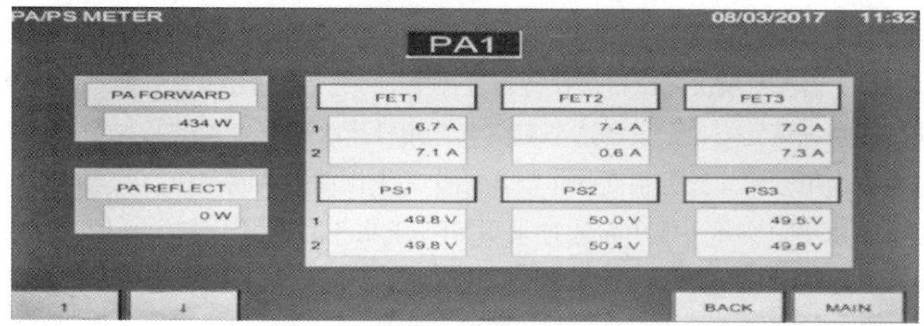


图 5–91　东芝发射机 PA 工作界面

如果有功放电流异常，则需要及时报告检修，及时找出问题，不要忽视！

**7．整机状态查看**

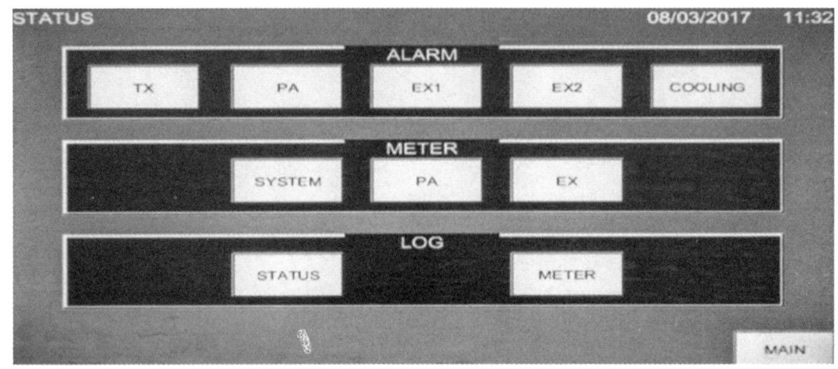


图 5–92　东芝发射机状态信息界面

通过图 5–92 的 METER 可以查看整机状态，如图 5–93。

SYSTEM METER　08/03/2017　11:33

| ITEM | DATA | UNIT |
| --- | --- | --- |
| OUTPUT POWER | 6.0 | kW |
| REFLECT POWER | 0.0 | W |
| C/N | 34 | dB |
| | | |
| WATER TEMP | 24.6 | ℃ |
| WATER PRESSURE | 0.06 | Mpa |

BACK　MAIN

图 5–93　东芝发射机整机状态信息界面

值班要求：整机状态参数需要每天记录，及时观察异常，让问题处理在萌芽状态。

### 5.7.3 单频网的调试与故障处理

单频网的调试是围绕构建单频网的 3 个充分必要条件来进行的。同比特是硬要求，实际调试过程中需注意解决同源信号在传输过程中的“透传”问题，单频网适配器及相关传输设备不能随意填充空包，设备选型应注意选用技术上符合要求的品牌产品。同频率理论上可通过选用频率一致性很高的恒温晶振作为本振源来做到同频，限于现阶段元器件的制造工艺水平，实际工作中常通过采用 GPS 或北斗的 10MHz 信源来锁定激励器的本振频率，从而实现不同激励器输出 RF 信号的同频。时延同步是指到达机顶盒接收终端的不同基站的信号时差应小于机顶盒接收终端允许的保护间隔内，实际调试过程中体现出较大的灵活性，下面从工程实践角度谈谈如何避免因时延不同步导致出现同频干扰的问题。

实际工程测试表明，2 个基站的交叉覆盖区的接收点只要满足以两个条件之一，机顶盒能够解调接收：一是来自 2 个基站的信号时差在机顶盒保护间隔外，但接收点接收来自不同基站的信号强度差值在 10dbuv 以上；二是或接收时间差在机顶盒的保护间隔（如 64us）内，机顶盒不仅可解调接收信号，而且因信号矢量叠加效应交叉覆盖区的信号指标优于单机站工作时的指标。实际调试过程中使 C/N 值高于门限值 4db 以上可保证用户长期稳定收看电视节目。信号强度差值通过基站的合理布局与功率控制来实现，接收时差用接收点到两基站的距离差除以光速即得，弥补时差可选用射频时延器延长先到达接收点信号的时间。

3 个基站以上交叉覆盖区的调试是为了任意两基站交叉覆盖区的任意接收点满足 2 个基站交叉覆盖区接收点的接收条件。因 3 个以上基站的时差调整存在 A 基站与 B 机站和 C 基站往往顾此失彼，因此，3 个基站以上信号的优化调整是力求让大部分用户能正常接收。

交叉重复覆盖本意味电磁能的浪费，是不科学合理的，解决交叉覆盖区干扰问题最经济有效的办法是合理的规划设计。交叉覆盖区已出现同频干扰，可采取降低基站发射功率、调整天线倾角、调时延、错开极化方式等手段进行优化调整，通过优化调整使得交叉覆盖区远中近区域的信噪比尽可能多的高于门限值且有足够的裕量。

降低发射功率和调整天线倾角旨在减少交叉覆盖区的面积，调整时延可使一定范围内的干扰信号转变为有效信号，极化方式的隔离加上八木天线前后比的隔离可获得 10db μ V 以上的隔离度。

无线覆盖的最佳境界是电磁能的充分利用，合理控制基站功率不仅可降低设备投资而且可降低电费等运维成本。值得指出的地面数字电视用国标指南推荐的模式 7 接收电平门限低至 32db μ V, 用模式 4 低至 30db μ V，随着机顶制造水平的提高接收门限越来越低。有两个经验值有意无意造成发射机功率选型时功率偏大：一个传统的模拟电视“五级评分”图像质量最好的五级要求信号场强在 57dbuv 以上（模拟信号测量值与数字信号测量值本不能直接比较），于是认为数字信号覆盖场强越大越好；另一个经验值是套用有线电视 DVB–C 的 45db μ V 的门限值。在功率控制方面需结合各地的实际情况综合考虑建站成本、运维成本、覆盖范围、发射功率之间的关系，为搭建成基站布局合理，功率分配合理、覆盖高效节能的覆盖网。

单频网故障处理可分为分前端以上部分故障、本地光纤或微博链路传输故障、射频时延器故障、发射机故障、天馈系统故障，本节重点介绍故障率较高的发射机和天馈系统故障的判断与处理（如表 5–21）。

**1. 发射机整机故障判断**

表 5–21 发射机故障分析处理办法

| 序号 | 故障现象 | 故障原因 | 解决方法 |
|---|---|---|---|
| 1 | ALC 控制单元通电后无显示 | 检修步骤 1. 检查通电后给 ALC 控制单元供电的三芯电源座是否有 AC220V 供电。<br>检修步骤 2. 如果三芯电源座有 AC220V 供电则是 ACL 控制单元内部供电问题或是控制单元出现故障。 | 1. 出现故障检修步骤 1 问题可以在现场检查机柜供电，现场可以解决。<br>2. 出现故障检修步骤 2 问题建议打开 ACL 控制单元检查判断后更换问题器件或是使用备件，有问题器件返厂检修。 |
| 2 | 预放控制单元通电后无显示 | 检修步骤 1. 检查通电后给预放控制单元供电的三芯电源座是否有 AC220V 供电。<br>检修步骤 2. 如果三芯电源座有 AC221V 供电则是预放控制单元内部供电问题或是控制单元出现故障。 | 1. 出现故障检修步骤 1 问题可以在现场检查机柜供电，现场可以解决。<br>2. 出现故障检修步骤 2 问题建议打开预放控制单元检查判断后更换问题器件或是使用备件，有问题器件返厂检修。 |
| 3 | 功放单元通电后 POWER 灯不亮 | 检修步骤 1. 检查通电后给功放单元供电的热拔插插座 CNT01–29S 电源座是否有 AC220V/380V 供电。<br>检修步骤 2. 如果热拔插插座有供电则是功放单元内部供电问题（开关电关电源 AC220V/5V 输出）或是功放单元出现故障。 | 1. 出现故障检修步骤 1 问题可以在现场检查机柜供电，现场可以解决。<br>2. 出现故障检修步骤 2 问题建议打开功放单元检查判断后更换问题器件或是使用备件，有问题器件返厂检修。 |
| 4 | 发射机开机后无功率输出显示输出功率低于下限报警功放单元红色告警灯不亮 | 检修步骤 1. 检查外接信号源到发射机 ALC 控制单元的射频接线是否正常，ALC 控制单元到预防控制单元的射频接线是否正常，预放控制单元到功放单元射频接线是否正常。<br>检修步骤 2. 进入 ALC 控制单元的菜单 1information 选项看到外接信号强度 1. ALC:0 ~ 4095 数值，正常的外接信号强度在 1500 ~ 2500 为正常，当显示 4095 时则外接信号中断或是太弱（ALC 控制单元输入电平门限：–18dBm）<br>检修步骤 3. 检查定向耦合器入射功率探头 forword 到预放控制单元检测信号线连接是否正常。 | 1. 出现故障检修步骤 1 问题可以在现场检查信号源链路，现场可以解决。<br>2. 出现故障检修步骤 2 问题建议通过 ALC 控制单元判断外接信号强度，送入 ALC 控制单元信号强度最好控制在 –10dBm 左右，ALC 控制单元可控。如输入信号正常则通过频谱仪逐级排查信号链路，判断后更换问题器件或是使用备件，有问题器件返厂检修。<br>3. 出现故障检修步骤 3 问题，检测信号线连接正常，开机后仍然无输出功率输出显示报警依然出现，检查判断后更换预防控制板或是使用备件，有问题器件返厂检修。 |
| 5 | 发射机开机后显示输出反射功率高于上限报警功放单元红色告警灯亮 | 检修步骤 1. 检查功放单元到功率合成器盲插口连接是否正常，功率合成器到定向耦合器插口连接是否正常，定向耦合器到输出滤波器插口连接是否正常，输出滤波器到天馈系统的连接是否正常。<br>检修步骤 2. 调换功放单元安装位置判断是功放单元故障还是固定功率合成器盲插口故障。<br>检修步骤 3. 检查定向耦合器反射功率探头 refected 到预放控制单元检测信号线连接是否正常。 | 1. 出现故障检修步骤 1 问题可以在现场检查发射机各插口连接链路，检查天馈系统可以使用天线驻波测试仪 DS8000B 判断，现场可以解决。<br>2. 出现故障检修步骤 2 问题建议判断后更使用备件，有问题设备返厂检修。<br>3. 出现故障检修步骤 3 问题，检测信号线连接正常，开机后仍然显示反射功率高于上线报警依然出现，检查判断后更换预防控制板或是使用备件，有问题设备返厂检修。 |

续 表

| 序号 | 故障现象 | 故障原因 | 解决方法 |
| --- | --- | --- | --- |
| 6 | 整机输出功率比正常值小很多 | 检修步骤 1. 如果末级功放单元电流正常，可能是输入信号不稳定，造成 ALC 保护，此时发射机是正常的<br>检修步骤 2. 查看末级功放单元电流是否不正常<br>检修步骤 3. 末级功放单元烧坏 | 1. 查看发射机的输入电平是否正常<br>2. 请查看末级功放单元电流<br>3. 请更换末级功放单元 |
| 7 | 整机输出功率正常，但反射功率比正常值大很多 | 检修步骤 1. 查看馈线是否进水<br>检修步骤 2. 查看发射天线是否损坏<br>检修步骤 3. 查看发射机到发射天线的接头异常（松动或生锈等） | 1. 请更换馈线<br>2. 请更换质量优良的天线<br>3. 请对接头异常进行处理（拧紧或更换新接头等） |
| 8 | 发射机预放控制单元触摸屏点击没有反应按键有作用 | 检修步骤 1. 预放控制单元触摸屏需重新校屏，长按触摸屏 3 秒钟进入校屏模式，按照中文提示点击坐标，自动重启后看触摸屏是否正常。 | 1. 出现故障检修步骤 1 问题按照操作仍无作用建议判断后打开预放控制单元检查显示屏到预放主控板排线连接是否正常更使用备件，有问题设备返厂检修。 |
| 9 | 发射机温度过高报警 | 检修步骤 1. 检查功放单元交流散热风机工作是否正常。<br>检修步骤 2. 交流散热风机转速正常无异响散热风道是否正常。<br>检修步骤 3. 功放单元 75℃温控开关误报警。 | 出现故障检修步骤 1<br>问题可以在现场检查<br>功放单元交流散热风机工作是否正常，如有问题更换问题交流散热风机。<br>2. 出现故障检修步骤 2 问题可以检查发射机散热风道是否有阻碍影响发射机正常散热照成告警。<br>3. 出现故障检修步骤 3 问题正确判断告警位置更换功放单元 75℃温控开关。 |
| 10 | 发射机开机后显示输出功率正常反射功率也正常无法查询功放单元工作信息 | 检修步骤 1. 按照发射机使用说明书上要求检查各功放单元地址码拨码开关是否正确。<br>检修步骤 2. 各功放单元地址码拨码开关地址码正确没有问题，逐一排查是那一个功放单元地址引起故障。 | 1. 出现故障检修步骤 1 问题可以在现场检查功放单元地址码拨码开关是否拨重复地址。2. 出现故障检修步骤 2 问题可以逐一排查是那一个功放单元地址引起故障，一个个功放单元抽出不加信号开机，看其余的功放单元可否查询到工作信息，缩小故障范围更换问题器件或是使用备件，有问题器件返厂检修。 |
| 11 | 机箱漏电 | 接地线脱落 | 请重新接好地线 |

### 2. 末级功放单元故障判断

表 5–22　发射机末级故障分析处理办法

| 序号 | 故障现象 | 故障原因 | 解决方法 |
|---|---|---|---|
| 1 | 末级功放单元电流 IX=0 A<br>(I 表示电流，X 表示 1，2，3，4) | • 该末级功放单元烧坏 | • 请更换末级功放单元 |
| 2 | 末级功放单元电流 IX=1.2 ~ 1.3 A<br>(I 表示电流，X 表示 1，2，3，4) | • 该末级功放单元有异常现象，此时末级功放单元保护<br>• 该末级功放单元没有开启 | • 请重启发射机 |
| 3 | 末级功放单元 42V 电源 ≠ 42V | • 外部电源带不动<br>• 该末级功放单元电源有问题 | • 请更换大功率外部电源<br>• 请更换末级功放单元电源 |
| 4 | 末级功放单元温度显示不正常 | • 末级功放单元风扇损坏<br>• 温控模块损坏<br>• 周围环境散热不好 | • 请更换风扇<br>• 请更换温控模块，调节控制温度<br>• 请改善周围散热环境 |
| 注意：更换器件前，请关闭发射机。<br>正常值指发射机安装好后所显示的值 | | | |

### 3.GPRS 监控系统快速故障定位（如表 5–23）

表 5–23　发射机 GPRS 故障分析处理办法

| 序号 | 故障现象 | 故障原因 | |
|---|---|---|---|
| 1 | 发射机与手机或网管之间不能连接 | • 发射机的 GRPS MODEM 中没有插入 SIM 卡<br>• 手机或网管的 GPRS MODEM 中没有插入 SIM 卡<br>• SIM 卡没有充值 | • 请插入 SIM 卡<br>• 请将 SIM 卡充值 |
| 2 | 发查询命令，不回短信 | • GPRS MODEM 没初始化好<br>• 输错号码<br>• 输错命令 | • 请再发查询命令<br>• 请核对号码<br>• 请核对命令 |
| 3 | 启动不了监控系统软件 | • 选错 COM 口 | • 请选对 COM 口 |

### 4. 更换末级功放单元

更换末级功放单元的步骤如下：

① 请在更换末级功放单元前关闭发射机并切断电源

② 确认损坏末级功放单元编号

③ 将新末级功放单元编号和损坏末级功放单元编号设置成一致

④ 把末级功放单元机箱推入机架，开启空气开关，启动发射机。

### 5. 确认损坏末级功放单元编号

拔出损坏的末级功放单元，在末级功放单元后面的底面处找到末级功放单元的控制器板，查看控制器板上拨码开关的位置来确定损坏的末级功放单元的编号。

末级功放单元编号与其拨码开关的位置对应表 5–24 所示。

**表 5–24　发射机功放编号**

| 功率放大器编号 | 拨码开关示意图 |
| --- | --- |
| 功放 1 | 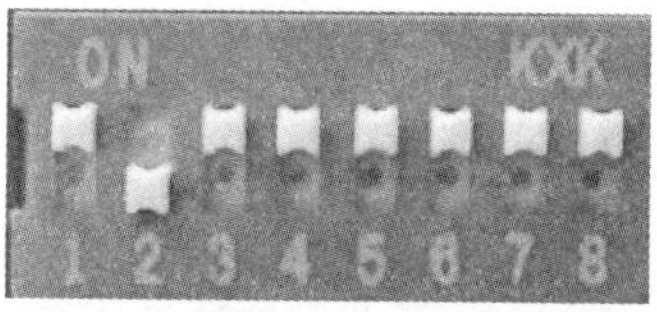 |
| 功放 2 | 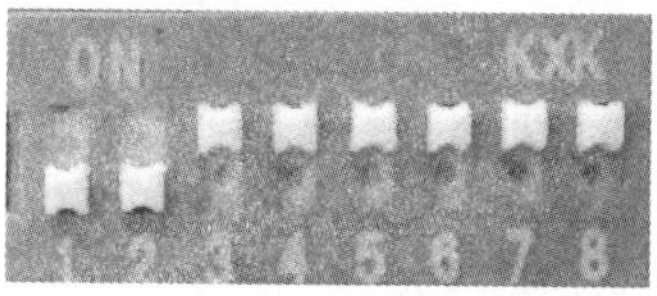 |
| 功放 3 | 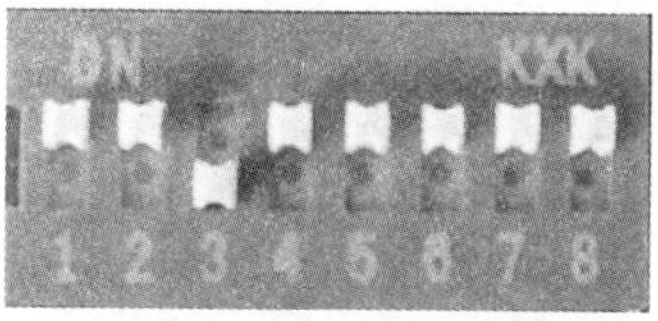 |
| 功放 4 | 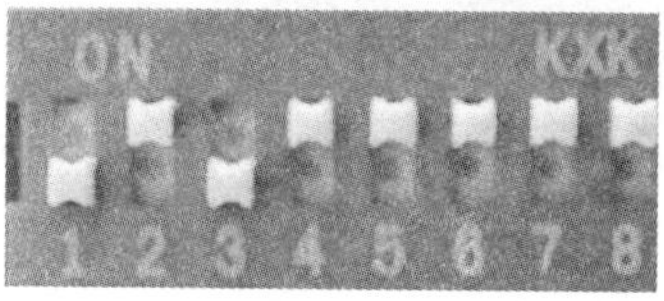 |

# 第 6 章　接收系统

家庭固定接收、车载或手持小屏移动接收、多屏分发接收是地面无线电视接收系统的三种基本接收模式。

家庭固定接收是地面无线电视接收系统中用户数量最多的一种接收模式，在信号深度覆盖较好的地方建议采用的是室内天线固定接收，这样可以选择比较美观的室内接收天线，还可以规避室内走线的烦恼，已经成为城市用户的首选；在信号深度覆盖一般，但在地面无线电视场强覆盖区的用户最佳的选择是室外定向天线接收，根据接收点的场强可以采用不同增益的八木定向天线，这种情况下对天线方向性要求比较强。

在移动接收方面，主要有车载移动接收和手持小屏移动接收两种形式。车载移动接收的技术难点是屏幕的改造和接收天线的选择安装，很多车载屏幕对现在地面电视接收机顶盒的输出信号不兼容，车载天线的安装要兼顾移动安全性、接收高灵敏度、天线走线的规范性进行综合考虑选择，车载接收系统能丰富车内的娱乐影音系统。手持移动接收系统就是现在通俗的“老人机”的升级版，在满足中老年人广场舞、收音机、戏曲播放等的基本需求上增加了地面无线电视的接收功能，极大地满足了中老年人对国家新闻的收听收看需求。

多屏分发主要是将 DTMB 的地面无线电视与 WiFi 网关的视频流技术的结合，在家庭环境下可以实现多屏同时收看电视，在公共场合能够满足群众在零数据流量的前提下观看电视，也是对 DTMB 无线数字电视覆盖范围的延伸扩展。

## 6.1 家庭固定接收系统

### 6.1.1 家庭固定接收系统的基本组成

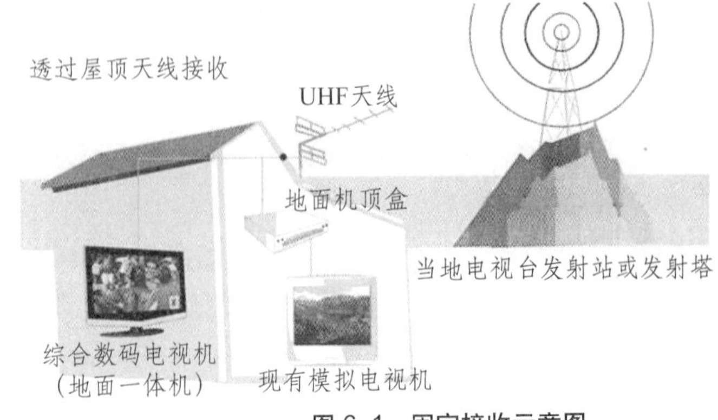

图 6–1　固定接收示意图

家庭固定接收分为两种情况，第一种情况是室外定向天线加室内机顶盒接收，输出 AV 或者 HDMI 信号给电视机；另一种情况是室外定向天线直接输入电视机的天线口，电视机内置解调和解码芯片。具体实现如图 6-1。

图 6–1 就是 DTMB 接收的示意图，(1) 当地电视塔要发出 DTMB 信号，现在全国大部分大中城市都有 DTMB 信号发送，只是发送频道的多少有差异，想知道自己所在地区的信号发送情况，可以咨询当地文化广电局。(2) 需要在家里有 DTMB 信号的接收器，其实就是天线，天线有很多样式，可以根据自己家所在位置信号强度来选择。(3) 接收了信号需要通过解码器进行解码，2014 年以前生产的电视机，大部分没有内置解码器 (部分进口品牌有的，比如 Sony)，需要购买一个地面高清机顶盒，从机顶盒输出 AV 或者 HDMI 信号给电视机。2014 年以后生产的电视机，基本都内置解码器了。(4) 天线接收到信号，接上电视，进行解调解码就能收看地面高清电视了。

家庭固定接收最重要的室外天线的选择和架设，要根据家庭所在位置接收当地发射塔信号的强弱情况选择增益合适的定向接收天线，一般在覆盖区内的接收点选择 7 单元的八木天线基本能满足要求，连接天线的馈线建议选择双重屏蔽网的射频线，可以先根据发射塔的大致方位定向固定好八木天线，再根据机顶盒——键显示场强的功能 (电视一体机可以手动选择需要搜索的频道，在不搜索的情况下也能显示场强) 对天线方向进行微调。直到选择的这个基本频道接收的场强达到最大的情况下再进行全频段搜台，完成所有节目的搜索。

第二种家庭固定接收的模式是室内天线加机顶盒或者内置机顶盒的电视一体机，这种模式适用于距离发射塔比较近，室内无线电视信号场强强的环境。我们一般选择外观漂亮并且能够高效接收全向信号的室内天线，室内环境非常复杂，电视信号是从多角度发射或者穿透过来的，不具备较强的方向性，室内走动的人或者物品的摆放，都会对信号接收造成影响，所以室内固定接收一定只适合离发射塔较近并且室内信号强的情况，选择的室内天线也要是全向并且高增益，这样才能保证室内接收的稳定。

### 6.1.2 家庭固定接收系统的机顶盒概述

基于图 6–2 为 AVS+ 解码芯片的终端接收系统俗称 AVS+ 地面数字电视机顶盒。系统主要基于 AVS+ 的高性能解码芯片进行开发，配合高频头和解调模块对空中的无线射频信号进行锁定和接收。机顶盒在视频解码方面可以兼容 AVS+、AVS、H.264 和 MPEG–2 多种视频编码方式，支持高清 (1920 × 1080i) 和标清 (720 × 576p) 显示；在音频解码方面，可以兼容 DRA 和 MPEG–1 Layer Ⅰ和Ⅱ，支持单声道、双声道和立体声播放。对于 Dolby+，由于环绕声系统在地面平台的用户中使用并不是很广泛，又涉及专利费的问题，目前很多地面数字电视的机顶盒都暂没有把该项功能集成进去，而是作为一个预留的扩展选件。如果前端信源编码复用系统需要对环绕声的信源进行编码，一般来说可以先进行下混处理得到立体声信源后再进行编码，确保终端机顶盒能够正常接收。机顶盒背板带有 HDMI 接口和 CVBS接口，适应不同终端对电视节目显示的需求。RF 射频信号输入接口统一为英制F–5 型；前面板带有电源和信号状态指示灯，可以用来观察机顶盒电源模块工作是否正常，接收信号是否锁定。同时，还预留了 CA 卡插槽和 USB 硬盘升级接口。在解调模块方面，可以完全支持国标下的各种调制模式；在高频头方面，我们主要关注它的搜索时间和信号灵敏度，经过我们和研发厂商的反复测试调整，合理组合高频头和解调模块的搭配方案，UHF 段的全频搜索时间大约可以在 1 分 30 秒左右，门限接收电平约为 25dB μv（16QAM 调制，直射波）。另外，考虑到今后无线数字电视可能会向 VHF 频段发展，我们将高频头的可用搜索范围增加到了 50MHz ~ 862MHz。在这种情况下，全频段搜索的时间变长了，但是可以适应以后 VHF 段数字频点的发射接收。经过与厂商的沟通交流，我们引入了基于 NIT 列表的自动搜索技术来缩短全频搜台的时间，这方面会在下节中有具体说明。

同时，为了便于用户使用和终端维护，我们在厂家的配合下对 AVS+ 地面数字电视机顶盒遥控器 ( 图 6–2) 做了以下功能优化：(1) 机顶盒遥控器设置“搜台”按键，通过该按键可以启用一键搜台功能，方便用户在信号丢失时可以通过该按键快速对机顶盒重新进行全频段信号搜索，刷新当前接收到的节目列表情况。在搜索过程中，机顶盒还可以在当前搜索频点旁实时显示该频点的信号强度。(2) 机顶盒遥控器设置“信号”按键，通过该按键可以调出当前收看节目的频点、信号电平、信噪比、误码率、调制方式、视音频和 PCR 的 PID 等参数信息，便于技术人员与用户进行实时沟通和维护。(3) 机顶盒遥控器设置“分辨率”按键，用户通过该按键可以快速的在高清 (1080i) 和标清 (720p) 等不同显示格式下进行切换。总的来说，我们在基于 AVS+ 解码芯片终端接收系统的设计上注重功能全面、性能稳定、使用便捷、兼容开放，对广大城乡用户和外来流动人口有很强的实用性。

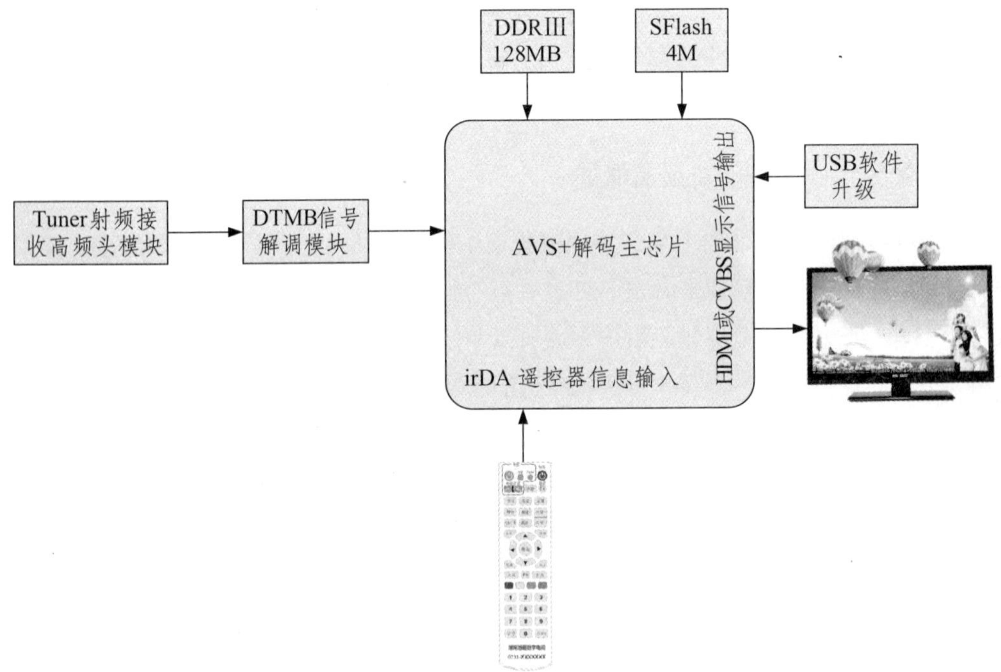


图 6–2　AVS+ 地面数字电视机顶盒硬件功能架构图

### 6.1.3 AVS+ 数字电视机顶盒节目搜索管理功能的研发和应用

在 AVS+ 地面数字电视机顶盒的实际投放和使用过程中，从用户的体验角度来看，我们还发现一系列的问题需要解决优化。首先，无线信号不像有线是一个闭路传输的信号，它的信道环境为一个开路环境，虽然前端系统经过了双重编码（RS 编码和 LDPC 编码）和双重交织（字节交织和比特交织），信号在边缘地区，特别是背阴面，仍然很难保证长时间的稳定，难免出现断续。用户在开机后，对于机顶盒之前保存的节目表单信息，会出现部分节目丢失的现象，造成使用不便。其次，就湖南省目前的情况而言，还存在一些非法的私营频点业务，这些频点采用了加密传输模式，被机顶盒接收后，并不能被解扰播放出来，给用户收看清流节目造成不便。最后，前端在实际使用中难免存在一些系统性的调整，这样的调整会对原有的节目内容和排序造成影响，在接收端会造成原有节目表单的信息过时，导致目前显示的节目名称和实际收看的节目内容信息不对应。另外，有些时候某个地区的发射频点出于组网规划的需要，也有可能变更，这也会造成当前大范围用户收看节目丢失，虽然这种情况发生的可能性比较小。

对于以上涉及的种种问题，我们可以通过对节目搜索和管理方面的功能进行研发加以解决。这里，我们引入基于 NIT 表的自动搜索技术、节目列表的自适应更新技术和清流节目的存储管理技术来优化提升 AVS+ 地面数字电视机顶盒的相关性能。

NIT 表（Network Information Table）（见表 6–1），即网络信息表，该表的 PID 是由 PAT 表提供给出的。NIT 表的作用主要是对多路传输流的识别，提供多路传输流，物理网络及网络传输相关的一些信息，如用于调谐的频率信息以及编码方式、调制方式等参数方面的信息。利用 NIT 表中含有的发射节目频率信息，我们可以大大缩短全频段搜索的时间，提高全频段搜索的效率。在实际使用中，我们需要对在播的所有节目流的 NIT 表结构都做出相应调整，确保全网各频点都具备基于 NIT 表的自动搜台信息。调整后的 NIT 表结构中增加了两个 loop：loop1 中添加 Channel_info_descriptor，用来指示频点或者节目是否有变化，loop2 中添加整个湖南省的频点信息。以上两个 loop 分别针对两种可能的情况触发自动搜台，一是用户开机后发现当前频点没有节目（可能原因：用户没有搜过台或当前频点没有了节目），则触发全频段自动搜台；二是前端调整频点或节目后，会修改 Channelinfo_id 的值，通过判断 Channelinfo_id 的改变触发自动搜台。搜台所需的频率信息从 NIT 表的第二个 loop 中获取。

**表 6–1　调整后的 NIT 表的结构信息**

| Syntax | Number of bits | Identifler |
|---|---|---|
| network_information_section(){ | | |
| table_id | 8 | uimsbf |
| section_syntax_indicator | 1 | bslbf |
| reserved_future_use | 1 | bslbf |
| reserved | 2 | bslbf |
| section_length | 12 | uimsbf |

续 表

| Syntax | Number of bits | Identifler |
|---|---|---|
| network_id | 16 | uimsbf |
| reserved | 2 | bslbf |
| version_number | 5 | uimsbf |
| current_next_indicator | 1 | bslbf |
| section_number | 8 | uimsbf |
| last_section_number | 8 | uimsbf |
| reserved_future_use | 4 | bslbf |
| network_descriptors_length | 12 | uimsbf |
| for(i=0; i<N; i++){ | | |
| descriptor() | | |
| } | 4 | bslbf |
| reserved_future_use | 12 | uimsbf |
| transport_stream_loop_length Loop1 | | |
| for(i=0; i<N; i++){ | | |
| transport stream_id | 16 | uimsbf |
| original_network_id | 16 | uimsbf |
| reserved_future_use | 4 | bslbf |
| transport_descriptors_length | 12 | uimsbf |
| for(j=0; j<N; j++){ | | |
| descriptor() Loop2 | | |
| } | | |
| } | | |
| CRC_32 | 32 | rpchof |
| } | | |

基于 NIT 表的快速搜索技术可以解决信号丢失、频率变更或者节目内容大规模调整时引起接收端观看异常的问题，如果对于前端微量的调整，比如只是将某个节目流中的节目重新排序，我们并不希望用户在观看过程中过多的进行重新搜索。这里，我们就可以采用节目列表的自适应更新技术加以解决。实际上，我们在对节目流的排序进行调整时，改变的只是某路节目在整个节目复用流中的 Program Number，即该路节目的 PMT PID，当机顶盒检测到某路节目的 PMT PID 发生变化（在用户查找选择节目时通过与原值进行比较），就会对整个节目流中各路节目的 PMT PID 进行重新更新，获取新的频道数据，并采用新的 PMT PID 排序结果对当前节目进行播放。用户端不会感到异常，也不会发生观看节目名称和内容对应不上的问题。

为了进一步提高用户端的使用体验，我们还适当针对清流节目的存储管理技术进行了一定的优化。首先，我们采用频点排序模式，对接收到的节目流按所在频点大小依次进行存储，某个频点中的节目又按 PMT PID 或者 Service ID 的策略进行排序，这样整体节目表单与前端保持一致，用户检索起来非常方便。其次，考虑到同一地区空中有可能接收到加密的无线射频信号，清流机顶盒对其解调后，由于没有相关 CA 解扰，无法收看其中节目内容，但是这些节目信息会大量存在于节目列表中。用户在收看检索节目的过程中会带来很大的不便。对于某路节目信息是否为加密，我们可以在 PMT 列表中观察是否有 CA_descriptor 的信息标识。如果有，那就是加密节目。我们可以在获取节目流的 channel list 时，通过 channel fliter 将其滤除，这样，最后呈现在观众面前的节目表单就全部是可以直接收看的清流节目。

### 6.1.4 AVS+ 数字电视机顶盒空中在线升级功能的研发和应用

对于前端系统进行的功能调整和优化，接收终端需要同步的更新其工作的软件版本，以达到两端兼容匹配、扩展附加功能、稳定用户体验的目的。随着终端用户数量的不断增加，我们需要一种线上智能的升级方式解决大规模终端设备软件更新的问题。类似于有线网络机顶盒的在线升级，无线数字电视机顶盒也可通过空中在线升级的方式来解决以上问题。

空中在线升级（OTA，Over the Air），选择 System software Update（SSU）规范进行参考和实现，是一种适用于空中数据传输的系统软件升级方式。SSU 规范的主要特点是通过 NIT 和 PMT 来定位 TS 流中的 SSU 服务信息，使得软件的更新机制不与特定 PID 挂钩，避免因各厂商自定的软件更新方法造成相互干扰。通过升级通告列表（UNT，Update Notification Table），SSU 规范可以进一步提供更多的附加信息：比如升级计划、扩展选项、目标信息、行为通知、过滤描述信息等。

SSU 升级信息需要在前端信源编码复用系统进行加入，我们需要对带 PSI 的升级码流使用 UDP 进行推送，将推送的组播流送入复用器。复用器通过设置对应的组播接收地址、端口号和 Source IP（即推送该组播流的设备 IP），即可接收到相应的升级组播流。一般来说，升级信息的大小与在前端加入复用器时推送的速率会共同决定用户端的在线升级时间。显然，我们不希望用户端的升级时间过长，但同时，我们必须保证在升级过程中节目的播出质量不受太大影响，即节目流的总码率不宜过低。毕竟，类似这种升级方式一般都是一个周期性模式，升级流加入复用器后会持续在线推送 1 周左右时间，保证 95% 以上的用户都能够接收到该升级信息。假设升级包的大小为 40M，在前端复用器加入的推送速率为 2M，那么用户端下载升级包的时间大约为 20S，加上验证和安装的时间，整个升级进程约在 1 分半左右。对于我们在用的国标调制模式 4(20.7Mbps) 的节目流总码率，图 6–3(1) 为升级信息占用 2Mbps，意味着动态总带宽会下调 2M。如果前端有 13 套标清节目的话，每套节目的码率将会降低 0.15M。这个损失主要就是在视频上。所以，在做空中升级的时候我们必须综合考虑升级时间和图像质量两方面的因素，选取适宜的升级方案。

复用器接收到相关升级码流信息后，我们需要将该信息添加到前端的某路复用节目流中。具体的做法是选取某路复用节目流中的某个节目，将 OTA 码流中的 PID 信息拖入要合并的节目中，并更改该 PID 的属性为 0X0b，如图 6–3(2) 所示。

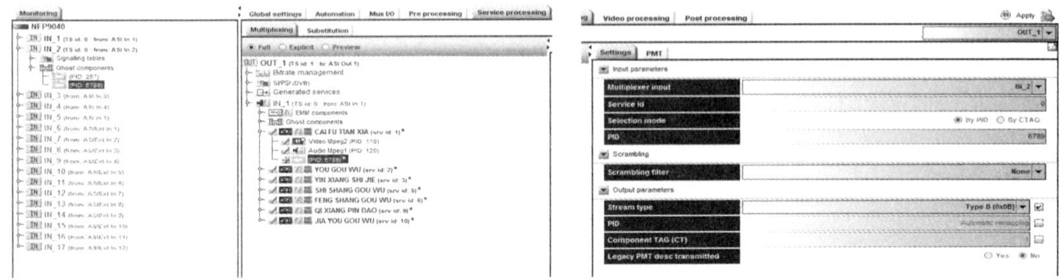

图 6–3(1)　升级信息的加入和 PID 属性的修改　　图 6–3(2)　升级信息的加入和 PID 属性的修改

然后，我们需要选中 OTA 升级码流，进入码流的 PMT 标签页，在 PMT descriptors 中选择 Add descriptor，选择 Tag 0X66，并填入所需的触发升级机制的数值信息，如图 6–5 所示。

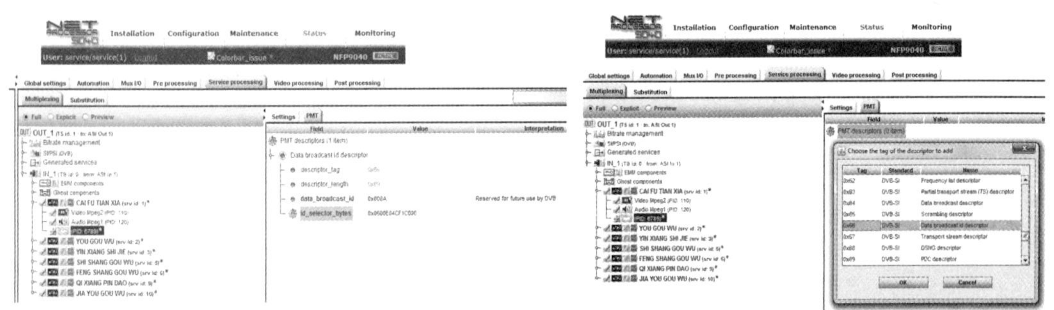

图 6–4　对升级码流信息中 PMT 的描述和修改

完成以上操作后，OTA 升级信息已经加入到前端编码复用系统中的某路节目流的某套节目中，接收终端在检索到该路节目中所含的升级信息后，就会触发在线升级功能。当然，这样的接收机制需要前端和终端的相互匹配。

实际使用中，在用户接收终端，一般通过自动搜索和手动搜索两种方式进行软件升级。自动模式下，每次机顶盒开机时，系统都会进行一次自动更新和搜索，如果当前最新播放的节目流中含有 SSU 的相关信息，则会弹出是否下载升级软件的提升窗口，用户确认后即可开始相关升级。手动模式下，机顶盒开机时不会进行相关检索，用户需手动开启相关升级程序，当程序开启后，系统会将当前机顶盒在播的各个频点的节目流都重新搜索一遍，若发现有 SSU 的信息则提示用户是否进行升级软件的下载，若没有 SSU 的信息，则告知用户当前系统无须升级。实践中，大部分用户都处于自动升级模式下。当机顶盒将升级包下载完成后，便会自动跳转到升级界面，并提示用户不要断电。升级完成后，会重启并在开机界面提示用户系统已经升级到最新版本，进而自动开始全频段搜台，之后，用户可以在新系统下观看节目。

### 6.1.5 家庭固定接收系统的故障处理

家庭固定接收系统在初装调试好以后，特别是室外天线接收的用户一定要固定好天线，不要改变天线垂直和水平的摆放，如果有偏移就会改变接收天线接收信号的极化方式，影响接收强度。在天线没有改变的情况下我们可以从下面几个方面讨论故障的处理：

(1) 电视无视频显示

①检查音视频连接有无问题；

②信号源选择是否正确，电视是否已切换到 AV（视频）或者 HDMI 模式或者内置机顶盒的数字电视模式；

③确认机顶盒没有置于待机状态。

(2) 搜索失败

①检查天线、馈线是否连接正常；

② L 连接无问题后，恢复出厂设置后尝试重新搜索。

(3) 无声音

①检查电视机和机顶盒音量是否过小或静音；

②检查音视频输出是否和电视连接正常；

③确认是否声道切换的不正确；

④如果单个节目无声音，声道无问题，尝试重新搜索。

(4) 无法收看节目

排除连接和设置故障后，若长时间等待无反应，联系客户信息管理部门，确认发射信号是否正常。

(5) 无法遥控

①检验机顶盒摆放位置，有无遮挡物遮挡；

②是否接入红外延长线，红外延长线接收头是否有遮挡物遮挡；

③确认遥控器电池是否安装或确认电池有无电量。

## 6.2 移动接收系统

### 6.2.1 地面电视车载移动接收的应用背景

车载移动电视应用比较成熟的是基于 DVB–T 和 CMMB 两种制式的数字无线电视。现在全国各地都在成熟运营的移动公交、移动的士和地铁这三类载体的电视基本都是采用

DVB–T 的调制模式。而 CMMB 中国移动多媒体广播电视这种制式的无线数字电视则多用于私家车集成的车载电视系统和移动小屏接收系统，全国有 300 多个城市部署了 CMMB 无线覆盖，在一定程度上能满足私家车车主和部分移动手持人群的需求。公交和的士的移动电视就是接收 DVB–T 制式的单频网无线数字电视信号，地铁电视则采用漏缆的形式对地铁隧道进行覆盖，这 3 种模式覆盖的接收端流动人口大，并且活动范围基本固定，有一定的商业运营潜力，不需要向观众收费就能生存。并且每个城市的公交地铁电视都是由一个固定的电视台或者公司来全流程管控，发展平稳。CMMB 中国移动多媒体广播技术体系是利用大功率 S 波段卫星信号覆盖全国，利用地面增补转发器同频同时同内容转发卫星信号补点覆盖卫星信号盲区，利用无线移动通信网络构建回传通道，从而组成单向广播和双向交互相结合的移动多媒体广播网络。

地面发射中心将信号发向 S 波段同步卫星后，同步卫星对接收到的信号进行转发，转发后的 S 波段信号直接被地面的接收终端接收下来，也可以通过增补转发器处理后被地面的接收终端接收下来。该卫星还通过分发信道将信号发送给增补转发器处理，通过增补转发器处理后转发，对卫星覆盖的阴影区域进行增补。整个 CMMB 技术体系完备，能够满足私家车主和一些特点场景的人员收看特定节目的需求，整个环节设计全国统一层面的前端信号和卫星转发以及重点城市的地面无线深度覆盖几个环节。运营分中央和地方两级，人员涉及广泛，需要有大规模的受众群体来支持这个体系的发展。DTMB 这种地面无线数字覆盖网络支撑下的车载移动接收系统，技术实现简单，DTMB 调制标准也是中国完全自主知识产权。

2014 年中央 311 工程要求在全国所有地市开展 DTMB 公益无线覆盖工程，在这个大的政策前提下开展的车载移动接收系统和固定用户接收系统是完全兼容的并且符合国家政策要求，不需要为车载接收再收入设备和管理维护人员，让车载移动接收也享受到了国家公益的普惠。用户只需要在车上安装满足 DTMB 制式要求的接收机和车载接收天线就能长期免费收看中央和省的骨干新闻频道。

### 6.2.2 DTMB 地面电视车载移动接收的技术优势

DTMB 的技术优势体现在以时域正交频分复用（TDS–OFDM）调制技术为核心，形成了自有知识产权体系，具有以下几个技术特点：

(1) 传输效率或频谱效率高

(2) 抗多径干扰能力强

具体体现在多径延时超过时间保护间隔的情况下，DTMB 仍然能工作，TDS–OFDM 可以把几个 OFDM 帧的 PN 序列联合处理，使抗多径干扰的延时长度不受保护间隔长度的限制，而传统的 OFDM 保护间隔长度涉及要求必须大于多径干扰的延时长度。

(3) 信道估计性能良好

4. 适于移动接收

移动接收产生了多普勒效应和遮挡干扰，使传输信道具有随时间变化的特性（时变特性）。需要强调的是任何 OFDM 系统的信号处理都是基于信道传输特性准时不变的假设，即在一个 OFDM 符号的时间内，假设信道是不变的，信道的变化被认为是在 OFDM 符号间发生的。TDS–OFDM 的信号估计只取决于 OFDM 的当前符号，而 C–OFDM 的信号估计需要 4 个连续的 OFDM 符号。因此 C–OFDM 在移动情况下要考虑 4 个 OFDM 符号的信道变化影响，而 TDS–OFDM 只需要考虑一个 OFDM 符号的信道变化影响。可以看出 DTMB 系统更适合于移动接收，其移动特性优于欧洲 DVB–T 系统。

国家推荐了其中适合 DTMB 推广覆盖的几种信道调制模式，具体每种模式的信道调制参数和在不同噪声信道中的信号接收指标如表 6–2。

表 6–2 不同信道模式下的接收性能比较

| 模式 | 载波数量 | 前向纠错 | 星座映射 | 帧头 | 符号交织 | 净码率（Mbps） | 高斯信道 | | | 莱斯信道 | 瑞利信道 |
|---|---|---|---|---|---|---|---|---|---|---|---|
| | | | | | | | 载噪比门限 /dB | 最小输入电平 /dBm | | 载噪比门限 /dB | 载噪比门限 /dB |
| | | | | | | | | VHF | UHF | | |
| 1 | 3780 | 0.4 | 16QAM | 945 | 720 | 9.626 | 8.0 | –92 | –90 | 8.7 | 10.5 |
| 2 | 1 | 0.8 | 4QAM | 595 | 720 | 10.396 | 6.0 | –93 | –91 | 6.5 | 9.5 |
| 3 | 3780 | 0.6 | 16QAM | 945 | 720 | 14.438 | 10.7 | –89 | –87 | 11.2 | 14.0 |
| 4 | 1 | 0.8 | 16QAM | 595 | 720 | 20.791 | 12.6 | –87 | –85 | 13.3 | 18.5 |
| 5 | 3780 | 0.8 | 16QAM | 420 | 720 | 21.658 | 13.2 | –86 | –84 | 14.0 | 18.5 |
| 6 | 3780 | 0.6 | 64QAM | 420 | 720 | 24.365 | 15.7 | –84 | –82 | 16.6 | 19.4 |
| 7 | 1 | 0.8 | 32QAM | 595 | 720 | 25.989 | 16.6 | –84 | –82 | 17.3 | 22.4 |

从上表不同噪声信道下接收的最低电平分析得知：针对移动车载接收需要在各种噪声信道下都要有最低的载噪比门限，所以选择的 DTMB 信道调制模式为国家标准推荐模式 2：单载波、0.8、4–QAM、595、720，有效码率载荷为 10.396M，在这种模式下接收的技术指标为：载噪比门限 6.0Db, 在 UHF 段最小输入电平为 –91dBm。我们现在编码了中央一套，中央新闻，湖南卫视，湖南地面 2 台和湖南地面 3 台等几套主流节目。

DTMB 的移动接收的性能优越性还体现在它的复帧结果上，目的就是为了实现快速稳定的同步，国标 DTMB 采用的分级帧结构，如图 6–5 所示，它具有周期性，并且与自然时间保持同步。数据帧结构的基本单元为信号帧，信号帧由帧头和帧体两部分组成。超帧定义为一组信号帧。分帧定义为一组超帧。帧结果的顶层称为日帧。

超帧的时间长度定义为125毫秒，8个超帧为1秒，这样便于与定时系统（如GPS时钟）校准时间。特别是在移动接收的时候，时间校准是非常重要的，直接影响信号接收纠错和恢复。并且最小的传输单元为信号帧，信号帧时间长度根据帧头的不同最长为625μs.

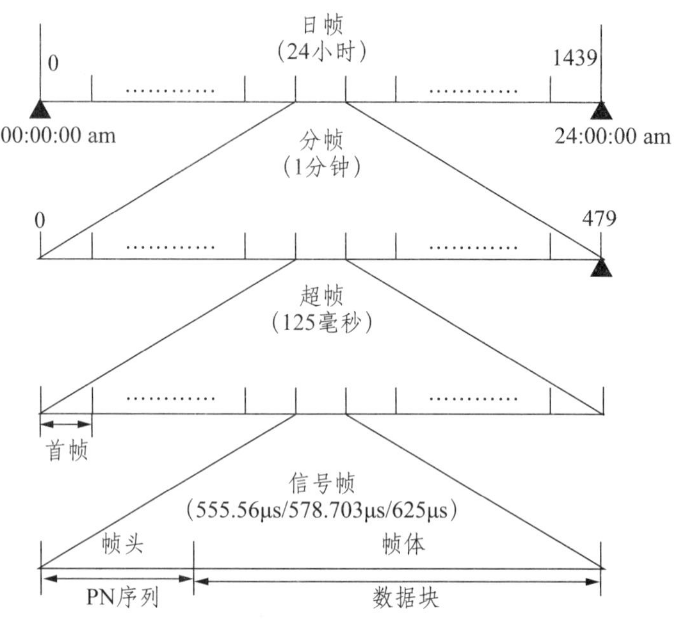


图6–5　DTMB帧结构

由上面的图表分析可以看出DTMB这种模式的接收门限电平低，非常适合车载移动接收，还有就是也能满足一部分室内信号不强的用户室内接收收看，符合DTMB公益无线覆盖的要求。在车载移动接收的时候我们需要考虑城市高楼的多径干扰和道路上茂盛树木枝叶对电磁波的吸收这些综合影响，还要考虑车辆移动过程中的车速对接收的影响。综合来看车载移动接收的难点在于接收解调过程中的纠错能力和信号帧的保护间隔。在多域协同、单多载波融合的系统处理方法和快速、精准的系统同步技术，使得DTMB在频谱效率、接收门限、抗干扰性能、高速移动接收等系统性能方面均取得了明显优势。从上面对比图我们可以看出DTMB针对移动接收模式的信道调制有很强的纠错容错能力，能满足接收端在干扰大和有效电磁波弱的情况下正常接收，同时通过DTMB调制的帧结构也可以看出它的信道保护间隔比DVB–T模式要宽，非常适合移动接收。

### 6.2.3 DTMB地面电视车载移动接收系统的安装

在安装车载移动接收系统的时候我们要求车载天线要满足无源、高增益、外观小巧方便安装在车顶等几个要求，一般配置如图6–6的车载接收天线。

图6–6　车载天线安装效果

车载移动接收机顶盒我们需要满足高频头灵敏度高、解调解码纠错能力强、外置12V供电、机顶盒外观小巧方便安装，要外置遥控红外感应接收器，遥控器具备一键搜索和显示节目信号参数的功能。具体机顶盒安装和车载接收效果如下图 6–7。

很多家用车之前就配备了 CMMB 移动多媒体电视的接收系统，屏幕也能正常使用，由于搜索不到 CMMB 电视信号致使屏幕闲置，这种情况下我们可以根据不同情况最大限度的利用原有屏幕来收看 DTMB 车载移动电视。很多车载屏幕使用的是 AV 信号输入，这种情况改造比较方便，只要重新把 DTMB 机顶盒的 AV 信号引入就可以。具体实现如下图 6–8：

也有很多车型采用的是内置 CMMB 电视接收模块，信号线制式也不是广电系统的制式。这种情况我们没有办法利用原有的屏幕系统，这情况我们必须重新安装新的靠枕屏幕，具体实现如下图 6–9：

图 6–7　机顶盒车载安装效果

图 6–8　车载自带屏幕收看效果

图 6–9　车载新装屏幕收看效果

### 6.2.4 地面电视手持移动终端接收系统

在车载移动接收和多屏分发之间还有一种手持终端的灵活接收方式，其应用的服务对象就是中老年人。带喇叭的小屏幕之前一直是广场舞大妈的掌中宝，更是逛公园的爷爷奶奶们打发时间的最爱。从市场销售的数据来看，每年有近 2000 万个小移动终端屏幕的销售量，惊人的数据说明老年人也需要精神寄托，更意味着这是 DTMB 公益覆盖一个非常重要的服务重地。

移动手持 DTMB 终端应用场景如图 6–10，特点是使用简单，携带方便，除了可以播放 U 盘的音乐视频、花鼓戏等，还可以打开拉杆天线，收看公益 DTMB 无线数字电视。此终端设备在技术配置上除了大屏幕和大喇叭外，配备了高增益的拉杆

图 6–10　移动手持 DTMB 终端效果图

天线，高灵敏度的解调芯片，低功耗的解码和视频播放芯片，这样能最大限度的简化收看 DTMB 无线数字电视的操作，方便中老年人灵活使用。

这种手持移动终端的应用范围也有一定的限制，要求地面无线电视信号较强，一般城市及周边都基本能满足。还有就是手持移动接收端在节目搜索方面要操作简单，自动化程度高，大多数能实现一键搜索储存节目。考虑到中老年人的应用实际，这种移动终端天线灵敏度高，使用简单，声音调节范围大。

## 6.3 多屏分发系统

### 6.3.1 地面电视多屏分发概述

目前智能手机、平板电脑和笔记本电脑已经深度普及，人们通过手持设备观看视频的需求也日益强烈。据《21 世纪经济报道》报道：工信部部长苗圩在“通信展暨 ICT 中国•2016 高层论坛开幕式”上致辞时提及：截至 2016 年 7 月，中国移动电话用户总数达到 13.04 亿户，其中 4G 用户总数达到 6.46 亿户。在公共场所几乎人手一部手机，智能手机更是占据绝大部分，但移动流量资费短时间无法下降到白菜价，如何满足公众从手持移动设备端免费收看电视节目？我们考虑到用“DTMB+WiFi”的多屏互动模式，向公共场所和有条件的个人家庭提供基于 DTMB 的具有公益性质的电视直播信号，这样能够充分利用现有宝贵的无线频率资源，实现视频业务由面向电视机或接收机单一终端到面向移动智能终端的扩展，实现地面数字电视广播的跨屏融合应用。

基于 DTMB 的地面数字无线覆盖网虽具有覆盖范围广，支持车载移动接收和视频直播画面质量高等优点，但它无法深度渗透到楼宇和候车（机）厅等公共场所，在家庭用户方面也只能对应一个接收电视机或者机顶盒，无法做到家庭所有成员多屏幕同时观看的需求。此时一种通过 DTMB 做中继传输再加上网关设备解调、解码，然后通过 WiFi 进行视频分发的模式应运而生。作为无线网络的一种理想技术形态，WiFi 在移动性、数据传输速率和用户需求方面具有一定优势。同时 WiFi 不仅能分流 4G 网络流量，在之后很长时间内因为频率使用、技术体制、覆盖成本和终端普及性等方面在最后十米的接入段占据优势。WiFi 与地面数字电视广播相比，其覆盖深度好、信号接收门限低，适合做深度覆盖，由于 WiFi 模块是智能手机、平板电脑、笔记本电脑等移动智能终端的标准配置，WiFi 通过与地面数字电视广播结合应用，移动智能终端设备无须安装地面数字电视广播接收模块也能观看数字电视节目，能极大扩展数字电视应用的范围。通过“DTMB+WiFi”无线覆盖技术，实现视频业务由面向电视机或接收机单一终端到面向电视机、智能手机、平板电脑、笔记本电脑等多终端的扩展，实现地面数字电视广播及融合应用的多屏互动业务，扩大 DTMB 的深度覆盖，以最简便的方式满足老百姓的需求。具体模式信号流程如图 6–11：

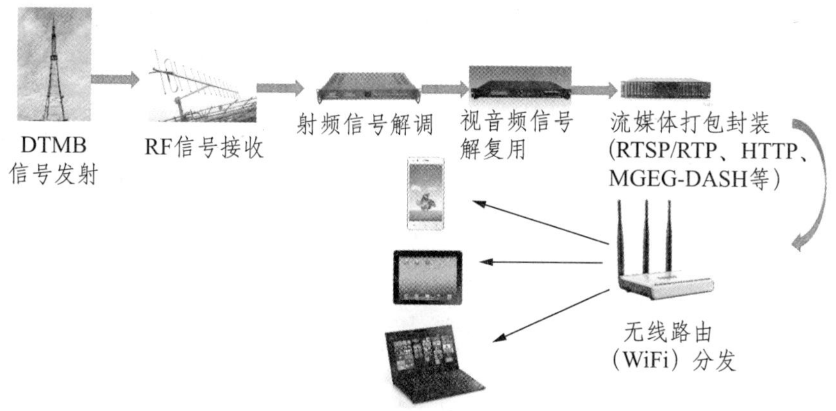


图 6–11　DTMB+WiFi 模式的流程

## 6.3.2 多屏分发应用场景探讨

本系统技术模式适合在家庭、咖啡厅、餐馆、商业楼宇、体育场、高校等公共场所热点区域。依据场景实际情况，网关设备可以内部自带 WiFi AP 模块，实现小范围内的区域覆盖（不超过半径 50 m），当需要对大区域范围进行无线网络覆盖时，可以通过网线扩展连接独立的 WiFi AP 天线设备，实现大范围区域的覆盖。由于 WiFi 系统工作频段较高，信号反射和绕射损耗较大，同时接收机灵敏度低，因而在进行大范围区域覆盖时需要进行 WLAN 网络规划，根据现场勘察的实际情况进行覆盖方式选择。

在进行 WLAN 网络规划时，首先根据需求对覆盖现场进行勘查，获得现场环境参数、传输及点位等资源情况；然后根据室内或室外覆盖方式的现场环境参数进行链路预算，初步确定 AP 点位及数量；而后进行合理频率规划，规避频率干扰；然后根据用户需求进行容量规划，找到容量和干扰整体最优的结合点；最后根据实测进行相应的优化调整，使网络性能达到最优。

## 6.3.3 针对不同场景的多屏分发应用场景的技术实现

多屏分发针对不同应用场景在 DTMB 的 RF 信号接收上的要求是一致的，就是需要达到高频接收解调模块的接收要求就可以了。但在不同场景中网关分发设备的技术实现是不一样的，下面就分布就不同场景的网关分发进行分析。

第一类：覆盖区域很小场景，应用地点：家庭、咖啡馆、餐馆、高校体育馆和图书馆等。这些区域的特点是涉及区域范围小，需要多屏分发的受众规模小。这种技术实现是最简单的，只要把网关设备和 WiFi 分发的网络设备直连就可以，再根据 WiFi 网络的覆盖和容量需求在相应的位置布放 AP，确保需要覆盖区域的 WiFi 信号稳定即可。这类场景适合通用级别网关设备。面向家庭和小范围场所使用，通过 DTMB 接收模块将接收到的节目解扰后转换成 IP，可选（1）通过 IP 连接 WiFi 路由器，由 WiFi 路由器进行覆盖，（2）通过内置 WiFi 模块，由 WiFi 模块进行覆盖。通过实践，这种模式应用过程中不影响智能设备中的其他应用连接互联网并且支持并发 5—20 个连接终端。（具体连接数与 WiFi 路由器的性能相关）通用级网关外形如同手机充电宝，上面一头连接 DTMB 信号接收解调模块，另一头连接充电线。这种网关布局方便，可以随时随地移动，操作简单。通用级网关设备如图 6–12。

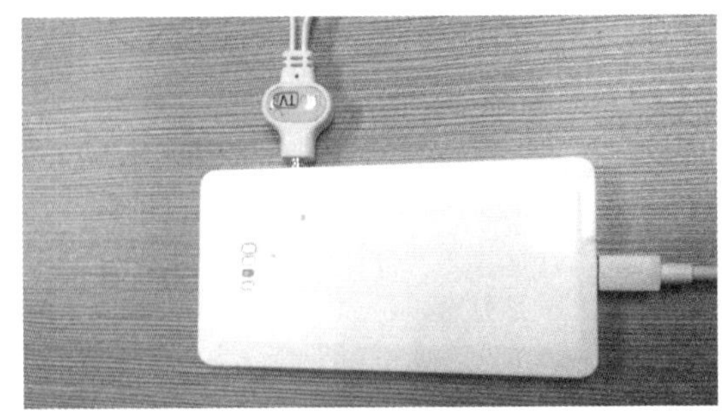

图 6–12　通用级网关

第二类：覆盖区域较大场景，应用地点：机场候机楼、汽车站候车厅、公共服务等候大厅等。这些区域的特点是涉及区域范围较大，需要多屏分发的受众规模很大且集中。这些区域之前就已经有手机网络覆盖，提供手机通信服务。企业级网关最核心的就是网关的视频流分发能力和 WiFi 终端处理能力，企业级网关处理设备与 WiFi 连接如图 6–13。

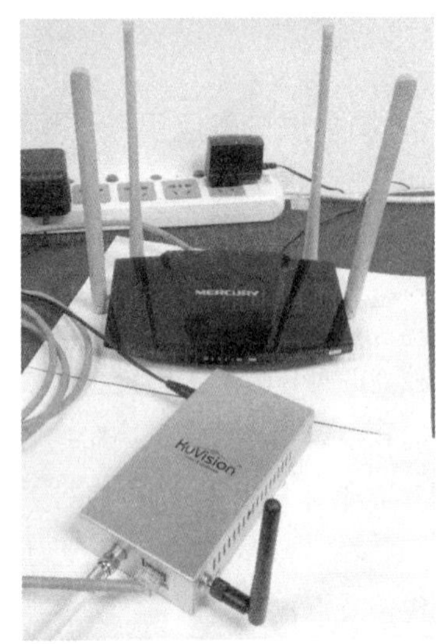


图 6–13　企业级网关连接图

在路由器分发上面，单纯依靠小功率的 WiFi 覆盖范围有限，在公共场所可以利用企业已经布局的 WiFi 覆盖网进行合路覆盖。这种方式我们需要在网关设备之后将 WLAN 的无线射频信号通过合路器传输到已经布放安装好的移动通信室内分布系统，各频段信号公用天线进行覆盖。具体合路器输出的基本原理如图 6–14：

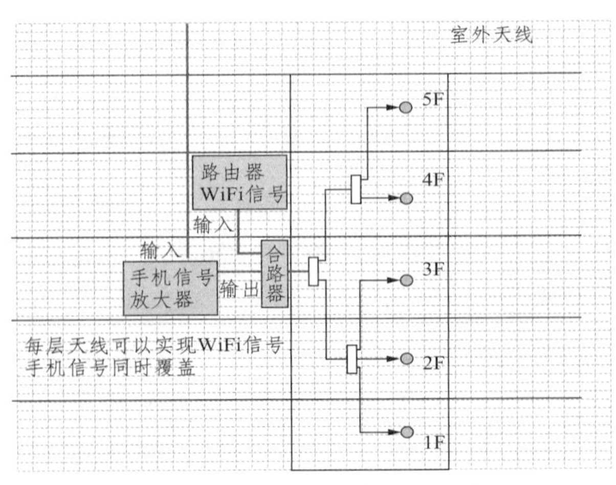


图 6–14　手机通信与 WiFi 合路器工作框图

室外天线主要针对不同区域进行定向覆盖，能够同时满足此区域的手机移动通信和 WiFi 视频直播分发的要求。图 6–16 这种模式下进行这样技术改造能最快实现 DTMB 视频直播节目转换成手机 WiFi 观看模式，只需要注意就是在 WiFi 信号分发的时候不要设置，流量和接入设备的限制。总体来说，此模式有充分利用原有资源、综合建设投资小、建设周期短等优势，但需要考虑手机移动通信的天线是否支持 WiFi 的工作频率，如果不行就要更换天线，重新计算链路损耗和覆盖范围来进行网络优化。

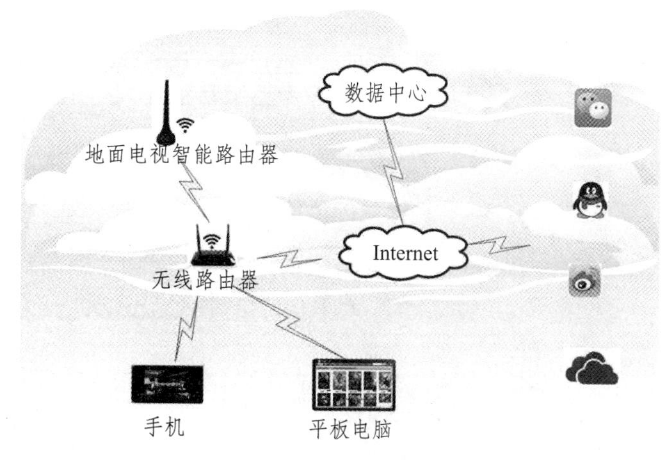


图 6–15 通用网关连接图

由图 6–15 可以知道，在 DTMB 信号接收解调后，对于企业级覆盖的公共区域使用的 WiFi 数据分发，DTMB 的直播视频信号也被转码成网关支持的视频流格式，不影响智能设备与外网的其他通信。公共场所人员连接网关零流量收看 DTMB 直播电视的同时还可以进行所有移动通信，做到了娱乐和通信两不误。

基于 WiFi 的多屏分发系统需要在屏幕接收终端下载对应的 APP 进行视频流的播放，这样智能终端就成了一台可移动电视机，实现免月租、无流量的随时看电视。终端 APP 集成了直播、点播、直播分享和点播分享功能（在直播和点播收 看过程中，截取精彩的节目片段通过微信等手段与朋友圈分享），这样不但对 DTMB 无线覆盖做了深度延展，还让传统覆盖手段增加了新媒体的外衣。

# 第 7 章　地面数字电视监测监管

## 7.1 广播电视监测监管概述

为了进一步规范我国地面数字电视系统建设，加强我国地面数字电视系统维护，确保我国地面数字电视系统正常、安全、可靠运行，及时发现地面数字电视系统运行的异常状态，并为广大广播电视工程技术人员快速准确定位、分析和解决地面数字电视系统或设备出现的各种问题提供相应的、必要的技术手段。在开展地面数字电视系统及其覆盖网络建设的同时，需要同步建设地面数字电视监测系统，对地面数字电视系统开展实时、全面、有效的监测。

地面数字电视监测是无线广播电视监测监管工作的一个组成部分，本章在介绍地面数字电视监测的同时，对于监测业务有关的频率管理也将同步做些简要介绍。

## 7.2 我国广播电视监测业务发展历程及基本任务

### 7.2.1 我国广播电视监测业务发展历程

我国的广播电视监测工作始于 20 世纪 50 年代，当时的中央广播事业局（今国家新闻出版广电总局）于 1955 年在上海建成了我国第一座广播监测台，主要开展短波广播监测业务；1957 年，又在北京建成了我国第二座广播监测台；地面电视和调频广播监测始于 1987 年，卫星电视监测始于 1995 年，有线电视监测始于 2002 年。近几年，全国各个省、市、自治区、直辖市广播电视行业主管部门相继建立起各自的监测中心或监测台（站），为形成全国广播电视监测系统打下了基础。目前，广播电视监测业务已从单一监测声音广播，发展成为对无线、有线、卫星、互联网、移动互联网等全渠道综合监测。随着云计算、大数据和智能分析技术逐步引入到广播电视监测监管系统，广播电视监系统正朝着综合化、融合化、协调化、智能化方向发展。

### 7.2.2 我国广播电视监测工作基本任务

广播电视这一大众传媒的根本任务是把广播电视节目优质地传送给广大听众和观众。

一个高效率、高质量的广播电视监测网可以准确、及时地反映广播电视节目播出质量和传输效果，核查广播电视覆盖情况，了解各类播出系统是否按照标准的技术参数播出，监测空中电波秩序和网络传播秩序，提供不断改善播出质量和有效覆盖的依据，建立广播电视技术质量自我监督机制。

广播电视监测的主要任务可以概括为 3 个方面：监测广播电视覆盖效果；监测广播电视节目传输及播出技术质量；监测广播电视传播秩序等。具体到无线广播电视监测领域主要有以下几点：

(1) 监督检查广播电视电播发射特性：发射台 ( 发射机 ) 的电波发射特性，主要是指频率、频带宽度、杂散发射与发射功率，也把频率、频带宽度与杂散发射称为发射质量。

(2) 监测广播电视系统播出质量：监测中心监测到的节目质量是整个播出系统的质量，主要有：停播与播出事故监测、电声质量监测、视频质量监测和调制度测量等。

(3) 收测广播、电视信号接收效果：收测广播、电视信号接收效果主要包括覆盖区与覆盖率收测、实地收测与调查接收效果。

(4) 查明干扰与非法电台：影响广播、电视信号接收的干扰源主要有同、邻频混信号干扰、杂散发射干扰、电气设备产生的噪声干扰、多径传播干扰等。

(5) 收测频谱负荷：通过频谱负荷收测可以了解某一地区在各个不同时间内频谱占用情况，了解尚未被占用的频谱与时间，以便充分、有效地利用频谱资源。

(6) 与有关国家或地区交换收测资料。

(7) 观测电波传播情况。

## 7.3 无线广播电视及其监管工作基本情况

无线广播电视是指通过无线电波进行广播和电视信号传播的一种广播电视播出形态，目前，我国无线广播电视频率范围为 120kHz ~ 870MHz（详见表 7–1 广播及电视频率划分表)，随着我国广播影视事业发展水平的提高、人民群众对无线广播电视节目需求的增长以及广播电视数字化进程急速，无线广播电视频率 / 频道数量与日俱增，无线广播电视资源日趋紧张；广播电视发射台站是无线广播电视信号的主要播出单位，全国现有电视发射台和转播台 6.6 万座，承担着各级地面广播和电视节目的无线发射和覆盖任务，是我国广播电视公共服务的主要业务单元和重要的应急战备资源。当前，从中央到地方正在发力服务型政府建设，各项政府公共服务能力正在加速形成和完善的转型时期；在无线广播电视正处于数模同播加速进行模数转换的关键时期，及时发现、查处违规使用无线广播电视专用频率资源、擅自扩大发射功率、不按规定播出等情况是当前无线广播电视监管工作的主要内容，对发射台站进行监管成为无线广播电视监管工作的重头。

表 7–1　广播及电视频率划分表

| 波段 | 频率 | 间隔 | 用途 |
|---|---|---|---|
| LF(LW) | 120 kHz –300kHz | —— | 长波调幅广播 |
| MF(AM) | 525kHz–1605kHz | 9kHz | 中波调幅广播 |
| HF(SW) | 3.5 MHz –29.7MHz | 9kHz | 短波调幅广播及单边带通讯 |
| VHF(FM) | 88 MHz –108MHz | 150kHz | 调频广播及数据广播 |
| VHF | 48.5 MHz –92MHz | 8MHz | 电视及数据广播 |
| VHF | 167 MHz –223MHz | 8MHz | 电视及数据广播 |
| UHF | 223 MHz –443MHz | 8MHz | 电视及数据广播 |
| UHF | 443 MHz –870MHz | 8MHz | 电视及数据广播 |

## 7.3 我国广播电视无线电频率的管理

1993 年制订并于 2016 年修订颁发的《中华人民共和国无线电管理规则》是我国无线电管理的最高法则。国家新闻出版广电总局负责广播业务专用频率的管理。为在全国广播电视部门内贯彻执行《中华人民共和国无线电管理规则》，国家新闻出版广电总局于 1988 年制定了《广播电视无线传输覆盖网管理办法》（简称《管理办法》）。

《管理办法》主要为对广播电视频率有效利用进行管理，其主要内容如下：

### 7.3.1 关于广播业务频段的管理权限

（1）广播业务专用频段和主用频段由国家新闻出版广电总局统一规划，分级管理。非广播业务部门使用广播业务主用频段时，事先应与国家新闻出版广电总局频率主管部门协调，使用时要 保证不对广播业务造成干扰。

（2）在非广播业务专用频段内申请短波广播频率和短波节目传送频率，统一由国家新闻出版广电总局提请国家无线电管理委员会（简称国家无委）审批。

⑶广播电视节目传送（固定、移动）属固定、移动业务。申请供全国范围内使用的节目传送频率，由国家新闻出版广电总局提请国家无委审批。申请供局部地区使用的节目传送频率，由地方广播电视部门提请地方无线电管理委员会（简称地方无委）审批。

（4）申请小型无线电报话机、无线话筒等直接向当地无委申请。

### 7.3.2 广播业务专用频段的管理分工

（1）全国中波频率规划已由国家新闻出版广电总局制定。申请使用频率应符合规划。启用前，由省、自治区、直辖市新闻出版广电局审定后报国家新闻出版广电总局备案。新增加的市人民广播电台需用的中波频率，由国家新闻出版广电总局指配。

(2) 全国短波频率规划也已由国家新闻出版广电总局制定。各地申请使用短波频率应符合短波广播规划。实施规划项目和因季节变化需调整频率使用方案，申请单位应填报短波广播频率需求表，经省新闻出版广电局审核后，报国家新闻出版广电总局指配频率。

(3) 调频频率、电视频率规划和指配：凡发射机标称功率在 50W（含）以上的，由省局编制规划，报国家新闻出版广电总局审批；50W（不含）以下的，由省局负责组织编制规划并指配频率或频道，报国家新闻出版广电总局备案。

广播电视发射台发射设备使用的频率、功率和无线技术特性等内容应严格按照无委颁发的电台执照和国家新闻出版广电总局颁发的频率执照所规定的进行，不得随意变动。如确需变动，应重新办理审批手续。

### 7.3.3 修改频率规划或技术规划的手续

(1) 凡已建电台或欲设电台的主要技术特性中任何一项不同于规划，而且可能导致规划中其他电台的可用场强增加的；现有电台新增发射机未列入规划的；欲设台未列入规划的，以及从规划中取消一项频率指配等都属修改规划。

(2) 设台单位修改中波广播频率规划，如导致中波国际规划中有关国外台的可用场强增加大于或等于 0.5 分贝时，需要报国家新闻出版广电总局并有国家新闻出版广电总局与有关国家协调，协调妥当后，报国家新闻出版广电总局批准。

(3) 修改短波规划，申请单位向省局提出，经省局核定后报国家新闻出版广电总局审批。

(4) 修改调频、电视规划，凡功率在 100W 以上的，经计算，在修改后到达邻省、自治区、直辖市最近边界的场强大值达到或超过表 7–2 规定的限额时，应与有关单位协调。

**表 7–2　电视、调频边界场强限额表**

<table>
<tr><th colspan="2">发射类别</th><th colspan="2">边界场强限额</th></tr>
<tr><td colspan="2">米波电视</td><td colspan="2">27dB(μV/m)</td></tr>
<tr><td colspan="2">分米波电视</td><td colspan="2">37dB(μV/m)</td></tr>
<tr><td rowspan="6">调频广播</td><td>频率间隔（kHz）</td><td>农村（dBμV/m）</td><td>城市（dBμV/m）</td></tr>
<tr><td>0</td><td>9</td><td>23</td></tr>
<tr><td>100</td><td>21</td><td>35</td></tr>
<tr><td>200</td><td>39</td><td>53</td></tr>
<tr><td>300</td><td>53</td><td>67</td></tr>
<tr><td>400</td><td>66</td><td>80</td></tr>
</table>

(5) 修改规划如需协调，经协调后，由原编制部门报原审批部门审批；未经协调同意和

上级审批 而擅自修改规划的属于违章。

### 7.3.4 其他有关规定

(1) 向空中辐射电波的试机科研、试制和生产部门试验广播电视发射机，一般不得向空间辐射电波。如确需辐射，事先须经当地广播电视主管部门和无委批准。试验应严格按照核定的项目进行，否则，按违章处理。

(2) 发射机应符合国家技术规定，广播电视台、站使用的发射设备应符合《无线电管理条例》和《管量办法》的规定，即频率偏差容许限度、频带宽度和残波辐射容许限度等，已经使用若不符合者，应限期改正，否则，应停止使用。新购置的发射机应是符合经省、部一级单位技术鉴定的定型产品。

(3) 对产生电磁辐射的设备进行监督，凡使用或生产会产生电磁辐射设备的单位，应对其在广播业务频段里所辐射的电磁波采取抑制措施，使其强度不超过国家标准，否则，应停止使用或生产。

(4) 保护广播电视设施，2000 年国务院颁发的《广播电视设施保护条例》，任何单位和个人都要切实贯彻执行，以确保广播电视发射和接收的技术质量。

(5) 涉外问题归口处理，涉及国际间广播电视频率干扰和协调问题，统一由国家新闻出版广电总局归口会同国家无委对外交涉。

(6) 处理干扰问题，广播电视覆盖区内，如遭受有害干扰，如干扰源来自广播系统内部，应将干扰情况报告有权处理的广播电视主管部门，如干扰源来自系统之外，应及时报告当地无委和上级广播电视主管部门。

此外，《管理办法》还规定了监测网的组成和任务。《管理办法》指出全国广播电视监测网，由中央监测台、站和省、自治区、直辖市监测台、站以及地（州、盟、市）、县（旗、市）级监测站 组成，负责监察广播电视频段范围内的无线电波秩序，监测广播电视规划执行情况和播出技术质量以及外国广播电视频率情况，及时向有关领导机关报告监测情况，协助贯彻该办法。

## 7.4 地面数字电视监测模型分析

地面数字电视系统包括信源编码系统、节目传输系统以及发射系统等诸多环节，地面数字电视系统监测应能充分反映上述各个环节系统和设备的工作状况。根据我国地面数字电视系统技术特点以及网络结构的不同，地面数字电视系统监测模型框架主要涉及监测站点选取、监测内容构成、监测方法及相关技术要求等内容。

一般而言，地面数字电视系统监测主要通过监测技术系统采集、分析接收到的地面数字电视广播信号的质量和信号的变化以及相关设备运行状态来反映整个地面数字电视广播各个环节系统或设备的工作状态。在监测过程中，地面数字电视监测技术系统应能定性或定量地给出被监测地面数字电视信号及相关设备的各项具体技术指标及参数，包括信号射频指标、音视频指标以及码流参数等。此外，在监测过程中，地面数字电视监测技术系统还应实时记录、提供内容详尽的监测数据。当地面数字电视系统工作状态出现异常时，监测系统应及时进行报警提示。

为了全面反映地面数字电视系统各个环节和设备工作状态，可以分别从地面数字电视播系统的信道层面和码流层面来开展相关监测工作。

广播电视监测是伴随广播电视传输技术和覆盖发展而发展的，不同的传输覆盖手段对应着不同的监测手段和方法。地面数字电视作为一种无线方式传输的数字广播电视业务，根据其采用数字化技术和无线传输特性，监测方法可从信道层面、码流层面、音视频层面、设备层面三个层面进行考虑，如表 7–3 所示。

**表 7–3　地面数字电视监测内容**

| 序号 | 取样点 | 监测内容 |
|---|---|---|
| 1 | 射频层面 | 发射频率 |
| | | 信号带宽 |
| | | 工作模式 |
| | | 载波电平 |
| | | 载噪比（C/N） |
| | | 调制误差率（MER） |
| | | 误码率（BER） |
| | | 星座图 |
| 2 | 码流层面 | ETR101–290 标准监测 |
| | | TS 流基本结构信息 |
| | | PSI/SI |
| | | PCR 分析 |
| 3 | 内容监测 | 内容监看、录制存储 |
| | | 播出异态自动报警 |
| | | 主观评价（GY/T134–1998《数字电视图像质量主观评价方法》） |

### 7.4.1 无线广播电视频率监测与信号识别

在我国，现有的无线广播电视信号主要包括：中 / 短波广播信号、调频广播信号、模拟电视信号、数字广播信号、地面数字电视信号、移动多媒体广播信号等多种类型。全面采集、正确识别、精准分析是无线广播电视频率管理和信号监测的基本要求。

**1. 无线广播电视频率及信号监测主要内容**

(1) 频率测量

频率是无线电广播极为重要的技术参数，未能充分利用无线电频谱资源，减少同频台间差拍干扰影响，以及为确保节目的高质量播出，都需要准确的测量发射机频率。监测台频率测量是一种远距离测量，需要与接收机配合，调幅波主要采用比较法，即用一个或二个频率已知的参考频率与被测的发射机发射频率进行比较；调频波采用计数法，用频率计数器测量射频信号的频率。

(2) 电场强度测量

电场强度：由天线发射的电磁波，在空间某处的电磁场强度。远离发射天线自由空间中的电磁波可认为是个平面波，它的电场与磁场分量相互垂直，且各自的能量相等。

场强测量任务：测量接收地点的信号场强、测量广播电视发射机的覆盖区域、测量干扰场强、发射台和收测台场地选择测量、测量发射天线场型和有效发射功率、测量地面的电导洗漱、观测电波传播现象与测量认为噪声、大气噪声等。

场强测量仪由测量天线、阻抗变换器与测量接收机组成。

场强测量的方法：先将调谐接收机于收测信号频率，按照所测场强信号特点选用合适的带宽、检波方式与输出电表量程；再校准接收机增益，通过选择开关把校准振荡器电压加到接收机输入端，置测试接收机上输出指示电表 dB 数与衰减器衰减量 dB 数之和等于校准电压 dB 数，调整接收机增益使电表指针指向额定值；然后用经校准的接收机测量输入电压 dB 数；最后计算得到所测场强 dB 数。

测幅波广播信号场强：普通调幅波信号是指载波信号场强，测量时采用平均值检波方式，频带宽度选用较宽的一挡，如有干扰选用较窄的一挡，以避免干扰对测量的影响。

调频波测量采用平均值检波方式，频带宽度选用宽的一挡。

电视广播信号包括图像与伴音信号，图像信号场强是指同步脉冲调制的图像载波已调波场强，采用峰值检波方法，频带宽度选用较宽的一挡；伴音信号测量方法同调频广播信号。

(3) 调制度测量

调制度测量仪大致分为两种，一种是测量仪内部有高频电路，可直接对射频已调波信号进行测量；另一种是测量仪需要与监测接收机相配合，以接收机的中频信号作为测量仪的输入信号。监测台常用后者。

(4) 测向

测向是测量出无线电波辐射源的方位。广播监测上的测向主要用于测定干扰发射机或其他各种干扰源的方向或干扰源的位置。测向仪主要由侧向天线、接收机、方向处理器与方位指示器等部分组成。

(5) 频带宽度测量

频带宽度测量时发射机主要发射特性之一，广播电视信号的“必要宽度”。发射机带宽应保持在“必要宽度”之内，超过部分称为带外发射。带外发射可能会对邻频道造成干扰。

测量方法采用CCIR提出的X–dB带宽方法。是指从频谱分析仪上观测的这样一个带宽，在这个带宽外的各离散频谱分量的电平比发射的峰值电平至少衰减X–dB。对广播电视发射机信号来说，取为29dB。

频谱分析仪是按照外差原理工作的。在外差式接收机中，虽然中频滤波器频率是固定的，但通过改变本机振荡器频率就可接收到某一特定的信号频率。频谱分析仪就是利用外差接收机“外差”原理来实现对信号频谱进行分析的。

(6) 无线电频谱占用自动监测

无线电频谱占用自动检测是指对某一频段内无线电频谱占用情况进行自动记录。它可反映记录频段内各工作电台的载波频率、占用带宽、发射种类、信号强度与工作时间等情况。通过频谱占用记录资料进行分析，可了解记录频段内的频谱实际占用状况，从而有可能使无线电频谱得到充分利用。

**2. 无线广播电视信号发现及自动识别**

信号识别主要是通过提取信号在时频域、调制域、编码域等多层次信息，达到识别信号标准乃至使用者身份的目的。信号参数估计与调制识别是指采用自动或手动的方式辨识信号所采用的调制参数和调制方式，是信号识别的重要处理环节。

对空中广播电视各制式信号的识别是无线监测系统的重要基础技术。传统的无线广播电视接收系统是针对特定调制样式和带宽的单一型系统，其应用范围非常有限，很不适应目前多调制、多服务的无线广播电视覆盖环境。由于多调制的存在，对于一个无线广播电视信号进行接收解调的前提条件是要确定该信号的调制样式，因此采用可自动识别调制样式的智能识别技术是广播电视无线电频率管理工作中采用的主要方法之一。图7–1是信号识别的基本流程。

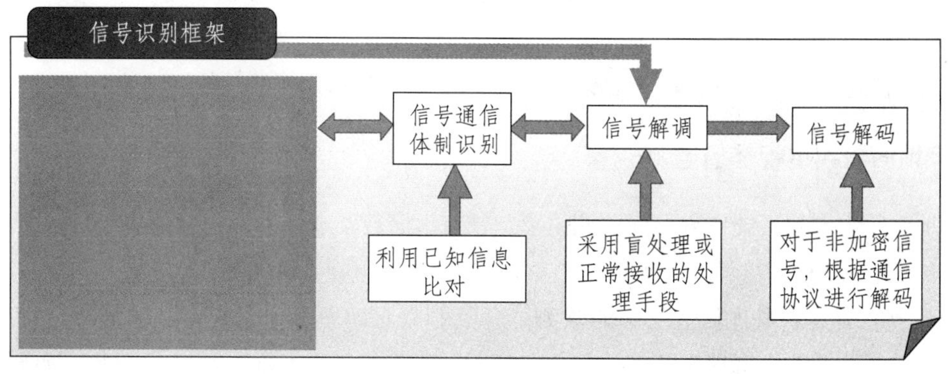


图7–1　信号识别框架示意图

调制样式自动识别技术是构成基于软件无线电的通用接收机的重要技术基础。在多种调制体制并存的广播电视覆盖环境下，接入方式各不相同，无线信号调制样式的自动识别技术能够自动地识别广播电视信号的调制样式，以便后续的对应的广播电视信号的解调处理，因此，它正在多制式广播电视接收和软件无线电方面具有十分重要的应用，是一个新兴的研究领域。在近二十年来，调制样式自动识别技术研究在不断发展中，并且取得了一定的成果。已有的调制样式识别技术主要分为判决理论方法和统计模式识别方法。

（1）判决理论方法

判决理论的方法是采用概率论和假设检验理论的方法，进行信号的分类。常要根据信号的统计特性，通过理论分析和推导，得到统计检验量。可形成判决准则，检验量通常基于耗费函数最小化原则，采用优化或近似优化的变量，变量多为优化后的似然比（LR）。判决理论一般是基于噪声干扰下的调制信号的统计特性方法分析，推导出判决准则，考虑噪声的影响，适合于低信噪比的调制样式自动识别。采用判决理论的方法是根据对具体调制信号的统计特性分析得到，只适合对应的调制样式的识别，所以识别的范围较窄。近年来还有基于信号高阶统计相关矩变量的识别算法 p……都大大促进了调制样式自动识别的发展。

（2）统计模式识别方法

统计模式识别方法一般分为两大部分：特征提取和类型映射。特征提取部分是从原始数据中抽取对调制识别有用的信息，可被视为一种影射关系，即从输入的信号序列映射到选定的特征空间。类型识别部分的主要功能是判断信号调制类型的从属关系。在识别系统的构建过程中需要一定量的各种调制信号样本，通过对各种信噪比条件下的正确识别率来评估算法的性能。统计模式识别方法通常是基于无噪声干扰的假设进行特征提取，在高信噪比条件下，特征明显，容易提取，识别效果好，在低信噪比条件下，特征模糊，难于提取，识别效果差，但理论分析简单，抽取的特征适应性强，可用于多种类型调制信号的识别。统计模式识别方法有代表性的是由 A.K.Nandi 和 E.E.Azzouz 提出的基于决策理论分类器的时域和频域综合分析方法，可以识别模拟和数字调制信号，在信噪比为 15dB 时，可以实现 94% 以上的正确识别率。特征参数上选取了各类调制信号的时域和频域特征，特征参数的门限值通过对信号的大量统计比较得出，门限值的选取影响算法的识别效果。

### 7.4.2 地面数字电视信道监测

地面数字电视系统信道层面监测主要是针对地面数字电视射频信号的各项技术指标来展开，通过观察射频信号质量及其变化来监测地面数字电视系统的工作状态。

对于地面数字电视信道层面的监测，可以首先对地面数字电视系统的播出状态进行定性分析。地面数字电视系统播出状态主要包括：停播、空播、劣播及错播等，如表 7–4 所示。

**表 7–4　地面数字电视主要播出状态**

| 序号 | 项目 | 描述 |
| --- | --- | --- |
| 1 | 停播 | 因各种因素造成的在播出运行图规定时间内没有播出节目 |
| 2 | 空播 | 在规定的播出时间内，因技术设备发生故障或者人为因素，出现无调制信号，但载波正常的现象，也称有载波无调制 |
| 3 | 劣播 | 因技术设备发生故障或者人为因素，造成地面数字电视信号质量下降，但未达到停播界限 |
| 4 | 错播 | 在广播电视节目的传输和播出过程中未按规定的播出节目播出 |

在此基础上，可进一步借助专用监测设备对地面数字电视射频信号进行定量分析和监测，监测项目主要包括：地面数字电视发射频率、信号带宽、载波电平、工作模式、接收信号场强 / 电平、载噪比 (CNR)、调制误差率 (MER)、星座图等技术指标。其中，地面数字电视广播发射频率和信道带宽可用频谱分析仪直接测量获得，其技术指标应符合相关地面数字电视广播频率指配或《数字电视地面广播传输系统帧结构、信道编码和调制》(GB20600–2006) 的规定；系统工作模式通过专用测试接收机分析测量获得，应符合《数字电视地面广播传输系统帧结构、信道编码和调制》(GB20600–2006) 的规定及相关工作模式参数指配。

地面数字电视广播信号接收电平、载噪比或调制误差率均能有效、定量地反映监测点地面数字电视广播信号质量的变化。其中，接收信号电平的监测主要是利用频谱分析仪来实时观测 8MHz 带宽内地面数字电视信号电平的变化，当接收信号电平波动超过某一特定值（可根据监测要求自行设定）时，表明此时地面数字电视系统的工作状态出现异常；载噪比（C/N）和调制误差率的监测主要通过专用测试接收机实时分析监测点接收到的地面数字电视广播信号的解调信息获得，当信号的载噪比或调制误差率波动超过某一特定值（可根据监测要求自行设定）表明地面数字电视系统或设备的工作状态出现异常。

(1) 载波电平：反映该地面数字电视发射功率大小。通过比较相应工作模式下的门限值（最小接收电平）可得到载波电平裕量，而这个裕量正是衡量图像质景很重要的一个参数。

(2) 载噪比（C/N）：是衡量某个接收点的噪声以及干扰的大小指标，定义为载波电平与噪声功率之比，载噪比从幅度上反映了信号的受损程度，是衡量图像质量的一项重要指标，通常用分贝来表示。

(3) 误码率 (BER)：数字传输系统的可靠性最终都可归结到 BER 指标上，它是错误比特率与传输总比特数的比值，它用在多少位数据中出现一位的差错来表征数字传输系统的质量。BER 从微观角度反映了解码后比特的差错率，可综合反映图像质量的好坏。在不同类型的数字传输系统中，根据该系统的整体抗干扰能力，对应都有不同的最低误码率来保证信号在终端设备的正常接收。对于国标地面数字电视发射系统，BER 一般为 $10E^{-5}$。

(4) 调制误差率 (MER)：矢量的角度刻画了数字已调制信号在传输过程中的受损程度，既反映了幅度受损程度，又反映了相位偏转程度，可以全面分析接收信号的优劣，它包含了信号所有类型的损伤，该指标也综合地反映了图像质量的好坏。

(5) 星座图和 MER 都是表征数字电视的相同特性，不同噪声会使星座图形状产生不同变化，但 MER 只能从定量角度说明数字电视信号的质量，通过对星座图的监测，则可对噪声特征和来源进行分析、醒找，可以说星座图是鉴别数字电视信号质量好坏的重要工具。

### 7.4.3 地面数字电视码流监测

地面数字电视码流层面监测能够有效反映地面数字电视信源系统及其设备的工作状态，码流层监测主要是对监测点接收信号解调后码流的各项技术指标进行分析，码流层面监测内容主要包括：TR101–290 监测、TS 流基本结构监测、PSI/SI 信息 ( 节目信息、EPG 信息等) 监测、PCR 分析、PID 信息分析等内容。地面数字电视广播码流层面监测一般采用码流分析仪或带有码流分析功能的专用监测接收机来开展。考虑到当前适用的国家标准或者行业标准，地面数字电视广播系统视频编码方式应符合 GB/T 17975.2–2000 或 GB/T 20090.2–2006 的规定；音频编码方式应符合 GB/T 17975.3–2000 或 GB/T 22726–2008 的规定。在监测过程中，若地面数字电视广播的音、视频编码方式不符合上述规定，监测系统应报警提示。

(1) TR101–290 标准

根据 TR101–290 标准，将数字电视基带错误划分为三个等级。其中一级错误为严重错误，如果出现了一定会导致接收端无法正常工作；二级错误为比较严重的错误，大部分会引起接收端的异常。如果出现一级或二级错误，一般都要第一时间对前端编码复用设备进行排查处理。三级错误被定义为轻微错误，一般在监视器的声画方面没有异常现象。由于第一、第二优先级参数直接关系到 TS 码流能否正常解码以及解码后节目图像和伴音效果，因此对第一、二优先级错误监测尤显重要 (详见表 7–5 码流采集与分析系统可以监测到的三级错误告警事件)。

**表 7–5　码流采集与分析系统可以监测到的三级错误告警事件**

| 级别 | 错误类型 | 接收端现象 |
|---|---|---|
| 一级错误 | 同步丢失错 | 黑屏、静帧和马赛克、画面不流畅现象 |
| | 同步字节错 | 黑屏、静帧和马赛克、画面不流畅现象 |
| | PAT 错误 | 搜索不到节目或节目搜索错误 |
| | 连续计数错 | 马赛克 |
| | PMT 间隔错误 | 搜索不到节目或节目搜索错误 |
| | PMT 加扰错误 | 搜索不到节目或节目搜索错误 |
| | PID 错误 | 黑屏、静帧、马赛克等所有异常现象 |

续 表

| 级别 | 错误类型 | 接收端现象 |
|---|---|---|
| 二级错误 | 传送错误 | 黑屏、静帧和马赛克、画面不流畅现象 |
| | CRC 错误 | 黑屏、静帧和马赛克、画面不流畅现象 |
| | PCR 间隔错误 | 视音频不同步或图像颜色丢失 |
| | PCR 非连续标志错 | 视音频不同步或图像颜色丢失 |
| | PCR 抖动错误 | 视音频不同步或图像颜色丢失 |
| | PTS 错误 | 音视频不同步 |
| | TS 包加扰错 | 只对加扰节目有影响，为轻微错误 |
| | CAT 错误 | 无法正确处理 CA 信息，为轻微错误 |
| 三级错误 | NIT ID 错误 | 码流分析仪的三级错误为轻微错误，在监视器的声画方面无异常现象 |
| | NIT 间隔错误 | |
| | NIT 其他错误 | |
| | SI 重复率错误 | |
| | 缓冲器错误 | |
| | 非指定 PID 错误 | |
| | SDT ID 错误 | |
| | SDT 当前间隔错误 | |
| | SDT 其他间隔错误 | |
| | EIT ID 错误 | |
| | EIT 当前间隔错误 | |
| | EIT 其他间隔错误 | |
| | EIT PF 错误 | |
| | RST 错误 | |
| | TDT 错误 | |

（2）TS 流基本结构和 PSI/SI 信息

通过 TS 流基本结构和 PSI/SI 信息监测，可以掌握整个 TS 流所包含 TS 流的信息构成、TS 包包长、PSI/SI 表传输间隔、传输流 ID、PID 数量、网络 ID 和网络名称等信息。通过分析 PSI/SI 信息，了解节目数置、节目名称、节目号以及节目是否加密等相关信息。

由于 PSI/SI 包含了大量的数据信息，在日常监测时可提取最为关键的节目名称、Service_ID 及加密等信息进行分析 . 只在必要时才提取更细致 的信息进行监测。

（3）PCR 分析

包括 PCR 的精度分析和间隔分析。在 TR101–290 第二优先级标准中，只给出了 PCR 的错误个数和出错 PCR 的 PID，因此 PCR 分析需要单独进行。

(4) 码流 PID 信息

PID（Packet Identifier）指标识码传输包，在数字电视复用系统中好比一份文件的文件名。接收端会根据当前所收到的码流字节中的 PID 值对该码流的数据类型进行判断。常用的比较重要的几个 PID 参数有：视频 PID、音频 PID、PAT（Program Association Table，节目关联表）PID、PMT（Program Map Table，节目映射表）PID、NIT（Network Information Table，网络信息表）PID、PCR（Program Clock Reference，节目时钟参考）PID，以上任何一种 PID 的缺失，都会造成终端解码的异常（视音频信息丢失、无法锁定节目表、声画不同步等）。

(5) 节目实时信息

在节目实时信息中，我们可以看到该路节目的视音频比特率、视频分辨率、音频声道模式、图像宽高比、音频采样率和图像采样格式等。

### 7.4.4 地面数字电视内容监测

地面数字电视内容监测与模拟开路电视的监测方式基本相同：即通过监测前端设备接收地面数字电视信号（包含标清和高清），经解调、解码后，信号进行压缩编码进行实时视音频回传和录制，实时、准确反映各地播出内容，保障音视频内容安全。与模拟开路电视监测不同的是，由于地面数字电视的技术特性，使得在相同频率通道内传输的节目套数大大增加，这对前端监测设备解码和存储等处理环节提出了更高的要求，尤其是高清节目大码率解码及压缩处理时对资源消耗较大（一般而言，一套高清节目占用的资源相当于 4 至 5 套标清节目）。

在监测时，通过一对一地对音视频信号质量实时自动监测，对无载波、无同步、无伴音、图像静止、彩条、黑场等播出异态进行自动报警，从而实现对播出质量和播出安全的监测监管，其中在主观评价时，还应参考 GY/T1341998《数字电视图像质量主观评价方法》等相关标准。一般而言，地面数字电视广播系统音视频质量主观评价要求不少于 4 分。

### 7.4.5 地面数字电视覆盖监测

随着广播电视事业迅猛发展，广播电视无线电频率使用和信号覆盖形势日趋复杂，特别是在当前“黑广播”、“黑基站”、“黑电台”屡禁不止；此外，地面数字电视系统多频网（含单发射点网络）和单频网等多种组网模式的出现，也对广播电视无线覆盖管理提出了更高的要求，加强广播电视无线电频率负荷监测、覆盖质量监测、单频网覆盖状态监测成为地面数字电视监测领域的重要内容。

无线电频率负荷监测：无线电频率负荷监测通过采取固定和流动的方式，负责对一定区域内无线电频率使用情况进行实时采集，地面数字电视信号覆盖和效果调查、干扰分析以及相干区覆盖核查等，两者相辅相成，互为补充，实现地面数字电视信号的全面监测。

覆盖质量监测：覆盖质量监测可以采用多点信号收集结合理论分析的方式进行，多点信号收集监测可通过分布在台站覆盖范围内不同位置的监测设备收集相应位置的信号电平、误码率等参数判断是否达到接收门限作为达到覆盖要求的依据，这些采集的信号可通过诸如无线网络等较为经济的回传信道回传到监测系统（当地监测前端设备或中心系统），尤其对这些信号进行汇总分析形成地面数字电视信号覆盖和效果调查、干扰分析以及相干区覆盖核查等，如图 7–2 所示。

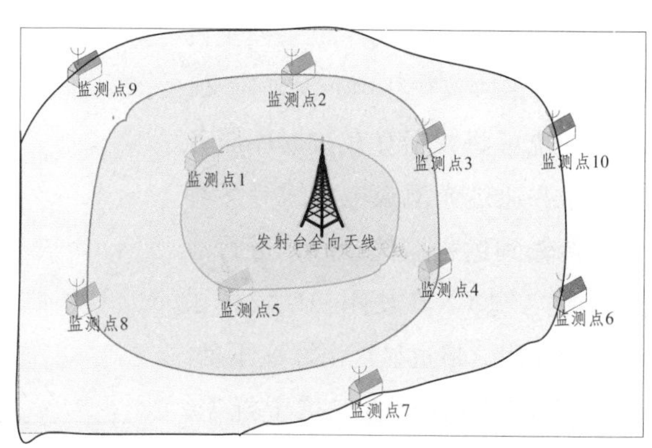


**图 7–2　发射台全向天线覆盖图**

单频网覆盖状态监测：单频网是地面数字电视广播系统的重要组网模式和应用方式，且由于组网技术条件复杂，对覆盖环境要求更高，需要对于单频网网络工作状态进行实时监测。在监测过程中，主要通过观察监测接收机的工作状态来判断地面数字电视广播系统或设备工作是否正常。一般而言，地面数字电视广播监测接收机正常工作与否可采用主观或客观两种失败判据，其中主观失败判据是：规定在连续 3 个 20 秒的每个 20 秒内图像出现损伤不多于一次为接收成功；客观失败判据是接收机输出（经 FEC 解码后）码流的误码率（BER）高于 3 × 104 为接收失败，统计时间为 1 分钟。此规定与国际上常用的可视门限（TOV）一致。考虑 到地面数字电视广播监测针对实际在播网络进行，无法实时测量接收信号的误码率，为此，地面数字电视广播监测过程中可采用 LDPC 的误包率（PER）来作为接收机的客观失败判据。

## 7.4.6 地面数字电视发射机监控

### 1. 发射机监控系统基本架构

早期的发射机监控系统多采用 DCS（DistributedControl System）控制方式，即一度盛行的集散控制系统。由于当时国内的发射台固态化改造还未完成，有大量的电子管机器及过渡机型使用，这些发射机没有成型的内部通信技术，运行参数是离散的、独立的，无法集中起来处理、显示。集散控制针对这种情况，采用承担分散控制任务的现场控制站和具备操作、监视、纪录功能的操作监视站二级组成，可将复杂的对象划分为几个子对象。局部控制器 ( 现场控制站 ) 直接作用于被控发射机对象，实现控制的水平分散功能，操纵各现场控制站的协调控制器 ( 操作监视站 ) 作为另一级，负责各子系统协调配合，共同完成系统的总任务。图 7–3 是这种系统现场层的典型结构。系统中下位机包括采样控制主机和通过串行总线与其相连的各采样、控制从机，上位机由一台工控机组成。数据采控机一般由单片机系统或PLC控制，与下位采控主机之间的通讯协议往往由开发者定义。这种系统可将数据存在数据库服务器中，并通过光缆或电话线等多种手段传输到远程监控中心，进行遥测、遥控。DCS在使用初期发挥了一定的作用，但也显现出许多不足，系统复杂、可靠性低、抗干扰差、难以升级和无兼容能力等弱点严重制约了其进一步的发展空间，随着发射机固态化的进展加快，DCS控制方式的采用也渐渐减少。

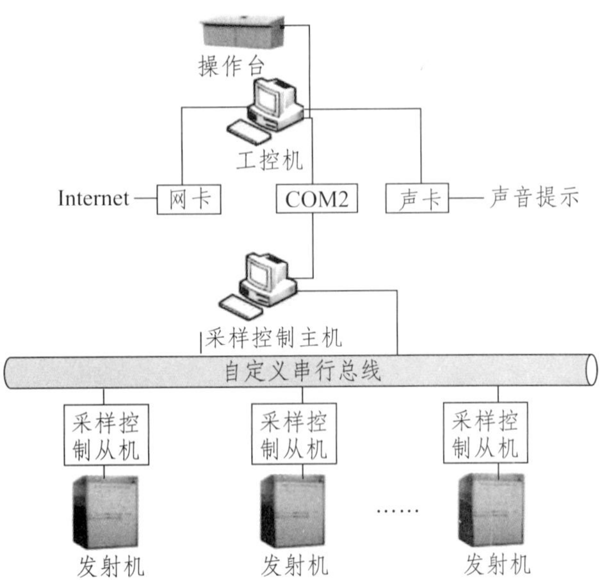


图7–3　集散控制的发射机监控系统

集散控制适合用在电子管发射机和国产固态发射机较多的台站，由于这些发射机有许多参数需要采样，但鉴于机器本身特点或开发成本的限制，并没有提供相应的通信接口及协议，必须设立专门的采样从机，因此更适宜于集散控制系统的方式。

**2. 发射机数据采集技术**

发射机数据采集主要包括输出功率、反射功率、调制度、驻波比、各级电压、电流等最多128个模拟量；门连锁、通讯状态、运行状态等最多24个开关量。

**3. 模拟量采集**

发射机模拟量最重要的参数包括调制度、发射功率、反射功率、驻波比，另外还有发射机的其他工作参数，以10KW电视发射极为例（详见表7–6发射机模拟量参数）。

表7–6　发射机模拟量参数

| 采集设备 | 采集内容 | 模拟量数目 |
|---|---|---|
| 整机 | 发射功率、反射功率、驻波比 | 3 |
| 功率柜A | 发射功率、反射功率、驻波比 | 3 |
| 功率柜B | 发射功率、反射功率、驻波比 | 3 |
| 16个模块 | 每个模块采集5个电流值，2个温度值 | 112 |
| 电源及其他 | 交流380V三相电压、激励器功率、调制度等 | 7 |
| 模拟量合计 | | 128 |

对于全固态发射机，在发射机内部有外部接口板，提供了部分发射机信号采样点。外部接口板为发射机和外部信号之间提供了隔离和保护，板上的二极管、暂态吸收稳压管和光电隔离器为外部电缆的瞬态电压和意外不适当的电压提供了保护。通过接口电路，PLC

的模拟量输入输出模块就可以采集所需的发射机内部的电流、电压等信号，然后依据采集的数据进行计算，计算出发射机发射功率、反射功率、调制度、频偏等重要参数。

不同种类的发射机，采样点也不一样。在部分发射机内部，可能很难找到合适的接口电路作为采样点，遇到这种情况，本文只能根据发射机内部电路通过反复的测量去寻找适合的取样点。

(2) 开关量采集

采集发射机的一些开关量信号用以检测发射机的运行状态，例如门开关、天线位置、激励器 A/B 状态、中放 A/B 状态、调制推动 A/B 状态、通讯状态、播出状态灯。

从信号才几点将开关量介入信号采集板，通过光电隔离后送进 PLC 的开关量输入模块进行检测，通常情况可支持 24 路开关量采集。

### 7.4.7 地面数字电视监测站点选址

地面数字电视系统监测站点选址在地面数字电视监测过程中至关重要。为真实、准确、客观、全面地反映地面数字电视系统的实际工作状况，地面数字电视监测站点的选取一方面应具有一定的代表性，能够反映一定区域内的普遍现象；另一方面在选址时，要充分考虑所在地区地面数字电视系统的覆盖形式，要针对多频网（含单发射点网络）和单频网进行分别部属。其中独立覆盖区域监测点（地面数字电视网络各发射机单独覆盖的区域内的稳定接收点）适用于地面数字电视多频网（含单发射点网络）和单频网的监测；重叠覆盖区域监测点（地面数字电视单频网中各个重叠覆盖区内的稳定接收点）仅适用于地面数字电视单频网的监测，地面数字电视广播单频网重叠覆盖区是指在地面数字电视单频网覆盖范围内，由两个或两个以上有用发射信号同时覆盖，并且接收到的、来自不同站点起主要作用的信号之差小于射频保护率值的区域。

在开展地面数字电视监测过程中，针对地面数字电视单频网，首先需明确地面数字电视覆盖网的独立覆盖区和重叠覆盖区。通常，无论是在地面数字电视覆盖网独立覆盖区域内（单频网和多频网）还是在重叠覆盖区域内（单频网），地面数字电视系统监测点都应尽可能选取稳定接收点，稳定接收点至少应有 10dB 以上的接收信号裕量。考虑到地面数字电视单频网在失步情况下，各发射点独立覆盖区域仍能正常工作，因此，为全面反映地面数字电视系统单频网工作状态，根据监测内容的不同，地面数字电视单频网的监测点可分别选取在单频网网络中各个发射机单独覆盖区域和重叠覆盖区内。其中，各独立覆盖区监测点可用于监测地面数字电视广播单频网中各发射系统的状态，监测内容和相关技术要求与地面数字电视广播多频网（含单发射点网络）相同。重叠覆盖区监测点主要用于监测地面数字电视广播单频网整体的同步运行状态，这也是地面数字电视广播单频网监测的关键技术指标。

此外，还应注意信号采集设备安放地点和接收天线安装地点的选址问题，采集设备应尽可能远离强辐射源以及其他干扰源；接收天线选址上主要考虑：避阻挡、防干扰、减损耗等几个因素，尽可能选择场地开阔，周围无大建筑物遮挡，无大型电力、通讯、广播电视发射设施及其他工业干扰源的场地，具体可参考《地面无线广播遥控监测站建设标准及技术要求》(GY5072–2005) 相关标准。

## 7.5 地面数字电视监测系统构成

目前，通用的地面数字电视监测系统一般根据无线电视覆盖情况来设计系统规模，本文以某省级地面数字电视监测系统为例。由于无线覆盖网具有规模大、地理位置分散、通信环境复杂等特点，一般省级无线广播电视监测系统采用如图 7–4 所示结构：

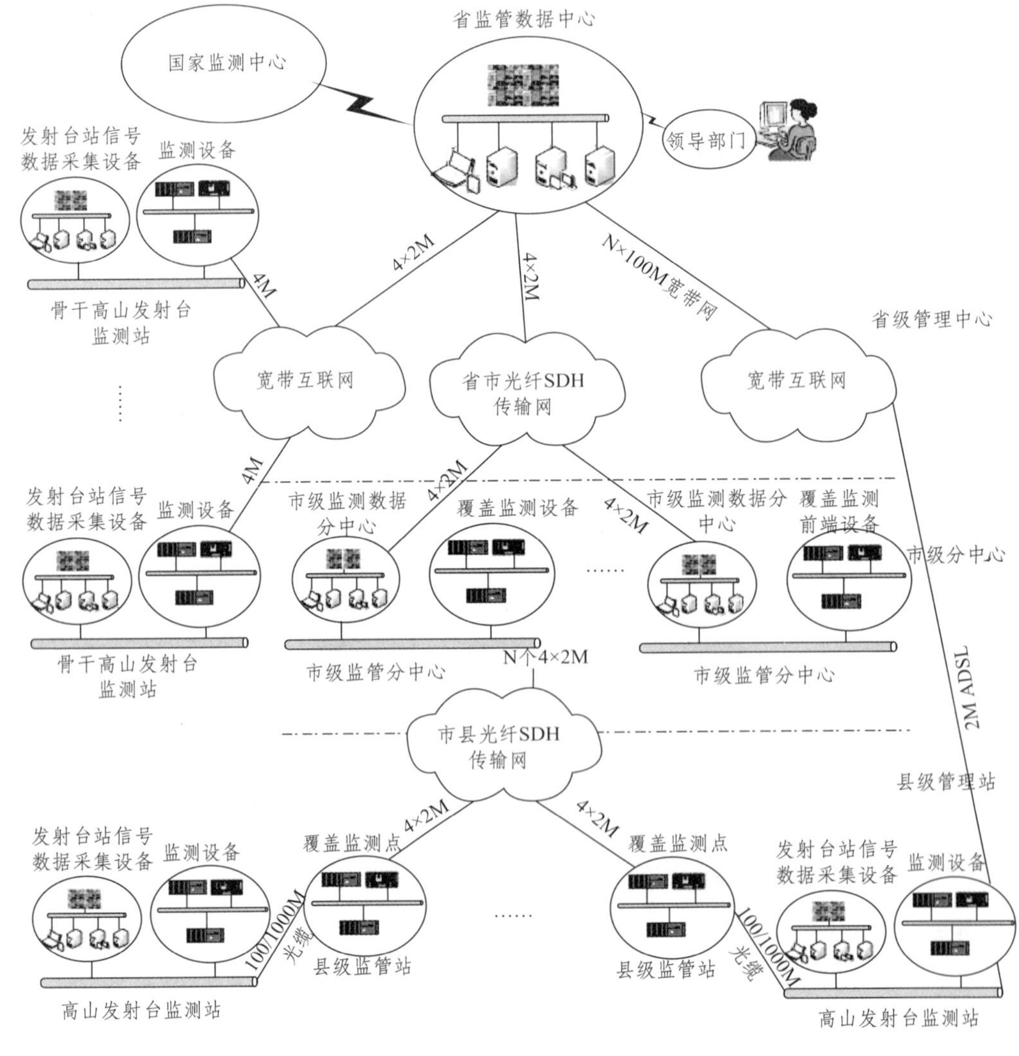

**图 7–4　无线广播电视监测平台系统结构图**

在发射台站设置监测站点，负责采集分析发射台站内设备运行数据、信号编码传输数据和内容监测数据；在发射台站覆盖区内设置收测站点，负责采集空中无线广播电视信号已分析地面数字电视覆盖指标、本地区广播电视无线电频率负荷数据；在给主管部门和发射台站内设立分级数据处理中心，按照权限和管理职责进行监测数据的汇总分析和处理。该地面数字电视监测网的运行流程是通过分布在各地的远程监测站采集地面数字电视的监测数据，包括指标参数测量数据、异态报警数据、音频流数据，自动或按要求回传至数据中心，数据中心汇总全部数据，形成各种统计报表。数据中心和各远程监测站主要通过专用数据链路连接。考虑到整个网络的扩展和前端系统需要适应不同厂家的不同监测设备的要求，数据的传输采用标准传输协议，制定标准化的设备控制接口，使系统与设备相互独立，互不依赖。

### 7.5.1 系统总体框架

**1. 系统功能框架**

一个完整的地面数字电视监测系统应包括如下八个部分：播出行为监管子系统、播出状态监测子系统、覆盖效果监测子系统、频谱监管子系统、内容存储子系统、决策支持子系统、运行维护系统和基础设施系统，如图 7–5 所示。

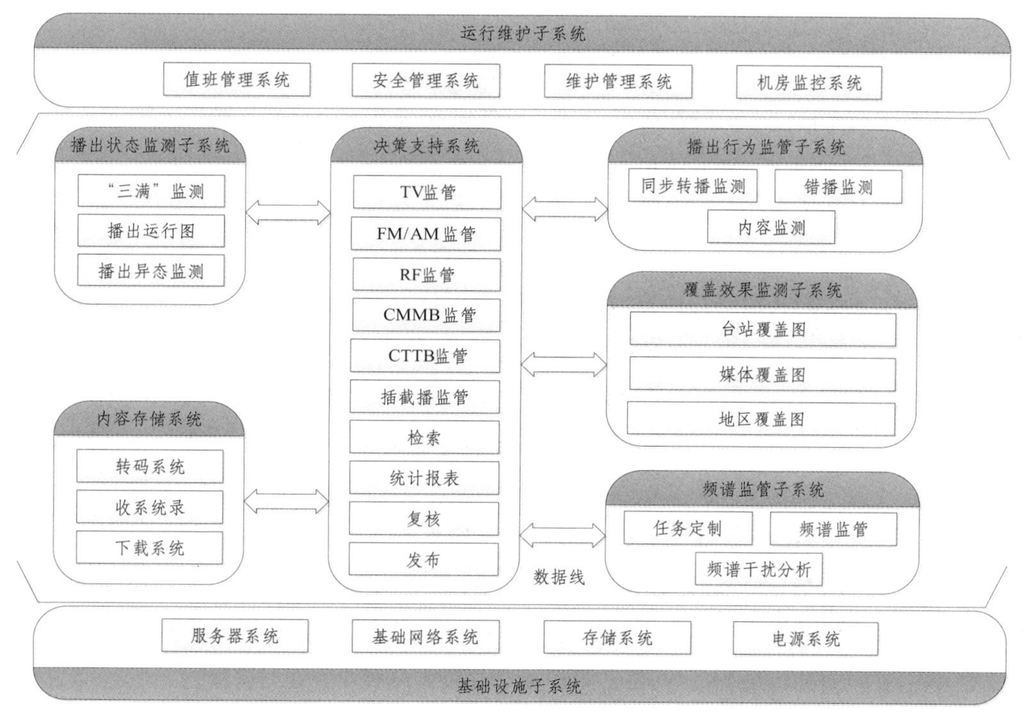


图 7–5 系统功能框架图

其中，播出状态监测子系统承担着对台站关键播出设备运行数据、播出节目技术参数的采集与测量工作，是整个系统的数据驱动源。

播出行为监管子系统是对播出状态监测子系统采集的数据进行深度分析的后台服务系统，专门针对特征内容进行监测，例如播出异态信息、错播监测、同步转播监测等。

覆盖效果监测子系统通过整合多个收测点数据，从台站、媒体、主管部门三个角度进行覆盖效果监测，为台站提供覆盖区效果评估，为媒体提供区域覆盖效果评估、为主管部门提供区域广播电视综合覆盖效果评估等三种类型的监测数据。

内容存储子系统实现各类传输流和网络媒体文件集中转码、收录、下载和回看的后台服务系统。通过集中建设，避免重复投资，实现资源共享。

决策支持子系统是系统的综合管理系统，实现各类信源质量、指标、内容、告警信息的集中收集，通过逻辑拓扑图的方式对各类信息进行关联展示，具备查询检索、统计报表、回看复核、信息发布功能，完成对广播电视的综合监管和决策支撑。

频谱监管子系统是专为行业主管部门定制的广播电视段无线电频谱的监管工具，填补了广电行业主管部门开展实时频谱监管的空白。该子系统基于频谱图进行管理，通过定期对空中无线电频谱扫描和内容分析，可提供已有频谱使用情况、新增频谱使用情况、频率干扰情况三个方面的监管信息。

运维管理子系统是为提升系统的作业规范性和系统运行稳定性、安全性而规划的配套系统，包含值班管理、安全管理、维护管理和机房监控等功能。

基础设施子系统是从整体上对系统基础硬件设备进行规划，包含网络、存储、服务器和数据库等设施，通过多链路和集群设计，实现资源共享，在资源集约化管理的基础之上提升系统安全。

**2. 技术平台框架**

(1) 软件构建模式

系统业务主要归为两类：计算型业务和管理型业务。计算型业务主要包括信源的采集与测量、内容的收录与下载、内容的智能分析、监听监看等。这类业务需要媒体处理能力、需要高效的运算能力、强大的 I/O 吞吐能力，一切都需要高效、快速、稳定。因此，这种业务需求适合简单的 C/S 结构，并通过嵌入式设备或专业桌面应用来实现其业务处理过程。

管理型业务主要包括资源的管理、内容的管理、监测的管理、值班的管理、指挥管理、安全管理、查询检索、统计报表、事务处理等。这类业务需要易于部署和友好的人机操作界面，并和业务人员有紧密的联系，需要高实用性、适用性、可用性和更加开放的体系架构。在实现过程中，需要有门户管理能力，协同工作能力等。这类业务的技术实现定位在 B/S 架构下的多层体系架构上，并通过服务器设备来实现其业务处理过程。

(2) 硬件构建模式

从降低技术维护难度、减少机房空间的角度出发，建议采用集约化建设的方式对整个平台的支撑硬件进行统一规划：

①对于完成解调与转码功能的各类嵌入式设备，使用集中直流供电、可混插板卡的机箱，板卡必须具备多通道处理功能；

②对于完成内容分析的通用计算业务，例如收录、下载、特征内容监测等，采用高性能服务器来支撑；

③对于完成业务管理功能的后台支撑业务，例如决策支持管理、值班管理、指挥调度管理等，采用高性能服务器来支撑；

④数据库采用业内主流的通用数据库，通过多实例数据库方式来支撑各类应用；

⑤网络交换设备采用集中构建方式，通过 VLAN 和 ACL 策略来对各类业务进行必要的隔离；

⑥采用空间共享方式构建存储盘阵，服务于各子系统。

(3) 链路构建方式

①各区县前端通过专用电路络连通至中心机房，建议带宽容量≥ 4Mbps；

②外部双向通讯网通过隔离交换网接入到中心机房内部；

③市本级监测站点可采取直接部署在中心机房，通过终端接入模式引入有线前端播出信号的方式；也可以采取设备部署在有线前端机房、通过网络回传信号到监管机房的方式；

④各类采集测量板卡对引入的有线信号进行解调、IP 化处理，然后将 IP 流送入高带宽数据交换区，以供解扰、转码、分析和展示；

⑤各类解调、解扰、转码板卡，以及多画面、收录、特征内容分析等码流处理类设备通过高带宽数据访问类接入交换机连通；

⑥多画面、全景告警、视频会议、视频监控、决策支持管理等各类设备通过大屏控制器、混音器、显示延长线、音频连接到大屏和音响系统；

⑦桌面、后台应用、内容存储、内容分析、采集测量、业务管理、运行维护、指挥调度等各类智能设备通过千兆网线按业务特征分别连接到应用类接入交换机和前端类接入交换机，再通过核心交换机形成全平台互联互通；

⑧应急指挥调度系统通过机房内部 IP 网、广电 SDH 网、GSM 短信链路、IP 电话线路等与接入终端连通；

⑨市级平台可通过省级相应平台提供的账号和权限查看省局下推的与本市相关的监测数据；

⑩市级平台应向向省级相应平台开放以 WebService 接口为主的系统互连接口，以方便省—市系统互连，数据共享。

(4) 安全体系设计

为保证系统全天候不间断稳定运行，需要对本系统的信息安全、网络安全和内容安全进行全方位规划。本论文对平台安全进行整体设计，从而避免了系统分离规划与建设而带来的安全缺失问题。

总体安全体系分为三部分：

物理层面安全是指避免业务支撑设备物理损坏而带来业务中断，具体保障措施如下：

①各类采集设备均采用多通道设备，任务一个通道故障，业务都可以自动或通过配置切换到其他通道；

②网络交换设备采用双链路设计；

③存储设备配备主备双控，磁盘采用 RAID 6 纠错模式；

网络层面安全是指避免系统遭受外来病毒或非法攻击而带来业务中断，具体保障措施如下：

①中心配备防火墙；

②区监测前端设备配备多网卡，进行网络跨接，形成应用网闸。

技术管理是指采用技术手段来确保业务正当使用或业务运行环境的安全，具体保障措施如下：

①建立安全审计机制，及时发现，及时弥补；

②外来介质，配备专用上载工作站，进行病毒扫描和上载过渡；

③配备专用的病毒管理、系统漏洞、维护升级工作站，使得安全管理规范化和制度化；

④建立统一认证机制，对系统用户、业务用户统一权限管理；

⑤业务系统建立日志系统，记录操作人员的重要操作流程；

⑥对重要的文档材料、监测取证、数据库等内容进行定期归档保存，以便应急恢复；

⑦基于值班系统，制定作业流程，规范日常作业。

### 7.5.2 系统主要功能的技术实现方法

系统将在发射台和收测点部署监测前端，对台站发射机运行数据、无线广播电视信号、空中无线电频谱进行采集与测量，监测前端采集的数据和信息采取本地短期存储与远端中心长期存储并行的方式，存储异态告警数据和节目内容。

系统将通过中心存储系统、内容智能分析系统对数据传进行集中转码、收录、下载和特征内容监测；依托决策支持系统，对来自于监测前端的各类监测数据进行汇聚与分析，实现对安全事件的分析判断，直观辅助和引导管理者确定事故造成的影响。在确定事故原因后，通过应急指挥通讯系统，以电话、网络、短信等方式指挥台站播出单位采取相应措施或按照应急预案进行处置，并实时监督处置过程和处置的效果。

整个系统共十二个功能模块：广播电视台站管理功能模块、无线广播电视覆盖监管功能模块、广播电视内容监管功能模块、指挥调度和决策支持功能模块、系统运行管理功能模块。

**1. 播出行为监管的实现**

将各台站监测前端设备采集的特征与中心标准信号源进行比对，采用基于音频特征的识别技术来进行播出行为的监测，发现播出不一致情况，防止对广播和电视节目恶意插播和播出错损。这一功能可以实现两个方面的管理：

（1）错播监测

能够将中心指定频道节目和前端同频转播的相同频道节目进行比对，通过实时分析中心节目和前端节目中视频信息中的关键特征，对各前端出现的错播进行报警，同时将报警数据和实时音视频信息传送到监测数据监管中心，监管中心对监测数据信息进行分析、处理、统计、存储、打印、报表、查询。

（2）同步转播监测

通过实时分析提取特定转播时段，前端指定频道和中心频道中视音频信息的特征数据，以音频特征比对为主，视频特征比对辅，对特定时段转播过程中的节目内容进行分析，当出现未转播情况时，根据用户设置的门限进行报警，录像存储，同时将报警数据和实时音视频信息传送到监管中心，监管中心对监测数据信息进行分析、处理、统计、存储、打印、报表、查询。

在系统自动识别的基础上，结合人工录像比对的 UI 界面，可以方便的进行非法截播的确认。

**2. 发射机监控的实现**

发射机监控担负着发射设备、辅助设备工作状态的监测、运行参数的显示、记录；实时进行监测数据和报警信息的上报，接收并执行远程监管平台下发的查询、配置指令，完成播出信号质量、测试指标的汇总回传。重点监测台站广播电视发射机“满时间、满功率、满调制度”的“三满”指标监测。

各台站发射机中对于具有数据传输接口提供发射机状态参数和控制的，由该监测模块所采用的接口直接连接发射机控管协议，进行监测。并将数据回传至系统进行综合分析。如图 7–6 所示。

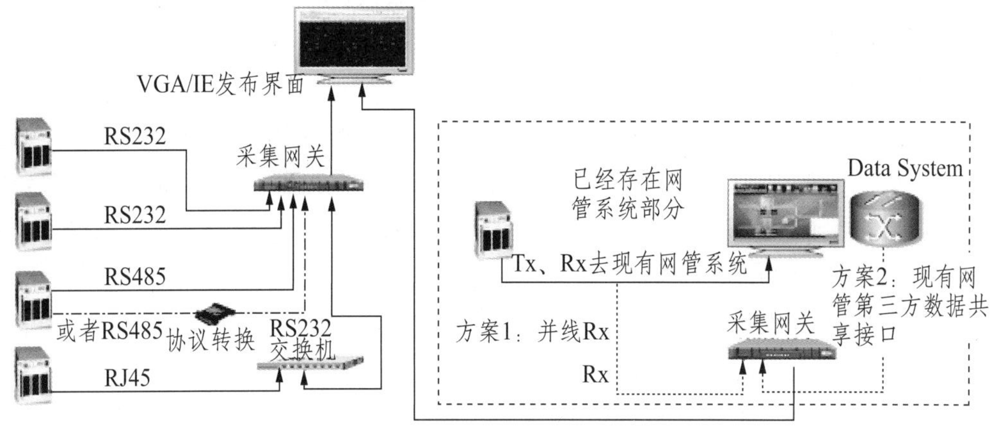


图 7–6　具备数据采集接口的发射机数据采集工程界面

对于不具备数据采集接口的发射机，则需要在发射机电路中增加采集器件，从而进行现场采集，如图 7–7 所示。

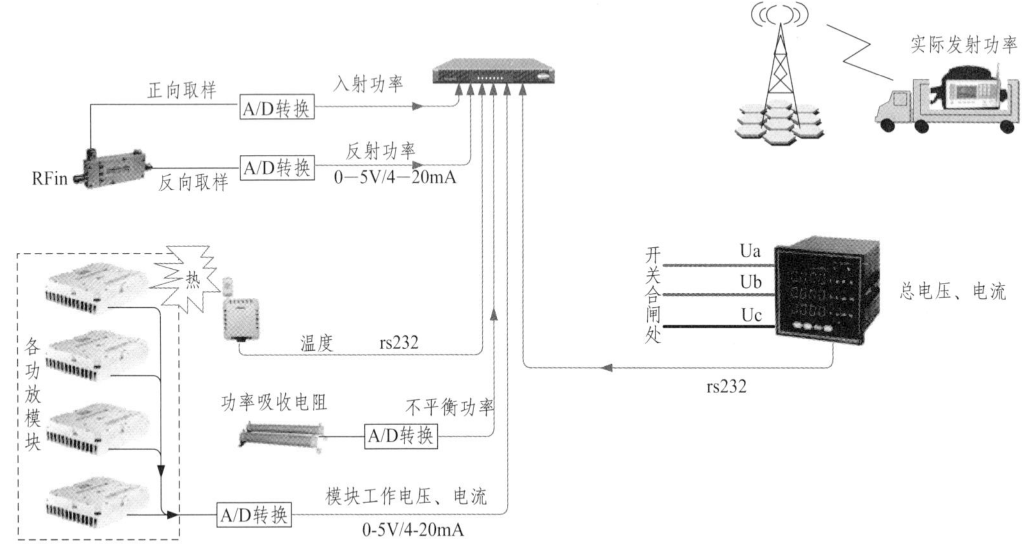


图 7–7　不具备数据采集接口的发射机数据采集工程界面

发射机状态信息采集内容：

(1) 发射机频率、驻波比、调制度、调幅度、温度。

(2) 入射功率、发射功率、反射功率、不平衡功率、各功放模块输出功率。

(3) 总电压、总电流、工作电压、工作电流。

(4) 发射机射频保护提示。

由于在工程实际中，发射机厂商、品牌、型号繁多，在基本可以归纳为具备数据采集接口和不具备数据采集接口两大类。对于具备数据采集接口的发射机可以采取系统直连和采用第三方数据共享接口对接等方式实现发射机数据的采集。

**3. 播出异态监测的实现**

通过发射台站地面数字电视发射系统射频监控口采集播出的地面数字电视信号，对各信号进行信道层面、码流层面和内容层面各项指标进行采集和评估；及时对错误信号做出报警、分析、录制、处理等监测工作；当监控系统检测到某一信号出现错误，系统可自动将错误信号编码压缩后通过网络回传至台内监测站点和系统数据处理中心，并自动启动录制功能，同时在系统数据处理中心进行音视频信号中断的报警，音视频信号电平低阈值报警；音频视频信号内容非法篡改的报警。

故障收录采用触发机制，可节约系统整体存储成本，方便对监测信息的调看以及故障触发收录的内容进行调用。

**4. 覆盖指标监测的实现**

(1) 地面数字电视固定点覆盖监测

选择在台站覆盖区或监测分中心（站）设立若干信号收测站点（如图 7–8 所示）对播出的地面数字电视信号进行定点监测和收录，对合法无线广播电视信号进行实时监测，随时掌握信号播出质量和覆盖指标；同时对当地各套无线广播电视频率进行巡回监测或锁定频率、频道监测，及时了解播出的频率、频道和播出的节目内容，实时掌握本地区广播电视无线电频率使用情况，对违法使用的广播电视无线电频率抽取关键帧并进行实时记录。

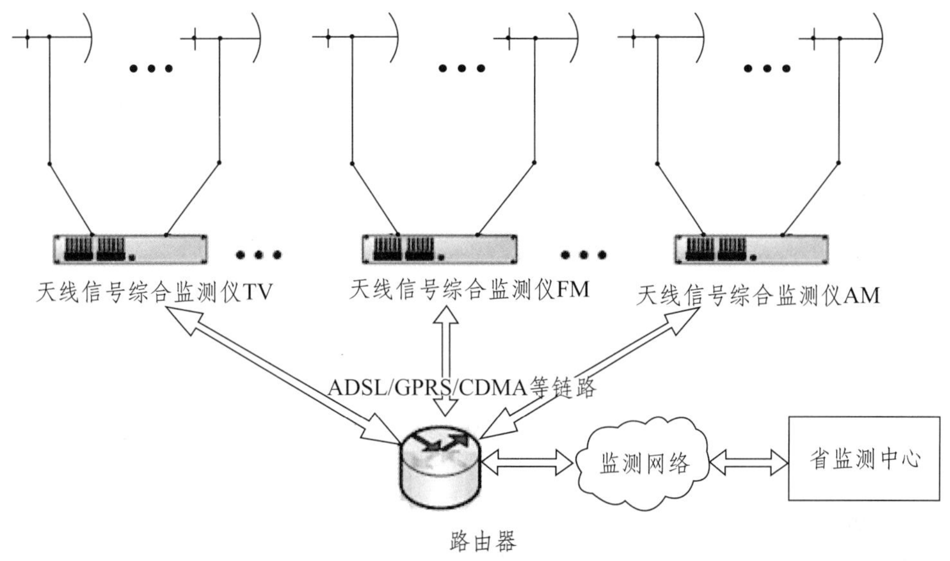


**图 7–8　信号收测站点系统构成**

(2) 地面数字电视流动点覆盖监测

采用在汽车上安装流动接收和分析装置的方式，可以构建地面数字电视流动收测点。地面数字电视流动收测点由接收天线、测试主机、码流采集与分析系统、主控系统等部分组成。各部分的单元器件被统一集成在一辆无线发射监测车上。其中，天线部分由 UHF 电视天线、调频广播天线、定向收测天线、天线放大器、天线切换器、天线分配器组成，主要完成对空中射频信号的接收、放大、选择和分配。测试主机和码流采集与分析系统是整个系统的核心单元，由专业的 DTMB 射频信号解调分析仪、AVS+ 码流解码分析仪、码流采集盒、GPS 信号定位模块、国标地面数字机顶盒及车载监看屏构成，主要完成对接收的无线数字信号的射频层、传输层、码流层的实时采样和分析，并结合 GPS 模块所提供的经纬度信息将以上分析结果进行记录和存储。后面会对这两块的具体功能进行详细说明。软件控制部分主要是由在线测试软件和覆盖分析软件构成，通过将软件安装在笔记本上，并将笔记本、测试主机和码流采集分析仪设置接入同一台二层交换机，就可以实现软件层面的实时控制和监看。在实际路测过程中，主要是通过笔记本，配合相应软件去完成操作。

整个系统的组成架构和设备连接情况如图 7–9 所示。

在具体的接收天线选择上，UHF 电视天线主要选用水平极化全向天线，天线为有源天线，增益为 16dB，全方位面不圆度在 3dB 以内，通过高强度圆锥形天线罩封闭并吸附固定在车顶上；极化方式与监测目标台站所用多层偶极板天线相同，便于对场强进行计算。天线的工作频段为 48MHz ~ 860MHz，可以较好的适应今后 VHF 频段无线发射接收。实际计算中，可以通过该有源天线在 48MHz ~ 860MHz 内的增益曲线，将测量值折算为 0dB 增益时的数值。这样，最终的收测数据可以给用户端在信号接收方面提供比较准确的参考。调频广播天线选用垂直极化的鞭状天线，工作频段为 87.5 ~ 108MHz，增益为 0dB。测向天线为一个线极化天线枪，工作频率为 9kHz ~ 3GHz，H 面与 E 面的方向图为心脏线形，增益约为 12 ~ 16dB，主要用来接收并锁定信号源方位。天线切换器为一个多端口射频信号切换器件，工作频段为 0 ~ 6GHz，驻波比小于 1.2，插入损耗小于 0.3dB，信号隔离度大于 70dB。主要用来切换选择并输出需要监测射频信号。

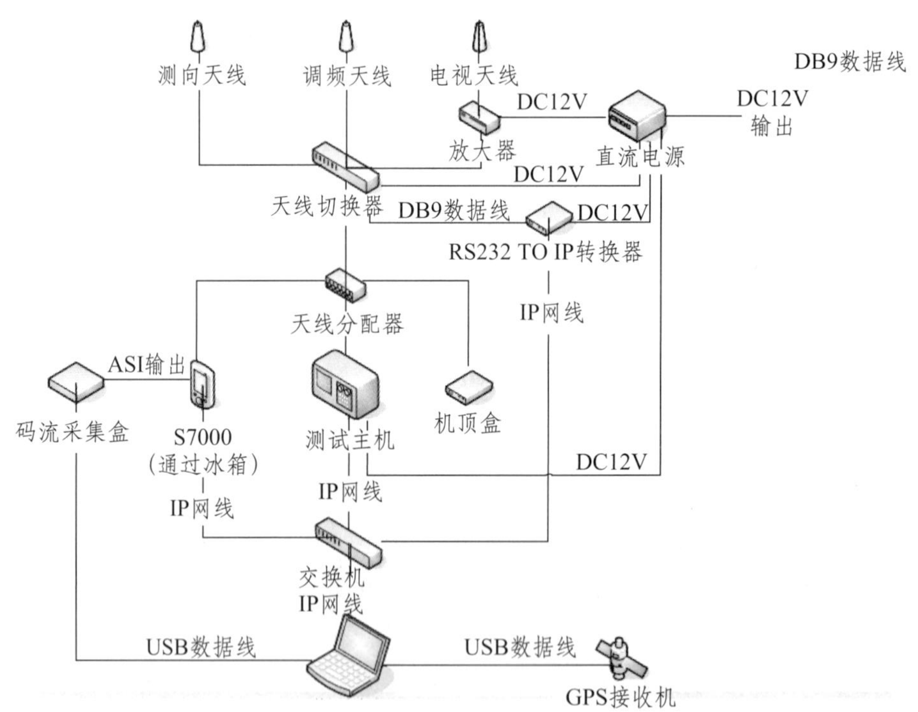


**图 7–9　信号路测分析系统的组成架构与设备连接情况**

流动监测站点的射频信号监测分析主要由高精密度射频信号分析监测仪，配合 GPS 信号定位模块构成的测试主机完成，实现对以下射频参数的实时移动监测：信号强度、占用带宽、频偏、载噪比、误差向量幅度，如图 7–10 所示。对于地面数字电视信号，可以实时显示 I/Q 向量映射星座图和图像画面，对于广播信号，还可以显示调制度 / 调幅度。信号强度是在射频测量时首先关注的指标，根据信号强度可以初步判断出该点的强度电平是否

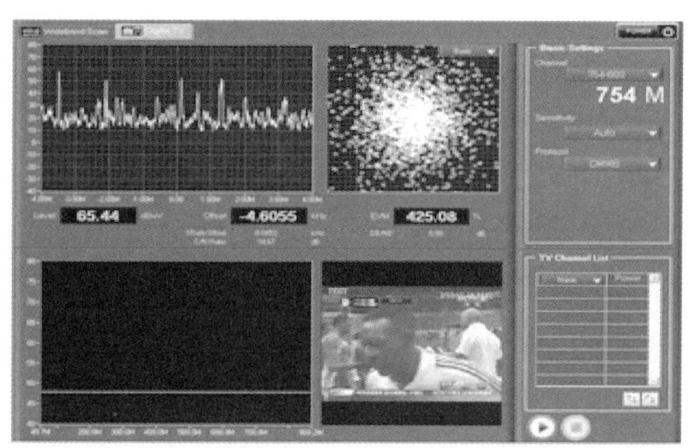

图 7–10　流动监测分析系统对地面数字电视信号的实测图

满足常规接收条件，结合车载地面数字电视机顶盒实时接收并监看的图像情况，可以对收测点的收测情况有个比较直观的判断。占用带宽反应出了整个信道发射出来的能量所占用的频谱宽度，占用带宽是固定的，不能超过一般确定的带宽范围（电视信号为 8MHz，单声道调频广播为 108kHz，立体声调频广播为 256kHz），否则会导致自身信道功率超标，占用其他通信信号的频谱资源。频偏指的是调频波频率的幅度，一般说的是最大频偏，它影响调频波的频谱带宽。在 OFDM（正交频分复用）系统中，频偏会使系统子载波间的正交性遭到破坏，导致信道间的信号相互干扰，造成信噪比下降。载噪比（$C/N$）是用来表征载波信号与噪声信号功率关系的标准测量尺度，载噪比越高意味着载波的功率约大，网络可以提供更好的可靠率、接收率和通信质量。误差向量幅度（EVM）表示接收机对信号进行解调时产生的 $I/Q$ 分量与理想信号分量的接近程度，是考量调制信号质量的重要指标。误差向量是一个包括幅度和相位的矢量，指在一个给定时刻理想无误差基准信号与实际发射信号的向量差，能全面衡量调制信号的幅度误差和相位误差。EVM 越小，信号质量越好。调制方式越复杂，对 EVM 的要求越高。

主控软件主要由在线测试软件和覆盖分析软件两部分组成。在线测试软件主要是配合射频信号监测分析系统、码流采集与监测分析系统，对系统进行参数配置与指令控制，完成对实时信号射频层、传输层、码流层中各类重要参数的实时分析与监测。

在在线测试软件中，需要设定当前系统的测试环境（单频点系统或多频点系统）、接收天线修正值（天线因子和标准高度）、测试模式（调幅广播、调频广播、模拟电视或数字电视）、测试频率和频点带宽、采样时间间隔（测试时在每个频点进行数值采样的时间）、切换频点间隔（在每个频点进行采样的数据包数）。设定完成后，点击开始测试即可。在测试开始后，我们可以在在线测试软件中实时看到当前被测数字频点的采样时间、载波频偏、场强、信号占用带宽、载噪比、误差向量幅度、所在位置经纬度信息和海拔高度等。详见图 7–11 地面数字电视在

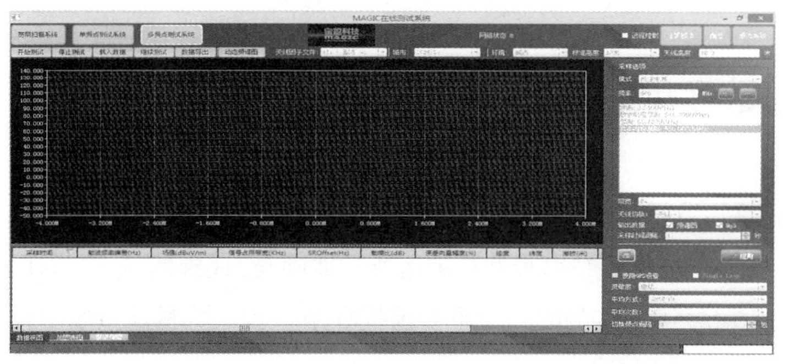
图 7–11　地面数字电视在线测试软件指令控制与参数配置界面示意图

线测试软件指令控制与参数配置界面示意图。

在覆盖分析软件中，我们主要是基于在线测试系统实时生成的测试数据，结合 GPS 模块提供的实时经纬度信息，在电子地图上生成需要的覆盖路线图和等值线分布图（如图 7–12、图 7–13 所示）。为了更加直观的表征覆盖效果，还可以用覆盖分析软件生成场强直方图和场强饼状图（如图 7–14 所示）。软件一般会使用不同的颜色来标注信号强度区间范围。还可以在电子地图上定位发射基站的位置，从而计算某个测试点与发射基站的距离和方位角。如果采用码流采集功能对收测过程中接收解码后的视频流进行了录制，只需结合测试数据，并导入播放系统，我们就可以根据行进的路线对测试过程中的节目进行回放。

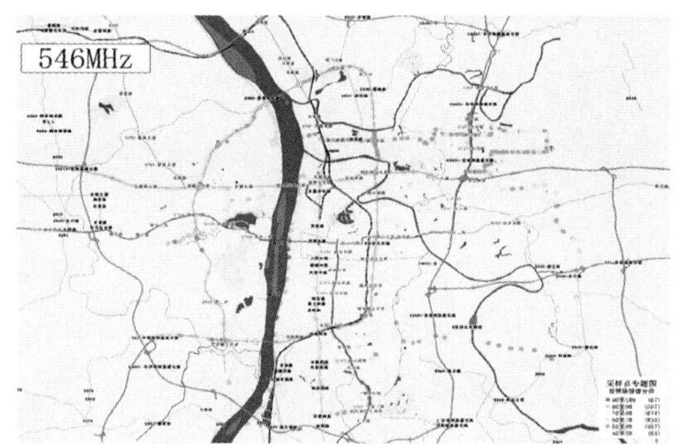


图 7–12　某地区 546MHz 频点（6kW 数字发射机）覆盖路线图

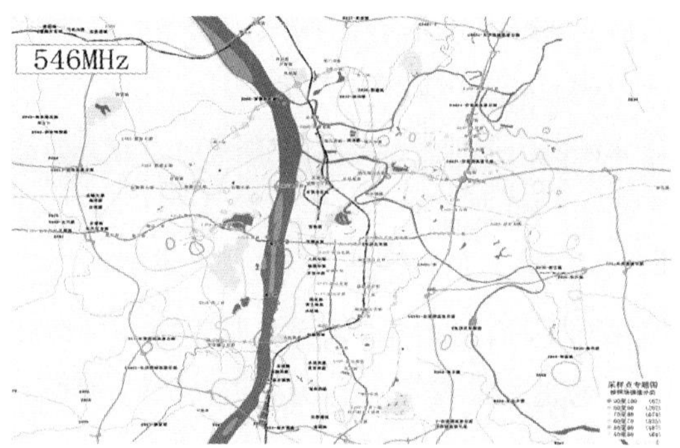


图 7–13　某地区 546MHz 频点（6kW 数字发射机）场强等值线图

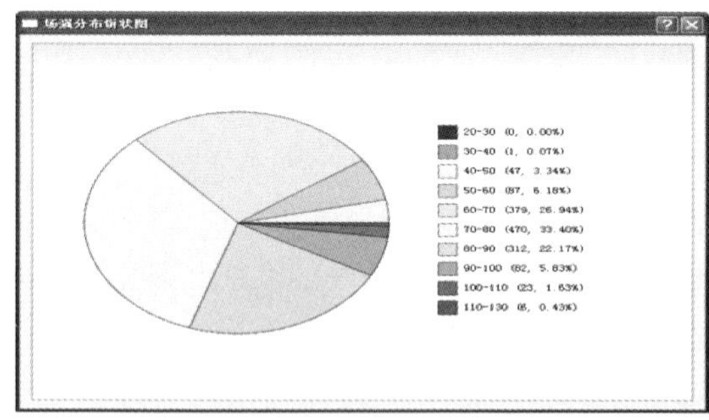


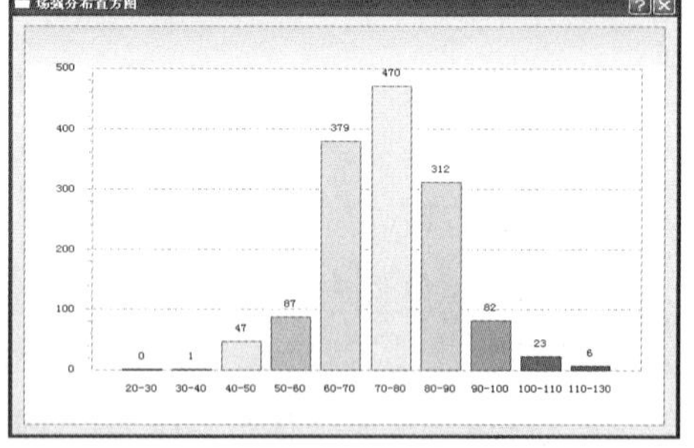


图 7–14　测试信号场强电平的直方和饼状分布示意图

## 7.6 地面数字电视监测系统注意要点

**1. 收测站点接收天线选型建议**

在收测站点选择合适的接收天线是收测站点长期稳定运行，准确全面接收信号的基础，其中天线选型以及线材衰减成为信号接收监测的一个重要前提环节，我们队目前市场中部分常见接收天线进行了测试。

（1）测试对象

D1300AM天线：该天线的频率范围为AM信号以及25MHz～1300MHz，无方向性，该天线可以解决目前广播0～1G无线信号的监测，标称参数抗风力40米秒，通过加装底座可以满足室外安装要求。具体接收方案详见图7–15 D1300AM天线接收方案（方案未考虑中波信号不经过放大器情况）。

中波天线以及德力900E/J天线（40MHz～1000MHz）：该两种产品3个标准天线在各自频段具有较好测量特性，但是对于频谱测量、新频发现需要将信号混合，涉及分配器的选择，成本较预案1高许多；根据德力天线的标称参数，在室外抗风力为3级，无法满足户外安装要求。具体方案详见图7–16多种天线混合接收方案（方案未考虑中波信号不经过放大器情况）。

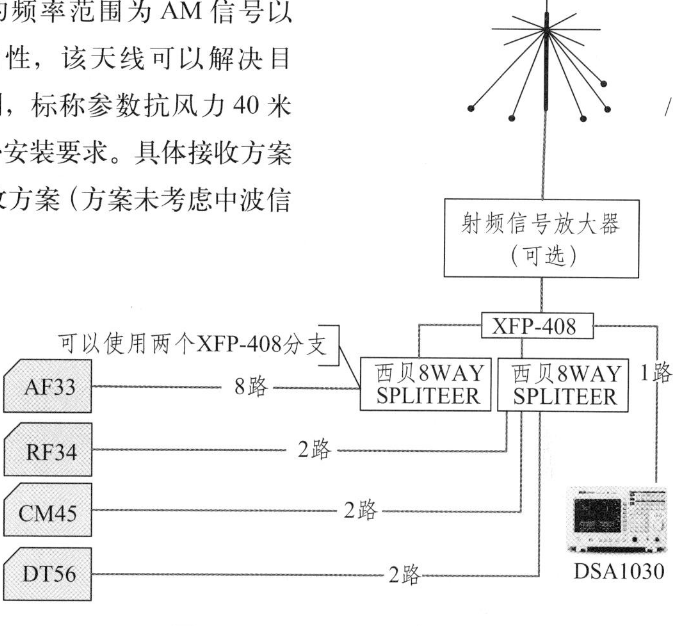


图7–15　D1300AM天线接收方案

（2）测试方法

针对前期选型的接收天线以及测试方案，测试方法主要围绕监测中心机房、高山发射台、普通接收点以及分配、线材损耗展开，具体测试项目有：

①三种场景下信号质量和信号强度；

②不同信号经过放大器的信号特性改变（信号强度以及信号质量）；

③不同信号经过分配器的信号特性改变（信号强度以及信号质量）；

④信号经过RF线信号损失情况如何。

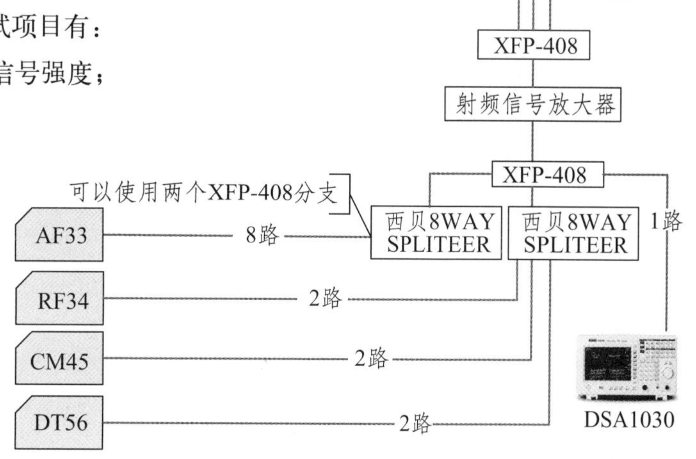


图7–16　多种天线混合方案图

目前信号质量的测评通过图像或者声音质量以及波形变化来定性辨别。为了信号测量电平更加稳定，频谱仪使用功率平均100次方进行测试。

(3) 测试环境

测试中使用到了接收天线、功分器、放大器、频谱仪以及相关各种信号监测设备，具体设备清单详见表 7–7。

表 7–7　测试设备清单

| 设备名称 | 数量 | 描述 |
|---|---|---|
| 李氏中波天线 | 1 | |
| 德力 900E/J 天线 | 1 | 适用于 40MHz ~ 1000MHz 频段的水平极化电波与垂直极化电波。<br>驻波比：VSWR < 2.5。<br>阻抗 :900E 型为 75Ω 900E/J 型为 50Ω。<br>环境选择：测试环境附近无高达建筑物及较大的金属体，应无遮挡。<br>风力：设计风力最大 3 级；<br>若测非标准天线，两天线间距 r>3λ；<br>天线高度：h>2λ，此时地面条件对测量的影响可忽略不计。 |
| 钻石 D1300AM 天线 | 1 | 基地台专用接收天线<br>使用频率：25 ~ 1300MHz+ 中波 (AM)<br>送信可能周波数：50/144/430/904/1200MHz<br>耐入力：20W(50MHz).100W(144MHz 以上 )<br>耐风速：40m/sec（相当于 13 级风）<br>最大直径：84CM<br>重量：1KG |
| BHRF34 | 1 | MCU 版本号：2.0.0.7<br>程序运行状态：HighAddr |
| BHCV37 | 1 | 主模块版本号：1.1.0.5<br>FPGA 程序版本号：0x05 |
| BHAF33 | 1 | 主控模块版本：2.1.0.1<br>FPGA 程序版本号：0x23 |
| BHCM45 | 1 | DSP ：1.0.0.6<br>FPGA–1：BHCM45–0x3<br>FPGA–2:：BHCM45–0x1<br>Firmware:0x79 |
| BHDT56 | 1 | DSP：1.0.0.8<br>FPGA：0x04 |
| H3C 交换机 | 1 | |
| DSA1030 频谱仪 | 1 | 对信号进行新频发现；对信号电平进行测量； |
| 射频信号放大器 | 1 | |
| XFP–4081 分 4 分配器 | 2 | |
| 西贝 1 分 8 分配器 | 2 | |
| 公转英转接头 | 2 | |
| 英转公转接头 | 2 | |

(4) 测试数据

①收测点 1

收测点 1 位于系统中心端所在地，具有信号接收质量相对其他接收端好的特点，对于天线测试具有一定的指导意义。

使用频谱仪对中波天线和钻石天线的频点进行扫描，并测量发现频点的信号强度和质量。具体数据详见表 7–8、表 7–9。

**表 7–8　李氏中波天线测试数据表**

| 李氏中波天线 | | |
|---|---|---|
| 频点（KHZ） | 电平 | 是否锁定清晰 |
| 899.666 | 54.98 | 锁定清晰 |
| 1323.166 | 51.31 | 锁定清晰 |

**表 7–9 钻石 D1300AM 天线中波信号测试数据表**

| 钻石 D1300AM 天线 | | |
|---|---|---|
| 频点（KHZ） | 电平（dbuv） | 是否锁定清晰 |
| 1323 | 69.55(45) | 锁定清晰 |
| 900 | 71(45) | 锁定清晰 |

数据分析：从测试的结果来看，钻石天线的信号强度要强于李氏中波天线，信号质量区分不出来。

在 DTMB 信号方面的测试数据对比详见表 7–10、表 7–11。

**表 7–10　德力 900E/J 天线 DTMB 信号测试数据**

| 德力 900E/J 天线 | | | |
|---|---|---|---|
| 频点 MHz | 电平 | 信号质量 | 是否锁定清晰 |
| 546 | 47dbuv（45dbuv） | 19% | 锁定清晰；波形图中<br>535.25、541.68 峰值很高 73db； |
| 738 | 40dbuv（35） | 16% | 锁定加密流<br>信号波形为一横条，不正常 |
| 754 | 50dbuv（50dbuv） | 25% | 锁定，节目数多，会卡 |

**表 7–11　钻石 D1300AM 天线 DTMB 信号电视测试数据**

| 钻石 D1300AM 天线 | | | |
|---|---|---|---|
| 频点 MHz | 电平 | 信号质量 | 是否锁定清晰 |
| 546 | 40dbuv（46dbuv） | 27% | 锁定清晰 |
| 738 | 40dbuv | 27% | 锁定加密流 |
| 754 | 50dbuv（57dbuv） | 26% | 锁定，节目数多，会卡 |

数据分析：针对 DTMB 信号，两款天线都能得到较好的视频质量，但从信号质量以及现场测试的波形来看，钻石 D1300AM 天线具有更好的接收能力。

②收测点 2

收测点 2 为随机选取的地点，主要考虑作为一个普通接收点，如果要选择全频道天线的情况如何，本测试只针对钻石 D1300AM 天线在室内使用，测试发现 FM 具有较好的表现，AM 信号较差，DTMB 信号的锁定效果差，从频谱和场强分析来看，天线可以接收信号，但信号强度较低。所以实际信号不佳的场合，需要将天线置于室外或者加放大器以增强信号。

③收测点 3

收测点 3 为某高山台站，该台作为一个高山发射台和接收前端的信号的特点不同，对发射的信号功率高，但由于所处的高山，信号所处机房的电磁干扰，高山的反射导致的同频干扰以及别的发射台信号干扰，有些频点的信号出现节目串播情况。在南岳台只对调频和电视节目进行了测试。

从现场测试的电视信号指标来看，电视信号电平都在 80dbuv 以上，质量很好。FM 信号质量也很好，板卡均可锁定。

(4) 测试结论

天线针对不同信号的接收情况，接收情况分为以下几类：不可用，一般，较好，好。详见表 7–12。

**表 7–12　四种天线对比结论**

| 天线类型 / 信号类型 | 中波天线 | 德力 900E/J 40 ~ 220MHz | 德力 900E/J 220 ~ 1000MHz | 钻石 D1300AM 天线 |
|---|---|---|---|---|
| AM | 较好 | — | — | 一般 |
| FM | — | 较好 | — | 好 |
| DTMB | — | — | 较好 | 好 |
| CMMB | — | 待确定 | 待确定 | 待确定 |
| 开路模拟电视 | — | 好 | 好 | 一般 |
| 强度 | 好 | 较好 | 较好 | 一般 |
| 适合环境 | 发射台<br>监测中心<br>普通接收点<br>(可室外安装) | 发射台<br>监测中心<br>普通接收点<br>(不适宜室外安装) | 发射台<br>监测中心<br>普通接收点<br>(不适宜室外安装) | 发射台<br>监测中心<br>(可室外安装) |

综合现场环境及部分实地检测情况来看，采用钻石 D1300AM 全频道天线能较好的收测地面数字电视信号，方案如图 7–17 所示。

对于电视天线，在信号质量好的场合，可以直接架设在室内；在信号较差的场合，需要架设到室外，并在靠近天线处加装信号放大器以弥补由于馈线长度导致的信号衰减。

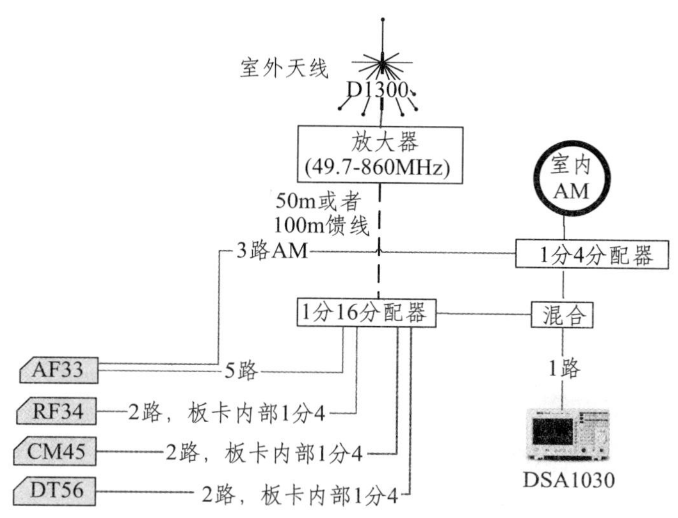


**图 7–17　地市无线信号收测方案**

(4) 发射台站内电磁干扰

电磁干扰是指外部噪声和无用电磁波在接收中所造成的骚扰，一个系统或系统内部某一线路受到的干扰可以简单表述为：$N = G \times C/I$，其中 $G$ 为干扰噪声源强度，$C$ 为干扰噪声传导的耦合因素，$I$ 为受干扰系统或线路的受干扰的敏感度。

本系统是一个集嵌入式系统和微机化于一体的数字电子系统，对电磁干扰非常敏感，加之高山台站又是一个复杂的强电磁干扰场。因此，抑制干扰主要应从切断电磁干扰耦合途径和提高系统器件、线路的抗干扰能力上着手。以下从硬件和软件两个方面分析抗干扰措施。

(5) 硬件方面

根据高山台站干扰的特点，最重要的抗干扰措施是防止干扰侵入系统，就是采用各种隔离、屏蔽、合理布局、模块化设计配线以及减少弱电源线传递干扰等方法阻断各种耦合干扰的侵入和传导，合理的硬件设计可以说是抗干扰的第一道防线。

1. 选用抗干扰性能要好的器件。在选择器件时，首先要选择有较高抗干扰能力和较低电磁干扰敏感性的产品，如内部通信采用以 CAN 总线，由于 CAN 总线本身就有一定的抗干扰能力，能自行校验及纠错，因而用以 CAN 作为内部通信网具有较强的抗干扰能力；采用降额设计、网络钝化、功能钝化等方法能有效降低电磁干扰敏感性；采用浮地技术、隔离性能好的器件能有效阻断干扰侵入；其次还应了解器件的抗干扰指标，如共模拟制比、差模拟制比，耐压能力、允许在多大电场强度和多高频率的磁场强度环境中工作；在选择国外进口产品要注意：我国是采用 220V 高内阻电网制式，而欧美地区是 110V 低内阻电网。由于我国电网内阻大，零点电位漂移大，地电位变化大，工业企业现场的电磁干扰至少要比欧美地区高 4 倍以上，对系统抗干扰性能要求更高。

采用硬件看门狗（Watch Dog Timer，简称为 WDT）技术，增强系统的抗干扰能力以及系统受干扰后的自我恢复能力。

2. 开关量采取的隔离屏蔽措施

①光电隔离。利用光电耦合器可以实现现场开关量与计算机总线之间的完全隔离。

②继电器隔离。对于用于监控电力系统的采集模块所采集的模拟量，大多数都来自一次系统的电压互感器和电流互感器，他们均处于强电回路中，不能直接输入至信息系统中，必须经过设置在信息系统各种交流回路中的隔离变压器（常称为小电压互感器和小电流互感器）隔离，同时，这些隔离变压器一次、二次中间必须有隔离层，而且屏蔽层必须接安全地，才能起到好的屏蔽效果。再者，对于信息系统采集或驱动执行的一些现场设备，比如现场的断路器、隔离开关、各种继电器的辅助触点和各种开关位置等开关信号，输入到信息的 CPU 时也可用继电器隔离。在系统中，输入端子的隔离主要用光电耦合器来实现，而输出端子采用继电器隔离。

③模拟量的隔离与屏蔽。在模拟量输入通道中，采用低通滤波电路减少工频干扰信号对输入信号的影响；在 A/D 转换器芯片内部模拟地和数字地分开，仅在系统中采用一点共地；在印刷电路板设计中，电源线、地线加宽，为信号线宽度的 3 倍；线间对地增加小电容滤波消除高频干扰，这些措施都可以有效隔离干扰。

④其他隔离措施。信息系统布线时，应考虑隔离，减少互感耦合，避免干扰由互感耦合侵入。做好强、弱信号电缆的隔离，强、弱信号不应使用一根电缆，信号电缆应尽量避开电力电缆，增大与电力电缆的距离，并尽量减少平行长度。还应注意避免各个回路的相互感应，印刷电路板上的布线要注意避免互感。

3. 接地。需要注意的是，复杂的系统、电磁环境恶劣的环境，不适应采用悬浮接地方式。因为悬浮接地的有效性取决于实际的悬浮程度，复杂的系统、电磁环境恶劣的环境极易使系统产生较大分布电容，从而很难实现真正的悬浮接地。一般采用一点直接接地方式。

4. 电源的抗干扰措施。采用上面的防范措施后，干扰可能进入弱点系统途径主要是通过微机的电源，为例保证可靠运行，对电源可采取以下的抗干扰措施：①采用不间断电源 UPS，通过 UPS 电源向微机系统供电，可有效地抑制电网低频常态干扰。当供电电源突然掉电时，UPS 还可直接向微机供电，从而保证计算机的安全连续运行。②应采用隔离变压器，隔离共模干扰，防止电网噪声干扰窜入控制系统以及强雷电压对系统的损坏。③在电源的输入侧安装电压滤波器，可以滤去交流电源输入的高频干扰和高次谐波。在可能的情况下，可考虑将滤波器直接安装在机箱上，让滤波器的金属外壳与机箱的金属外壳紧密接触。

5. 合理布置各个插件。隔离和屏蔽措施，虽然可以大大削弱干扰的幅度，但不能完全消除浪涌电压，因为他们频率高、幅度大，且前沿陡，可以通过分布电容耦合到后级电路甚至 CPU 回路中。为防止剩余电压的浪涌引起的恶果，在整个电路的布局上应合理，使微机工作的核心部分远离干扰源或与干扰有关系的部件。这些核心部分主要是 CPU 芯片、

EPROM、重要的 RAM、模 / 数变换及有关的地址译码电路。

(1) 软件方面

采用硬件抗干扰可以大大地提高系统的可靠性，但是采用硬件抗干扰技术一方面增加了整个装置的复杂程度，而且不是所有的干扰都可通过硬件措施完全解决，同时也增加了成本。实际上在采用硬件抗干扰的同时，选用软件抗干扰可有效地弥补硬件抗干扰的不足，且可以使装置结构简化，降低成本，结合本系统的特点提出了以下软件抗干扰措施：

1. 出口编码闭锁。在干扰造成程序出格后，CPU 可能执行一系列非预期的指令，如不采取一定的措施，则有可能执行非预期的出口指令，而造成被控制设备的误操作，可以在软件上设置多个标志或编码，分布在程序的不同地方，当程序出格时，必须执行多条置位标志或其他的指令或编码才可出口操作，可见这种方式减小了误操作的可能性。

2. 设置软件陷阱。由于系统干扰可能破坏程序指针 PC,PC 一旦失控，使程序“乱飞”，可能进入非程序区，造成系统运行的一系列错误。设置软件陷阱，可防止程序“乱飞”。具体做法是在程序中每隔一些指令（十几条即可），就把连续几个单元设置成空操作（所谓陷阱），当失控程序掉入陷阱，也就是连续执行几个空操作后，程序自动恢复正常，继续执行后面的程序。

3. 软件狗。软件狗的设置是为了防止程序执行时进入死循环，在程序设置中，可在高级中断中设置计数器来监视主程序和低级中断的执行，系统主程序将计数器复位，如系统或低级中断出现死循环计数器计数达限值时，则启动复位电路。

4. 功能模块之间的相互监视。主控装置定时向各功能插件发送询问命令，如功能插件正常工作，应对该询问进行回答，如果经多次询问而无应答，则认为该插件工作出错，转入相应的处理。同样，底层的功能模块也可对主控装置进行监视。

5. 软件防抖。开入量是系统运行的状态的重要反映量，但是在判断时经常受到抖动的干扰，造成误判，实现开入量的防抖具有重要的意义。抖动的原因主要有以下的两个方面：①二次设备本身在运行过程中造成的遥信误动或抖动，如断路器辅助触点的机械传动部分出现间隙、触点不对或接触不良，触点表面氧化等使之接触不良，引起短时抖动；二次回路中信号继电器因性能不稳，出现电颤、触点接触不良等造成的遥信误动或抖动。②从辅助接点到系统装置的线路在传输时受到静电或工频干扰，产生抖动；在本系统中主要采用软件防抖，对同一状态多次采样（一般 3 ~ 4 次），间隔时间 10 ~ 20s，然后判断每次采样值是否相同，如相同则采样正确。通过此方法可有效避免抖动造成的影响。在系统软件中还可对自检等情况进行记录，如自检出错次数、出错类型等方面，用于对系统的运行状况进行分析，为以后的改进提供数据。对用户来说，可获取设备现场运行状况数据，为检修和以后新产品的选择提供依据。当然，由于现场环境恶劣，干扰源有很多种，存在的干扰也不可能完全消除，因此，抗干扰措施还须在以后的实践中不断加以改进。

6. 数字编码滤波。把采集到二次设备的干扰信号用各种数字进行滤波消除或削弱。数字滤波是通过程序实现的，所以在设备选型时就应该考虑，它无须增加硬件设备，只需修改一下软件，增加一些对输入信号处理的程序即可。其功能在一定程度上可以代替模拟滤波器，甚至可以完成其不能完成的功能，而且使用方便灵活。不同的滤波方法如算术平均值、滤波加权平均值、滤波算法、一阶低通滤波算法等，均可以达到改变滤波参数的目的，但对设备的判断和处理速度会生产不同的影响。

7. 对输入数据进行检查。对各路模拟量输入通道，只要提供一定的冗余通道，即使由于干扰造成错误的输入数据，也有可能被计算机排除。通过冗余通道提供一个判别采样值是否可估的依据，每次采样后通过其分析，若符合既定关系允许保留这一组数据，若由于干扰导致采样数据有错，就取消这一组数据，直到干扰消失，数据恢复正常后再保留采样数据。

**4. 高山台站雷击**

本系统大部分设备放置在高山台站机房内，高山台站雷击是构成电器损伤的主要来源。因此本系统重点关注的是以下几个方面：

(1) 机房等地位连接

本系统所有监测前端设备与机房内的就近等电位线排接入地网（见图 7 –18），避免雷电引下时对机器和信号设备的冲击，最大限度地保护 机房设备和人员安全。

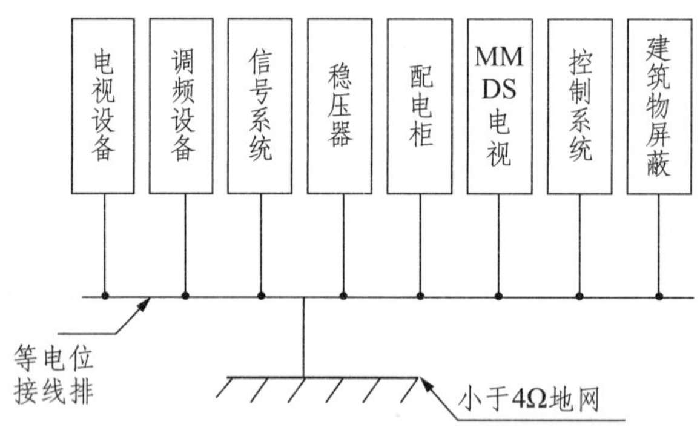


**图 7–18　主机房等电位接地连接示意图**

(2) 雷电波沿供电线路侵入机房的保护措施

虽然高山台站普遍对高压进线段作了防雷防护，但是保护段以外的电力线仍有遭雷击的可能。一旦出现这种情况，部分雷电波仍会沿电力线进入机房。为了达到良好的保护效果，本论文采取了以下措施：

①本系统供电线路采用地埋方式敷设。

②按三级防雷要求安装 SPD 避雷器。

③本系统备都使用高质量广电专用稳压电源供电。

(3) 信号线路的防雷保护

与本系统连接的天馈线、信号线、光缆等传输线都会把雷电产生的过电压波传进机房，均需作防雷保护处理。天馈线和走线架在入户前就近接地，入户后就近与室内接地环母线相连接。卫星信号线穿入接地的金属管进入机房，入户处安装 SPD 避雷器。光缆在离机房 600 米处由架空改为直埋敷设，光缆内金属构件做接地处理，入户前光缆铠装层和加强件均接地，防潮层安装 SPD 避雷器接地。

(5) 统一网络传输规范

科学规划数据传输网络。由于广播电视发射台站都处于荒郊野外，基础设施受到严重制约，为确保监测数据能够及时回传，本论文在对台站各类通信资源进行实地摸底的基础上，确定了“高速数据专线 + 宽带互联网 + 移动 GPRS”的多网络组合方式。其中数据专线是主用线路，互联网和移动 GPRS 作为备份和临时线路进行使用。但为了确保各类异构网络资源的整合，特意编制了统一的 IP 地址规划，并在省中心对专线类网络资源和公网类网络资源进行了网段划分，所有网络资源通过防火墙后在接入核心路由器。

(6) 确定内容存储模式

受传输网络资源的限制，各监测前端站点内容存储模式有一定差异，本论文设计了两种存储模式，模式一：对暂不具备高速数据专线的站点，只回传监测数据，内容数据存在当地备查，待传输环境具备可切换至“模式二”；模式二：对具备高速数据线路的站点，监测数据和内容数据实时回传省中心，但线路出现故障时，监测数据和内容数据暂存在站点，待线路恢复后进行断点续传。

(7) 对监测数据进行等级划分

由于监测系统可以采集的数据包括发射机运行数据、播出质量数据、覆盖质量数据、频率扫描数据等多种，但在实际工作中，对于各种报警数据在处理时应区分轻重缓急，为此。本论文根据业务需要，对各类监测数据按照类型划分三个等级：一级是重要异态报警，需要优先及时处理；二级是一般报警，只需进行报警确认后，通知台站进行技术处理，报警恢复即可；三级是常规报警，无需处理，只用于月度数据统计。这样可极大的减轻值班人员工作负担，也能确保值班人员能更集中精力处理报警。

# 第 8 章　技术创新及运营模式探讨

按照国家新闻出版广电总局科技司的 [2013] 281 号司局函件和《广播电视先进视频编解码 (AVS+) 技术应用实施指南》，湖南广电各相关部门积极开展了 AVS+ 示范工程建设工作。作为我国自主创新的音视频编解码技术，在产业链各环节的积极推动下，AVS+ 产业化道路渐入佳境。湖南广电各相关单位在 AVS+ 技术标准应用、产品测试、覆盖网络建设、业务创新、终端推广等方面进行了大量的实践和探索，积累了许多宝贵的经验，这对全国 AVS+ 地面数字电视普及、应用和相关产业的发展起到了至关重要的推动作用。AVS+ 示范网工程的建设加快了全国地面无线电视数字化转换，再一次提升了地面广播电视的传播力和影响力，巩固和拓展了广播电视的主流宣传阵地。在此过程中，我们总结了以下技术创新亮点重点和运营模式探讨经验，与众读者进行归纳分享。

## 8.1 动态统计复用技术

### 8.1.1 动态统计复用技术概述

AVS+ 编码动态统计复用技术是本项目前端系统中的核心关键技术，对整个前端系统性能的提升起到了至关重要的作用。动态统计复用（VBR）相较于传统的固定编码技术（CBR），在有限的通道带宽内，根据复用流内各路节目在当前帧的实时图像复杂度灵活的分配编码码率，将处理简单画面的富余带宽用于高复杂度、运动和色彩细节信息丰富的画面，在保证人眼视觉主观观感不下降的前提下，达到合理分配资源、统筹优化带宽的目的。基于此技术，我们可以在总带宽不变的情况下，将当前帧高复杂度节目的画面进行最佳呈现。

### 8.1.2 动态统计复用技术的实现方式

图 8–1 是要实现 AVS+ 编码的高效动态统计复用技术，我们需要具备多步编码能力的 AVS+ 编码器和具备联合码率控制模块的 AVS+ 复用器，两者在伺服模块的统一控制下完成码率的实时动态分配和编码工作。在本项目中，我们采用了具备双步编码功能的 AVS + Dual–Pass 编码器。该编码器通过两个编码引擎来进行编码，第一编码引擎负责提取视频序列中的场景变换，压缩复杂度，运动矢量，模式判断等基本信息，然后提供给第二

个编码引擎进行编码，两趟编码之间的时间差受实时编码的要求限制，一般在 1 ~ 2s 之间。在实际运行过程中，第一编码引擎提取视频序列中的场景变换，压缩复杂度，运动矢量，模式判断等基本信息后，上传给复用器的联合码率控制模块；联合码率控制模块综合各编码器上传的场景变换，压缩复杂度、运动矢量、模式判断等信息，按需分配带宽，并将实时联合码率分配信息发给编码器；编码器的第二编码引擎根据指令，完成图像编码，实现多编码器联合码率控制。整个过程中，编码器和复用器之间通过基于 TCP 协议的主备数据口进行码流信息和控制信息的实时交互。多个编码器的瞬时复杂度信息获取与对多个编码器编码码率实施联合码率控制是其核心技术。通过以上步骤，达到了用简单图像的冗余码率支持复杂图像的高码率编码的目的。

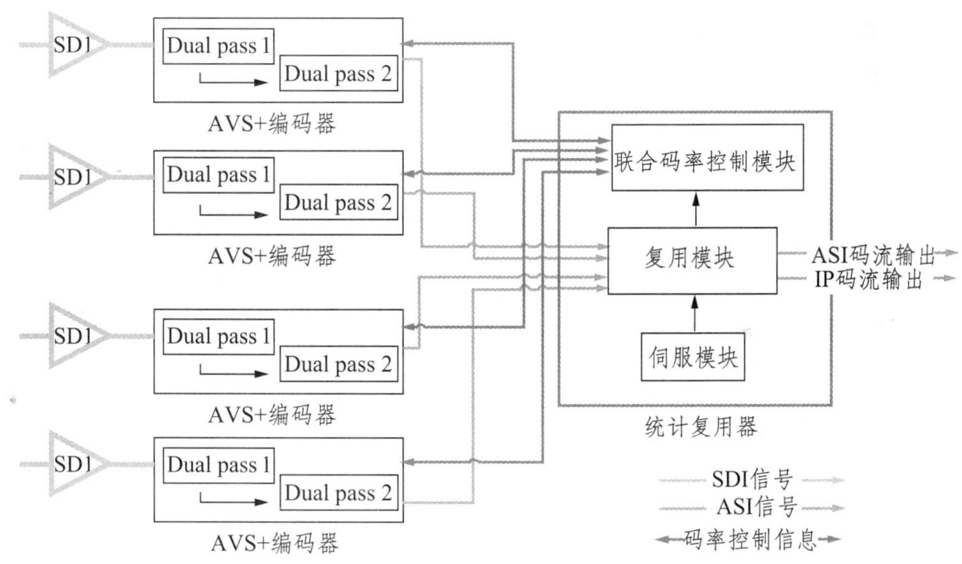


图 8–1 高效动态统计复用技术功能结构实现图

### 8.1.3 动态统计复用技术的实际效果

为了验证动态统计复用技术对编码质量的实际提升效果，我们采用了复杂度由高到低的 8 个标准测试序列（京剧噪声、秋叶、花草、女排、演播室、花坛、《正大综艺》、动画）分别输入相同编码复用器中，在固定码率编码模式和动态统计复用模式中分别进行编码复用，并将编码复用的码流进行实时的录制统计与图像质量分析，进而验证两种不同模式在相同的多档总码率下的编码效率。这里，我们使用 SSIM 计算工具对质量分析结果（如表 8–1）进行比较打分（SSIM：一种衡量两幅图像结构相似度的方法，可用于计算编码图像和源图像的质量差别，其得分范围为 0 ~ 1，得分越高代表图像质量越好）。在 SSIM 得分的基础上，我们进一步采用 BD–Rate 计算工具计算 CBR 模式下相对于 VBR 模式下，如需得到相同的 SSIM 得分，需要增加的码率百分比。从测试结果我们可以得出：①在总编码带宽相同的前提下，对于复杂度较高的 4 个图像序列（京剧噪声、秋叶、花草、女排），VBR 模式的得分均高于 CBR 模式；而对于复杂度较低的四个图像序列（演播室、花坛、《正大综艺》、动画），VBR 模式的得分均低于 CBR 模式。这就说明了 VBR 模式能够在基于图像复杂度信息的基础上合理分配编码码率，有效利用带宽资源，从而提高编码效率。②综合以上不同难度等级的 8 个测试图像序列，计算他们在多档相同总码率下的平均 SSIM 得分（如表 8–2），并采用 BD–Rate 计算工具计算 CBR 模式下要达到 VBR 模式下相同得分需要增加的编码码率，我们可以看出，采用 VBR 方式的编码复用系统比采用 CBR 方式的编码复用系统综合节约的带宽（如表 8–3），提升的编码效率约在 17% 左右。

表 8–1　8 路不同序列在 CBR 模式下不同编码码率的 SSIM 得分

| 序号 | 测试图像序列 | SSIM 得分 | | | |
|---|---|---|---|---|---|
| | | CBR 1.2Mbps | CBR 1.6Mbps | CBR 2.0Mbps | CBR 2.4Mbps |
| 1 | 京剧噪声 | 0.3048 | 0.3338 | 0.3598 | 0.3846 |
| 2 | 秋叶 | 0.6061 | 0.6554 | 0.6949 | 0.7272 |
| 3 | 花草 | 0.8141 | 0.8468 | 0.8697 | 0.8867 |
| 4 | 女排 | 0.7860 | 0.8217 | 0.8467 | 0.8658 |
| 5 | 演播室 | 0.9219 | 0.9383 | 0.9484 | 0.9556 |
| 6 | 花坛 | 0.9004 | 0.9223 | 0.9353 | 0.9443 |
| 7 | 《正大综艺》 | 0.9399 | 0.9459 | 0.9497 | 0.9525 |
| 8 | 动画 | 0.9409 | 0.9506 | 0.9565 | 0.9604 |

表 8–2　8 路不同序列在 VBR 模式下不同编码码率的 SSIM 得分

| 序号 | 测试图像序列 | SSIM 得分 | | | |
|---|---|---|---|---|---|
| | | VBR 9.6Mbps | VBR 12.8Mbps | VBR 16Mbps | VBR 19.2Mbps |
| 1 | 京剧噪声 | 0.3498 | 0.3906 | 0.4271 | 0.4593 |
| 2 | 秋叶 | 0.6823 | 0.7304 | 0.7668 | 0.7945 |
| 3 | 花草 | 0.8397 | 0.8703 | 0.8943 | 0.9121 |
| 4 | 女排 | 0.8241 | 0.8491 | 0.8648 | 0.8874 |
| 5 | 演播室 | 0.8915 | 0.9142 | 0.9271 | 0.9332 |
| 6 | 花坛 | 0.8892 | 0.9156 | 0.9311 | 0.9367 |
| 7 | 《正大综艺》 | 0.9193 | 0.9296 | 0.9361 | 0.9410 |
| 8 | 动画 | 0.9073 | 0.9246 | 0.9337 | 0.9420 |

表 8–3 采用 BD–Rate 计算工具，VBR 相较于 CBR 在不同编码码率下的提升

| 编码方式 | | 很难的序列（2 个）SSIM 平均分 | 很难和一般难的序列（4 个）SSIM 平均分 | 全部 8 个序列 SSIM 平均分 |
|---|---|---|---|---|
| CBR | 2.4Mbps | 0.5559 | 0.7161 | 0.8346 |
| | 2.0Mbps | 0.5274 | 0.6928 | 0.8201 |
| | 1.6Mbps | 0.4946 | 0.6644 | 0.8019 |
| | 1.2Mbps | 0.4555 | 0.6278 | 0.7768 |
| VBR | 2.4Mbps | 0.6269 | 0.7633 | 0.8508 |
| | 2.0Mbps | 0.5970 | 0.7383 | 0.8351 |
| | 1.6Mbps | 0.5605 | 0.7101 | 0.8156 |
| | 1.2Mbps | 0.5161 | 0.6740 | 0.7879 |
| BD–Rate 码率增益（%） | | 54.5 | 43.6 | 17.3 |

### 8.1.4 动态统计复用技术在前端系统中的应用

基于这个结论，我们对前端系统的编码方案进行了设计。当我们采用 DTMB 国标模式 4 进行调制发射时，单频点的有效净码率为 20.791Mbps，复用流的视频总码率一般为 19Mbps。如果该频点包含 12 套标清节目，平均每套节目的 CBR 视频码率约为 1.58Mbps，在 VBR 模式下可以相当于 1.85Mbps 的固定码率编码效果。如果该频点包含 4 套高清节目，平均每套节目的 CBR 视频码率约为 4.75Mbps，在 VBR 模式下可以相当于 5.55Mbps 的固定码率编码效果。如果采用传统的 CBR 模式，单频点标清节目编码如需达到 1.85Mbps，该频点只能复用 10 套标清节目；高清如需达到 VBR 模式下的编码效果，单频点只能复用 3 套高清节目。由此可见，AVS+ 编码动态统计复用技术对于提升我们前端系统的编码性能具有直接的实际意义。

## 8.2 数字微波 IP 化组网技术

### 8.2.1 数字微波组网技术概述

微波传输作为地面数字电视节传系统中的重要组成部分，目前已经广泛实现数字化传输。数字微波具有抗干扰能力强、可消除噪声积累（通信质量不会因为中继站点的增多而

下降)；差错可控、通过信道纠错编码有效提升传输的可靠性；容易进行加解密、通信保密性好。传统数字微波网络主要基于 TDM 技术进行组网，基于 SDH 网络进行干线传输。这种方式在上文中也有提到，即将多路编码复用好的信号适配转换成 DS3 格式 (45M) 的业务信号，多路 DS3 信号再通过 MSTP 转换成 STM–1 格式的信号，最终进入 SDH 网络进行传输。

基于 TDM 技术的传统数字微波网络主要为广播电视为主的视音频业务提供服务，在网络的安全性和可靠性、业务的性能、传输的实时性方面都有不错的应用效果。随着三网融合的推动，传输业务的类型日趋丰富多元，传统广电网络越来越多的需要融入多媒体与电信业务中去。基于以上发展需求，并从传输资源的利用效率、网络设备的兼容性、网络间业务调度的灵活性、新业务的发展、网络结构等方面考虑，湖南地面数字电视最终选用基于 IP 化技术的组网方案搭建新一代数字微波传输网络。

### 8.2.2 数字微波 IP 化组网技术的优势

湖南数字微波网络接收前端系统编码复用后并经过 IP 封装的 TS 流，经过千兆三层路由器送入 IP 微波收发信机，做到对所接入信号带宽与流量的可管可控。下传主用信号采用 IP 组播方式节省带宽，上传信号采用单播方式并控制接入口带宽，所有上下信号均采用划分单独 VLAN 的方式进行端口隔离，确保所有信号安全可控，最大限度使用带宽资源。湖南数字微波网络收发信机在 IP 设置上采用独有的管道 (TUNNEL) 设置，不论网络 ACCESS 或 TRURK 属性一概予以通过，整个湖南数字微波收发信机相当于路由器之间的网线，避免因网络设置冲突引起传输信号中断。

湖南数字微波网络主要采用 IP 组播技术。每路 IP 组播信号在网络的 VLAN 号 (自定义) 固定、带宽可控可调，不同类别信号对应不同 VLAN 号 (即不同局域网) 互不干扰，使用端输出时在台站路由器上的端口可加 (VLAN 号一致即可)，对于传输信号的检测、监控提供极大便利。也可根据输出带宽需求调节输入带宽，线路简单、带宽源头可控。IP 组播技术有效地解决了单点发送多点接收的问题，实现了 IP 网络中点到多点的高效数据传送，能够大量节约网络带宽、降低网络负载，在带宽动态分配、路由指向策略、多元化业务发展、网络安全保护机制等方面都有着较好的推广应用价值。

由于采用了 IP 化组网技术 (见图 8–2)，湖南数字微波网络具有强大的网管功能。湖南数字微波网络有数字收发信机、千兆 3 层路由器、编解码系统 3 套网管，所有网管软件均基于 WEB 浏览器基础上开发，全网统一设计、制定设备 IP 地址，维护人员分级管理。3 套网管平行运行，维护工程师依靠网管可远端准确定位故障点 (可判断设备之间连接线情况)。湖南数字微波网络大部分故障可在首站通过网管更改设备配置、调整线路迅速解决或临时抢通网络，极大提高网络可用性，减轻维护人员工作强度。

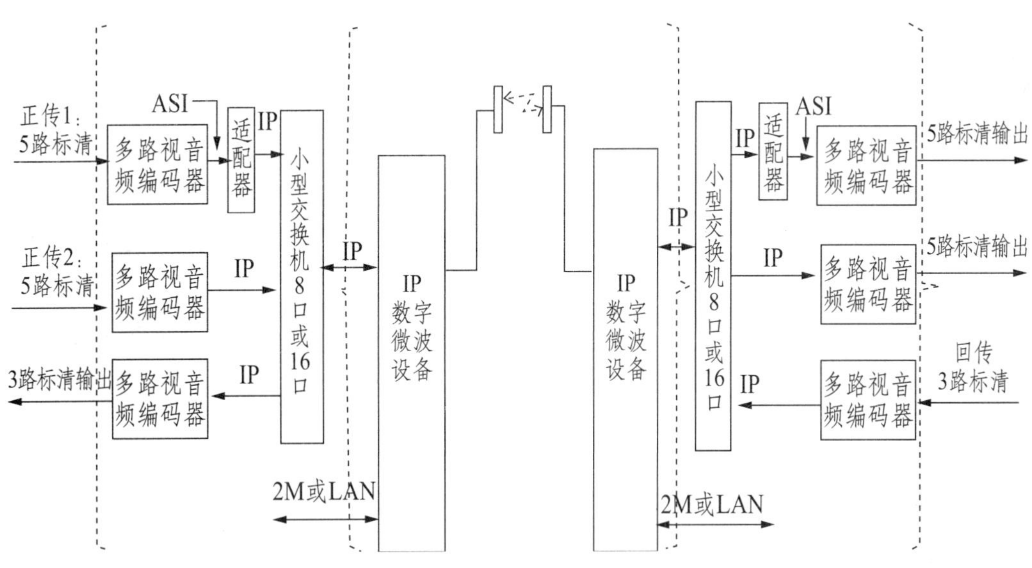


图 8–2 基于 IP 化组网技术的数字微波网络结构示意图

# 8.3 AVS+ 高清接收机创新技术

## 8.3.1 AVS+ 高清接收机概述

AVS+ 高清接收机由接收解码器和接收天线组成，是用户在实际收看信号时直接使用和操作交互的设备终端。终端接收解码系统的性能和质量，直接关系到用户的最终收视体验，是保证整个项目功能能够顺利实现的重要环节。为此，在本项目中，我们就 AVS+ 高清接收机在搜索存储、节目管理、软件升级和接收天线等方面进行了一些创新的技术应用与探索，为终端接收解码系统的科学规范推广起到了积极的作用。

## 8.3.2 AVS+ 高清接收机的硬件实现方案

基于 AVS+ 解码芯片的高清接收机俗称 AVS+ 地面数字电视机顶盒。如图 8–3，AVS+ 高清接收机主要基于 AVS+ 的高性能解码芯片进行开发，配合高频头和解调模块对空中的无线射频信号进行锁定和接收。接收机主芯片支持高清（1920 × 1080i）和标清（720 × 576p）多种分辨率显示格式；在视频解码方面可以兼容 AVS+、AVS、H.264 和 MPEG–2 等多种视频编码方式；在音频解码方面，可以兼容 DRA 和 MPEG–1 Layer Ⅰ和Ⅱ，支持单声道、双声道和立体声播放。接收机支持 HDMI 和 A/V 输出，可以较好的适应各种规格的电视机进行节目观看。射频输入接口一般为英制 –5F 型母座。机顶盒前面板预留 USB 接口，供手动升级时使用。

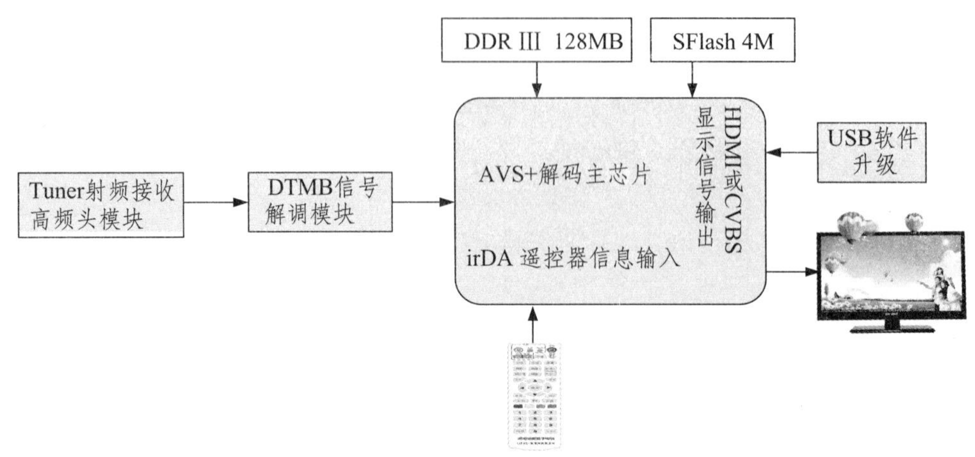


图 8–3　AVS+ 地面数字电视高清接收机硬件功能架构图

## 8.3.3 AVS+ 高清接收机的技术创新

**1. 全频段搜索技术**

对于空中的无线信号，我们在使用接收机接收信号时，主要关注的是可以接收的信号频率范围和接收信号的灵敏度。这两者关系到接收机搜索能力的可用度。在设计高频头的频率捕捉范围时，我们考虑到今后 VHF 米波频段可能进行的数字化改造，将频率搜索范围规定在 50MHz ~ 860MHz。从用户的体验角度来讲，我们希望搜索的时间尽可能缩短，同时，接收信号的门限电平尽可能降低。这样，在相同的信号覆盖质量下，用户的可用区域就会增大。这里，我们考虑从硬件组合上进行筛选和优化。通过测试多个品牌高频头和解调芯片的组合方案，我们最终将 VHF+UHF 全频段搜台 ( 见图 8–4) 的时间控制在 1 分 30 秒左右。信号的门限电平可以提升至 25db μV。在搜索的过程中还可以实时显示该频点信号的电平强度，方便用户掌握所在位置的信号接收效果。

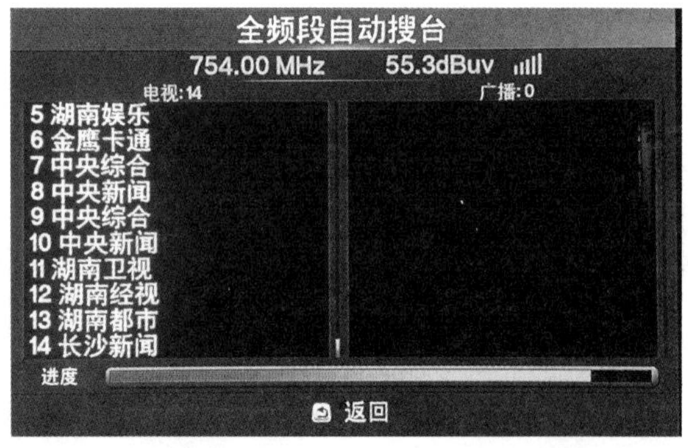


图 8–4　实测中的 AVS+ 高清接收机全频段搜索界面

**2. 基于 NIT 表的快速自动搜索技术**

为了进一步缩短全频段搜台的时间，提高该项功能的智能性，我们还引入了基于 NIT 表的快速搜索技术。利用 NIT 表中含有的发射节目频率信息，我们可以大大缩短全频段搜索的时间，提高全频段搜索的效率。在实际使用中，我们需要对在播的所有节目流的 NIT 表结构都做出相应调整，确保全网各频点都具备基于 NIT 表的自动搜台信息。调整后的

NIT 表结构中增加了两个 loop：loop1 中添加 Channel_info_descriptor，用来指示频点或者节目是否有变化，loop2 中添加整个湖南省的频点信息。基于此技术，当前端系统调整过频点或节目后，或者由于信号不稳定导致开机后节目丢失，支持此功能的 AVS+ 高清接收机侦测到 Channelinfo_id 的值发生改变，就会触发自动搜台，搜台所需的频率表从 loop2 中获得。这样做的好处一是搜索过程更加快速高效，二是用户在使用中更加智能便捷，保证用户在开机的较短时间内即可搜索接收到网络中当前播出的最新节目内容。

**3．清流节目的存储和管理技术**

之所以提出清流节目的存储和管理技术，主要是针对在实际使用中发现的一些问题进行改良和优化，提高用户端的体验感和粘度。首先，我们采用频点排序模式，对接收到的节目流按所在频点大小依次进行存储，某个频点中的节目又按 PMT PID 或者 Service ID 的策略进行排序，这样整体节目表单与前端保持一致，用户检索起来非常方便。其次，考虑到同一地区空中有可能接收到加密的无线射频信号，清流机顶盒对其解调后，由于没有相关 CA 解扰，无法收看其中节目内容，但是这些节目信息会大量存在于节目列表中。用户在收看检索节目的过程中会带来很大的不便。对于某路节目信息是否为加密，我们可以在 PMT 列表中观察是否有 CA_descriptor 的信息标识。如果有，那就是加密节目。我们可以在获取节目流的 channel list 时，通过 channel fliter 将其滤除，这样，最终呈现在观众面前的节目表单就全部是可以直接收看的清流节目。最后，我们采用了节目列表的自适应更新技术用于解决前端节目排序变更时接收端的自适应观看。图 8–5 为 AVS+ 高清接收机通过节目的 PMT PID 的变更情况，决定是否对整个节目流中的各路节目的 PMT PID 进行重新更新并获取新的频道数据进行播放。用户端不会感到异常，也不会发生观看节目名称和内容对应不上的问题。

**4．空中在线升级技术**

在实际使用中，如果我们对前端系统进行的功能调整和优化，接收终端需要同步的更新其工作的软件版本，以达到两端兼容匹配、扩展附加功能、稳定用户体验的目的。随着终端用户数量的不断增加，我们需要一种线上智能的升级方式解决大规模终端设备软件更新的问题。这里，我们采用空中在线升级（OTA，Over the Air）的技术手段实现以上需求。OTA 选择 System Software Update（SSU）规范进行参考和实现，是一种适用于空中数据传输的系统软件升级方式。SSU 规范的主要特点是通过 NIT 和 PMT 来定位 TS 流中的 SSU 服务信息，使得软件的更新机制不与特定 PID 挂钩，避免因各厂商自定的软件更新方法造成相互干扰。通过升级通告列表（UNT，Update Notification Table），SSU 规范可以进一步提供更多的附加信息：比如升级计划、扩展选项、目标信息、行为通知、过滤描述信息等。SSU 升级信息需要在前端信源编码复用系统进行加入，我们需要对带 PSI 的升级码流使用 UDP 进行推送，将推送的组播流送入复用器。复用器通过设置对应的组播接收地址、端口号和 Source IP（即推送该组播流的设备 IP），即可接收到相应的升级组播流。一般来说，升级信息的大小与在前端加入复用器时推送的速率会共同决定用户端的在线升级时间。显然，我们不希望用户端的升级时间过长，但同时，我们必须保证在升级过程中节目的播出质量不受太大影响，即节目流的总码率不宜过低。毕竟，类似这种升级方式一般都是一个周期性模式，升级流加入复用器后会持续在线推送 1 周左右时间，保证 95% 以上的用户都能够接收到该升级信息。假设升级包的大小为 40M，在前端复用器加入的推送速率为 2M，那么用户端下载升级包的时间大约为 20S，加上验证和安装的时间，整个升级进程约在 1 分半左右。对于我们在用的国标调制模式 4(20.7Mbps) 的节目流总码率，升级信息占用 2Mbps，意味着动态总带宽会下调 2M。如果前端有 13 套标清节目的话，每套节目的码率将会降低 0.15M。这个损失主要就是在视频上。所以，在做空中升级的时候我们必须综合考虑升级时间和图像质量两方面的因素，选取适宜的升级方案。

**5. 遥控器的创新技术应用**

在机顶盒遥控器方面，我们主要结合全频段搜索技术增加了“搜台”按键，提供一键搜台功能。用户通过此按键，可以快速的进行全频段搜索操作，随时获取最新的节目信息并进行观看，这对于老年观众来说，大大简化了其操作机顶盒的难度，增加了用户体验度。同时，遥控器上还设置了“信号”按键，通过此按键，可以实时地监测当前在播节目的频点信息、调制信息、信号电平、信噪比、误码率和节目 PID。这为技术运维人员提供了很大的便利。

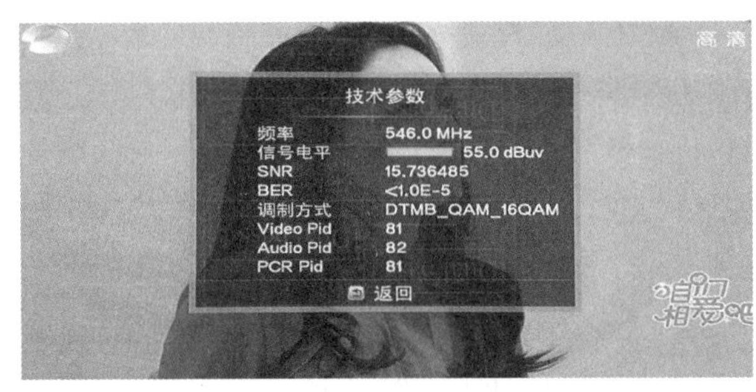


图 8–5　实拍的 AVS+ 高清接收机接收信号参数显示情况

**6. 接收天线技术的相关应用**

无线信号需要在一个开路的环境中去传输和接收，相较于有线信号在闭合电缆中进行传输，无线信号更容易受到电磁、大气和地形环境的影响与干扰。除了在前端系统中对信源和信道进行多重编码以增强其抗干扰和纠错能力外，我们可以指导用户根据其所处的场景，选用适当类型的接收天线，即可达到有效增强接收信号强度，提高接收节目质量的目的。基于此，我们对 AVS+ 高清接收机的接收天线部分进行了选型和归纳。

目前，绝大多数的清流用户为固定接收用户，按用户距发射塔的距离，我们可以将其分为中近场区、远场区、边缘区。在中近场区，用户接收的信号多为直射波，即便是反射波或折射波，信号仍然有较高的强度，我们一般可以考虑简易的室内双环天线，即可获得较高的信号增益；在远场区，信号强度有较大衰减，我们可以考虑采用带馈电增益功能的接收天线，以达到放大信号强度的目的；在边缘区，接收的信号电平已接近临界，多径干扰严重，信噪比较差，误码率明显升高，我们可以尝试使用户外定向八木天线对发射方向进行指向性的接收，进而达到提高信号强度，降低误码率的目的。对于移动接收用户，我们可以考虑用吸盘天线或者微带天线。

**7．DTMB+OTT 双模机顶盒的技术应用**

OTT 是“Over The Top”的缩写，是指基于开放互联网的视频服务，终端可以是电视机、电脑、机顶盒、PAD、智能手机等，意指在网络之上提供服务。OTT 系统面向广电运营商，为其提供全面的、整体的视频解决方案，包括媒资注入、打包、分发、产品化管理、推流、多终端适配、码流自适应等各个环节，以满足客户高质量体验需求。在通用的 DTMB 机顶盒上增加 OTT 功能，形成 DTMB+OTT 的双模机顶盒，两者在功能上将形成有益的互补，即将 DTMB 中的免费清流直播内容植入 OTT 的视频点播系统中，用户可以获取高性价比的节目直播与视频点播资源。

在通用的 AVS+ 高清 DTMB 接收机上增加 OTT 的相关内容并不困难。在硬件上需增加相应的互联网接口或者 WiFi 功能，用来获取网络中的节目信号。同时，主芯片功能需要进行相应的强化，要采用多 CPU 数字视频处理芯片，能够提供 Andriod、Linux 的系统运行环境，可以承载 TvServer 的相关业务，并面向应用层建立与视音频处理芯片的通信。在软件方面，OTT 功能需要增加三种代码组，分别包含视音频固件、Andriod 与 Linux 操作系统和 Tvserver 中所需要的相关内容。

## 8.4 应急广播

### 8.4.1 应急广播概述

近年来，世界各国自然灾害频发，尤其是处于地震带上的一些国家，如印尼、日本等都饱受地震、海啸等自然灾害侵袭，每次自然灾害的发生，都会造成无数生命的损失，同时也为国家的发展蒙上一层阴影。随着现代科学技术的发展，一些国家也越来越重视对自然灾害的预防工作，建设应急广播系统就是重要的组成部分之一。

**1．国外应急广播发展情况**

国外很多国家已经在应急广播方面开展了大量的研究并开展了应急广播服务，取得了一定的成效，在多次自然灾害中发挥了重要的作用，对于我国应急广播技术的研究和应急广播系统的建设具有一定的借鉴意义。

（1）日本紧急警报系统 EWBS

日本位于大陆板块的交界处，是全球地震最活跃的地区之一，经常会发生严重的地震以及火山爆发等灾害，严重影响民众的生产生活，因此日本对紧急警报系统的投入非常重视。日本的灾害紧急警报系统（EWBS,Emergency Warning Broadcasting System）于 1985 年投入使用，电台、电视台在发布紧急警报信息的时候，会发出一个控制信号，触发具有 EWBS 接收功能的收音机、电视机自动开机，播放警告信息。日本每年都经历很多次地震，在几次大的地震后，日本气象厅从 2007 年开始向公众推送紧急地震速报（EEW，Emergency

Earthquake Warning)，地震监测系统给出的警告由 NHK 和其他广播商向公众广播。EWBS 的工作流程如图 8–6 所示：

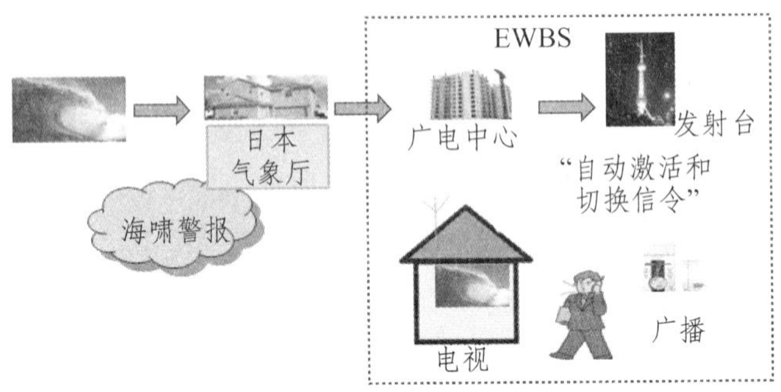


图 8–6　日本 EWBS 灾害警报系统工作示意图

地震产生传播速度为 5～7km/s 的主波、3～4km/s 的次波以及大约 3km/s 的表面波。主波产生最初的振动或小规模晃动，次波和表面波产生更大的晃动。地震预警系统在探测到地震主波时，向日本气象厅（JMA）发出警报，如果震级高于 5 级，日本气象厅将灾害告警信息发送给 NHK 的广播中心，NHK 的广播电视紧急警报系统在 1～3 秒钟之内就可以自动发射加入了 EWBS 控制信号的 FM、TV 紧急警报播出信号，并传送至发射台，用户收音机、电视机接收到该信号后自动开机，播放灾害告警信息。

EWBS 最显著的特点是快速响应，紧急预警信息在电台、电视台自动生成、争取了时间。另外终端自动唤醒也使没有在收听收看节目的用户得到了获取紧急信息的机会。地震警报信息首先发出的是声音警报，并伴随了一条文字信息，随后电视屏幕弹出窗口，显示了地震发生的地图和细节，快速的预警为民众紧急避难提供了宝贵的时间。

(2) 美国紧急警报系统 EAS

美国早在 1963 年就开始建设紧急广播系统，最初的设计目的是当国家处于紧急状况时给总统提供一个能迅速通告全民的通讯方式。后来在美国联邦通讯委员会（FCC）、联邦应急管理局（FEMA）和国家气象服务（NWS）三个部门共同努力下，紧急广播系统逐步完善，更名为紧急报警系统（EAS,Emergency Alert System）。EAS 是一个全国性的预警系统，连接着全美国数千个电台、电视台和有线网，包括了在全美国、各个州和地区发生紧急情况时的广播网络、有线电视网络和节目供应商，调频和调幅广播和电视台，低功率电视台，XM 卫星广播，IBOC、DAB 等数字广播商，以及 DIRECTV、Dish Network 和其他所有的直播卫星服务提供商，可以让美国总统在 10 分钟内向全国发布讲话，EAS 除了能实现全国范围的紧急报警之外，州或当地发生紧急情况也可以使用 EAS 系统。

EAS 系统通过分级管理的方式进行全国的紧急广播。启用紧急广播时，美国总统通过设置在白宫的系统将相关指令要求发送给联邦紧急事务管理局，联邦紧急事务管理再把相关指令和信息发送到首要及接入点（PEP），PEP 将紧急广播信号通过各种线路发送到各州的州首要转播台。全国设立了 30 多个 PEP，负责将来自 FEMA 的紧急信息在全国范围分发。各州设立了州首要转播台 (SP)，24 小时监听来自 PEP 的信息，一旦解析到有相关紧急信息要向本州发布，会将信息向地方首要转播台（LP）分发，LP 再向当地广播电视台分发，通过各地广播电视台进行覆盖。州以上的广播电台、电视台要对紧急警报系统每周进行测试；州以下的电台、电视台每月测试一次。

(3) 英国应急广播

英国虽然没有比较系统的应急广播技术体系，但开展了应急广播业务。英国政府与英国广播公司（BBC）开展相关合作，以 BBC 的广播电视系统作为应急广播的主要网络支撑，通过 BBC 下属的地区和地方广播电视机构把应急广播信息发布到全国。英国应急广播采用由电台、电视台直接播发的方式，在分级、分区域方面没有进行系统的设计。

**2. 我国应急广播系统发展现状**

随着我国近年来经济社会的不断发展，工业化和城市化的进程加快，生态环境日益脆弱，突发事件爆发频繁，自然和人为灾害正在严重的威胁人们生活。我国已相继颁布了有关应急管理的法律 35 件，行政法规 36 件，部门规章 55 件，尤其是《中华人民共和国突发事件应对法》的颁布和实施，标志着我国应急管理法律体系趋于完备。在近年来发生了众多紧急重大突发事件之后，国务院成立专门处置突发事件的职责部门，并着手建立相应的应急指挥机构、信息通讯系统、防灾设施装备、应急救援队伍，以及监测预报体系、组织指挥体系和救援救助体系，各级政府都设立了应急机构，工作流程、工作内容、信息上报、如何处置等都有了一套规范程序。

在突发事件预警信息发布方面，国家先后颁布《国家突发公共事件总体应急预案》《国务院关于全面加强应急管理工作的意见》《“十二五”期间国家突发公共事件应急体系建设规划》等重要文件，对做好突发公共事件预警信息工作提出了要求，突发公共事件预警信息发布系统建设成为国家突发公共事件应急体系建设的重要组成部分。在政策方面，《国家突发公共事件总体应急预案》、《国务院关于全面加强应急管理工作的意见》《“十二五”期间国家突发公共事件应急体系建设规划》等重要文件，对做好应急信息发布工作提出了要求。

2012 年中编委批准成立国家应急广播中心。自 2013 年起，国家应急广播抗震救灾应急电台先后在四川芦山、云南鲁甸和景谷启动，开创了面向灾区民众定向播出服务性应急信息的新模式。在国家发改委和财政部的支持下，国家应急广播网站、手机网站、微博、微信、APP 等 5 大新媒体平台先后建成，初步具备了应急广播信息通过新媒体渠道传播的能力。

2014 年以来，国家新闻出版广电总局分别在广西、四川等多个省区开展了各具特色的应急广播示范、试点建设，进行了应急广播技术试验，颁布了《县级应急广播系统暂行技术要求》《卫星直播应急广播技术要求和测量方法》《移动多媒体广播 第 4 部分：紧急广播》等技术标准和规范，开展了《应急广播信息流转研究》《应急广播信息制作与发布平台研发与实验》《多级联动应急广播系统总体解决方案及应用示范研究项目 (一期、二期)》等前期研究，初步形成了相关技术标准规范的文本。

四川、湖北、浙江、青海、内蒙古等地广电部门陆续开展了多种类型应急广播系统建设和应急广播试点试验。四川作为国家应急广播体系建设试点省份，积极推进全省应急广播体系建设，四川省应急广播总平台、芦山“4·20”地震灾区应急广播系统、广汉等 17 个县应急广播平台等均已建设完成；浙江依托广电有线网络和中波无线覆盖网络，开展全省农村应急广播体系建设，基本完成 2.76 万个行政村的建设任务；广西成功开展国内首次洪水预警应急广播发布试验，并开展了海上应急广播系统建设。上述工作为全国范围内应急广播体系建设全面启动和开展创造了有利条件。

### 8.4.2 应急广播系统规划架构

我们国家的应急广播体系技术系统分为国家、省、市、县四级。各级系统涉及应急广播平台、广播电视播出机构、广播电视传输覆盖网、接收终端四部分内容。在应急广播建设规划中，除新建应急广播平台外，其他三部分均利用原有技术系统或在其基础上改造而成。我国应急广播技术系统总体架构如图 8–7 所示：

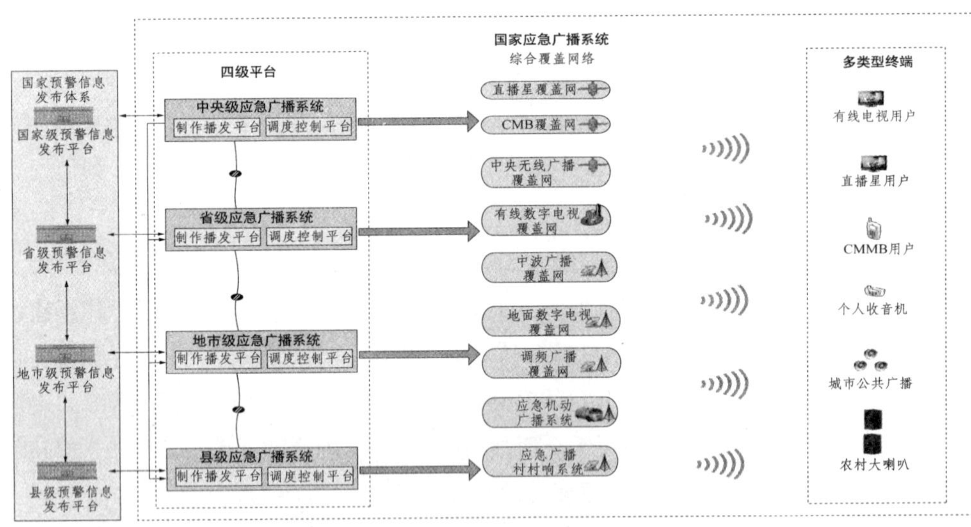


**图 8–7　国家应急广播技术系统总体架构示意图**

其中，各级应急广播平台由制作播发和调度控制两大主要功能模块组成，实现应急信息接入、制作播发、调度控制分发、发布效果评估、传输覆盖资源管理、关键系统及设备运行监管、系统应急演练等功能。平台间通过专线链路传输应急广播信息、应急广播指令及监测管理数据。

应急广播平台具备如下功能和能力：

(1) 具备应急信息并行处理和多区域响应能力，能够根据实际应急广播消息播发需求，同时处理 2 路或 2 路以上面向不同区域的应急广播消息播发；

(2) 具备按照统一标识、统一提示音、统一屏幕和字幕样式、统一播报方式等要求制作应急广播节目的能力；

(3) 具备综合判断和调度有线、无线、卫星等各种覆盖资源，实现应急广播信息的综合覆盖能力。

正常情况下，应急广播平台将应急广播信息、指令等发送到本级广播电视播出机构、本级传输覆盖网和下级应急广播平台。特殊情况下，应急广播平台也可向上级应急广播平台申请上级管理的资源覆盖本地或跨区域覆盖。国家应急广播平台可通过卫星方式，直接快速调动地方有关传输覆盖资源。

应急广播传输覆盖网主要包括如下网络：

(1) 应急广播中短波调频覆盖网；

(2) 应急广播直播卫星覆盖网；

(3) 应急广播移动多媒体广播电视（CMMB）覆盖网；

(4) 应急广播地面数字电视覆盖网；

(5) 应急广播有线数字电视覆盖网；

(6) 应急广播数字音频广播覆盖网；

(7) 应急广播大喇叭系统等。

在应急广播系统建设过程中，应充分利用各级现有的广播电视传输覆盖网，通过增设必要的适配设备，预留和增设应急广播专用频道、频率和传输通道，对现有技术系统进行适当的改造，实现应急广播传输覆盖。

广播电视播出机构是应急广播体系建设的重要环节，部分现有的广播电视播出机构已经通过与气象水利等部门的联动具备了一些诸如洪涝、干旱灾害等气象应急事件的通报播出能力。在应急广播系统建设过程中，通过对原有技术系统的升级改造，使广播电视播出机构能够实时接收本级应急广播平台发送的应急广播信息和指令，依据相关应急预案，迅速在节目中根据事件不同严重程度进行不同方式的应急播出。

应急广播系统接收终端的安装部署建设是整个应急广播系统建设中的难点和重点之一，应急广播消息面向广大人民群众的播发覆盖最终还是要依靠数量众多的各种终端实现。应急广播系统的接收终端主要包括电视机、机顶盒（有线数字电视机顶盒 / 地面数字电视机顶盒等）、收音机、多通道智能接收终端以及扩音器等，新型广播电视终端应具备通过远程唤醒接收应急广播信息的能力。尽管种类多种多样，但总体上可以分为室内终端和户外终端两种类型，两种终端设备各有不同的功能需求，互相补充协同解决应急广播消息覆盖的最后一千米问题，实现应急广播信息的快速、有效接收和播放发布。

### 8.4.3 应急广播系统安全体系架构

应急广播系统的安全体系设计遵循国家信息安全等级保护三级相关要求，将从网络、主机、应用、数据以及审计等方面来保证系统的安全，其总体系统框架如图 8–8 所示：

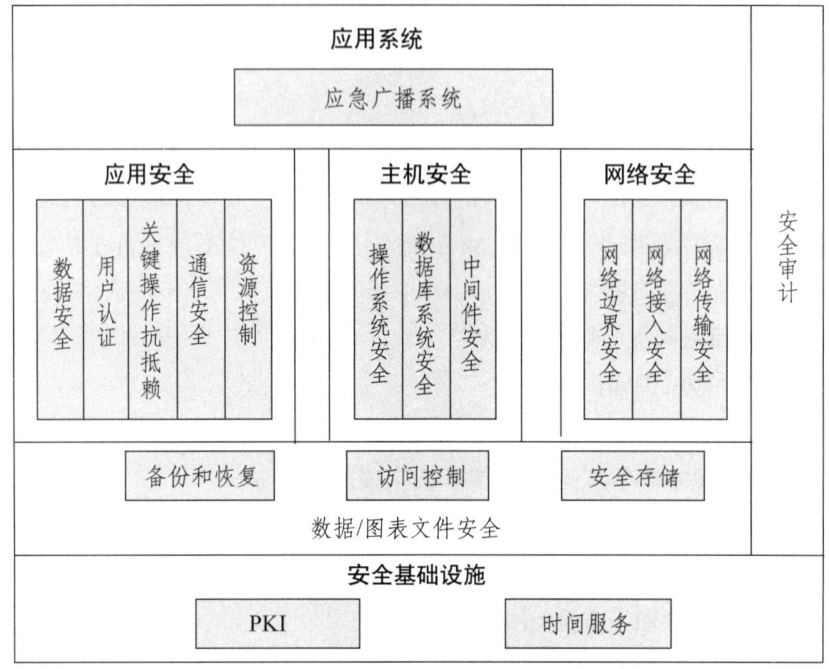


图 8–8　应急广播安全体系总体框架示意图

**1. 网络安全**

网络安全主要是为应用划分独立的安全域，制定并配置合理适当的安全策略，对网络边界恶意代码进行过滤和攻击检测，在网络层面保护系统安全。

网络安全设计需要对系统的服务器安全区域部署、网络访问控制、网络边界恶意代码过滤和攻击检测、网络设备日志审计、运维安全审计、网络设备和服务器工作状态监控等六个方面进行网络安全加固。

**2. 主机安全**

主机安全防护将对服务器主机操作系统、数据库及中间件进行安全加固，保障系统服务器基础环境的安全。

在主机安全方面，风险控制措施参照 PDRR（P 安全防护、D 安全检测、R 事件响应、R 恢复和改善）安全模型，实现技术措施和管理措施融为一体。

首先，将根据首次安全评估的评估报告，在实施加固前即制定安全加固方案。安全加固方案中将详细描述安全加固的实施步骤和工作流程；具体包括准备工作、加固策略的制定、加固项目、操作内容、人员安排、可能对系统造成的影响等。

其次，在加固实施过程中，需要提前进行系统测试，因此应搭建测试环境进行测试。

最后，在加固完成后需分析和整理安全加固服务实施结果和系统安全现状，并用工具进行检查。

**3. 应用安全**

应用安全方面，利用 PKI 技术实现人员强身份识别，同时在关键业务流程中基于数字签名机制确保数据完整性、真实性和合法性。通过启用应用的 SSL 功能来实现客户端与服务端之间的通信安全。

应急广播系统应用安全设计需要在身份鉴别、数据加密、访问控制、数据合法性保护四个方面展开，重点要保障从预警信息系统到应急广播平台、应急广播终端全流程应急信息的可靠性、准确性与合法性，需要建立应急广播信息安全系统，实现预警信息系统、应急广播平台各级系统、应急广播终端之间的安全认证，保护应急广播平台从预警信息系统接收到的预警信息、应急广播平台各级系统之间流转处理的预警信息以及应急广播平台发布到应急广播终端的应急广播信息，防止非法信息的传播干扰正常社会秩序。应急广播平台应用安全系统基于非对称密码算法、数字签名技术、PKI 公钥基础设施进行设计，应急广播平台各级系统需要拥有代表其合法身份的携带其公钥信息的数字证书并通过合理的、安全的方式发布其数字证书，在需要进行信息交互的时候，应急广播平台系统信息发送方需要用其自身私有密钥计算需要发送信息的数字签名，将要发送的信息和其数字签名一起发送给信息接收方，信息接收方用信息发送方数字证书中的公钥信息验证接收信息的数字签名，确保其接收到的信息的准确性与合法性。

因此，应急广播平台应用安全系统的功能分为：预警信息安全接收、应急广播平台内信息安全交互、应急广播码流安全发布以及应急广播终端模块安全认证。

**4. 数据安全**

数据安全方面将做好数据库管理员及应用用户的访问权限控制，及时对数据进行备份，确保数据的可靠性和高可用性。

**5. 审计安全**

审计安全主要做好系统重要业务操作和重要内容访问的记录，以便事后追踪，同时做好日志输出配置，为将来统一的日志审计做好准备。

### 8.4.4 地面数字电视进行应急广播的优势

历经数十年的发展，我国已经逐步建成了地面电视、有线电视、直播卫星三种传输方式相结合的覆盖全国的广播电视综合覆盖网。其中，作为国家公共文化服务体系重要组成部分的地面电视广播，尤其是在有线电视通达不到的农村地区，更成为当地居民最重要的信息获取渠道，是当地政府为广大群众提供广播电视基本公共服务的主要手段。在我国，地面电视的发展，尤其是地面数字电视的发展尤为重要。一方面，在城市，地面数字电视可以成为有线数字电视有益的补充；另一方面，在农村，地面数字电视亦可与直播卫星进行协同覆盖，为农村家庭用户提供高质量的广播电视公共服务。

地面数字电视作为广播电视的重要传输覆盖方式之一，具有公益性、普遍性、应急性、可控性等特点。为加快产业转型升级，完善国家广播电视应急体系，全面提高广播电视公共服务质量、能力和水平，应该加快推进地面数字电视传输覆盖网建设，大力普及地面数字电视应急广播接收终端。

基于地面数字电视进行应急广播系统建设具有如下优势：

(1) 系统搭建成本低，信号覆盖范围广，信号接收灵敏度高，接收方式灵活多样。在完成地面数字电视覆盖建设的区域，进行应急广播系统建设时，不需要重新敷设网络，只需要在数字电视前端加入应急广播信号传送系统（应急广播适配器等），信号覆盖范围内的接收终端只需要经过软件升级增加应急广播信号接收解析功能就可以完成应急广播信息的播发覆盖，同时地面数字电视终端设备不仅可以固定接收，也可以移动接收，增加了应急广播信息播发覆盖的灵活性。

(2) 易于维护，抗自然灾害损害能力强。地面数字电视相对于有线数字电视，更加易于维护，不需要投入大量的人力物力进行系统维护，同时对于洪涝灾害、市政工程施工等自然灾害和人为因素造成损坏的抗击能力更强，只要发射台站所在地区没有遭受损坏即可保证播出覆盖，而地面数字电视发射台站往往建设在地势条件较高、较好的地区，从而更加容易保证应急广播系统的可用性、抗毁性。

(3) 接收终端接收价格低廉，更加易于普及。由于地面数字电视本身就定位于提供公益服务，公益性和普遍性是该系统的突出特点，基于地面数字电视系统建设的应急广播系统接收价格低廉，无需增加额外的硬件成本，从而更加容易普及，有利于提高应急广播信息播发覆盖的普及程度。

### 8.4.5 地面数字电视应急广播系统架构及实现

**1. 地面数字电视应急广播系统架构**

基于地面数字电视的应急广播系统整体架构示意如图 8–9 所示。

进行地面数字电视应急广播系统建设时，需要在地面数字电视的各个前端系统部署以应急广播适配器为核心的应急广播前端接收处理系统，接收来自应急广播平台的应急广播消息，验证其来源合法性和内容的合法性，对其进行解析和重新封装打包等处理，并对应急广播消息播发指令内容进行签名后与应急广播消息节目（如有）一起传送至地面数字电视复用播出系统，完成复用后通过发射系统发射播出。具体建设规划是：在各地面数字电视发射台部署应急广播适配器，各发射台通过卫星接收国家应急广播平台传送的应急广播信息和指令，也可接收本级应急广播平台传送的应急广播信息和指令。然后，通过在各频道节目画面上滚动字幕方式实现播发应急广播信息。通过将各频道伴音切换为应急广播音频、跳转到应急广播专用频道播放音视频等方式，实现应急信息在本台站发射传输的全部频道节目中统一播发，应急区域外覆盖的发射台不予响应。通过地面数字电视覆盖网进行应急广播分发的方案如图 8–10 所示。

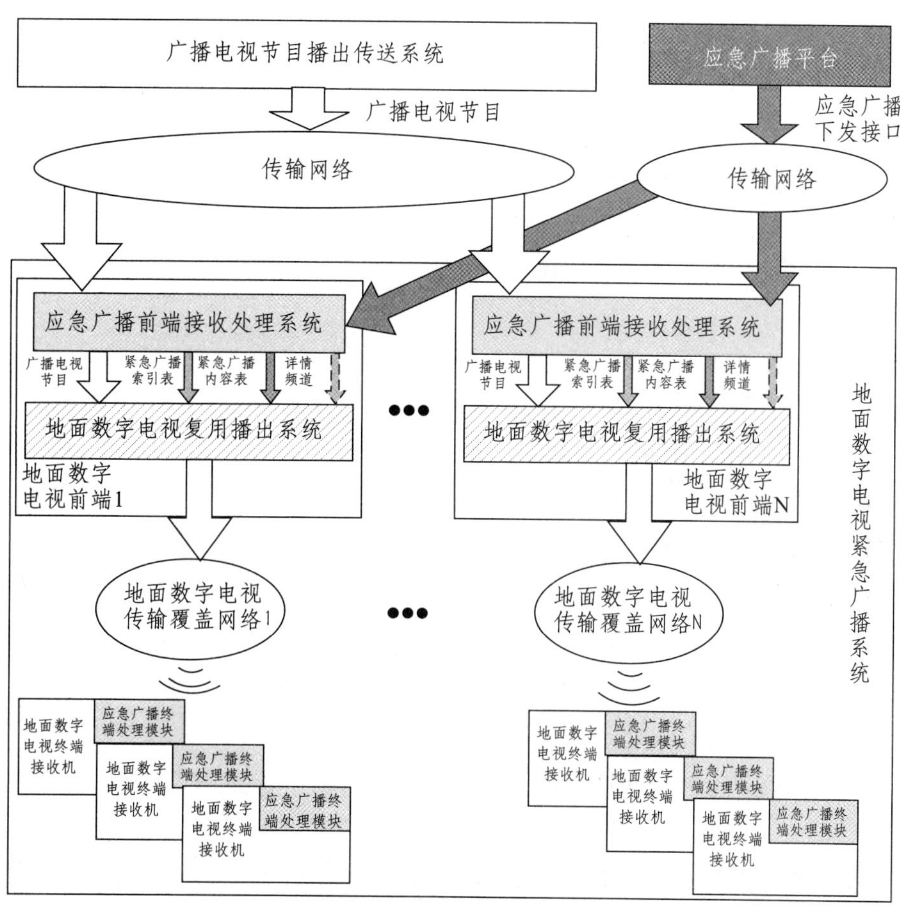


图 8–9　地面数字电视应急广播系统架构示意图

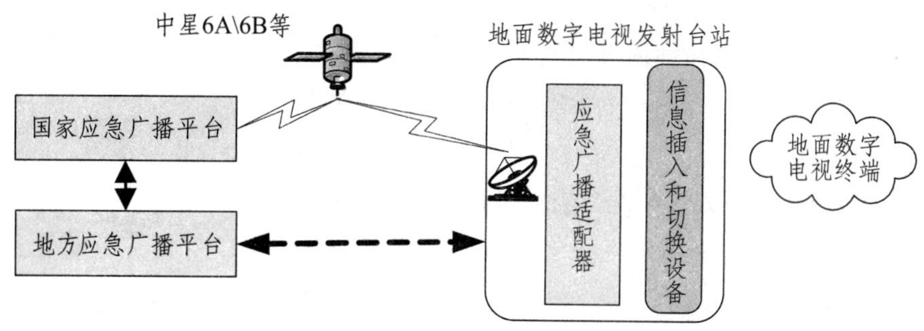


图 8–10　地面数字电视覆盖网的应急广播分发方案示意图

地面数字电视接收终端需要升级增加应急广播消息的接收处理模块之后才能够完成应急广播消息的接收和展示呈现。应急广播消息在地面数字电视前端和接收终端间的播发覆盖和接收解析必须要严格遵循相应的技术规范。

**2. 应急广播消息传输机制和封装协议**

基于地面数字电视系统的应急广播系统中，地面数字电视前端系统负责将收到的应急广播数据，进行格式封装和适配处理后，通过地面数字电视发射机播发覆盖到应急广播终端（地面数字电视机顶盒或具备应急广播功能的一体机），应急广播终端依据确定的协议加以解析，并通过播音喇叭或电视屏幕等将应急广播消息展示传播给广大群众。基于地面数字电视的应急广播消息传输采用全频点指定 PID 透传的方式实现应急广播消息传输。

应急广播消息在地面数字电视系统和覆盖网络中传输时，需要具备防插播、防重放、防篡改攻击等安全措施和安全防护能力，以 PKI/CA 技术为基础，基于数字签名技术实现对应急广播消息的安全保护。对于在各个频点都进行传输的应急广播消息索引表和内容表，通过在封装协议规定的表格式每个段中都添加数字签名相关字段的方式实现安全验证功能，数字签名相关字段由数字签名长度和数字签名数据两个字段构成，数字签名长度用于指示应急广播消息索引表某段中数字签名数据的长度；数字签名数据包含应急广播索引段的数字签名信息，用于保障当前表数据的完整性、真实性、合法性。终端接收到应急广播消息索引表后应验证其中数字签名的有效性，如果签名验证不通过，终端应放弃对当前表的处理。数字签名数据是对应急广播索引段 CRC_32 字段之前包括表头以及数字签名数据中的随机数在内的所有数据计算出的数字签名，数字签名数据的长度由数字签名长度字段加以指示。

地面数字电视前端应急广播消息适配和封装设备应将所有当前有效应急广播消息的消息标识符、开始时间、持续时间、类型、级别、覆盖资源和详情频道播放参数封装为应急广播消息索引表，将应急事件的文本内容、发布机构名称和辅助数据封装为应急广播消息内容表，并跟详情频道一起由应急广播消息复用播出子系统按 GB/T 17975.1–2010 规定的传输流格式复用到播出节目传输流中，应急广播表在传输流中使用特定的 PID（0x0021）进行传输，同时应急广播消息在地面数字电视系统和覆盖网络中传输时，采用在应急广播消息索引表和内容表中添加数字签名数据字段的方式进行安全保护。

应急广播消息索引表和内容表的封装结构示意图见图 8–11。

**3. 前端系统和接收终端对应急广播消息的处理流程**

(1) 应急广播前端系统

基于地面数字电视的应急广播系统前端由前端接收处理系统和地面数字电视复用播出系统组成。前端接收处理系统接收和解析应急广播生成发布系统发来的应急广播数据，并对本系统内的应急广播消息生命周期进行管理；地面数字电视复用播出系统复用和播出应急广播前端接收处理系统发来的应急广播索引表、应急广播内容表和详情频道（参考业务）内容，应急广播前端系统对应急广播消息的处理流程如图 8–12 所示：

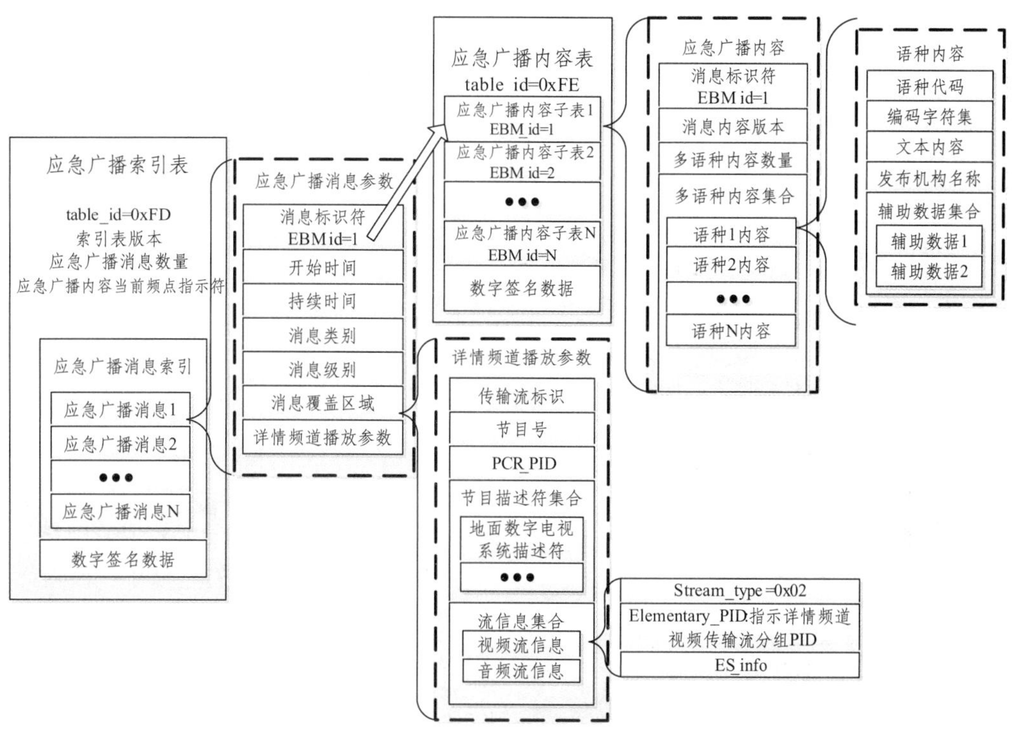


图 8–11 应急广播消息索引表和内容表的封装结构示意图

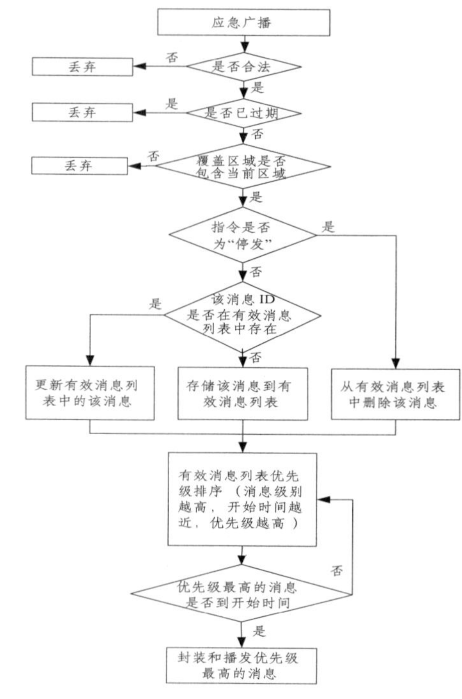


图 8–12 前端系统对应急广播消息的处理流程示意图

(2) 应急广播接收终端

应急广播接收终端负责实现对应急广播消息的接收处理和展示呈现，对应急广播消息的处理流程如图 8–13 所示：

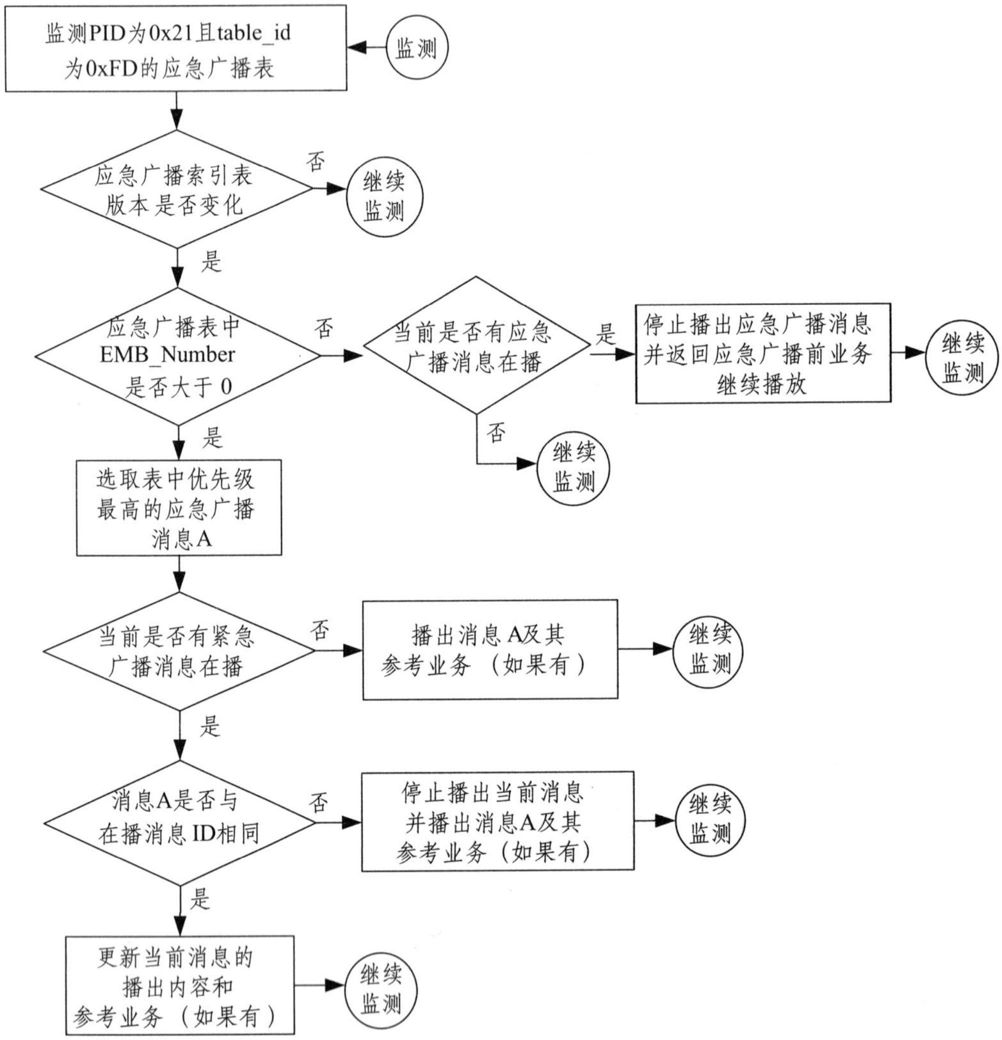

监测PID为0x21且table_id为0xFD的应急广播表 ← 监测

应急广播索引表版本是否变化 —否→ 继续监测

是 ↓

应急广播表中EMB_Number是否大于0 —否→ 当前是否有应急广播消息在播 —是→ 停止播出应急广播消息并返回应急广播前业务继续播放 → 继续监测

当前是否有应急广播消息在播 —否→ 继续监测

是 ↓

选取表中优先级最高的应急广播消息A

当前是否有紧急广播消息在播 —否→ 播出消息A及其参考业务（如果有） → 继续监测

是 ↓

消息A是否与在播消息ID相同 —否→ 停止播出当前消息并播出消息A及其参考业务（如果有） → 继续监测

是 ↓

更新当前消息的播出内容和参考业务（如果有） → 继续监测

**图 8–13　应急广播接收终端对应急广播消息的处理流程示意图**

# 8.5 用户管理平台的建设

## 8.5.1 建设目标

地面数字电视规范有序地发展是广播电视繁荣的前提，实施有效监管是广播电视发展必然的要求。地面数字电视广播覆盖网技术标准和建设方案按照《国家新闻出版广电总局关于广播电视安全播出管理规定（第 62 号令）》的要求，必须做到播出平台和用户管理可防、可控、可管。

探讨地面数字电视公益运营的长效机制，可汲取直播卫星从清流到加密的经验，把加强地面数字电视的用户管理和服务作为一项课题，规范实现地面数字电视业务和用户管理的技术手段，满足开展基本公益性服务和增值服务的需求，为地面数字电视公共服务体系可持续发展提供技术条件。

在建设和规划地面数字电视覆盖网时，为了实现未来地面广播电视公共服务功能的多样化，在地面数字电视的技术架构设计和实施时，应主动采取多种数字电视技术的应用手段，实现地面数字电视播出平台的可控制和可管理目标。

这样做的好处是：

(1) 可以保证广大群众继续免费收看节目，符合公共服务的总要求；

(2) 可以对终端产品市场进行规范，防止地面数字电视接收机顶盒市场鱼龙混杂，最终损害用户的消费权益。

## 8.5.2 技术和管理平台建设

### 1. 平台建设

(1) 建设要求

地面数字电视广播覆盖网的建设必须遵循总局的统一规划、统一建设、统一技术平台、统一运行管理的要求，由中央广播电视节目无线数字化覆盖工程〔新广电发 (2014) 311 号〕和各省级广电部门分别组织实施和建设。在湖南广播电视台中心机房采用国家最新的 AVS+、DRA 编码标准进行前端机房建设，建立了地面数字电视技术和管理平台（如图 8–14）。

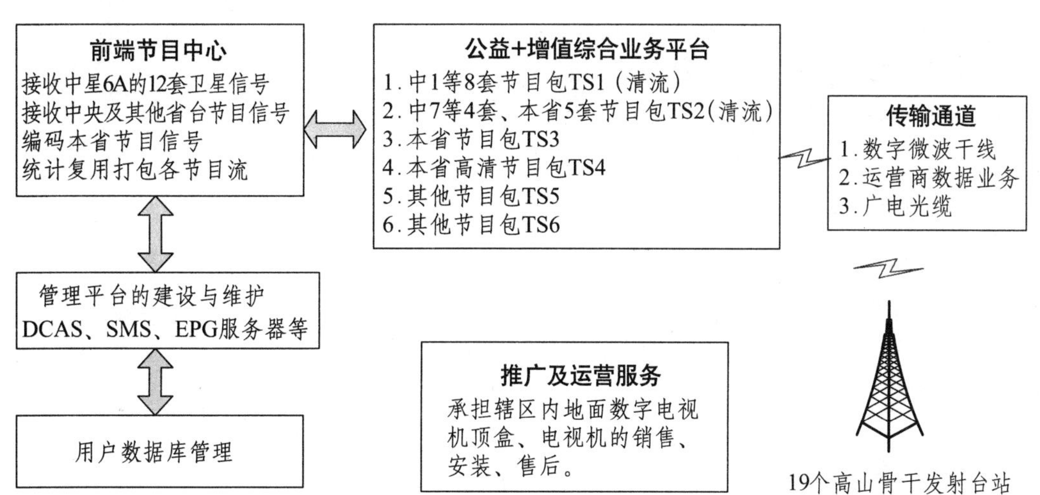


图 8–14 统一规划、统一技术、统一建设和统一运行维护的地面数字电视平台

(2) 节目流打包

中心机房在接收到的中央广播电视节目无线覆盖工程 AVS+ 信号后，按照中央无线覆盖工程总体技术方案，将中央 12 套节目和湖南 5 套节目编码和复用成两个节目流，即中 1 节目流 TS1(包括 CCTV–1 综合、CCTV–2 财经、CCTV–4 中文国际、CCTV–10 科教、CCTV–12 社会与法、CCTV–13 新闻、CCTV–14 少儿、CCTV–15 音乐等）8 套标准清晰度电视节目与中 7 节目流 TS2(包括 CCTV–7 军事农业、CCTV–8 纪录片、CCTV–11 戏曲、CCTV–NEWS、湖南卫视、湖南经视、湖南娱乐、湖南都市、湖南电视剧和本地新闻等）10 套标准清晰度电视节目。这两个节目流均不加密，传送至 18 个省级骨干台站进行清流发射播出，保证支持国家地面数字电视标准的电视接收机和接收器顺利接收解码观看，保证公益覆盖的基本服务。另外，中心机房将从国干网光缆、卫星接收的节目和其他湖南本地频道的节目通过 AVS+ 编码、统计复用组合成 4 个左右的高、标清节目流（由 CCTV–3、CCTV–5、CCTV–6、CCTV–8 节目、湖南广播电视台其他频道、一些地方的花鼓戏、电影等特色频道组成)，将这些节目通过湖南数字微波干线、光缆传输等方式向 18 个高山骨干台站传送，在有条件的台站先进行发射播出。

(3) 资源共享

在省广播电视台中心机房打包的清流可以在全省范围传送，并可共享使用。各级广电运营商可以采用中心机房技术平台提供的任意节目流，能够节省大量的前端设备建设成本和运行维护经费。同时，通过前端技术和管理平台共享，可以实现省级无线覆盖“一张网”的目标，获取更多的地面电视“数字化的红利”。

**2. 基站建设**

2013 年 6 月，湖南完成了长沙岳麓山、岳阳达摩岭、常德太阳山、衡阳南岳、郴州泗州山等 5 个骨干高山发射台站第一期地面数字电视覆盖网建设（如图 8–15)。每个台站均拥有两个播出频点、数字电视发射功率等级均为 5kW 的发射系统。2013 年 8 月，各台站开始发射 AVS+ 清流节目，信号覆盖范围包括以上 5 个地州市及其周边区域、京广干线湖南段和环洞庭湖区域。AVS+ 地面数字电视公益网初步覆盖人口达到 1800 万人左右。

图 8–15 首期 5 个发射台站建成开播

## 8.5.3 可下载条件接收系统介绍

可下载条件接收系统（DCAS）是由广电总局广科院组织、多家厂商配合开展的一项科研项目，这一系统代表了CAS技术的未来发展方向，其意义不容忽视。在地面数字电视无线覆盖网建设时，可考虑采用可下载条件接收系统技术规范（GY/T 255—2012）进行用户管理。该标准规定了可下载条件接收系统的总体要求、安全机制、系统架构和功能、终端系统、终端安全芯片等内容，适用于具有双向交互能力的广播电视网。

可下载条件接收系统，顾名思义就是CA的算法和密钥可以通过下载的方式从广电前端下载到终端中运行的不需要智能卡硬件的CA。实施可下载条件接收系统的目的是减少CA对硬件的捆绑，促使付费电视终端的标准化和市场化发展。

与传统CA相比，DCAS系统具有许多优点：不改变现有加扰方式，可保证系统延续性；基于双向信道，使用安全芯片完成解密解扰，可替代智能卡；芯片根密钥派生模块使用芯片密钥，可实现CA间的独立；芯片握手认证机制，可保障终端合法性；CA客户端软件运行在中间件之上，实现CA可下载替换；证书和芯片Boot Loader校验，可保障CA客户端软件合法性；安全数据管理平台统一管理，可保证系统中立性；各方只掌握部分安全信息，可确保系统安全性（见表8–4）。

**表8–4　可下载条件接收系统与智能卡CA的优劣对比**

| 智能卡CA | 可下载条件接收系统 |
|---|---|
| 解密密钥信息与解密硬件分离，破解简单，易通过读卡器截获密钥，已经发生了很多重大的破解事件，无一幸免 | 密钥处理和流媒体解密过程在机顶盒主芯片中完成，相关信息无法截获，破解难度极大，安全性高 |
| 无法弥补，只能将卡和机顶盒一起换掉 | 通过下载方式更新密钥即可，很容易弥补 |
| 机顶盒故障有30%以上来自读卡器及智能卡，可靠性差 | 没有智能卡相关的故障 |
| 智能卡读卡器、耗电、故障引起的衍生成本每台STB超过20元 | 节省读卡器、PCB硬件成本和维修成本 |
| 高度封闭私有定义，非标准 | 有明确的NGB标准定义 |

DCAS系统由安全数据管理平台统一管理，该平台负责芯片密钥ESCK的生成、负责芯片ID的生成和分配、负责CA厂商ID的分配、负责为CA生成各自的根密钥派生参数SCKv，各方都在统一的管理下参与系统。加密信息分散掌握：ESCK只有安全数据管理平台知道，用于生成SCKv；SMK只有芯片厂商知道，用于生成Seedv；K3只有CA知道，用于层级密钥；任何一方的信息泄露，都不会危害整个系统。

现有CA系统可通过升级支持DCAS技术要求。DCAS规范的出台将促进国内相关安全芯片的产业化发展，更加有利于网络整合，也将获得更多芯片及终端的支持。DCAS为运营商提供了一个端到端的业务保护系统，可兼容传统条件接收系统，具备根密钥派生能力，用户端软件可安全下载替换，支持EMM带外传输，使得终端和CA的“紧耦合”变为“松耦合”，必将进一步推动终端市场的水平化。通过芯片厂商、终端厂商、条件接收厂商和运营商的合作，总局推出的安全数据管理平台将可提供安全数据管理、终端安全管理、产品检测、用户和产品管理、信息服务和行业监管等多种功能，通过对厂商产品进行各种测试、认证，选择相应厂商（如CA、中间件、芯片等），组建系统平台方案。

DCAS由前端、终端和安全数据管理平台组成，包括7个功能模块：① DCAS前端；② DCAS用户端软件；③终端安全芯片；④终端软件平台的DCAS应用程序接口；⑤安全数据管理平台；⑥安全芯片密钥植入模块；⑦可分离安全设备。DCAS架构图如图8–16所示。

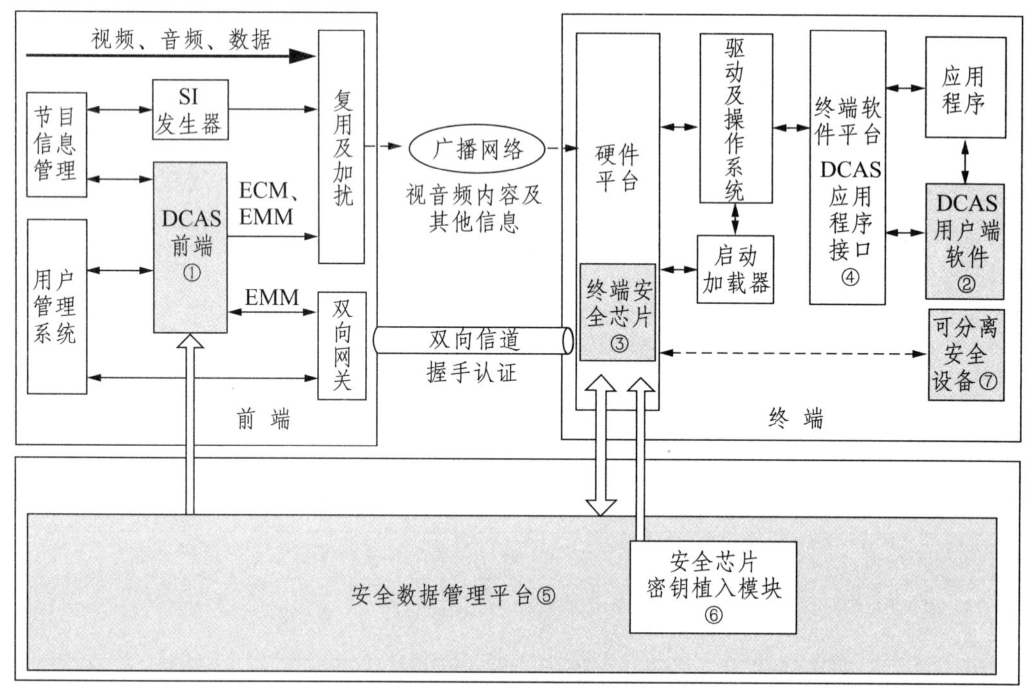


图8–16　DCAS架构图

DCAS是一套完整的端到端业务保护系统，具有传统条件接收系统所有的授权控制和管理功能，能够同时支持DCAS终端和传统条件接收终端，并可以通过双向信道和广播信道对终端进行授权，授权效率高、系统安全性好。接收终端可以通过DCAS用户端软件下载，实现在不同DCAS系统终端间的灵活切换，从而实现终端业务保护水平化。

DCAS密钥机制由根密钥派生、层级密钥、安全数据管理等机制构成。DCAS根密钥派生机制使不同DCAS系统能够基于同一终端安全芯片派生出个性化根密钥，从而使DCAS终端能够根据所下载的DCAS用户端软件实现对相应DCAS前端加密内容的解密；DCAS层级密钥机制通过握手认证功能实现DCAS终端安全芯片、DCAS用户端软件和DCAS前端的相互鉴真和互信，保障了DCAS层级密钥的密钥安全传输和处理；DCAS安全数据管理机制运用数据分散安全管理的方法，保障了DCAS系统的安全性和中立性。

DCAS安全机制综合运用DCAS密钥机制、软硬件安全处理技术和安全管理手段，对

DCAS 前端、终端安全芯片和用户端软件以及安全芯片密钥植入模块进行安全保护，保证端到端系统安全。

(1) 可下载条件接收系统技术简介

自从数字电视技术诞生以来，DVB 只定义了同密技术标准，加密技术标准一直是个空白，数字电视 CA 技术由 CA 公司私有封闭定义。传统私有封闭的 CA 技术适合广电区域封闭化运营，甚至可以加强运营商的区域垄断，所以在其他行业难以生存的私有封闭技术标准得以在广电行业长期存在。

在不具备“智能化”条件时，机顶盒是一种高度软硬件捆绑的嵌入式系统，对私有封闭定义的 CA 系统所带来的严重捆绑并不敏感。在私有 CA 技术封闭捆绑下，导致广电产生了大量封闭混乱的技术标准，给机顶盒软硬件的规模化和市场化发展造成了难以克服的障碍，阻碍了技术创新，机顶盒终端无法实现市场化发展。广电终端技术在私有的 CA 技术封闭下难以开放，导致广电机顶盒终端至今停留在集成式的功能机状态，与其他已经实现了智能化的嵌入式终端的技术差距越来越大，私有封闭定义的传统 CA 技术阻碍了广电 NGB 战略的实施。

可下载条件接收系统是指将解密数字电视内容的应用软件、算法、密钥通过在线下载的方式下载到数字电视终端的一种数字电视条件接收技术，适合在开放的环境下运行。可下载条件接收系统是指实现这一技术的端到端的业务保护系统。

2012 年 3 月国家广电总局发布了《GY/T 255–2012 可下载条件接收系统技术规范》，这是我国广播电影电视行业标准。它规定了可下载条件接收系统的总体要求、安全机制、系统架构和功能、终端系统、终端安全芯片等内容，适用于具有双向交互能力的广播电视网。

可下载条件接收系统的技术标准是广电网络向下一代智能终端技术发展的基础技术标准，得到了国际认可。其最大的贡献是实现了完全的软硬件分离，定义了与硬件平台无关的 Java 接口，使不同的 CA 能在不同的终端平台上运行，结束了对终端平台的捆绑，在解决世界性难题的同时保障了 CA 的安全性，完全改变数字电视机顶盒混乱的局面。

(2) 可下载条件接收系统前端技术（见图 8–17）

根据用户规模的不同，CA 服务器可拆分为多个不同的服务器以提高效率，比如将密钥管理模块、下载管理模块放置于独立的服务器等。

可下载条件接收系统前端安全机制采用标准的层级密钥体系，算法公开，使得 CA 的前端可以做到统一、不封闭，利于可下载条件接收系统的推广。

根据 NGB 标准，对 CA 公司而言，NGB 可下载条件接收系统的保密点是对根密钥 K3 的保密，由此产生的其他密钥都是由明确标准的算法（AES 或 3DES）预生成的，并不涉及固定不变的黑盒，因此前端 CA 服务器可以是通用的，安全数据管理平台之外的模块都是工具性的，各个 CA 并没有本质差别。因此可下载条件接收系统前端服务器及软件可以是开放和通用的，可完全淘汰高度私有、给产业链造成封闭的加密机，彻底消除了传统 CA 对产业链的束缚。

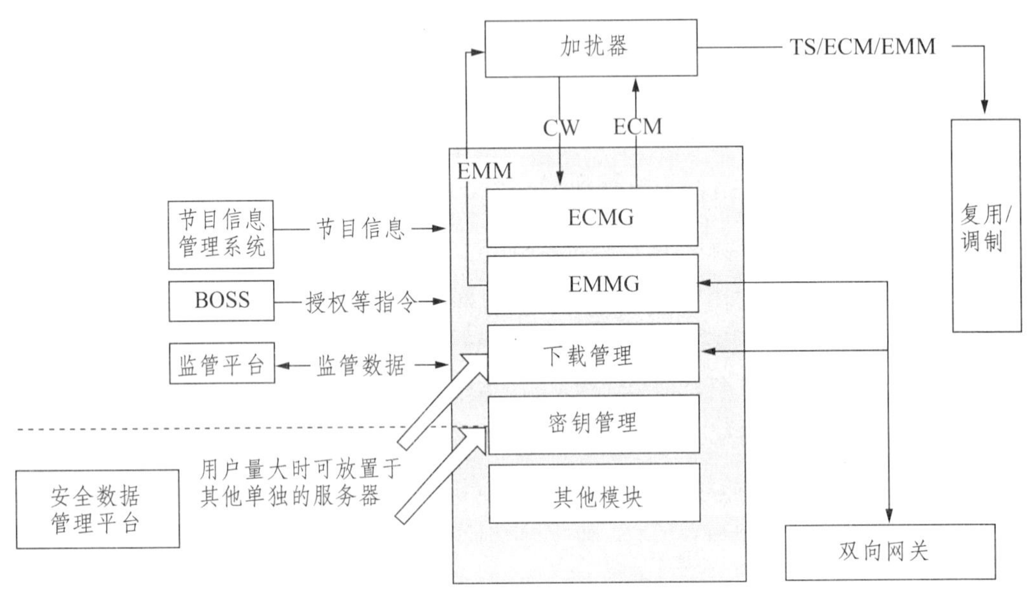


图 8–17　可下载条件接收系统前端技术框架

根据 NGB 标准，CA 公司可以知晓派生根密钥 K3，而这个 K3 是可产生的无数派生根密钥中的一个，关键的派生算法并不在 CA 公司知晓范围内，而是芯片厂家或者认证中心，二者承担了 NGB 可下载条件接收系统的安全基础。所以，在 NGB 可下载条件接收系统技术体系下，CA 公司是可以很容易替换的。

通用的可下载条件接收系统服务器：包含通用的 ECMG、EMMG、下载管理、密钥管理模块。由高性能的服务器替代传统加扰机中的嵌入式 CPU，可将处理 CA 数据的能力提升上百倍，功能可以更加丰富。同时，将 DVB–CSA 算法集中放置于高密度的 FPGA 内部，从而实现在 1 U 机箱内实现超过 100 个频点的加扰和复用功能。

(3) 可下载条件接收系统终端技术（如图 8–18）

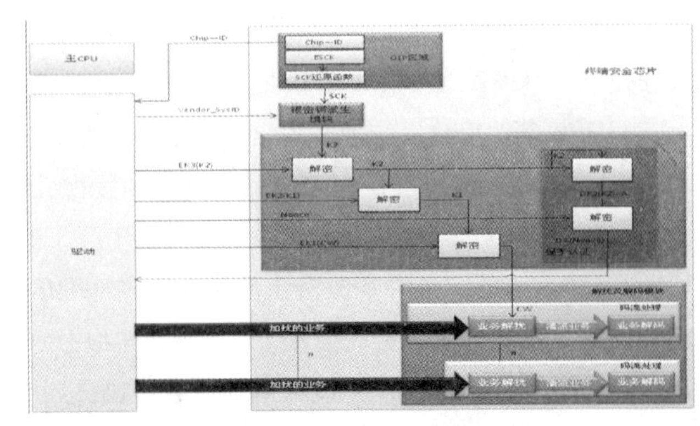

图 8–18　可下载条件接收系统终端技术框架

当具备 NGB 可下载条件接收系统高安芯片支持环境时，可下载条件接收系统将变成由 CA 公司提供的一种特殊的 APK 应用。对于采用智能卡 CA、现有的机顶盒技术平台，可以按照 NGB 可下载条件接收系统的 Java 接口规范，将现有的机顶盒客户端软件开发成通用的跨平台的

APK 应用，使得传统封闭的智能卡 CA 系统向 NGB 可下载条件接收系统靠拢。

采用可下载条件接收系统技术，数字电视机顶盒只须下载不同 DCAS 系统的用户端软件，即可实现对不同可下载条件接收系统系统的切换和适配，因此，可下载条件接收系统技术对构建互联互通的下一代广播电视网，推动广电“三网融合”发展具有重大意义。

在地面电视数字化过程中，要实现广播电视公共服务功能的多样化，实现播出平台的可控制和可管理目标，应该充分利用数字电视技术手段，在技术平台的设计中加入可下载条件接收系统技术规范。通过一定的技术手段，将地面数字电视建成为一个可管理可控制的广播电视安全播出平台，符合公共服务发展的要求，符合信息化发展的趋势，符合广电发展的客观规律。

目前，我国广播电视存在着有线网络、直播卫星和地面数字电视等三种不同的覆盖方式，只有保证这三种覆盖方式协调发展，才能真正繁荣我国广播电视公共文化服务事业。在过去 CMMB、直播星的覆盖工程实践过程中，我们付出了巨大的代价。由于采取了清流不加密的播出方式，导致广播电视服务体系遭受重大冲击和市场失控，广播电视的正常传输秩序和安全管理一度受到了空前的危机。后经采取技术管控措施，直播星市场秩序才重新得到管理和规范，可下载条件接收系统技术规范为有线网络、地面电视和卫星广播协同覆盖提供了良好的技术保障手段。

### 8.5.4 用户管理系统

用户管理系统（Subscriber Management System）简称为 SMS，它是指采用数字技术、网络技术和数据库技术，对用户订购数字电视产品进行服务的运营管理信息系统，满足广电系统数字电视和其他业务运营管理所需要的一套综合性软件，它集用户管理、结算、计费、账务管理、客户服务、经营分析、决策支持和客户关系管理等功能于一体，是开展数字电视运营和其他增值业务不可缺少的工具。

**1. 系统建设目标**

地面数字电视系统的目标是：建立无线数字电视平台，管理多套数字电视节目，提供数字电视等多种服务，建设一个可持续发展、可增值的数字电视运营支撑平台。

数字电视用户管理系统（SMS）建设遵循以下原则：

(1) 安全性和可靠性

系统采用的安全技术要保障系统的数据安全、网络安全、操作安全和应用安全。充分考虑在各种情况下系统的应变能力和容错能力，关键设备应有冗余配置，同时提供各种故障的快速恢复措施，确保整个系统的安全与可靠。

(2) 标准性和兼容性

系统必须符合国家广电总局的《用户管理系统与监管平台数据交换接口技术要求》，产品必须通过了国家广电总局的数字电视广播用户管理系统入网评测认证。同时，系统同一功能接口可以兼容多家厂商，具备多个 DCAS 接口、多个 SMS 接口和多银行接口。

(3) 灵活性和可扩展性

SMS 建设将近期目标与长远发展有机结合，能有效地容纳和支持网络规模的不断扩大和复杂业务类型的增多。系统应能适应软硬件平台的变化，系统的修改、维护、更新和升级换代简单易行。其软硬件结构具备良好的可扩展性和移植性，系统按模块化设计，系统对最终可管理的用户数目支持千万数量级。

(4) 合理性和先进性

系统建设保证符合数字电视运营的实际情况，采用国际上先进的、成熟的计算机及网络技术、数据库及管理技术，所有软、硬件设备具有最优的性价比，同时保证在相当长时期的先进性。

**2. 系统建设**

前端机房使用统一的 DCAS 和 SMS。操作终端采用 C/S 或 B/S 模式访问 SMS 系统，进行开户、发设备、缴费、结算、统计等业务操作。SMS 系统管理员给各操作员分配一定的权限，界定管辖的区域和操作功能。

整个 SMS 系统的数据库设计采用数据集中，下级的 SMS 数据在中心前端汇聚、存储。SMS 操作终端可通过局域网或专网实现对中心数据库的读写、存取操作。操作终端的数量和分布依照需求而定，SMS 操作终端负责具体业务的办理。同时，可通过发展 SMS 代理点来方便数字电视业务的办理，SMS 代理点可通过城域网或广域网联接中心 SMS( 如图 8–19)。

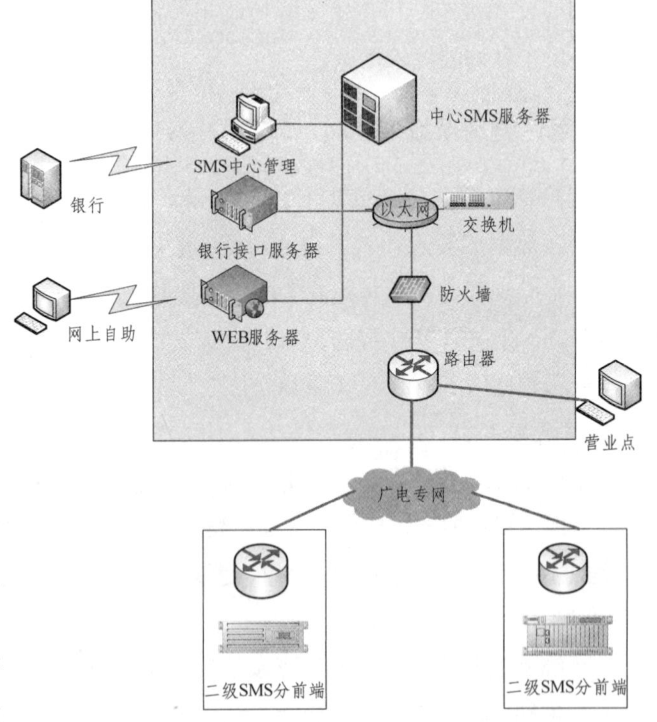

图 8–19　用户管理系统

SMS 在设计上应充分考虑分级运营的管理模式：一个中心管理系统和多级 SMS 分前端运营系统，用于支持多级广电体制下的统一管理、分级运营，确保节目直接可控到户。

**3. 用户管理系统的主要业务功能**

(1) 开户

录入用户基本资料、建立账户信息、发放设备（机顶盒、智能卡）、订购产品、计算应交费用、收费、打印电子发票或套打发票或录入手开发票号码、并向 DCAS 系统发送相关指令。

(2) 发放设备

为用户发放新设备（智能卡必发），为新智能卡订购产品，计算相关费用并收费，打印发票（电子发票、套打发票，或手开发票），同时向 DCAS 系统发送相关指令。可指定新设备为主卡或副卡，根据系统设置发送子母卡绑定指令。

(3) 设备报停

用户可以随时停用数字电视业务，报停时不进行相关费用的计算，停止智能卡相关授权，报停后系统停止对该用户进行计费操作。

(4) 订购产品

为用户订购数字电视产品包，可以实现订购新产品包，为已购产品包续费，还可以转购其他产品包，计算相关费用并收费，打印电子发票或套打发票或录入手开发票号码，并 DCAS 系统发送相关指令。

(5) 发票管理

实现发票查询和发票补打的功能，支持按用户名、发票号码、操作员、操作时间等多个查询条件查询业务操作。

(6) 机卡绑定

执行机卡绑定功能，设置和取消智能卡和机顶盒的对应关系。

**4. 计费管理**

从整个运营模式分析，由运营部门制订计费标准，由具体系统运作部门（营业厅，分部等）按标准向用户收费，结算费用清单，最后由用户到营业厅办理缴费手续。对到期未缴费的用户可以通过催缴、停机等方式促使用户来续费。运营商将提供开放的服务模式，允许用户查看费用明细清单，也能对不同的用户采取不同的优惠政策，实现灵活的营销体系。

**5. 系统管理**

(1) 设置运营商

设置系统当前的运营商，包括名称，编码，同时设置其访问中心服务器的 URL。在分级运营体系中，中心属于最高级别，可以分别为各下级运营商设置密文，控制各下级运营商的访问权限。

(2) 设置代理商

代理商作为一个运营销售机构，普通代理负责处理用户的日常业务，包括开户、卡和机顶盒的销售、订购等，并且每个代 理商只能处理属于它自己的用户。

(3) 系统权限管理

主要实现对操作员和角色的管理，每个操作员都对应一类角色，每类角色都可以设置其系统功能权限，同时每类角色还能控制收费类型和产品订购的权限。系统操作员除了设置其登录名和密码外还可以设置其对应的代理机构，限制其只具有本代理的操作权限。

**6. 报表管理系统**

(1) 用户资料统计

根据时间、代理商、小区等统计用户的发展数量汇总等。

(2) 用户消费明细

根据时间、代理商、小区收费类型等统计用户费用的汇总和分类信息。

(3) 用户消费汇总

根据用户实际订购的产品，按代理商统计订购次数和订购金额。

(4) 到期催缴服务

以服务的形式，根据设置好的催缴提前日期，系统自动搜索出这些将要到期的用户，通过 OSD 的方式，给其终端发送催缴信息，直到用户来办理续费，催缴自动消失。

### 8.5.5 电子节目指南

**1. 电子节目指南概述**

广播电视正向数字化、网络化、信息化、智能化的方向发展，数字电视已经成为广播电视发展的必然趋势。数字电视的发展，给广播电视行业带来全新的运营模式与管理理念。

电子节目指南 (EPG) 在数字电视中是一个极其重要的应用，它与视频、音频节目一样，是数字电视的基本业务。EPG 可提供丰富的节目预告信息、方便灵活的检索引擎，通过它用户可以方便地浏览和查询节目信息，同时还可以通过 EPG 看到更多的节目信息，如节目简介、演员信息、节目片断等。通过 EPG，用户可以快速定位到自己喜欢的节目，同时也便于用户得到更富有个性化的服务。这对于数字化之后数字电视节目的推广具有重要推动作用。

随着数字电视业务的推广，用户对数字电视的各项业务和相关信息了解的需求会越来越高，而 EPG 正好能向用户提供他们所需要的各种信息，因此 EPG 会获得很高的收视率，为运营商提供了一个新的广告播放平台，运营商可以在 EPG 中开展广告业务。

**2. 电子节目指南系统的主要特点**

(1) 系统完全符合 DVB/MPEGII 国际标准，以及 GY/Z 174–2001《数字电视广播业务信息规范》。

(2) 支持单频道、多频道、NVOD 多种形式的可视化节目单浏览，完善的节目信息调度，节目单自动加载、自动调度，保证了 EIT 表的实时刷新。

(3) 支持配置多个网络、传输流、业务，同时相同的业务可以分别处于不同的传输流中，完全满足国内外 EPG 系统的业务需要。

(4) 支持业务、基础流和事件的多层次的加扰管理，支持所有标准描述符的生成和发送。

(5) 支持 ASI/IP 两种数据播出方式，支持对多台设备的播出管理，每个设备支持多个 ASI 卡输出。

(6) 系统提供功能强大的图形化节目单编辑工具，方便用户编辑制作节目单。

(7) 提供播出状态的实时监控、支持表数据解析、浏览功能。

(8) 提供开放的接口能够与节目播出系统、DCAS 系统、SMS 系统连接集成，支持产品管理节目单的自动加载和 PMT、CAT、SDT、EIT 表的自动更新。

**3. 设计和系统结构**

EPG 设计遵循标准化原则、可靠性原则、先进性原则、实用性原则、兼容性原则和扩展性原则。

EPG 系统结构为三层体系构架，包括客户端程序、服务端程序和数据库服务器。系统的持续对象统一存储在数据库中，保证数据的完整性。服务端完成对客户端的身份验证、数据访问、维护所有的内部业务逻辑，客户端为表现层，提供人机交互 (如图 8–20)。

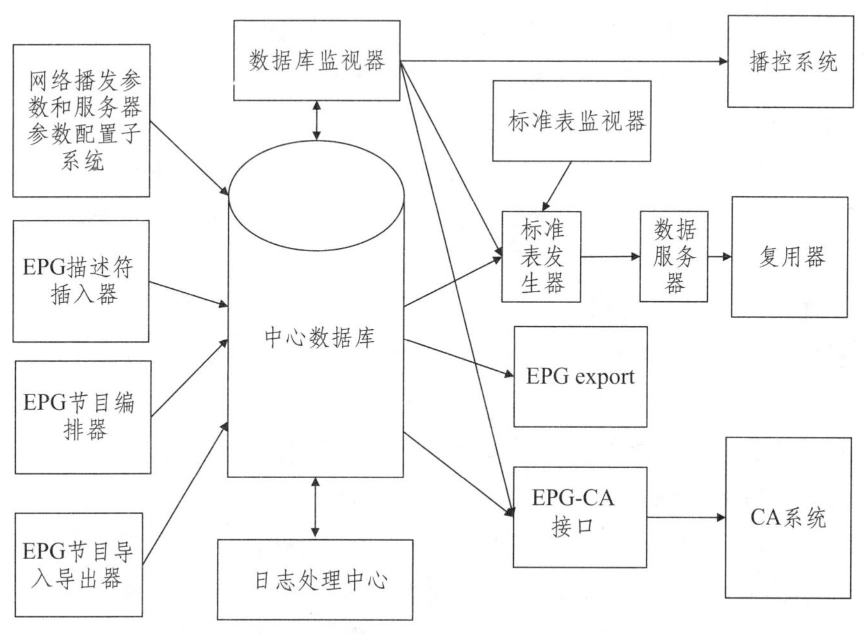


图 8–20 EPG 系统结构

**4. 数字电视 EPG 的解决方案**

(1) 基于 DVB–SI 标准提供 EPG 服务：DVB–SI 标准中，定义了一些特殊的数据结构，机顶盒通过解析接收到的数据即可得到 EPG 服务所需的信息，提供 EPG 服务；

(2) 通过自定义的方式提供 EPG 服务：EPG 服务提供商自己定义 EPG 服务所需信息数据格式，机顶盒解析收到的私有格式的 EPG 信息，提供 EPG 服的务以上两种方式各有利弊：

第一种方式具有良好的开放性，EPG 前端的服务提供商和机顶盒厂商可以分别开发自己的应用，集成工作量小。但是，基于标准提供的 EPG 服务功能有限；第二种方式开放性差，机顶盒集成工作量大。但是，机顶盒端接收处理速度一般较快，功能较强。

**5. 系统功能**

(1) 节目单编排系统

节目单编排系统提供强大的图形化编辑工具，供电视台、电台的节目单编排人员使用，操作灵活便利。节目单编排用于新建和修改节目信息，可以从 TXT 节目文件加载，还可以从节目单模板中导入节目，这些功能可以有效提高节目单的编排效率。在节目单编排过程中，可以自由拖动节目，可以在频道之间进行节目复制，大大增强了节目编排的灵活性。

(2) 马赛克编辑

马赛克编辑用来定义马赛克应用中的基本单元、逻辑单元、逻辑单元对应的业务、业务群、事件以及其他马赛克应用的关联关系，提供新建、修改、删除功能。

(3) 资源管理

资源管理负责系统所有资源和技术参数的分配，如标准代码、网络、传输流、业务、业务群、基础流、事件和系统支持的描述符信息的配置管理。

(4) 播出管理

负责表 / 数据的生成、发送策略配置，生成符合 DVB 标准的 PSI/SI 表。提供强大的节目单管理功能，包括节目单自动加载、节目单自动播发、节目单浏览、自动清除过期节目单等。

(5) 设备管理

可以管理多台设备，每台设备支持一个或多个 ASI 码流输出卡。支持主设备、备设备的发送，主设备为在正常状态下工作的设备，备设备和主设备有相同的输入、输出；支持自动连接的侦测、恢复，设备正常连接，空闲时每隔两秒监测连接状态一次，设备处于无法连接状态，每隔 10 秒重新尝试建立连接。

根据 DVB 和 MPEGII 标准的规定，当存在多个传输流时，可以在当前传输 流中发送其他传输流的业务和事件信息。在这种方式下，EPG 实现将在一个传输流中同时发送 Actual 和 Other 表。 由于在每个传输流中插入 DVB 和 MPEGII 的表需要为每个传输流配置一块 ASI 输出卡，相应的成本有所提高。因此在我们提供的实现方案中，在一块 ASI 输出卡中发送多个传输流的表，利用 PID 偏移的方式来区分不同传输流的表。

## 8.6 公共服务指导原则

在广播电视公共文化服务体系建设中，统筹考虑群众的基本文化需求和多样化文化需求，推动公共文化服务向优质服务转变，实现标准化和个性化服务的有机统一，是地面数字电视发展的根本目的。

在《关于加快构建现代公共文化服务体系的意见》《国务院办公厅关于加快推进广播电视村村通向户户通升级工作的通知》和《地面数字电视广播覆盖网发展规划》等相关政策的规定和指导下，地面数字电视 AVS+ 示范网工程从前端设计、网络规划、基站建设、节目套数和运营推广方面做了许多积极的尝试。随着中央广播电视节目无线覆盖工程项目开通播出，具有我国自主知识产权的地面数字电视传输标准 DTMB、音视频编解码标准 AVS+、DRA 将得到快速推广和普及。在保障公益覆盖的前提下，充分考虑到人民群众的实际需求和当前广电行业市场环境，探索建立稳定、长效、有序的运营推广机制，促进多种覆盖手段在公共服务体系中的有机融合和多元共生。地面数字电视建设和实施是一项全国性的重大系统工程，我们的创新和探索具有一定的现实价值和重大意义。

地面数字电视网络的建设始终立足于公益服务原则，着眼未来的业务发展，积极探索建立地面数字电视的长效运行机制，并做到确保直播卫星、有线网络、无线电视三大覆盖方式全面协调与健康发展。创新地面数字电视覆盖体系的建设思路，高起点、高标准地进行地面数字电视系统的前瞻性设计，可以满足以下需求：

1. 提供最基本的广播电视公共服务，满足人民群众的基本收听收视需求，即公益服务需求；

2. 作为党和政府的喉舌，对地面数字电视的监测与安全播出可管可控仍为第一要务，满足安全播出的需求；

3. 在保证基本公共服务的基础上，通过政策引导、市场运作等多种手段，引导培育个性化市场服务，增加公益节目、付费节目和其他增值服务，满足提升公共文化服务的需求。

完整的广播电视公共服务体系，应该包括公益服务体系和市场服务体系。

### 8.6.1 公共服务的相关政策

2013 年，工信部等六部委发布了《关于普及地面数字电视接收机的实施意见》，明确了地面数字电视接收机的普及时间表（表 8–5），这有利于加速推进无线数字电视整体转换的社会效果，积极推动地面数字电视标准的应用，提高广播电视公共服务的水平，满足人民群众日益增长的精神文化需求。

**表 8–5　地面数字电视接收机普及时间表**

| 2014 年 1 月 1 日起 | 2015 年 1 月 1 日起 | 2020 年 |
|---|---|---|
| 境内市场销售的 40 英寸及 40 英寸以上电视机应具备地面数字电视接收功能。 | 境内市场销售的所有尺寸电视机应具备地面数字电视接收功能。 | 实现境内销售的所有电视机都具备地面数字电视接收功能，满足消费者免费正常收看地面数字电视的需求，到 2020 年全面实现地面数字电视接收。 |

地面数字电视发展规划从政策层面已经明确：接收地面数字电视信号的机顶盒或电视接收机由用户自愿进行购买。通过市场零售及上门安装服务，推广人员可以收取合理的利润，有利于地面数字电视接收机和机顶盒的快速普及。

### 8.6.2 公益服务体系

公益体系是由政府免费提供基本的广播电视服务，解决广播电视覆盖中存在的公平问题，地面数字电视的基本定位就是公益服务事业。中央广播电视节目无线数字化覆盖工程实施后，广大群众可以免费收看到中央和本省、本地广播电视节目 18 套以上，广播电视的基本公共服务标准达到了国家指导标准，保证了基本公共服务的数量和水平，能够满足广大群众迫切要求提高和改善广播电视覆盖水平和质量的基本需求。

### 8.6.3 市场服务体系

按照《地面数字电视广播覆盖网发展规划》，地面电视模拟转数字之后的频谱除了保证地面数字电视基本传输服务之外，空余的频谱完全可以用来开展其他（如付费）业务，以满足全面建成小康社会、人民群众日益增长的精神文化需求。

目前我国地面电视广播的供给、服务能力和服务手段迫切需要进一步提升水平、提质增效，实现由粗放式覆盖向精细化入户服务升级，由模拟信号覆盖向数字化清晰接收升级，由传统视听服务向多层次多方式多业态服务升级。

基本公共服务“均等化”是指全体公民都能公平可及地获得大致均等的基本公共服务，其核心是机会均等，并不是简单的“平均化”和“无差异化”。市场服务体系着眼地面数字电视的增值业务，在保障广播电视公共服务的基础上提供个性化有偿服务，以丰富节目内容、拓展服务领域、满足用户需求为目标，采取低收费方式，去满足群众更深层次的文化渴求。

地面电视数字化的最终目标是实现城乡居民户户通、优质通、长期通。从长效运行机制出发，覆盖网络的建设和运行必须增强自我造血功能，将公益服务和市场服务有机地统一起来。通过提供增值节目服务收取适当的运行维护费，达到以市场手段激活和促进地面数字电视的推广，同时还可以弥补公益事业的投入不足问题，避免出现以往广播电视公益覆盖工程陷入公共服务的“公益沼泽”的现象，即网络运行维护难、用户返盲率高、资金浪费大等。

地面数字电视的健康发展必然要处理好公益服务与市场服务的关系，只有把握公共服务的本质内涵，才能更好地保证地面数字电视的公益属性，更好地促进地面数字电视科学、健康、持续发展。

### 8.6.4 接收与推广方式

地面数字电视主要有两种接收方式，一种是固定接收，其特点是覆盖范围广；另一种是移动接收，可分为车载移动电视和手持终端两种业务类型，可在较大范围内支持正常、清晰的移动接收。地面数字电视可以满足大范围固定覆盖和移动接收的需要。若使用老式电视机接收地面数字电视，则需要购买支持地面数字电视接收的机顶盒，对于新生产的大屏幕液晶电视机，国家政策要求必须内置地面数字电视接收模块，该类电视机接上室内或室外天线即可搜台收看地面数字电视。

湖南地面数字电视推广模式的创新之处在于，顶层设计好地面数字电视的综合技术平台。主动适应未来地面数字电视发展需求，强化地面数字电视的供给侧改革。通过提供免费的数字电视节目，吸引大量收视用户，并引导其中的一部分升级成为付费用户，最终发展成为数量可观的地面数字电视付费群体。

地面数字电视的普及和推广工作主要可以用两种方式推进：

**1. 公益推广方式**

引导地面数字电视接收终端生产企业加大产品推广力度，引导消费者购买具备 AVS+ 地面数字电视接收功能的电视机或具备 AVS+ 地面电视接收功能的机顶盒，加快地面数字电视接收机的普及，让越来越多的群众及早享受到地面数字电视的权益。

**2. 市场运营方式**

通过激发各类社会主体参与地面数字电视推广的积极性，提供多样化的产品和服务，增强地面数字电视的发展活力，积极培育和引导群众文化消费需求。

## 8.7 公益推广模式

在省级地面数字电视前端技术和管理平台、传输链路与覆盖系统建成后，对系统的技术指标和可靠性进行了半年多时间的相关测试，系统运行十分稳定。2014 年 1 月 1 日起，正式开通了地面数字清流节目的 24 小时播出。在尝试开展地面数字电视的公益推广应用时，坚持统筹协调，分步骤、分阶段地有序开展普及地面数字电视知识的宣传，积极引导全社会关注和参与。通过多种推广手段、多种运营方式相结合，很快激活了地面数字电视市场的发展潜力，短短两年多时间，湖南省内清流用户规模已经达到 100 多万户，取得了较好的社会效果，也为我国实现地面广播电视户户通积累了宝贵的经验。

地面数字电视的公益推广主要有以下 6 种方式：

**1. 利用省级广播电视台的媒体优势，多渠道开展地面数字电视公益覆盖的政策宣传**

2014 年 5 月 13 日，湖南广播电视台下属的各电视频道和广播电台开始展开地面数字电视的广泛宣传，将湖南各地州市进行的 AVS+ 地面数字电视工程相关信息采用宣传通稿的方式向社会各界发布。

根据国家政策，地面数字电视不向用户收取任何费用，收看电视所需的机顶盒或电视机由用户自愿自费购买，并明确告知广大群众，在湖南可以免费收看到的节目包括：中央广播电视节目 12 套、本省节目 5 套、市（县）台等共 20 多套左右的节目。加强地面数字电视公益覆盖的宣传，能够消除广大群众的疑虑，让广大群众尽情享受国家惠民政策和地面数字电视的技术红利。湖南广播电视台通过卫视频道、经视频道、都市频道进行了多频次的地面数字电视宣传（图 8–21）。国内的电视、广播、报纸、网络和各种新媒体渠道也纷纷转载了湖南地面数字电视示范网建设开播的消息。通过各种媒体的强力宣传，省内观众慢慢开始接触和了解湖南 AVS+ 地面数字电视，并开始体验和分享地面数字电视的视听效果。

图 8–21　电视媒体广泛宣传报道的画面

**2. 建立用户服务呼叫系统，发布了地面数字电视公益覆盖微信公众号**

2014 年 2 月，为了加快发展 AVS+ 数字地面电视，湖南广播电视台正式开通了“湖南广播电视台 – 地面数字电视”微信公众号。该微信平台为广大电视观众提供全省地面数字电视公共服务的最新信息、开展清流广播电视业务的政策宣传、骨干发射台和覆盖范围的情况介绍，听取观众反馈意见和建议，架设起地面数字电视与广大观众之间的桥梁，及时掌握湖南省 AVS+ 地面数字电视无线覆盖效果。湖南广播电视台还开通了 24 小时观众服务热线

图 8–22　开通微信公众号宣传和呼叫服务热线

0731–84801663、84801134，全天候为观众提供收视服务支持，努力探索 AVS+ 地面数字电视公共服务体系的服务模式（图 8–22）。

**3. 参展 BIRTV2014，向全国推广 AVS+ 地面数字电视传输覆盖经验**

2014 年 8 月，一年一度的中国国际广播影视博览会 (BIRTV) 在北京中国国际展览中心举行，湖南广播电视台在七号馆展示了 AVS+ 地面数字电视示范工程的建设成果。率先把 AVS+ 标准应用于全省地面数字电视覆盖的经验，得到了工信部、国家新闻出版广电总局以及各省市同行的关注。原中央电视台台长胡占凡、工信部电子信息司司长丁文武、广科院总工程师盛志凡等领导专程来到展台参观，并详细询问了湖南省 AVS+ 地面数字电视传输覆盖网的建设情况（图 8–23）。

图 8–23 参展 BIRTV2014 宣传推介

**4. 主动与 AVS+ 产业链合作，积极促进 AVS+ 产业应用**

湖南广播电视台 AVS+ 地面数字电视示范工程建设于 2013 年 8 月开始试播，由于当时广电行业内对 AVS+ 技术标准了解不多，从信源编码设备到接收终端几乎是空白。上下游产业链持观望态度，面对窘境，湖南广播电视台主动联合一些编码、解码芯片研发厂商进行反复的实验和测试，提出了标准的多项应用需求，并帮助编码、解码芯片厂商不断进行技术改进。在湖南广播电视台 AVS+ 地面数字电视示范工程建设期间，国内芯片厂商组织研发、销售等各部门在长沙驻点，将研发出来的设备和产品先行在湖南开展各项测试工作，生产出高性价比的编解码设备、地面数字电视接收机和机顶盒投放湖南市场，主动收集各种数据，进行软、硬件改进和升级，完善设备和产品性能。

湖南地面数字电视播出以来，通过湖南广播电视台的大力帮助，国内编码器、机顶盒等生产厂商陆续推出各种产品，带动和促进了我国 AVS+ 标准的相关产业的发展和普及。

**5. 终端产品的销售市场逐步扩大，增强了地面数字电视的推进力度**

电视是广大群众最喜闻乐见的一种文化消费，广播电视数字化最终目标是让广大群众看到更多更好的电视节目。

通过一系列地面数字电视终端普及政策、相关知识和连续的公众宣传、解释等工作，广大人民群众的认知度快速提高，地面数字电视的影响力快速扩大，地面数字电视很快在市场形成为社会化行为。地面数字电视接收终端日渐丰富和多样化，大大促进了地面数字电视产品的热销。通过地面数字电视产品的的购买、安装、使用和售后，促进了地面数字电视产品的迅速传播。现在每个乡镇的商业手段齐全，家电超市、家电维修店、电信营业厅、各类连锁店和农村赶集等都是地面数字电视较好的海报宣传和推广渠道（如图 8–24）。

图 8–24 丰富的宣传方式

**6. 采取稳步推进措施，重建地面数字电视的覆盖秩序**

由于一些特殊原因，全国各省、市、县级广电单位先后发展了不符合国家标准、不符合国家政策、违规使用电视频率的收费地面数字电视，大都是商业运营，用户规模不小，造成了地面数字电视市场的冲突和混乱。在推广无线清流节目的过程中，必须妥善处理这些问题，优先考虑维护社会的和谐稳定。湖南通过两年多时间的政策宣传，把握好节目内容和节目套数的调整时间，使得地面数字电视的推广稳步前进，不但缓解了业已存在的社会矛盾，也让用户自行选择、平稳过渡到收看公益清流节目。节目套数从当初的 12 套已经稳定为现在的 24 套左右，实现了高标清同播、数模同播，重建了地面电视覆盖的新秩序。

## 8.8 市场运营模式

**1. 市场化运营是加强地面数字电视供给侧改革的机遇**

地面数字电视覆盖的建设目标是户户通、优质通、长期通，工程的建设必须立足长远，始终发挥它的最大作用。但是中国广电基层单位正面临前所未有的困境和机遇，加大广播电视文化需求的供给侧改革也是各级广电工作者值得思考和探索的课题。广播电视三大覆盖方式中的有线电视、卫星电视（含直播卫星平台）都采用 CAS 和 SMS 进行市场化服务方式运行，地面无线电视数字化转换后，也完全可以采取市场化服务方式，建立一种新型的公益服务加市场服务并行发展的双模式思路。

（1）市场化运营是发展地面数字电视的必然要求

《公共文化服务保障法》实现了公共文化服务从行政推动阶段到法律保障阶段的跨越，公共文化服务建设全面进入标准化、均等化和专业化的新阶段，对广播电视改革发展将带来重大机遇和影响。

1998 年以来，广电部门部署和实施了一系列重点惠民工程，比如村村通、直播卫星户户通、广播电视节目无线数字化覆盖等，取得了一些成果，基本解决了人民群众听广播看电视难的问题。但随着经济社会的进一步发展、各媒体服务方式的不断创新和人民群众精神文化需求的不断增长，广播电视公共服务面临升级发展的新任务。政府是公共服务提供的主体，必须确保公共服务达标和长效发展。做好党和人民的喉舌，巩固和扩大舆论阵地，满足人民群众不断增长的精神文化需求，这一定位将更突出地体现在广电媒体的发展实践中。公共服务内涵和覆盖面日益丰富，手段和方式更要加快创新。人民群众对基本服务的需求是不断变化的，广播电视必须从内容和科技创新两个方面不断充实和改善基本服务，强化有效供给。提供有针对性的服务一直是广播电视公共服务的短板，补齐这块短板，是广播电视行业改革创新的着力点。地面数字电视从建设开始，要巩固提升既有成果，持续发挥后续效应，市场化运营能够增强自身造血功能，保证公共服务长效运行。

(2) 市场化运营是地面数字电视发展的内在动力

地面数字电视覆盖工作长效运行维护体系的建设需要市场化支撑。近几年，各级政府在广播电视公共文化服务基础设施的投入比较大，先后进行了中央、省、市模拟电视节目、中央广播节目的无线覆盖提质工程建设，但普遍效果都不佳。一是由于高山发射台站地处偏远，条件艰苦，交通不便，系统运行维护成本比较高；二是播出设备质保期过后，机器配件昂贵，配件返厂或厂家派人维修；三是由于台站技术维护人员水平跟不上，造成维修时间长，设备停播，群众意见大，在社会上造成了不良影响，一度出现返盲现象。以上的几个因素的主因是缺少运行维护经费，财政支持的力度又不够。

地面数字电视建设是一项民心工程，虽然面临许多困难，但仍需要清楚认识到当前的良好机遇。一是国家对公共文化服务体系建设空前重视，满足人民群众基本文化需求、实现均等化目标已经提升到全面建成小康社会的战略高度，二是搭上了公共文化服务供给侧改革的需求快车。

政府主导下企业来参与广电公共文化服务的新型方式是政府给予的政策层面的支持，让市场来解决运行维护的资金问题。只要地面数字电视的公益定位不改变，政府的主体责任不改变，广电职能部门的监管不改变，整个地面电视网络的服务功能就不会改变。通过市场化方式向部分人群适当收取收视维护费，得到资金的支持，就能够解决基站设备运行维护过程中的许多困难，增强地面数字电视的内在动力。

(3) 市场化运营在地面数字电视建设中的应用实践

① 地面数字电视发展的现状

我国地面数字电视缺乏规范的整体发展思路，地面数字电视标准自 2006 年颁布至今，已经过去了 10 年，而发展规划及相关政策出台较慢，无法适应地面数字电视发展的节奏。政策不明朗导致了全国各地地面数字电视采用的技术方案不一，大多数没有采用国家的 AVS+ 编解码标准、信道传输标准、CAS 标准，没有形成一个有机的管理秩序，很多地方自行选定频率，造成相邻的县市之间频率互相干扰，各自为政，这些都成为这两年中央广播电视节目无线数字化覆盖工程难以快速推进的障碍。

在近年来的广电事业发展过程中，地面数字电视一直被边缘化。受传统体制的制约，我国目前无线广播电视传输覆盖，实行的是基于模拟条件下的“四级办广播”模式，资源分散，投入不足，从而造成各地地面数字电视发展水平参差不齐，运行模式多种多样，势必影响地面数字电视在全国的均衡发展。

② 建立市场运营体系的合法性

制定符合地面数字电视发展的运营策略，培养独立的市场运作能力。地面数字电视经营主体应该是市场，将机顶盒终端产品的推广、运营和服务交给市场，才能实现多方共赢。因此，建立自主经营、自负盈亏、自我约束、自我发展的独立的市场竞争主体，是充分发挥市场在地面数字电视的基本前提。

地面数字电视的经营主体可以参照现行的有线电视网络公司股份构成方式，运作主体可以是省、县、市级广电机构，符合国家法律、法规规定。地面数字电视的盈利方式和传统的有线电视网络基本相同，即基本的收视维护费。强调有偿服务必须遵循用户自愿的原则，合理收费，不得随意收费，保证提供良好优质服务，自觉接受群众监督。

目前绝大多数市县级广电生存空间不断萎缩，必须寻找稳定的生存空间。利用地面数字电视的增值业务，寻找新的经济增长点，能够成为市县级广电机构开辟新发展空间的重要切入点，这些运营主体权责明确，推广积极。转变地面电视的运营推广思路，创新出适应数字化发展需要的运营特色。

③ 运行发展中的问题和经验

我国地面数字电视从 2008 年开始，广电总局在全国 330 个城市开展了地面数字电视覆盖网站点建设，大部分广电部门牵头或筹集资金，也开展了一些地面数字电视试验网的建设。在运营方式上，除广电总局主导的地面数字电视覆盖网采用全免费公益服务运行外，各地已经开播的地面数字电视基本上都引入了市场机制，采取“免费公益 + 商业运营”的模式。在保障公益广播的前提下，收取部分维护费用，持续地提供高质量的信号覆盖、更多的电视节目内容和更好的用户服务。经过多年的运行，大部分运营主体均积累了不少的运营管理经验，为实现我国地面数字电视可持续发展探索着一种新的模式。

④ 市场竞争日益激烈

随着通信、无线宽带网络相关技术的飞速发展，地面数字电视的传统应用模式单一化缺陷日益突出，传统的单向广播方式已经无法满足广大用户不断增长的个性化收视需求。各种信息技术飞速发展，信息交流媒介的多样性也降低了地面数字电视的吸引力和竞争力，这无疑加大了地面电视开放发展的紧迫感。

地面电视广播数字化后，频谱利用率大幅提高，抗干扰能力强，地面数字电视广播传送节目多、节目清晰。网络建设和维护成本低，覆盖面广、接收灵活，对广电数字产业来说，面临前所未有的发展机遇，展现了一个全新的产业经营模式。高山广播电视发射台站也要改变模拟时代只管电视发射任务，不管覆盖网优化的管理方式。充分利用自身技术优势，借鉴电信运营商的经验，不断优化地面数字电视覆盖网络，树立用户服务理念。如果仍然以模拟时代的思维模式来管理地面数字电视，对行业的发展会形成极大的阻碍。

(4) 地面数字电视的发展策略

① 理顺地面数字电视与有线电视、直播卫星之间的关系

从大局着眼，形成有线、卫星、地面数字电视相互补充，能够更有效、快捷地解决广播电视“户户通”，与其他形式的传播途径一道，满足用户差异化收视需求，最终形成有线、地面、卫星立体覆盖、良性发展的格局。

② 满足公益，兼顾运营

公益事关社会公众的福祉和利益，不把利润最大化当作首要目标，而以社会公益事业为主要追求目标。广播电视与公众利益息息相关，多年来推动广播电视村村通、户户通，在提高公众文化娱乐水平的同时，将各级政府的声音传送到千家万户。

公益不等于免费，实践证明免费往往做不好公益，反而会造成国家资源的更大浪费。很多免费公益的工程流于形式，效率低下，公众很难从中获益。

地面数字电视与有线电视类似，引入经营理念，采取市场化运行，运营主体适当收取服务、维护费用，通过专业的服务，既保证地面覆盖网的质量和用户的接收效果，又播送数量合理、内容丰富的节目，满足公众多样化、个性化的收视需求，促使我国地面数字电视可持续、长效地存在和发展。

③ 地面数字电视创新发展的途径是实行有偿公益运营模式

政府推动和产业化运营是驱动广播电视数字化的助推剂，市场化运营是数字电视产业发展的主要动力。从数量巨大的直播卫星“山寨锅”市场拥有量、农村普遍存在的模拟电视小片网等两个事实来看，我国城乡居民存在着巨大而迫切的市场需求。这些“山寨锅”从生产、销售、安装服务完全是一种市场化行为，而且他们甘愿冒违规犯法的风险。地面数字电视的市场化运营其实也已经是事实存在，如果根据广电的公益政策，这些成百上千万的地面数字电视用户也是不合法的。不管是否愿意面对，在市场经济的大环境下，要发展好数字电视是离不开市场运营的，问题是怎么去引导和管理，从市场需求的角度出发，只能是利用数字电视的技术创新和运营模式的创新，重新设计我国地面数字电视发展战略。

综合我国居民家庭的电视收视现状以及电信运营商视频服务消费的实情，开展有偿公益服务运营模式，充分利用原有的公益播出基础设施，采用低收费策略，将有利于开拓市场空间巨大的地面数字电视用户群体，将公益服务和市场运营这两个因素统一为增长动力，从而推动地面数字电视的迅速发展。

**2. 县市广电运营商主动适应公益推广**

国家广电总局、省级广电部门多次对现有的加密运营系统作出进行关、停、并、转的通报，将关掉现有的加密系统运营商，采用清流播出，停掉干扰公益覆盖所占用频率，把

现有的加密系统逐步并入到地面广播电视公共服务体系，使现有的加密系统运营商在经营方式和服务方式上转型，在充分保证 20 套左右清流基本服务外，让其利用原来的部分资源开展多种方式的经营服务，化解基层广电的生存困境。

公益加增值服务的双推广模式在湖南的一些县级广播电视台得到了应用示范。他们在其地面数字电视加密系统运营时，采用条件接收系统，其销售终端得到了有效的管理和控制，目前开通了 8 套左右包括中央、省、市（县）内容在内的节目让覆盖区域内的用户免费收看。对一些特困户、低保户、军烈属和特殊家庭进行免费赠送地面数字电视机顶盒的活动，获得了较好的反响。在地面数字电视公益推广占主流市场的前提下，同时采用商业运作的方式增加节目质量、数量、内容为广大群众提供更好更有价值的服务，向有收看需求和消费能力的用户收取少量的收视维护费，没有增加群众的经济负担，群众更乐于见到这种服务到家的、无后顾之忧的贴心服务。

公益服务加增值服务的运行模式在地面数字电视发展中值得探索和尝试。

**3. 地面数字电视的网络价值**

模拟电视网络与数字电视网络的本质区别是采用数字电视管理技术后的电视用户很容易进行管理和控制，可以轻易地将成千上万的用户连接成一个有相当规模的网络，实现地面数字电视一张网，凸显和升华网络的潜在价值。地面电视数字化可实现从单一的广播电视传输覆盖网到大型覆盖网络的本质改变，实现地面数字电视跨越式发展。

（1）现实价值

模拟电视覆盖时，广播电视覆盖率是根据各发射台发射的功率等级、基站情况、覆盖范围内人口分布来进行理论统计、估算出来的。至于覆盖范围的大小与覆盖范围内的活跃用户数量的实际数据无从知晓。采用条件接收系统后，通过智能卡的发放和管理就能得到具体的用户数量、用户信息。根据网络用户信息，在特定的时间还可针对特定地域的用户提供更精准的应急广播服务。

（2）潜在价值

通过增值业务的开发，获取地面电视“数字化的红利”，地面数字电视最终可建设成为兼顾公益与商业、涵盖广播与电视、高清与标清、固定与移动的大型无线数字网络，将产生巨大的社会、经济和政治价值，成为广电行业新的经济增长极。

**4. 经验**

湖南广电部门自 2013 年开展地面数字电视 AVS+ 示范工程以来，本着健全和完善广播电视公共服务体系的建设、保障人民群众基本精神文化需求的原则，落实了国家广电总局关于清流播出、公益覆盖的政策规定。同时积极探索了适合中国国情的地面数字电视推广模式，包括业务模式、运营模式和盈利模式等，让地面数字电视走上了良性循环和长效运行的健康发展之路。

湖南广电部门科学合理地规划和建设地面数字电视 AVS+ 示范网，率先执行国家地面数字电视有关政策，率先采用国家地面数字电视建设的多项新标准和新技术，率先使用从前端 AVS+ 编解码设备到接收终端产品，并进行了大胆尝试、积极探索、反复试验，地面数字电视网络运行稳定可靠。用实践证明了国家有关地面数字电视的政策、标准、技术、设备已经具备了实施和普及的条件。此外，结合中央广播电视节目无线数字化覆盖工程，合理制定了地面数字电视系统播出节目的内容、套数、高标清播出的近期、长期规划。结合地面数字电视开展的现实情况，对地面数字电视业务系统尝试开展 DCAS 和 SMS、EPG 应用实践，为地面数字电视的健康发展和繁荣积累经验。

AVS+ 地面无线数字电视示范工程的建设和运行推广，对于创新和完善全国城乡广播电视公共产品的服务供给、引领现代文化传播、促进文化和信息消费、提高公民的思想道德和科学文化素质、适应分众化差异化传播趋势具有重要意义。

推广地面数字电视公益服务与增值业务的技术和管理平台建设，积极探索并开展公益加增值服务双模式运营，能更好地保证清流广播电视业务的先进性和生命力。

# 结　语

该书编写人员为国家新闻出版广电总局科技司、广科院、湖南新闻出版广电局科技处、微波总站、湖南广播电视台传输覆盖中心、部分生产厂家的权威专家和工程技术人员，他们都有深厚的理论功底和丰富的实践经验。花费了大量的时间和精力，将自己的知识和智慧融入此书，希望能对目前正在全国开展的地面数字电视覆盖工程提供一些参考。各章节主要编写人员为：方思为、张锦编写第 1 章，张锦编写第 2 章，嵇达编写第 3 章，尹千琳、胡小兵、胡斌、王小建、曾小苗编写第 4 章，庄大立、郑茂赢、黄磐编写第 5 章，周义编写第 6 章，刘罡编写第 7 章，周松林、李衍奎、刘春江、向荣、沈龙辉编写第 8 章，高荣、嵇达负责统稿。

# 参考文献

[1] 史萍、倪世兰、陈德泽:《广播电视技术干部必读》[M]. 北京：中国广播电视出版社 . 2008；

[2] 数字电视国家工程实验室北京：地面数字电视发射系统与覆盖网络 [M]. 北京科学出版社 .2012；

[3] 王国庆:《基层广播电视实用技术》[M]. 北京：中国广播电视出版社 . 2008；

[4] 马思伟:《AVS 视频编码标准技术回顾及最新进展》[J]. 计算机研究与发展，2015，52(1)；

[5] 下一代广播电视无线网（NGB–W）技术白皮书——技术业务需求与系统架构；

[6] 史萍、倪世兰、陈德泽:《广播电视技术干部必读》[M]. 北京：中国广播电视出版社 . 2008；

[7] 数字电视国家工程实验室北京:《地面数字电视发射系统与覆盖网络》[M]. 北京科学出版社 .2012；

[8] 王国庆:《基层广播电视实用技术》[M]. 北京：中国广播电视出版社 . 2008；

[9] 马思伟:《AVS 视频编码标准技术回顾及最新进展》[J]. 计算机研究与发展，2015，52(1)；

[10] 下一代广播电视无线网（NGB–W）技术白皮书——技术业务需求与系统架构；

[11] 卓力、张菁、李晓光编著:《新一代高效视频编码技术》，人民邮电出版社，2013 年 11 月；

[12] 冯桂、林其伟、陈东华编著:《信息论与编码技术》，清华大学出版社，2011 年 6 月；

[13] 曾凡鑫编著:《现代编码技术》，西安电子科技大学出版社，2008 年 10 月；

[14] 刘峰编著:《视频图像编码技术及国际标准》，北京邮电大学出版社，2005 年 7 月；

[15] 朱秀昌编著:《视频编码与传输新技术》，电子工业出版社，2014 年 12 月；

[16] Variable bitrate. https://en.wikipedia.org/wiki/Variable_bitrate

[17] Constant bitrate. https://en.wikipedia.org/wiki/Constant_bitrate

[18] D. Zhang, K. Ngan, and Z. Chen, "A two–pass rate control algorithm for h. 264/avc high de nition video coding," Signal Processing: Image Communication, vol. 24, no. 5, pp. 357–367, 2009；

[19] GY/T 257.1–2012《广播电视先进音视频编解码 第 1 部分：视频》；

[20] GB/T 20090.2–2006《AVS1–P2 国家音视频编码标准》；

[21] 毛志仮、车晴、张文杰、王京玲：《数字卫星广播与微波技术》. 北京：中国广播电视出版社，2003；

[22] 李鉴增、陈新桥：《光纤传输与网络技术》. 北京：中国广播电视出版社，2008；

[23] 强世锦、李方健、黄艳华、何川：《光纤通信技术》. 北京：清华大学出版社 ,2006；

[24] 王国庆、彭在求、龙腾：《湖南省中央广播电视节目无线数字化覆盖工程》. 长沙：湖南省新闻出版广电局，2016；

[25] 姜文波、冯景锋、刘骏、常江：《中央广播电视节目无线数字化覆盖工程技术方案解读》[J]. 广播与电视技术，2015,Vol.42(4)；

[26] 代明、刘骏、高力、曹志、李国松、高洋、马小朴：《中央广播电视节目无线数字化覆盖工程地面数字电视系统测试与技术验收》[J]. 广播与电视技术，2015,Vol.42(12)；

[27] 代明、刘骏、高力、曹志、李国松：《中央广播电视节目无线数字化覆盖工程地面数字电视发射系统》[J]. 广播与电视技术，2015,Vol.42(7)；

[28]《中华人民共和国广播电影电视行业标准 GY/T5051-94》；

[29] 杨知行等著：《数字电视传输技术》. 北京：电子工业出版社 2011.8；

[30] 杨知行等著：《数字电视地面广播传输系统帧结构、信道编码和调制》，北京：电子子工业出版社 . 2011.8；

[31]《电视技术》2015 年第 8 期《基于 DTMB 的多屏互动业务技术模式探析》
《DTMB 地面高清数字电视接收经验分享》；

[32] 郑洁、王悦：《监测是有线电视管理的有效手段》[J]. 广播与电视技术；

[33] 郑来波、王德强 等：《一种有线电视信号实时监测系统》[J]. 山东工业大学学报；

[34] 田苏晶、高鸿锦：《全自动电视信号监测系统在 CATV 广播中的应用》[J]. 电视技术；

[35] 诸一民：《播出信号自动监视器》[J]. 电视技术；

[36] 转贴于王济宇：《广播电视的信号传输和检测技术探讨》[ 期刊论文 ] – 科技资讯 2007(27)；

[37] 霍运东：《电视广播信号的特征及其监控技术研究》[ 期刊论文 ] – 硅谷 2009(14)；

[38] 陈海航：《广播电视卫星信号频谱的检测与分析》[ 期刊论文 ] – 中国无线电 2009(05)；

[39] 代炳新：《干扰广播电视卫星信号的因素与解决方案》[ 期刊论文 ] – 卫星电视与宽带多媒体 2009(09)；

[40] 梁晋春、李晓鸣、郭沛宇、王晓艳：《一种广播电视干扰信号检测设备的测试与评估方法》[ 期刊论文 ] – 广播与电视技术 2009(01)；

[41] Gerald W. Collins. Fundamentals of Digital Television Transmission；

[42]RS.RF level Measurement Accuracy of DTV Test Recrivers；

[43]John G. Proakis：《数字通信》[M]. 北京电子工业出版社 2001；

[44] 莫晓俊：《地面数字电视广播系统监测方法与技术要求》[J]. 广播与电视技术 2011；

[45] 胡键巧：《基于嵌入式技术的流格式信号监测系统》广播与电视技术 2011；

[46] 邹南京、丁消槐：《基于 3G 网络的调配覆盖信息监管系统》广播与电视技术 2011；

[47] 任晓炜：《无线广播电视监测站点设备的管理与维护》广播与电视技术 2011；

[48] 有线广播电视监测中心：《全国地面无线广播电视监测站点维护手册》；

[49] 梁永忠、曾令明：《广播电视发射机通信接口协议统一规范的研究》，广播与电视技术 2011；

[50] 蔡霞霞、蔡玲玲 .《广播电视技术监测的探讨》.《东方教育》，2015(3)

[51] 广播电视监测技术研究；

[52] 常江、江爱珍：《电脑知识与技术》，2009(2)；

[53] 郭巍、陈征、柴晓瑜：《地面数字电视监测方法研究和设想》；

[54] 李杨：《地面数字电视监测方法研究》，数字电视中国峰会，2011:104–107；

[55] 莫晓俊：《地面数字电视广播系统监测方法与技术要求》，《广播与电视技术》，2011；

[56] 陈永炜：《地面数字电视广播监测方法研究》,《世界宽带网络》2011(8)；

[57] 蔡国贤：《广播电视监测技术的研究》，《黑龙江科技信息》2015(31)；

[58] 李建军：《地面数字电视监测技术研究》,《广播与电视技术》，2015；

[59] 马友本等：《广播电视监测技术》，（国家广播电影电视总局监测中心），2001；

[60] GYT 255–2012：《可下载条件接收系统技术规范》[S].2012；

[61] GY/Z 175–2001：《数字电视广播条件接收系统规范》[S].2001；

[62] GY/Z 203 – 2004：《 数字电视广播电子节目指南规范》[S].2004；

[63] GY/Z 175–2001：《数字电视广播条件接收系统规范》[S].2001；

[64] 沈龙辉：《地面数字电视系统加入 CA 的思考》，[J]. 电视技术 ,2014,38(6):61–63；

[65] 刘进军：《卫星电视接收技术》，[M]. 国防工业出版社，2008.10；